栄養管理と生命科学シリーズ

食品学総論

江頭 祐嘉合 編著

理工図書

編集者

江頭祐嘉合　　　千葉大学大学院　園芸学研究院　教授

執筆者

森　　紀之　　　同志社女子大学　生活科学部　食物栄養科学科　准教授（1章）

小林　謙一　　　ノートルダム清心女子大学　人間生活学部　食品栄養学科　教授
　　　　　　　　　　　　　　　　　　　　　　　　　　　　　　　　（2章）

川上美智子　　　茨城キリスト教大学　名誉教授（3章）

江頭祐嘉合　　　千葉大学大学院　園芸学研究院　教授（4章）

小木曽加奈　　　長野県立大学　健康発達学部　食健康学科　准教授（5章）

郡山　貴子　　　東洋大学　食環境科学部　健康栄養学科　准教授（6章）

細谷　孝博　　　東洋大学　食環境科学部　健康栄養学科　准教授（7章）

大桑(林)浩孝　　くらしき作陽大学　食文化学部　栄養学科　講師（8章）

はじめに

　超高齢社会に突入した現代、健康に対する関心がますます高まってきており、特に健康寿命の延伸が大きな社会的課題となっている。その中で「食」の重要性がますますクローズアップされてきている。食はからだをつくりエネルギーとなるだけでなく、疾病予防をはじめとする様々な生体調節機能を有している。例えば食物繊維は、かつてはエネルギー源にならず家畜の飼料くらいしか利用されないような廃棄物とみなされていた。しかし近年、科学技術の進歩により腸内環境改善作用を有することや、糖尿病、脂質異常症など生活習慣病の予防効果があることが、マウスの実験だけではなく、ヒトを対象とした臨床研究からも明らかになってきた。このようなことから最新の食品学関連分野を学び、さらにこれを活用することは、健康寿命の延伸にもつながり社会的に重要と思われる。

　本書「食品学総論」は、食品学の全体像を把握しながら、各種の食品成分の化学、機能と食に関する文化、さらには規格、機能表示など行政に関することも学ぶことが出来る。それにより、基礎的な知識に加え、応用、実践的な学習の習得も可能となる。本書の作成にあたり基礎から応用まで、深くかつわかりやすく説明するよう心掛けた。本書の第一章は、食文化からはじまり、フードマイレージの低減など食糧と環境問題について述べた。第二章では、野菜など植物性食品や肉など動物性食品、嗜好飲料など各食品の分類と成分について解説した。第三章は、最新の食品成分表（八訂）について述べた。第四章は五大栄養素を中心に各成分の化学、第五章は色・味・香気成分などの嗜好成分の化学について説明した。第六章は、食品成分の褐変、酸化など食品の保存中の変化について説明した。第七章は、食品の機能、第八章は健康・栄養食品の表示制度や規格基準について解説した。このように食品学を総合的に網羅した内容で構成した。さらに本書の特徴として、各章の節ごとに例題問題を、また章末に各章の内容に関する管理栄養士の国家試験の過去問題と解説を掲載した。これらを解くことにより、知識を確認し、固着できるよう工夫されている。そして管理栄養士を目指す学生の教科書として国家試験にも対応できる学力を身につけることができるよう配慮した。

　本書は、栄養士、管理栄養士を目指す学生だけではなく、医療系、生物科学系、

農学系の学生にも役立てていただけるような執筆を心がけていただいた。多くの学生が本書により勉学意欲が喚起され、基礎学力を身につけていただき、また関連分野で活躍されている方々にとっても本書を役立てていただければ、編集・執筆者としてはこの上ない喜びである。

　2022 年 1 月

編集・執筆者を代表して　江頭　祐嘉合

目　　次

第3章　日本食品標準成分表2020年版（八訂）解説／69

第4章　食品の栄養成分の化学／97

第6章　食品成分の変化と栄養／209

本書の利用法

　本書には内容を効果的に理解する目的で、随所に例題として5者択一の問題が配されています。教科書中の重要な箇所の文章を用いて作成したものであり、国家試験頻出箇所でもあります。

1．まず第1に教科書を精読して下さい。

2．例題問題を解答を見ないで解いて下さい。難しいと思いませんか。

3．分からない時は問題文と関係のある本文の文章を探して下さい。必ずあなたが今解いている例題のごく前近辺に解答の文章があります。

4．見つけたらよく読んで、再度、例題を解いてみて下さい。今度は簡単だと思いませんか。

5．各例題を解くたびに、1から4の行為を繰り返してください。

第1章

人間と食品（食べ物）

達成目標

■食文化とその時代的変化および食物連鎖のしくみについて理解する。

■食生活を介した健康維持・管理への取り組みについて理解する。

■食料と環境問題に関連して、食料自給率、食品ロスなどについて理解する。

1　食文化と食生活

1.1　食文化とその歴史的変遷

　人類が地球上に出現した当時、食べ物をいかにして入手するかということは生きていくために重要な仕事のひとつであった。一般的な動物の食性は草食性と肉食性に分類されるが、人類はどちらとも食する雑食性に分類される。稲や麦などの穀類や野菜、果実などを食し、草食性の牛などの動物の肉も食することができた。そのため地球上のさまざまな地域において人類が生きるために必要な食料を得ることができた。このような雑食性という食性の広さが人類の繁栄にとって有利に働いたと考えられている。

　人類と他の動物との違いは、食性だけでなく料理をするという点にもある。人類がまだ火を使用していなかった時代には、狩猟や採取で得た動物や植物を生のままで食していたが、約 150 万年前に、木や石のような道具を使うようになり、約 50 万年前には火を使用するようになった。他の動物では、道具を用いて食物を細かく砕くという行動をとることはあるが、火を使用して調理するということはない。火を使用して調理された食物には大きな利点があった。いままで生のまま食していた多くのものに火を通すことによって、安全性が高まり、さらに軟らかく、おいしくすることができるようになった。このような道具や火を使った調理や食品加工は利用できる食品の範囲を広げ、他の動物よりさらに有利に食料が獲得できるようになり、食生活は豊かになった。数万年前頃には、一定の地域に植物の栽培を行い、家畜を飼うことも始め、移動生活から定住生活へと変化していくことになった。

　植物の栽培や家畜の飼育が始まると、食品の生産量が狩猟や採集を主体としていた時代とは比較にならないほど増大し、環境収容力が向上したことで人口も飛躍的に多くなっていった。また作物の栽培は食料生産量の増大だけでなく、毒性の低い植物の選択など食の安全性の確保にもつながった。農業と牧畜の技術をもって、人類は自然環境では食料の確保が困難である寒冷な地域にも活動範囲を広げることができた。さらに食料を得にくい季節を乗り切るために、食物の保存技術や加工技術が発達した。余分な食料を乾燥貯蔵したり、燻製にしたり、塩漬け、砂糖漬けにしたり発酵させたりして保存し、食事に変化をもたせることができるようになった。約 1 万年前には人類は安定的な食料確保を可能とし、それを基盤として文明を築き、文化を育むことができた。その後、時代とともに農業技術が発達したが、劇的な変化として 18 世紀のヨーロッパで始まった輪作とエンクロージャーによる農業革命

がある。これにより人口増加が進み、産業革命へとつながっていった。近代では農業機械や化学肥料の導入などによりさらに農業生産性の向上をもたらしている。人口増加も急激に進み、これまでとは比較にならない速度で増加している。急速な人口の増加を賄うための食料確保が必要となるが、それに伴う地球環境への負荷が急速に高まっており、食料確保と環境保全とを同時に実現することが求められる時代になっている。

1.2 食生活の時代的変化

　人類は長年、定住している土地の気候・風土に適した生産物を食料の基本とする食生活を営んできた。民族、国、地域ごとにそれぞれ独特の食品や食文化が存在している。しかし近年、加工貯蔵流通手段の発達により地球全体の規模で食品が輸出入されるようになり、多種多様な食品が手に入るようになってきた。

　日本における食品の変遷をみると、旧石器から縄文時代の遺跡からは貝殻や魚、爬虫類、鳥類、哺乳類などの骨が多く発見されている。また、どんぐり、くり、くるみなどの木の実やきのこや山菜が発見された例もあり、当時は豊かな食生活を送っていたことがうかがえる。弥生時代から古墳時代には青銅器文化が伝来し、漁具、狩具、農具も改良され生活様式は向上した。稲の栽培が始まり、米の消費が進んだ。奈良時代には鉄器が使用され、農耕が盛んとなり、栽培植物種および生産量は増大した。平安時代・鎌倉時代になると、食品の加工法は発達し保存食品数が増加した。また仏教の影響で肉食が禁止されており、貴族の食生活では肉類の摂取は控えられていたが、庶民では雑穀や野山の動植物も食されていた。室町時代・安土桃山時代・江戸時代になると、オランダ、ポルトガルとの交流が始まり、新しい食品、新しい作物やその種子、アメリカ大陸からヨーロッパに伝わった作物なども入ってきた。明治時代になり、欧米の文物、科学が入ってくると、作物や家畜が改良され、肉食が盛んとなった。第二次世界大戦以後になると、以前にも増して多種多様な外国の食品が輸入されるようになった。この傾向は貿易の自由化とともに進み、食生活の西欧化が進んだ。現在では、食品の質への関心が高く、健康性、安全性、簡便性といったことが注目されている。

1.3 食物連鎖

　すべての生物は生きていくためにエネルギーやさまざまな栄養素を必要とする。生態系では生物の間に栄養素を獲得するために食うもの（捕食生物）と食われるもの（被食生物）の関係が成り立っている。このようなエネルギーや栄養素を受け渡

す関係が**食物連鎖**である（図1.1）。食物連鎖では被食生物と捕食生物が連続的につながっている状態にあり、捕食生物と被食生物の関係は複雑である場合が多く、連鎖が入り組んで網のような構造になっていることが多いため、この連鎖のつながり全体のことを食物網という。

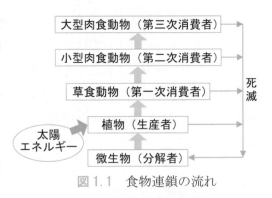

図1.1　食物連鎖の流れ

　食物連鎖のなかで植物は**独立栄養生物**、動物は**従属栄養生物**、微生物は**分解生物**とよばれている。食物連鎖をたどっていくと、すべての連鎖の出発点は植物（生産生物）となっており、生物に必要なエネルギーの根源は植物による光合成となっている。人間は雑食性であり、植物をはじめ、小型の草食動物から大型の肉食動物までも食物として利用できる高次消費生物である。高次消費生物である人間は食物の種類が多いという利点があるが、その一方で、**生物濃縮**の影響を受けやすい。生物濃縮とは生物体内に特定の物質が蓄積し、その濃度が外部の環境に存在する濃度よりも高くなることであり、食物連鎖の結果として起こる。生物濃縮に関わる物質の一例として、メチル水銀、カドミウム、ダイオキシン、農薬などがある。これらの濃縮物質が河川水や海水に溶けていると、プランクトン→魚類→鳥類などによる食物連鎖の過程で濃縮が行われ（図1.2）、上位の消費生物であるほど、つまり人間は生物濃縮の影響をより強く受けることになる。

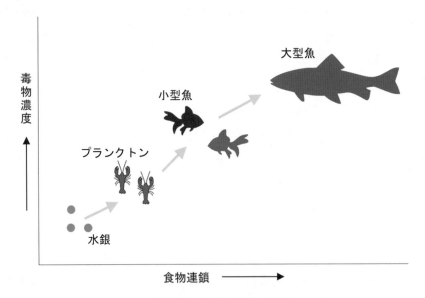

図1.2　生物濃縮の流れ

例題1　食物連鎖に関する記述である。<u>誤っている</u>のはどれか。1つ選べ。
1. 食物連鎖のつながり全体のことを食物網という。
2. 食べ物からのエネルギーはもとをたどれば太陽エネルギーである。
3. 食物連鎖のなかで植物は従属栄養生物、動物は独立栄養生物とよばれる。
4. カドミウムは食物連鎖によって生物濃縮される物質である。
5. 高次消費者は、生物濃縮の影響は大きい。

解説　3. 植物は自身でエネルギーを作り出すため独立栄養生物、動物はそれらを食することでエネルギーを得るため従属栄養生物という。　　　　　　　　　**解答** 3

2 食生活と健康

2.1 食生活と健康維持・管理

　食生活は、生きるために必要な栄養素を獲得するだけではなく、嗜好的な役割も果たし、食事を楽しく、おいしく食べることによって得られる精神的な豊かさを充足させることにも寄与し、健康状態の維持ならびに人々の生活の質（QOL）にも大きく関与している。日本人の食事の特徴として、気候と地域の多様性に恵まれ、旬の食べ物や地域産物といった食べ物を組み合わせ、調理し、摂取することで、バランスのとれた食事をとってきたといえる。このような日本型食生活は生活習慣病予防の面からも理想的な食生活であり、国際的にも注目を浴びている。一方、食生活を取り巻く社会環境の変化に伴い、朝食欠食率の増加、加工食品や特定食品への過度の依存、過度のダイエット志向、食卓を中心とした家族の団らんの喪失などが見受けられ、身体的、精神的な健康への影響が懸念される現状もある。人々の健康で良好な食生活の実現のためには、個人の行動変容とともに、それを支援する環境づくりを含めた総合的な取り組みが求められている。

　そのような状況下で、生きるうえでの基本であって、知育、徳育および体育の基礎となるべきものと位置づけるとともに、さまざまな経験を通じて「食」に関する知識と「食」を選択する力を習得し、健全な食生活を実践することができる人間を育てる**食育**を推進することが求められている「食育基本法」が平成17年6月に公布され、同年7月に施行されている。「食育基本法」では、農林水産省に設置される食育推進会議において、食育推進基本計画を作成することと定められており、平成28年3月には、それまでの食育に関する取り組みの成果と課題を踏まえ、「第3次食育推進基本計画」が決定された。この計画は、平成28年度から令和2年度までの5年

間を対象とし、食育の推進にあたっての基本的な方針や目標を掲げるとともに、食育の総合的な促進に関する事項として取り組むべき施策などを提示している。基本的な方針としては、5 つの重点課題 ① 若い世代を中心とした食育の推進、② 多様な暮らしに対応した食育の推進、③ 健康寿命の延伸につながる食育の推進、④ 食の循環や環境を意識した食育の推進、⑤ 食文化の継承に向けた食育の推進が定められている。令和 3 年 3 月には、食育推進会議において「第 4 次食育推進基本計画」が決定され（表 1.1）、令和 3 年度から令和 7 年度までのおおむね 5 年間を対象とし、食育の推進にあたって取り組むべき新たな重点事項などが定められている。

表 1.1　第 4 次食育推進基本計画の推進にあたっての目標
（農林水産省：第 4 次食育推進基本計画の概要）

目標		現状値 （令和 2 年度）	目標値 （令和 7 年度）
	具体的な目標値　（追加・見直しは黄色の目標値）		
1	食育に関心をもっている国民を増やす		
	①食育に関心をもっている国民の割合	83.2%	90% 以上
2	朝食または夕食を家族と一緒に食べる「共食」の回数を増やす		
	②朝食または夕食を家族と一緒に食べる「共食」の回数	週 9.6 回	週 11 回以上
3	地域などで共食したいと思う人が共食する割合を増やす		
	③地域などで共食したいと思う人が共食する割合	70.7%	75% 以上
4	朝食を欠食する国民を減らす		
	④朝食を欠食する子供の割合	4.6%※	0%
	⑤朝食を欠食する若い世代の割合	21.5%	15% 以下
5	学校給食における地場産物を活用した取り組みなどを増やす		
	⑥栄養教諭による地場産物に係る食に関する指導の平均取り組み回数	月 9.1 回※	月 12 回以上
	⑦学校給食における地場産物を使用する割合（金額ベース）を現状値（令和元年度）から維持・向上した都道府県の割合	―	90% 以上
	⑧学校給食における国産食材を使用する割合（金額ベース）を現状値（令和元年度）から維持・向上した都道府県の割合	―	90% 以上
6	栄養バランスに配慮した食生活を実践する国民を増やす		
	⑨主食・主菜・副菜を組み合わせた食事を 1 日 2 回以上ほぼ毎日食べている国民の割合	36.4%	50% 以上
	⑩主食・主菜・副菜を組み合わせた食事を 1 日 2 回以上ほぼ毎日食べている若い世代の割合	27.4%	40% 以上
	⑪1 日当たりの食塩摂取量の平均値	10.1g※	8g 以下
	⑫1 日当たりの野菜摂取量の平均値	280.5g※	350g 以上
	⑬1 日当たりの果物摂取量 100g 未満の者の割合	61.6%※	30% 以下

注）学校給食における使用食材の割合（金額ベース、令和元年度）の全国平均は、地場産物 52.7%
国産食材 87%となっている。

表 1.1 つづき

目標			
具体的な目標値 （追加・見直しは黄色の目標値）		現状値 （令和 2 年度）	目標値 （令和 7 年度）
7	生活習慣病の予防や改善のために、ふだんから適正体重の維持や減塩などに気をつけた食生活を実践する国民を増やす		
	⑭生活習慣病の予防や改善のために、ふだんから適正体重の維持や減塩などに気をつけた食生活を実践する国民の割合	64.3%	75%以上
8	ゆっくり噛んで食べる国民を増やす		
	⑮ゆっくり噛んで食べる国民の割合	47.3%	55%以上
9	食育の推進に関わるボランティアの数を増やす		
	⑯食育の推進に関わるボランティア団体などにおいて活動している国民の数	36.2 万人※	37 万人以上
10	農林漁業体験を経験した国民を増やす		
	⑰農林漁業体験を経験した国民（世帯）の割合	65.7%	70%以上
11	産地や生産者を意識して農林水産物・食品を選ぶ国民を増やす		
	⑱産地や生産者を意識して農林水産物・食品を選ぶ国民の割合	73.5%	80%以上
12	環境に配慮した農林水産物・食品を選ぶ国民を増やす		
	⑲環境に配慮した農林水産物・食品を選ぶ国民の割合	67.1%	75%以上
13	食品ロス削減のために何らかの行動をしている国民を増やす		
	⑳食品ロス削減のために何らかの行動をしている国民の割合	76.5%※	80%以上
14	地域や家庭で受け継がれてきた伝統的な料理や作法などを継承し、伝えている国民を増やす		
	㉑地域や家庭で受け継がれてきた伝統的な料理や作法などを継承し、伝えている国民の割合	50.4%	55%以上
	㉒郷土料理や伝統料理を月 1 回以上食べている国民の割合	44.6%	50%以上
15	食品の安全性について基礎的な知識をもち、自ら判断する国民を増やす		
	㉓食品の安全性について基礎的な知識をもち、自ら判断する国民の割合	75.2%	80%以上
16	推進計画を作成・実施している市町村を増やす		
	㉔推進計画を作成・実施している市町村の割合	87.5%※	100%

※は令和元年度の数値

2.2 食生活と生活習慣病

　日本は世界でも有数の長寿国であり、平均寿命は男女ともに 80 年を超え、今後も平均寿命が延びることが予測されている（図 1.3）。日本においては第二次世界大戦後、生活環境の改善や医学の進歩によって感染症が激減する一方で、がんや循環器疾患などの生活習慣病が増加し、疾病構造は大きく変化してきた。健康状態を示す包括的指標である「健康寿命」をみると、日本は世界で高い水準を示している。しかしながら、寝たきり老人や認知症の老人の増加、その介護の問題が大きな社会

的問題となっている。したがって、単に長命というだけでなく、心身ともに健康で
いきいきと毎日の生活を過ごしていける状態、すなわち QOL を維持した状態での長
寿（**健康寿命の延伸**）が求められている（**図1.4**）。

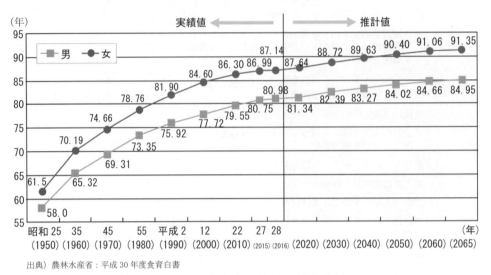

出典）農林水産省：平成 30 年度食育白書

図1.3　平均寿命の推移と将来推計

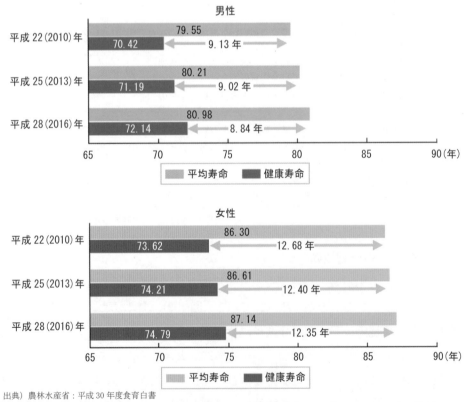

出典）農林水産省：平成 30 年度食育白書

図1.4　平均寿命と健康寿命の推移（農林水産省：平成 30 年度食育白書）

　生活習慣病は、食習慣、運動習慣、休養、嗜好などの生活習慣がその発症・進行に関与する疾患群と規定されている。生活習慣病は糖尿病、脂質異常症、動脈硬化症、高血圧症などを含み、日本人の3大死因であるがん、脳卒中、心臓病など多くの疾病の発症や進行に深く関わっていることが明らかになってきている。したがって、食生活の改善など生活習慣を見直すことで疾病の発症そのものを予防する「一次予防」の推進とともに、合併症の発症や症状の進展を防ぐ「重症化予防」が重要となっている。

　そのような健康的な食生活について参考となる情報のひとつとして「食生活指針」がある。近年の健康・栄養についての適正な情報不足や食習慣の乱れなどからの栄養バランスの偏り、生活習慣病の増加などの問題に対処して、国民の健康の増進、生活の質の向上および食料の安定供給の確保を図るため、平成12年3月に、文部省、厚生省（当時）および農林水産省が連携して策定したものが食生活指針である。その後、平成17年に食育基本法の制定、平成25年に「健康日本21（第二次）」の開始、平成28年3月には食育基本法に基づく第3次食育推進基本計画などが作成され、食生活に関するこれらの幅広い分野での動きを踏まえ、平成28年6月に食生活指針が改定されている（図1.5）。

---

① 食事を楽しみましょう。
② 1日の食事のリズムから、健やかな生活リズムを。
③ 適度な運動とバランスのよい食事で、適正体重の維持を。
④ 主食、主菜、副菜を基本に、食事のバランスを。
⑤ ごはんなどの穀類をしっかりと。
⑥ 野菜・果物、牛乳・乳製品、豆類、魚なども組み合わせて。
⑦ 食塩は控えめに、脂肪は質と量を考えて。
⑧ 日本の食文化や地域の産物を活かし、郷土の味の継承を。
⑨ 食料資源を大切に、無駄や廃棄の少ない食生活を。
⑩ 「食」に関する理解を深め、食生活を見直してみましょう。

図1.5　「食生活指針」が掲げる10項目

2.3 食嗜好の形成

　食物の摂取は栄養素の摂取が目的となるが、美味しく食べるということも重要な要素となる。調理や加工によって食品の味、色、香り、テクスチャーなどが改変され、食した人が満足感を得たときに美味しさが感じられる。美味しさには味覚、視覚、嗅覚、触覚などが相互に作用する。また、食する人の生態内部環境（生理状態、心理状態）、食環境（文化、経済、習慣、宗教、教育、情報）、外部環境なども大きく影響し、多様な要因から総合的に美味しさは判断される。

　食嗜好とは何を好むか、何を選んで食べるかという性質であり、美味しさの基準のひとつである。食嗜好は先天的要因と後天的要因などから形成される。先天的要因として、人種、民族、性別、遺伝的体質など本質的に変化しないものがあげられる。後天的要因では、親の文化や生活様式、育った地域の風土、宗教、教育などある程度固定的ではあるが変化する可能性があるものがあげられる。食嗜好においては後天的要因の影響は大きい。例えば、胎児期においても、母体の摂取した食べ物の成分の一部を母体を介して胎児期に経験することにより、その後の食嗜好性に影響を与えることが考えられている。また、乳幼児は乳汁から離乳食に移行する際、親の食習慣、食経験を介して食べ物を与えられており、親の嗜好を学習することで、食嗜好形成の基盤を形成している。食嗜好には個人差、地域差、人種差などがあり、各民族、各地域、各家庭などにはそれぞれ固有の独特な伝統的食文化が形成されている。このように世界各地、各民族に特徴的な食文化が存在し、さまざまな食習慣が存在している。

　例題 2　　食生活指針に関する記述である。正しいのはどれか。1つ選べ。

1. 生活習慣病の予防と正しい食習慣の確立のために5項目からなる。
2. 環境問題については考慮されていない。
3. 食文化や気候風土については視野に入れていない。
4. 農林水産省の単独の取り組みにより作成された。
5. 食料生産・流通から食卓、健康へと幅広い視野から目標を設定している。

　解説　5. 食生活指針は文部省、厚生省および農林水産省が連携して策定した幅広い視点から設定された指針となる。　　　　　　　　　　　　　　　　　**解答** 5

　例題 3　　食嗜好の形成に関する記述である。正しいのはどれか。1つ選べ。

1. 食嗜好の形成は乳幼児期から始まっている。
2. 食嗜好は遺伝的な面もあるが、環境的要素の影響が大きい。
3. 香りの嗜好は大部分が先天的なものであり、個人差が大きい。
4. 学童期の食嗜好の形成に親の影響は大きいが、学校教育の影響は少ない。
5. 民族的な生活経験が食嗜好の形成に影響することはない。

　解説　2. 食嗜好には先天的要因と後天的要因があるが、後天的要因の影響は大きく、どのような環境で生育するかが重要になる。

3 食料と環境問題

3.1 フードマイレージの低減

　フードマイレージは 1994 年にイギリスのティムラングらにより提唱された foodmiles という概念をもとに、農林水産省により考案されたものである。輸入相手国別の食料輸入量（t）と当該国から自国までの輸送距離（km）を乗じたものであり、この値が大きいほど地球環境への負荷が大きいという考え方である。したがって、この数値が少ないほど地球環境にとって望ましいとされているが、日本は先進国のなかでも食料輸入量が多く、貿易相手国との距離が大きいことから、欧米などの他国と比べると数値は高くなっている（図 1.6）。数値低下のためには輸入量の減少が必要であり、食料自給率の向上が課題となる。しかしながら、現状では生産コスト削減のため国内生産より安価な労働力、大量輸送が見込める国外生産物の輸入量が増大する傾向にあり、自給率の上昇には至っていない。一方、輸送機関による二酸化炭素排出量の違いは考慮されないなど、フードマイレージのみで環境負荷を考えるには限界もある。より精密に二酸化炭素排出量を把握する手段としては、商品やサービスの原材料調達から廃棄・リサイクルに至るまでのライフサイクル全体を通して排出される温室効果ガスの排出量を CO_2 に換算して、商品やサービスに分かりやすく表示する仕組みである**カーボンフットプリント**などがある。食料の供給は人間が植物による光合成の産物である資源をいかに利用できるかにかかっており、今後も安定的な食料の供給を可能とするためには、環境問題についてもしっかり考える必要がある。

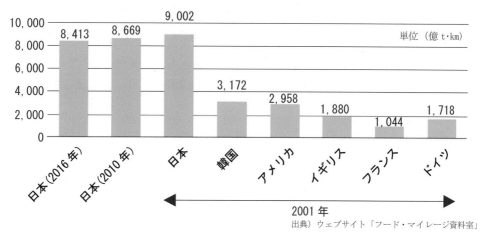

図 1.6　各国の輸入食品のフード・マイレージ比較

3.2 食料生産と食料自給率

　食料生産は時代とともに増加してきた。人類が採集生活から農耕生活に変わることによって食料を増産することができ、さらに農地を開発し、農薬や化学肥料を用いることでさらに食料の増産が可能となった。しかしながら、近年では地球環境を守るということが重要視されるようになり、農薬の規制が強化され、一部の農薬は使用禁止になるなど、食料の供給量は大きな制約を受けるようになっている。そのような状況下で日本の食料自給率に着目する。**食料自給率**とは、食料供給に対する国内生産の割合を示す指標であり、農林水産省によって公表されている。その指標には、単純に重量で計算することができる**品目別自給率**と、食料全体について共通の「ものさし」で単位を揃えることにより計算する**総合食料自給率**の2種類がある。このうち、総合食料自給率は、供給される熱量で換算するカロリーベースと金額で換算する生産額ベースの2種類の指標がある。

(1)　品目別自給率

　以下の算定式により、各品目における自給率を重量ベースで算出する。なお、品目別自給率では、食用以外の飼料や種子などに仕向けられた重量を含んでいる。

　　品目別自給率＝国内生産量／国内消費仕向量

（国内消費仕向量＝国内生産量＋輸入量－輸出量－在庫の増加量（または＋在庫の減少量））

(2)　総合食料自給率

　食料全体について単位を揃えて計算した自給率として、供給熱量（カロリー）ベース、生産額ベースの2種類の総合食料自給率が算出される（図1.7）。**カロリーベース総合食料自給率**は、エネルギー（カロリー）に着目して、国内に供給される熱量（総供給熱量）に対する国内生産の割合を示す指標である。生産額ベース総合食料自給率は、経済的価値に着目して、国内に供給される食料の生産額（食料の国内消費仕向額）に対する国内生産の割合を示す指標である。なお、畜産物については、輸入した飼料を使って国内で生産した量は、総合食料自給率における国産には算入されていない。

　日本では、昭和35年頃の食料自給率はカロリーベース総合食料自給率で約80%であった。しかし、その後顕著に減少し、近年ではカロリーベースで39%、生産額ベースで68%前後で推移している。品目別自給率については、消費減少傾向の米の自給率が高水準である一方で、消費量増加傾向である肉類などの自給率が低水準となっている（表1.2）。現在日本の自給率は先進国の中で最も低くなっている。輸入量が多い日本の食料供給は、外国の食料需給問題に左右されるという危険性を常に

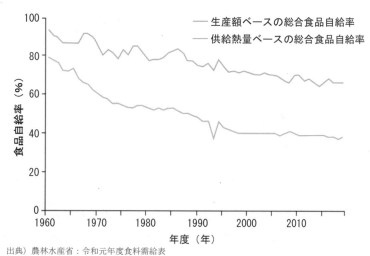

出典）農林水産省：令和元年度食料需給表

図1.7　食料自給率の推移

表1.2　主な品目別自給率の推移

品　目	昭　和 35年度	平　成 元年	令　和 元年	品　目	昭　和 35年度	平　成 元年	令　和 元年
米	102	100	97	鶏卵	101	98	96
小麦	39	16	16	牛乳および乳製品	89	80	59
いも類	100	93	73	魚介類	108	83	52
豆類	44	9	7	うち食用	111	78	56
野菜	100	91	79	海藻類	92	72	65
果実	100	67	38	砂糖類	18	35	34
みかん	111	100	99	油脂類	42	30	13
りんご	102	92	56	植物油脂	31	4	2
肉類	93	72	52	動物油脂	60	110	97
牛肉	96	54	35	きのこ類	—	92	88
豚肉	96	77	49				
鶏肉	100	84	64				

出典）農林水産省：令和元年度食料需給表

抱えており、食料の安定供給という面からは現在の状況は不安定な状況であるといえる。

例題4　食料と環境に関する記述である。正しいのはどれか。1つ選べ。

1. フードマイレージに関わる取り組みの主な目的は、地球温暖化の抑制である。
2. フードマイレージは、相手国への食料の輸出量に自国から相手国までの輸送距離を乗じて求める。
3. 品目別自給率はカロリーベースで示されている。
4. カロリーベース総合食料自給率は60％程度である。
5. 生産額ベース総合食料自給率はカロリーベース自給率より低い値となっている。

> **解説**　1. フードマイレージは二酸化炭素排出量に影響することからフードマイレージの低減に向けた取り組みは地球温暖化の抑制につながると考えられる。　2. フードマイレージは、輸入相手国別の食料輸入量（t）と当該国から自国までの輸送距離（km）を乗じたものである。　3. 品目別自給率は重量ベースで示されている。　4. カロリーベース総合食料自給率は39%である。　5. 生産額ベース総合食料自給率はカロリーベース自給率より高い値となっている。　　　　　　　　　　**解答**　1

3.3　地産地消

　近年、地元で取れた食料を地元で消費しようという**地産地消**に取り組む動きが盛んになっている。地産地消では、農産物の輸送距離の縮小によって、二酸化炭素排出量を低減できるなど、環境負荷を少なくすることができる。また、消費者にとっては食料の生産地、生産方法や生産者が容易に分かり、新鮮で安心な食料を得ることができるという利点がある。生産者にとっては、輸送コストやトレーサビリティ（食品の生産過程の把握と追及）のコスト削減につながる。

　環境問題に配慮し、商品を選択して購入する消費者のことをグリーンコンシューマーとよぶ活動がある。地産地消はそのような活動を志向するものといえる。また、ファストフードに対してその土地の風土にあった伝統的食材、料理を slow food とするイタリア発祥の考えやそれらの食文化を見直し、生活の質の向上を目指す slow food 運動などもある。このような消費者一人ひとりの行動が環境負荷を減らすことにつながることが期待される。

3.4　食べ残し・食品廃棄の低減

　食料問題のひとつとして、まだ食べることができる食品が大量に廃棄されているという**食品ロス**の問題がある。食品ロスに関しては、平成27年9月に国際連合で採択された「持続可能な開発のための2030アジェンダ」で定められている「持続可能な開発目標」（Sustainable Development Goals：SDGs）（図1.8）のターゲットのひとつに、2030年までに小売・消費レベルにおける世界全体の一人当たりの食品廃棄物を半減させることが盛り込まれるなど、国際的な食品ロス削減の機運が近年高まっている。日本においても、食品ロス削減の取り組みを「国民運動」として推進するため、令和元年に「食品ロス削減推進法」が施行され、令和2年3月には、基本方針（「食品ロスの削減に関する基本的な方針」）が閣議決定された。食品ロス量は、令和元年7月に公表した「食品循環資源の再生利用等の促進に関する法律」（食品リサイクル法）の基本方針において、食品関連事業者から発生する事業系食品ロスを、

図 1.8　SDGs のロゴ

2000 年度比で 2030 年度までに半減させる目標を設定している。一般家庭から発生する家庭系食品ロスについても「第 4 次循環型社会形成推進基本計画」（平成 30 年6 月閣議決定）において同様の目標を設定している。

　農林水産省による食品ロス統計調査の結果では、平成 26 年度における世帯食の一人 1 日当たりの食品ロス率は 3.7％であった。**食品ロス率**とは、食品使用量のうち直接廃棄・過剰除去・食べ残し重量の割合をいう。食品ロス量を主な食品別にみると、「野菜類」が最も多く、次いで「果実類」、「調理加工食品」、「穀類」、「魚介類」となっている。食品ロスの発生要因は「過剰除去」「食べ残し」「直接廃棄」となっている。これらの食品ロスの低減のためには、食品を買い過ぎない、消費・賞味期限に注意する、適量調理する、一人ひとりが意識をもって取り組むことが重要である。食品ロスは生ゴミとしての問題だけでなく、廃物処理の段階で環境負荷の増大などの問題も抱えているため、食べ残しの割合が大きい外食産業では、堆肥化や飼料化への取り組みが行われている。

　また食品ロスへの取り組みのひとつとして「フードバンク」がある。フードバンクとよばれる団体・活動では、食品企業の製造工程で発生する規格外品などを引き取り、福祉施設などへ無料で提供するという活動をしている。行政からの支援もあり、今後の活動の拡大が期待される。

例題5　地産地消と食品ロスに関する記述である。正しいのはどれか。1つ選べ。

1. 地産地消を実施すると、トレーサビリティのコストが上昇する。

2. 伝統的な地場食品を見直す考え方をファストフード（運動）という。

3. 地産地消により食品ロス率の低下が期待される。

4. 食品ロス率とは、食品使用量のうち直接廃棄・過剰除去・食べ残し重量の割合をいう。

5. フードバンク活動は、二酸化炭素排出量の削減に向けた取り組みの1つである。

解説　1. 生産者にとってはコスト削減になる。　2. 伝統的な地場食品を見直す考え方をスローフードという。　3. 地産地消と食品ロス率の間には直接の関係はないが、地産地消により食品ロス率が低下するという考えもある。　5. フードバンク活動は食品企業の製造工程で発生する規格外品などを引き取り、福祉施設などへ無料で提供するという活動をしており食品ロスの削減が期待される。　　　　　　　　　解答　4

章末問題

1　食生活と健康に関する記述である。誤っているのはどれか。1つ選べ。

1. 食生活は、生きるために必要な栄養素を獲得するためだけのものである。

2. 従来の日本型食生活は生活習慣病予防の面からも理想的な食生活である。

3. 日本は世界でも有数の長寿国であり、平均寿命は男女ともに80年を超えている。

4. 単に長命というだけでなく健康寿命の延命が必要である。

5. 生活習慣病は食生活の改善など生活習慣を見直すことで発症予防につながる。　　　　（創作問題）

解説　1. 食生活は嗜好的な役割も果たし、食事を楽しく、おいしく食べることによって得られる精神的な豊かさを充足させることにも寄与し、生活の質にも大きく関与している。　　　解答　1

2　食嗜好に関する記述である。誤っているのはどれか。1つ選べ。

1. 個人の一生で変化する。

2. 服用している医薬品の影響を受ける。

3. 分析型の官能評価（3点識別法）で調べる。

4. 環境要因による影響を受ける。

5. 栄養状態による影響を受ける。　　　　　　（第32回国家試験）

解説　3. 食嗜好は嗜好型の官能評価（2点嗜好法など）を用いて調べる。食嗜好は生理的要因や心理的要因、食文化、喫食環境、栄養状態などにも影響を受ける。　　　解答　3

3　食料と環境に関する記述である。正しいのはどれか。1つ選べ。

1. 食物連鎖の過程で、生物濃縮される栄養素がある。
2. 食品ロスの増加は、環境負荷を軽減させる。
3. 地産地消の推進によって、フードマイレージが増加する。
4. 食料の輸入拡大によって、トレーサビリティが向上する。
5. フードバンク活動とは、自然災害に備えて食品を備蓄することである。　　　（第34回国家試験）

解説　1. 食物連鎖において、栄養素では微量栄養素が濃縮されることがある。フードバンク活動は災害対策ではない。その他の記述は逆の内容である。　　　　　　　　　　　　　　　　　解答　1

4　食料問題に関する記述である。正しいのはどれか。1つ選べ。

1. 食料安全保障では、経済的自由による入手可能性は考慮しない。
2. わが国の総合食料自給率（供給熱量ベース）は、50％前後で推移している。
3. 食料自給率とは、輸入される食料も含めた潜在的供給能力をいう。
4. 食品ロスは、賞味期限切れによって廃棄された食品を含む。
5. フードマイレージは、食料の輸送量に作業従事者数を乗じて算出される。　　　（創作問題）

解説　4. まだ食べられるのに廃棄される食品が食品ロスになる。食料自給率では輸入食料は含まない。フードマイレージは食料輸送距離に輸送重量を乗じた値である。　　　　　　　　　　解答　4

5　日本の食料自給率に関する記述である。正しいのはどれか。1つ選べ。

1. 食料安全保障という観点から算出される指標である。
2. 食品安全委員会によって算出・公表されている。
3. 国民健康・栄養調査データを再集計して算出する。
4. カロリーベースでは、近年、上昇傾向にある。
5. 先進国のなかで最高の水準にある。　　　　　　　　　　　　　　　　　　　（創作問題）

解説　1. 食料自給率は農林水産省が毎年作成する食糧需給表から算出している。食糧自給率は40％前後で推移しており先進国のなかで最低水準である。　　　　　　　　　　　　　　　解答　1

第**2**章

食品の分類と食品の成分

達成目標

■原料、生産様式に基づく食品の分類について説明
　できる。

■「3 色食品群」「4 つの食品群」「6 つの食品群」
　「食事バランスガイド」それぞれの特徴について
　説明できる。

■各食品の分類と成分特性について説明できる。

1 分類の種類

1.1 原料による分類

　食品は、自然界の所属や起源によって、植物性食品、動物性食品、および鉱物性食品に分類される。

(1) 植物性食品

　植物は独立栄養生物であり、エネルギー源となる炭水化物やエネルギー代謝に関与するビタミン類などを多く含む。穀類、豆類、いも類、種実類、野菜類、海藻類、きのこ類などがそれにあたる。

(2) 動物性食品

　動物は外界から栄養源を得る従属栄養生物で、体内に動くための筋肉や骨格などを多くもっているため、たんぱく質やミネラル類を多く含んでいる。獣鳥肉類、魚介類、卵類、乳類などがそれにあたる。

(3) 鉱物性食品

　鉱物は、ミネラル（無機質）から成り立っている。食塩、炭酸水素ナトリウム（重曹）などがそれにあたる。

1.2 生産様式による分類

　一次産業の種類による分類と食品の加工方法や保蔵方法による分類がある。

(1) 産業（一次産業）の種別による分類

①農産食品：穀類、豆類、いも類、種実類、野菜類

②畜産食品：獣鳥肉類、卵類、乳類

③林産食品：きのこ類

④水産食品：魚介類、海藻類

(2) 食品の加工方法や保蔵方法による分類

食品の加工や保蔵方法により、以下のように分類される。

①塩蔵食品、糖蔵食品：食塩やショ糖による浸透圧の上昇や水分活性の低下により保存性を高めた食品。漬物、塩辛、ジャム、マーマレード、ようかんなど

②冷凍食品、チルド食品：低温により、微生物の増殖や食品成分の劣化を防止した食品。

③発酵醸造食品：加工工程中に微生物を利用した食品。しょうゆ、みそ、酒類、食酢、納豆、漬物など

④**インスタント食品、乾燥食品**：食用に際し煩雑な調理を必要とせず、輸送、携帯に便利な食品。

また、容器包装の方法により、以下のようにも分類される。

①**缶詰・びん詰食品**：120℃で4分以上の加熱殺菌、脱気密封により微生物の増殖を抑制した食品。ジャムや塩辛、ミカンやスイートコーンの缶詰など

②**レトルト食品**：プラスチックフィルムまたはアルミ箔、あるいはこれらを積層したラミネートフィルムなどの容器（袋状、パウチ）に食品を入れて密封して120℃で4分間以上加熱滅菌した食品。（レトルトとは、高圧釜のことをいう）

③**加圧食品**（超加圧食品）：高圧容器内で食品と水を入れて、数千気圧の静水圧を加えた食品。ジャムや天然果汁ジュースなど

1.3 食習慣による分類

わが国では、主食と副食を組み合わせた食習慣が定着している。主食は、あまり味をつけず、副食は主食を食べやすくするために味をつけて添えられるものである。さらに副食は、主菜、副菜、汁物に分類される。これらを組み合わせることにより、食材や味の幅が広がり、栄養バランスのとれた献立となる。

(1) 主食

米やパン、めんがそれにあたり、主としてエネルギー源になる糖質食品である。

(2) 副食

1) 主菜

肉や魚介類、卵、だいず製品などを主材料とした料理で主にたんぱく質、脂質の供給源である。

2) 副菜

野菜やいも類、きのこ、海藻類を多く使用した料理で主にビタミンやミネラルの供給源となっている。また、食物繊維などを多く含むものもあり、健康の維持増進や生活習慣病の予防に欠かせない。

3) 汁物

主菜、副菜に変化を与え、食事に豊かさを与える料理である。適度な温度で胃腸を刺激して食欲を高めたりする。

1.4 栄養素による分類

食品は、その中に含まれる栄養素とその機能により分類されている。それぞれの食品群から、まんべんなく食品を選ぶことで、栄養バランスのとれた食事ができる

ものと考えられている。

(1) 3色食品群（図 2.1）

　図のように食品の栄養素のはたらきから
赤（血や肉をつくる）、黄（体温やエネルギ
ーになる）、緑（体の調子を整える）の 3 つ
の群に分類したものである。赤群は、たん
ぱく質を多く含む食品であり、魚介類、肉
類、牛乳・乳製品、卵類、豆類がそれにあ
たる。黄群は、脂肪や糖質を多く含む食品
であり、穀類、油脂類、いも類、砂糖類が
それにあたる。緑群は、ビタミンや無機質
を多く含む食品であり、緑黄色野菜、淡色
野菜、藻類、きのこ類がそれにあたる。3

図 2.1　3 色食品分類表

色食品群は、学校給食など初歩的な栄養指導に利用される。

(2) 4つの食品群（図 2.2）

　食品に含まれる栄養素の特徴により、1 群
から 4 群に分類することができる。1 群は、
栄養に富んだ食品であり、牛乳・乳製品、卵
類などがそれにあたる。2 群は、主にたんぱ
く質源になるものであり、魚介類、肉類、豆
類と豆製品などがそれにあたる。3 群は、主
にビタミン、無機質源になるものであり、緑
黄色野菜、淡色野菜、藻類、きのこ類、いも
類などがそれにあたる。4 群は、主にエネル
ギー源になるもので穀類、砂糖類、油脂類な
どがそれにあたる。それぞれの群に属する食

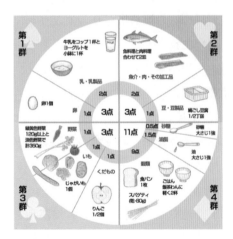

図 2.2　4 つの食品群

品の 80 kcal 相当量を 1 点として、1 日 20 点（1,600 kcal）を基本点数としている。
1〜3 群からそれぞれ 3 点ずつ（計 9 点）を優先的に摂取し、4 群で残りの 11 点を摂
取することで、エネルギーを調整するように配慮されており、献立作成上の便宜が
図られている。

(3) 6つの食品群（図 2.3）

　1981（昭和 56）年に旧厚生省から示された、食品を 1〜6 群の 6 つの群に分類し
たものである。5 群は、主食であり、1 群は主菜、2、3、4、6 群を副菜として組み

合わせることで、バランスの取れた食生活となるように設計されている。

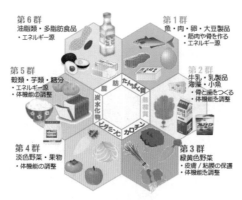

図2.3　6つの食品群

(4) 食事バランスガイド（図 2.4）

　2002（平成 14）年に出された食生活指針に基づき、それを具体的行動に結び付けるために、1日に「何を」「どれだけ」食べたらよいかの目安を分かりやすくイラストで示したものであり、厚生労働省と農林水産省によって 2005（平成 17）年に策定された。

　料理や食品を 5 つのグループに分類し、コマのイラストに上部から「主食」「副菜」「主菜」「牛乳・乳製品」「果物」の順に配置されている。このコマは、1日に「何を」「どれだけ」食べたらよいかを示しており、上部にある料理グループほど、しっかりと食べる必要がある。ただし、いも類は、サラダや煮物料理などで野菜類と一緒に調理されることが多いことから、「主食」ではなく「副菜」に区分されている。また、菓子や嗜好飲料は、コマをバランスよくまわすための「ヒモ」の役割であり、食生

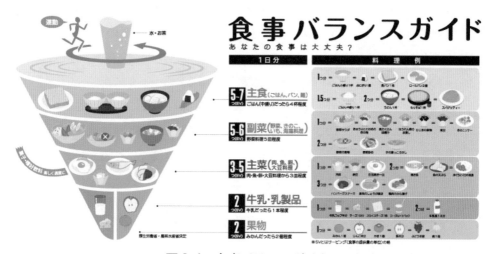

図2.4　食事バランスガイド

活における楽しみとして位置付けられ、「楽しく適度に」と表記されている。水やお茶のような「水分」は、食生活に欠かせないものとしてコマの「軸」として表され、適度な運動によりコマは安定して回転するが、これらのバランスが崩れるとコマが倒れてしまうということを意味している。

食事バランスガイドにおける1日当たりのエネルギー摂取量は、2,200±200 kcalを想定している。目安量は、区分ごとに1つ、2つというように「つ」およびSV（サービング：標準的な供与量の単位の略）で表記されている。食事バランスガイドの特徴は、「つ（AV）」のサイズが、食品ではなく料理として表示されている点である。国民健康・栄養調査のデータから典型的な料理（約100種類）についてデータベース化されている。この食事バランスガイドは、一般人に対する栄養指導や学校教育現場で活用されている。

(5) 日本食品標準成分表による分類

「日本食品標準成分表2020年版（八訂）」（以下、食品成分表）は、文部科学省科学技術・学術審議会資源調査分科会の下に設置された食品成分委員会で検討を行い、食品の分類を行ったものである。

食品成分表は**18群**に分類し植物性食品、動物性食品、加工食品の配列順に**2,478食品**が掲載されている。分類は、1. 穀類、2. いも及びでん粉類、3. 砂糖及び甘味類、4. 豆類、5. 種実類、6. 野菜類、7. 果実類、8. きのこ類、9. 藻類、10. 魚介類、11. 肉類、12. 卵類、13. 乳類、14. 油脂類、15. 菓子類、16. し好飲料類、17. 調味料及び香辛料類、18. 調理済み流通食品類である。

例題1　食品の分類の仕方に関する記述である。正しいのはどれか。1つ選べ

1. 食品の生産様式による分類において農産食品には「きのこ」が含まれる。
2. 「3色食品群」は赤、黄、青で構成されて、毎食3色食品群の食品を揃えて食べることを勧めている。
3. 「4つの食品群」では60 kcalを1点としている。
4. 「食事のバランスガイド」は、厚生労働省と文部科学省により策定された。
5. 日本食品標準成分表2020年版の食品群の18番目として「調理済み流通食品類」がある。

解説　1. きのこは林産食品である。　2. 青ではなく緑で主に野菜を示している。3. 80 Kcalを1点としている。　4.「食事のバランスガイド」は、厚生労働省と農林水産省により策定された。　　　　　　　　　　　　　　　　**解答** 5

2 植物性食品の分類と成分

2.1 穀類

イネ科植物の米、小麦、大麦、あわ、エン麦、とうもろこし、ひえ、ライ麦など
とタデ科植物に属するそばがある。米、小麦、大麦以外の穀類を雑穀と称している。

(1) 米

米は、栽培種である稲の種子であり、アジアから世界へと広がったオリザ・サティ
バ（Oryza sativa）とアフリカを中心に栽培されているオリザ・グラベリマ（Ory-
za glaberrima）に大別される。オリザ・サティバは、世界的に栽培されており、**イ
ンディカ**と**ジャポニカ**の2種類に分類されている。インディカは、インドを中心と
して東南アジアで主に栽培されており、米粒が細長く、炊いたときにパサパサして
いる。一方、ジャポニカは、日本を中心にヨーロッパ、アメリカで栽培され、米粒
が丸く、飯にすると粘りがある。

含まれるでんぷんの割合によって**うるち米**と**もち米**があり、日本で生産されてい
る米の95%がうるち米である。うるち米は、でんぷんの**アミロース**と**アミロペクチ
ン**が約2：8の割合で構成されている。うるち米の米粒は、ガラス質である。一方、
もち米は、**アミロペクチン100%**であり、炊くと粘りが強く、つくと餅（もち）に
なる。精白米（うるち米）100 g当たりのたんぱく質含量は、水稲で6.1 g、陸稲で
9.3 gである。うるち米ともち米は、栄養素の組成には大きな違いはないが、「日本
食品標準成分表2020年版」では区別して収載されている。

うるち米製品には、上新粉、きりたんぽ、ビーフンなど、もち米製品には、白玉
粉、道明寺粉、餅などがある。

■ 米の精白による栄養成分の変化

米は、収穫後に精白されて食用になる。収穫さ
れたもみは、もみ殻、ぬか（糠）（果皮、種皮、糊
粉層）、胚乳、胚芽からなる（図 2.5）。もみ殻を
除去すると玄米となる。玄米を精白すると、果皮
が除かれて五分搗き精米（半搗き米）となり、さ
らに精白すると、胚芽も取れて七分搗き精米、さ
らに精白され完全にぬかが取れて胚乳のみとなっ
たものが白米である。精白の過程で、多くの栄養
成分（ビタミンB群など）が除かれてしまう。

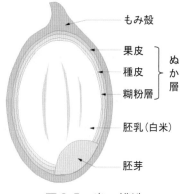

図 2.5　米の構造

(2) 小麦

　小麦が、世界で最も多く栽培されている穀物である。世界で栽培されている小麦には、多くの種類と品種がある。小麦は、秋に播いて翌年の初夏に収穫する**冬小麦**と、春に播いて秋に収穫する**春小麦**とがある。世界で生産されている小麦の大部分は、冬小麦である。また、粒が硬いものを硬質小麦といい、たんぱく質含量が高く、ガラス質である。一方、硬質小麦と逆の性状の小麦を軟質小麦という。

1) 小麦粉（図2.6）

　小麦粒は、みそやしょうゆの原料として利用されているが、米のように粒食されることはなく、製粉して小麦粉として利用されている。小麦粒各部は、外皮13%、胚芽2%、胚乳85%である。小麦粒を製粉すると、糊粉層、胚芽はふすま（麩）として除かれるため、小麦粉の歩留まりは、70〜80%である。

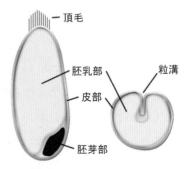

図2.6　小麦粒の構造

2) 小麦粉の用途

　小麦粉は、その用途により、**強力粉**、**中力粉**、**薄力粉**などに分けられる。また、各小麦粉は、1等粉、2等粉、3等粉、末粉にその等級が分けられる。分類は、主にたんぱく質含量によるもので、強力粉は、たんぱく質含量が高く、中力粉、薄力粉の順にたんぱく質含量が少なくなる。強力粉はパン、中力粉はめん類、薄力粉は一般菓子やてんぷらに適している。

(3) 大麦

　大麦は一年草または越年草の植物で、世界最古の栽培種のひとつである。大麦には穂に粒が縦に6列並んでつく**六条大麦**（Hordeum vulgare L.）、粒が縦に2列に並んでつく**二条大麦**（Hordeum distichum L.）に大別される（図2.7）。二条大麦は、穂の形からヤバネ種、またビール醸造用の麦芽に用いられるので、ビール麦ともよばれる。

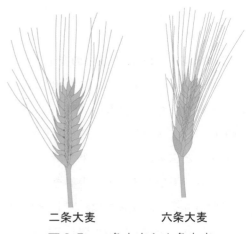

二条大麦　　　　　六条大麦

図2.7　二条大麦と六条大麦

　大麦の主成分は、炭水化物であり、アミロースとアミロペクチンが約1：4で構成されているでんぷんが大部分である。

例題2　米に関する記述である。正しいのはどれか。1つ選べ。

1. うるち米のアミロース：アミロペクチンは2：5である。

2. もち米は、アミロース100%である。

3. 「日本食品標準成分表2020年版」では、うるち米ともち米を区別しないで収載している。

4. もみ殻と胚芽を除去すると玄米となる。

5. 精白され完全にぬかが取れて胚乳のみとなったものが白米である。

解説　1. うるち米のアミロース：アミロペクチンは2：8である。　2. もち米は、アミロペクチン100%である。　3. うるち米ともち米を区別して収載している。　5. もみ殻を除去すると玄米となる。　　　　　　　　　　　　　解答　5

例題3　小麦、大麦に関する記述である。正しいのはどれか。1つ選べ。

1. 世界で生産されている小麦の大部分は、春小麦である。

2. 小麦粉は、脂質量の違いにより、強力粉、中力粉、薄力粉に分類される。

3. 小麦粉の強力粉は、中力粉に比べてたんぱく質含量が高い。

4. 六条大麦は、ビール醸造用の麦芽に用いられる。

5. 大麦のでんぷんは、アミロースとアミロペクチンが約1：5で構成されている。

解説　1. 世界で生産されている小麦の大部分は、冬小麦である。　2. 分類はたんぱく質含量による。　4. ビール醸造用の麦芽に用いられるのは二条大麦である。　5. アミロースとアミロペクチンが約1：4で構成されている。　　　　　　　解答　3

(4) 雑穀類

1) とうもろこし

　とうもろこしはイネ科の一年草である。とうもろこしの種子の胚乳は、たんぱく質が多く存在する角質胚乳と、でんぷん含量の高い粉質胚乳に分けられる（図2.8）。

　とうもろこし種子の主成分は、炭水化物であり、70.6%を占めている。ほとんどがでんぷんであり、アミロースとアミロペクチンが1：3の割合で構成されている。たんぱく質は

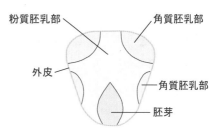

図2.8　とうもろこしの種子断面

約 8.6％含まれており、主なものとしては、プロラミンたんぱく質の**ツェイン**である。ツェインの第一制限アミノ酸はリシン、第二制限アミノ酸はトリプトファンである。

2) そば

そばは、タデ科に属する一年生草木であり、中央アジアの冷涼地域が原産地である。普通種の普通そばが世界中で栽培されており、他にネパールや中国などで栽培されているダッタン種のダッタンそばがある。種子は、三角稜形をしており、黒褐色で硬い外皮が胚乳を包んでいる（図 2.9）。

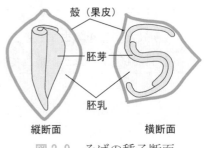

図 2.9　そばの種子断面

そばの主成分は、炭水化物であるが、たんぱく質は約 12％（全層粉）存在し、他の穀物よりも多い。そばのたんぱく質は、水溶性のグロブリンやグリテリンが多く、粘性を示すプロラミンの含量は低い。たんぱく質のアミノ酸組成は、リシンやトリプトファンなどのアミノ酸を多く含み、そば全層粉では、アミノ酸価が 100 であり、良質なたんぱく質供給源である。また、食物繊維やルチンなどの機能性成分の含量も多い。なお、そばはアレルギー物質として**ファゴピリン**を含む。

例題 4　とうもろこしとそばに関する記述である。正しいのはどれか。1 つ選べ。

1. とうもろこしはマメ科の植物である。
2. とうもろこしの第 1 制限アミノ酸はトリプトファンである。
3. とうもろこしの胚乳は、でんぷん含量の高い角質胚乳とたんぱく質含量の高い粉質胚乳に分けられる。
4. そばはイネ科の植物である。
5. そばにはアレルギー物質としファゴピリンを含む。

解説　1. とうもろこしはイネ科の植物である。　2. とうもろこしの第 1 制限アミノ酸はリシンである。　3. でんぷん含量の高い粉質胚乳とたんぱく質含量の高い角質胚乳に分けられる。　4. そばはタデ科の植物である。　　　　　　　　　　**解答** 5

---

3) ライ麦

イネ科に属する一年生または越年生草木であり、西アジアを原産としている。種子は、小麦と似ているが、小麦粉のように生地をつくることはできない。ライ麦は、

製粉して黒パンに用いられたり、ウォッカの原料として利用されたりしている。

4）あわ（粟）

イネ科に属する一年生の草木である。東南アジア原産であり、日本にはイネより早く伝来し、縄文時代から栽培され、最も古い穀類のひとつである。あわの用途は、精白して米の飯に混ぜたり、餅にして食したりしている。また、製粉して団子や菓子用に用いられている。

5）ひえ（稗）

イネ科に属する一年生の草木である。インド原産で耐寒性が強く、寒冷地や高地、やせた土地でも栽培が可能である。ひえという名前は、「冷え」に耐えることに由来しているといわれている。日本では、縄文時代より栽培され、あわと並んで当時の主食であった。現在、食用としては加工が難しいために、あわなどに比べて使用頻度は低い。

6）きび（黍）

イネ科の一年生の草木である。中央アジアの温帯地域原産であり、高温乾燥に強く、やせた土地でも栽培が可能である。現在、北海道や岡山県、広島県などで少量ながら栽培されている。団子（きび団子）などの菓子に利用されている。

7）アマランサス

ヒユ科に属する一年生草木である。アンデス地方が原産である。玄穀では、たんぱく質や脂質を多く含んでおり、栄養価が高い。製粉したアマランサスを小麦粉と混合し、菓子、パン、めんなどに利用されている。近年、米や麦のアレルギー患者用の代替食として注目されている。

2.2　いも類

多年草の植物が根や地下茎に栄養素を貯蔵し、肥大したものである。じゃがいも、さつまいも、さといも、ヤーコン、やまのいも、こんにゃく、キャッサバなどをさす。さつまいもやキャッサバは、根が肥大したものであり、じゃがいもやさといもは塊茎であり地下茎にでんぷんなどの栄養素を蓄積させて肥大したものである。

（1）じゃがいも

じゃがいもは、**ナス科**の一年生草木である。いもは、地下茎の先端が肥大したものである。別名として、馬鈴薯（ばれいしょ）、じゃがたらいも、にどいも、ごしょういも、甲州いもなどがある。日本では、北海道が全国生産量の約75%を占めている。じゃがいもは、多くの品種があるが、男爵やメークインが代表的である。

じゃがいもの用途は、食用、でんぷん原料、加工用の3つに大別され、じゃがい

もでんぷんは、片栗粉として市販されている。また、春植え（春に種芋を植えて夏に収穫する）のものと、秋植え（初秋に植えて冬に収穫する）のものもあり、春植えのじゃがいもが約 99.8%を占める。

■ 成分

じゃがいもの主成分は、炭水化物（17～18%）であり、そのほとんどがでんぷんである。一般的に単糖類や二糖類は少ない。また、穀類と比較するとビタミンC含量が多いのも特徴である。一方、発芽部と緑色部には、神経毒の配糖体**ソラニン**が含まれている。

(2)　さつまいも

さつまいもは**ヒルガオ科**の一年生草木である。いもは、根が肥大した塊根である。別名としては、かんしょ（甘藷）、りゅうきゅういも、からいもなどがある。さつまいもの用途は、食用、でんぷんやアルコールなどの加工原料、そして飼料用に分けられる。さつまいもも多くの品種があり、食用ではべにあずま、紅赤、安納芋、あやむらさき（紫いも）などがある。皮の色は、いずれも紅色で、形状は、紡錘形から長紡錘形、肉色は黄色から黄白色である。あやむらさきの皮には、アントシアニンが多く含まれ、暗赤紫色である。でんぷん原料用としては、こがねせんがん、しろゆたか、たまゆたかなどがある。さつまいもの生産は、鹿児島県が第1位である。

■ 成分

さつまいもは、水分が約66%、炭水化物が31.5%、たんぱく質が1.2%、脂質が0.2%である。さつまいもの炭水化物は、大部分がでんぷんであるが、スクロース、グルコース、フルクトースなども数%含んでおり、じゃがいもに比べると甘味が強い。さつまいもには、β−アミラーゼを多く含むために、貯蔵や加熱などにより、でんぷんが分解されマルトースが増えて甘味を増す。焼きいもが甘いのは、そのためである。他にも、ビタミンCを多く含み、いも類の中では最も多く、加熱してもでんぷんに保護されることから損失が少ない。

黒斑病に侵されたさつまいもは、その部分が黒く変色し、苦み成分である**イボメアマロン**がつくられる。この物質は、独特の香りと苦みがあるだけでなく、家畜への中毒事例も報告されていることから、食用には適さなくなる。

(3)　その他のいも類

1)　さといも

さといもは、サトイモ科の多年性植物であり、地中の茎が肥大して親芋となり、その周囲に多くの子いも、さらに孫いもができる。別名として、いえいも、いえついも、みずいも、はいもなどがある。さといもの主成分は炭水化物であり、そのほ

とんどがでんぷんである。さといもの独特の粘性は、多糖類の**ガラクタン**、えぐ味は**ホモゲンチジン酸**である。また、生のさといものぬめりに触れるとかゆくなるのは、**シュウ酸カルシウム**によるものである。加えて、食物繊維なども含まれており、その生体調節機能も注目されている。

2) やまのいも

やまのいもは、**ヤマノイモ科**のつる性の多年生植物であり、塊茎を食用としている。現在、日本で栽培されている品種は、ながいも、じねんじょ（自然薯）、だいじょがある。やまのいも類の主成分は、炭水化物であり、主としてでんぷんと粘質物である。この粘質物は、アセチル化したマンナンが主体の多糖であり、マンノースの他にアラビノース、グルコース、ガラクトースが含まれている。また、この粘質多糖には、たんぱく質が 2%、リンが 1〜2%含まれており、熱や酸で変性して粘りを失う。じねんじょは粘性が最も高く、だいじょややまといもも粘度が非常に高い。

3) こんにゃくいも

サトイモ科に属する多年生植物であり、いもは地下茎が肥大したものである。収穫まで 2〜3 年を要する。主として東北南部や北関東の山間地域で栽培されている。品種は、在来種、支那種、備中種があり、育成品種には、はるなくろ、あかぎおおだまなどがある。

こんにゃくいもの主成分は、難消化性の**グルコマンナン**で約 10%含まれている。グルコマンナンは、吸水性が非常に高く、水に溶かすと徐々に膨潤し、強い粘性を有するこんにゃくゾルとなる。こんにゃくゾルに、水酸化カルシウムや炭酸カルシウムなどのアルカリを凝固剤として加え、加熱すると、不可逆性のゲルに変化する。これがこんにゃくである。

4) キャッサバ

トウダイグサ科の多年生植物であり、いもは茎の基部から出た不定根が肥大化したものである。キャッサバは、熱帯地域で栽培される。

キャッサバは、甘味種と苦味種があるが、ともに毒性のある青酸配糖体である**リナマリン**を含む。その含有量は、甘味種にはほとんどなく、苦味種に多い。甘味種は、外皮を除去し生食する他、パンや菓子の材料になる。苦味種は、そのままでは食用にはならないが、でんぷん含量が高く、大きな塊根をつくるため、でんぷん原料として利用される。キャッサバでんぷんは、**タピオカ**でんぷんとよばれている。タピオカでんぷんを膨潤状態にして加熱し、半糊化し粒状にしたものを**タピオカパール**といい、これをミルクティーなどに加えたものがタピオカティーである。

5）ヤーコン

　ヤーコンは、**キク科**の多年生植物であり、中南米アンデス高地原産であり、地下部にさつまいもに似た塊根を数個形成する。食感は、シャキシャキして歯切れがよく、少し甘みもあり、多汁性である。ヤーコンの主成分は、イヌリンである。また、ポリフェノールも含み、皮をむくと酸化して褐変する。ほのかに甘みがあり、生食用、調理用に利用される。

6）きくいも

　キク科の多年生植物であり、いもは地下茎が肥大化したものである。でんぷんはほとんど含まれず、主成分はイヌリンである。煮物や炒め物に使われる他、みそ漬け、粕漬けなどの漬物として食される。また、乾燥して粉末化し、健康食品素材としても利用される。

例題 5　　いも類に関する記述である。正しいのはどれか。1 つ選べ。

1. じゃがいもは、じゃがいも科の一年生草木である。
2. じゃがいもの発芽部と緑色部には、神経毒の配糖体イヌリンが含まれている。
3. さつまいもは、地下茎が膨らんだ塊茎である。
4. さといもの独特の粘性は、多糖類のマンナンである。
5. 生のさといものぬめりに触れるとかゆくなるのは、シュウ酸カルシウムによる。

解説　1. じゃがいもは、ナス科である。　　2. じゃがいもの発芽部と緑色部には、ソラニンが含まれている。　　3. さつまいもは、根が肥大した塊根である。　　4. さといもの独特の粘性は、多糖類のガラクタンである。　　　　　　　　　　**解答** 5

2.3 まめ類

　マメ科の一年草木や越年生草木の種子である。豆類は、穀物同様に世界の主要な食料源である。豆類は、たんぱく質や脂質を多く含んでいる。一般的に乾燥している豆類の水分は、15％程度であるので、貯蔵性に富んでいる。だいず、あずき、らっかせい、いんげんまめ、えんどう、そらまめ、りょくとう、ささげなどがそれにあたる。

(1) だいず

　本来冷涼を好む作物であり、中国や日本など限られたアジア地域を中心に栽培されてきた。その後、品種改良が進み、1950 年頃より、アメリカで大規模に栽培されている。

だいずは、豆腐や納豆、きな粉などの原料として用いられる。また、輸入だいず
は、精油、しょうゆやみそなどの醸造、飼料などに用いられている。日本のだいず
は、約 400 種類あり、地域ごとに栽培品種が異なる。また、種皮色からは、黄色（白
色または黄色）、緑色、褐色、黒色、斑色の 5 つに分類される。さらに、臍の色で、
白、黄、赤、黒などに細分される。種実の形から、楕円形、球形、扁平に分けられ、
莢の形からも扁平莢種、豊円莢種に、生態学的特性で夏だいず型と中間型、秋だい
ず型に分けることができる。

■ だいずの成分

だいずの主な成分（国産黄だいず：乾）は、たんぱく質（33.8%）と脂質（19.7%）、
炭水化物（29.5%）であるが、でんぷんはほとんどないのが特徴である。だいずの
主なたんぱく質は、グリシニン（63%）、ファゼオリン（17%）であり、他にアルブ
ミンも少量存在する。また、トリプシン阻害作用のあるだいずトリプシンインヒビ
ターや赤血球凝集作用のあるレクチンの一種ヘマグルチニンを含むため、生食は避
け、加熱調理しなければならない。

脂質は、半乾性油でリノール酸（49.7%）、オレイン酸（25.2%）、パルミチン酸
（10.7%）などの不飽和脂肪酸を多く含んでいる。リン脂質の大部分は、レシチンで
あり、乳化剤として食品加工に利用されている。炭水化物は、スクロース、難消化
性のラフィノース、スタキオースなどのオリゴ糖やセルロース、ペクチンなどの難
消化性多糖類を含む。

(2) あずき

インドが原産地であり、中国で古くから栽培されてきた。日本には、3 から 8 世
紀に中国から伝来し、栽培の歴史は古い。あずきの主産地は北海道であり、粒の大
きさから大きいものを大納言（丹波大納言、アカネダイナゴンなど）、小さいものを
普通あずき（エリモショウズ、きたおとめなど）、白だいず（備中白だいずなど）が
ある。

■ あずきの成分

あずき（乾物）は、炭水化物（58.7%）、たんぱく質（20.3%）と多く、脂質（2.2%）
は少ない。だいずの主成分がたんぱく質であるのに対して、あずきはでんぷん含量
（炭水化物の 60%以上）が多いのが特徴である。アミノ酸価は 100 である。あずき
は吸水しにくいのでだいずのように水に浸漬してふやけることがない。したがって、
水か湯に浸けてから煮始めると早く柔らかくなる。あずきの主なたんぱく質は、**ファ
ゼオリン**であり、色素はアントシアニン類の**クリサンテミン**である。また、だい
ずと同様、トリプシンインヒビターやレクチンなどを含み、硬い種皮で覆われてい

るので、水を加えて加熱調理する必要がある。あずきの加工食品としては、つぶしあん、こしあん、さらしあんなどがある。

(3) いんげんまめ

メキシコが原産地である。食肉の摂取が少ないインディオのたんぱく質源であった。日本には、明治以降、多数の実用品種が欧米から導入された。品種は、大手亡（てぼう）、金時豆、とら豆、うずら豆、大福豆などがある。いんげん豆の大部分は北海道で生産される。いんげん豆（乾）の成分は、炭水化物（57.8%）、たんぱく質（19.9%）、脂質（2.2%）とあずきに似ている。

(4) えんどう

地中海沿岸から中央アジア原産の一年生草木であり、17世紀に英国で現在の品種となった。さやえんどうやスナップえんどうは、莢のままで種実が未熟のうちに収穫したものであり、グリーンピースは、種実が十分に熟して、莢が固くなってから収穫したものである。えんどう（乾）の主成分は、炭水化物（60.4%）、たんぱく質（21.7%）、脂質（2.3%）で、炭水化物の主体はでんぷんである。なお、さやえんどう、グリーンピースなどは、日本食品標準分析表では野菜類に分類されている。

(5) そらまめ

西南アジアまたは北アフリカが原産地である。日本には16〜17世紀に中国から伝わった。主成分は、炭水化物（55.9%）、たんぱく質（26.0%）である。炭水化物は、でんぷんが主であり、たんぱく質は、グロブリンが主である。

例題 6　まめ類に関する記述である。正しいのはどれか。1つ選べ。

1. だいずのでんぷん含有率は60%である。
2. だいずは、消化酵素を阻害するトリプシンインヒビターを含んでいる。
3. あずきのアミノ酸価は0である。
4. あずきの色素はシアニジンである。
5. グリーンピースは、日本食品標準分析表では豆類に分類されている。

解説　1. だいずは、でんぷんをほとんど含んでいない。　3. あずきのアミノ酸価は100である。　4. あずきの色素はアントシアニン類のクリサンテミンである。
5. グリーンピースは、日本食品標準分析表では野菜類に分類されている。　**解答** 2

2.4 種実類

植物の果皮が硬くなった堅果類（ナッツ）と種子を食用とするものの総称である。

堅果類は、くり、くるみ、アーモンド、ぎんなんなどである。植物の種子を食用とするものには、ごまやあさの実（麻の実）、ひまわりの種子などがそれにあたる。らっかせいはまめ類であるが食品成分表では種実類に分類されている。

(1) アーモンド

バラ科の落葉高木であり、小アジア地域が原産地である。地中海沿岸やカルフォルニアなどで栽培されている。スイートアーモンドは食用となり、ビターアーモンドの油はリキュールに使用される。主成分は、脂質（51.8%）、たんぱく質（19.6%）であり、エネルギーが 585 kcal と高い。またビタミン B_1 が多い。

(2) ぎんなん

イチョウは、中国原産の落葉高木であり、1 科 1 属 1 種で、近縁の植物は存在しない。ぎんなんは、そのイチョウの種子の堅い殻に包まれたやわらかい胚乳である。種実は、球形で外種皮が黄熟する。煮たり焼いたりして食用とする。主成分はでんぷんであり、たんぱく質や脂質は少ないが、レシチンやエルゴステリンなどを含む。また、$β$-カロテンやビタミン C は比較的多い。ぎんなんには**ビタミン B_6 拮抗阻害作用**を有する有毒成分の **4-O-メチルピリドキシン**が含まれる。

(3) くり

ブナ科クリ属の落葉樹である。日本ぐり、中国ぐり、西洋ぐり、アメリカぐりがある。毬状に発達したイガ（果托）の中に 1〜3 個の堅果があり、それが栗の実である。日本ぐり（生）の主成分は、でんぷんを主体とする炭水化物（36.9%）である。スクロース含量が高く、フルクトースとグルコースも含んでいるため、甘味がある。また、ビタミン C も多く含まれている。中国ぐりは、あまぐりとよばれ、天津ぐりとして輸入されている。甘く、渋皮がむけやすい。焼き栗（天津甘栗）として市販されているクリである。くりの実の黄色はカロテノイド系色素の**ルテイン**による。

(4) くるみ

クルミ科の落葉高木であり、イラン付近を原産地とする。おにぐるみとひめぐるみが在来種であり、その他は外来種である。くるみ（炒り）の主成分は、脂質（66.8%）である。エネルギーは 674 kcal/100 g と高い。くるみから採取した油は、融点が低く、不飽和脂肪酸（リノール酸、$α$-ノレン酸、オレイン酸など）が多い良質の乾性油である。

(5) ごま

ゴマ科の一年草の作物であり、古くから利用されてきた。ごまの主成分は、脂質（51.9%）であり、パルミチン酸やオレイン酸、リノール酸などが多く含まれている。たんぱく質（19.8%）の大部分は、グロブリンである。ごまは、脂質含量が高い白

ごまと、少し低い黒ごまに分けられ、白ごまは搾油用、黒ごまは食用に利用される。搾油された新鮮なごま油には、リグナン類である**セサミン**を含むのが特徴である。食用は、ごま塩、ごま和え、ごま豆腐や菓子用として利用されている。

（6）らっかせい

マメ科の一年草であり、食用の種子は南京豆、ピーナッツともいう。2021年現在、国内での落花生の一大産地は千葉県であり、おおまさりやQナッツなどの品種がある。受粉後、子房柄が伸びて地中に入り、地中で殻入りの実をつける。

脂質が47.5%で、オレイン酸、リノール酸を含んでいる。たんぱく質が25.4%でグロブリンが多い。炭水化物は18.8%を含む。

生産量の半量は搾油原料になる他、炒りピーナツ、ピーナツバターなどになる。

例題7 種実類に関する記述である。正しいのはどれか。1つ選べ。

1. アーモンドの脂質含量は50%以下である。
2. ぎんなんには、4-O-メチルピリドキシンが含まれ、ビタミンB_{12}欠乏症を起こさせる。
3. 日本くりは小粒で渋皮がむけやすく、天津甘栗に加工される。
4. くるみの主成分はたんぱく質であり、約70%を占める。
5. 搾油された新鮮なごま油には、リグナン類であるセサミンが含まれる。

解説 1. アーモンド主成分は脂質であり約52%と50%を超えている。 2. 4-O-メチルピリドキシンは、ビタミンB_6欠乏症を起こさせる。 3. 中国くりが小粒で渋皮がむけやすく、天津甘栗に加工される。 4. くるみの主成分は脂質であり、約70%を占める。 **解答** 5

2.5 野菜類

食用とする草本性植物の総称である。野菜は、食用とする部位により、葉菜類、茎菜類、根菜類、果菜類、花菜類に分類される。

（I）葉菜類

葉や茎を食用とする野菜のこと。キャベツ、レタス、はくさい、チンゲンサイ、ほうれんそう、こまつな、ねぎなどがある。

（1）キャベツ

アブラナ科のアブラナ属の植物である。キャベツは年中市場に出回っている。野生種であるケールから進化したものである。当初は、薬用として栽培され、古代ギ

リシア・ローマ時代には胃腸薬として用いられていた。実際、潰瘍抑制作用がある
とされる**メチルスルホニウムメチオニン**を含むのが特徴である。ビタミンC（41
mg/100 g）も多い。キャベツ独特の味は、糖分やアミノ酸によるものであり、**イソ
チオシアネート**類も含まれており、これがキャベツの風味となっている。

(2) レタス

キク科のアキノノゲシ科の植物であり、キャベツのように結球している。レタス
は、95.9%が水分であり、**ラクチュコピクリン**とよばれる苦み成分が含まれており、
中枢神経に作用し、鎮静効果と鎮痛効果を有するとされている。

(3) はくさい

アブラナ科のアブラナ属の植物である。はくさいは、やわらかくて癖がないので、
多くの料理に利用されている。成分は、キャベツとほとんど同じであるが、カリウ
ムがキャベツよりも多い。特徴的な成分としては、**イソチオシアネート**類の一種で
あるジチオールチオニンが含まれている。

(4) ほうれんそう

アカザ科ホウレンソウ属の野菜である。年中出回っている野菜であるが、旬は秋
から冬である。成分の特徴は、カロテンとビタミンC、鉄分が多く含まれているこ
とであり、栄養的に優れた緑黄色野菜である。ビタミンC含量は季節変動が激しく
夏採りでは 20 mg/100 g、冬採りでは 60 mg/100 g と大きな差がある。
一方、シュウ酸が多く含まれており、ほうれん草の中のカルシウムと結合している
ために、カルシウムが吸収されにくい。

(Ⅱ) 茎菜類

たまねぎ、にんにく、たけのこ、にら、セロリー、アスパラガスなどがある。

(1) たまねぎ

ユリ科ネギ属の植物であり、鱗茎を食用とする。中央アジアが原産地である。品
種としては、辛たまねぎと甘たまねぎに大別される。日本で流通しているたまねぎ
の多くは、辛たまねぎである。成分的には、糖分が多く、その主なものはショ糖で
あり、グルコース、フルクトース、マルトースなども含まれる。またアルギニンや
グルタミンといったアミノ酸も多い。生のたまねぎを切断すると催涙作用を促すの
は、**チオプロパナール-S-オキシド**という含硫化合物が気化して目や鼻の粘膜を刺激
するからである。また、フラボノイド系の**ケルセチン**が含まれており、ケルセチン
に血糖降下作用があると期待されている。

(2) にんにく

ユリ科ネギ属の植物であり、鱗茎を食用とする。特徴的な成分として、**アリシン**

がある。アリシンは、**アリイン**という含硫アミノ酸に**アリイナーゼ**が作用して形成される化合物であり、にんにくの特徴的な香りのもとである。アリシンは、抗酸化作用や抗菌活性の他に、ビタミンB_1と結合して**アリチアミン**となり、吸収性が高いビタミンB_1となる。

(3) たけのこ

イネ科の竹の若茎のことをいう。一般的には孟宗竹（モウソウタケ）とよばれる竹の若茎を食用としている。たけのこを食用としているのは、日本と中国くらいである。たけのこは、新鮮野菜としてはたんぱく質含量が高く、グルタミン酸やベタインなどのうま味成分も含まれている。また、亜鉛も多く含まれているのが特徴である。たけのこは、掘りたては生食が可能であるが、時間が経過するとあくやえぐみが強くなる。これらの原因物質は、**ホモゲンチジン酸**（チロシンが酸化されたもの）と**シュウ酸**である。あく抜きしたたけのこの煮汁が冷えると白濁するのは、**チロシン**が析出したからである。

例題8　葉菜類、茎菜類に関する記述である。正しいのはどれか。1つ選べ。

1. キャベツには潰瘍抑制作用があるとされるイソチオシアナート類を含んでいる。
2. レタスの苦み成分ホモゲンチジン酸は、鎮痛効果を有するとされている。
3. ほうれんそうのビタミンC含量は、季節による変動は少ない。
4. たまねぎが催涙作用を促すのは、チオプロパナール-S-オキシドによる。
5. あく抜きしたたけのこの煮汁が冷えると白濁するのは、シュウ酸の析出による。

解説　1. キャベツに含まれる潰瘍抑制作用があるとされる物質は、メチルスルホニウムメチオニンである。イソチオシアナート類はキャベツなどの辛味成分である。2. レタスの苦み成分はラクチュコピクリンであり、鎮痛効果を有するとされている。ホモゲンチジン酸はたけのこのえぐ味成分である。　3. ほうれんそうのビタミンC含量は季節変動が大きい。　5. 白濁の原因はチロシンの析出による。　　　**解答**　4

(III) 根菜類

根を食用とする野菜のことをいう。だいこん、にんじん、ごぼう、しょうが、れんこん、わさびなどがある。

(1) だいこん

アブラナ科ダイコン属の野菜である。主に根を食用としている。大別すると白首種と青首種に大別される。成分的な特徴は、まず**ジアスターゼ**（アミラーゼ）が含

まれていることである。大根おろしに消化を助ける作用があるのは、このジアスターゼによるものである。また、だいこんには、**イソチオシアネート類**も多く含まれている。

(2) にんじん

　にんじんは、セリ科ニンジン属の野菜である。にんじんの品種は、日本にんじんと西洋にんじんに大別される。日本にんじんは、中国を経て 17 世紀頃に導入された東洋系品種から産まれたものである。赤色の強い金時にんじんが代表格であり、京野菜として知られている。一方、西洋にんじんは、オランダやフランスで品種改良が進み、江戸時代末期に日本に伝来した。その後、西洋にんじんが主に出回るようになった。

　にんじんの成分の特徴は、カロテン（9,100 μg/100 g）を非常に多く含んでおり、ビタミン A の主要な給源となっている。

(3) ごぼう

　ごぼうは、キク科ゴボウ属の 2 年生の草木である。ごぼうを食用としているのは、日本と朝鮮半島ぐらいである。ごぼうの特徴的な成分にイヌリンがある。食物繊維としての効果を有している。

(4) れんこん

　スイレン科ハス属のはすの地下茎が肥大化したものである。れんこんの成分で特徴的なのは、でんぷんを主とする炭水化物（15.5%）である。またビタミン C も比較的多く含まれている。

(Ⅳ) 果菜類

　果実を食用とする野菜のことをいう。かぼちゃ、トマト、なす、きゅうりなどがある。

(1) かぼちゃ

　ウリ科カボチャ属の植物の総称であり、その果実を食用とする。日本かぼちゃと西洋かぼちゃに大別される。成分をみると、水分が日本かぼちゃで86.7%、西洋かぼちゃで76.2%であるので、西洋かぼちゃの方が濃厚で粉質である。次いで、炭水化物であり、でんぷんとショ糖からなっている。他にカロテンが多く含まれており、ビタミン A の給源として重要な緑黄色野菜である。また、ビタミン C も多く含まれている。

(2) トマト

　トマトは、ナス科ナス属の植物、またはその果実のことをいう。果実部分を食用として用いられる。トマトの特徴的な成分は、カロテン、**リコピン**である。リコピ

ンはトマトの赤色の天然色素であり、それ自体ビタミンAに変換されることはないが、強い抗酸化作用を有している。その他の色素成分にキサントフィルやβ-カロテンがある。トマトの甘さは、グルコースとフルクトースといった糖分が含まれているからであり、酸味はクエン酸やリンゴ酸によるものである。他にも遊離グルタミン酸を比較的多く含んでいる。また、リノール酸の一種である 13-オキソ-9, 11-オクタデカジエン酸が、肝臓や血中の中性脂肪量を減少させる効果があることが報告されている。

(3) なす

なすは、ナス科ナス属の植物、またはその果実のことをいう。なすは、形によって長形、卵型、球形の3つに大別される。現在、長形なすが全国で普及している。なすの特徴的な成分として、アントシアニン系の色素である**ナスニン**があり、これがなす特有の紫色のもとである。また、特有の渋味は、**クロロゲン酸**によるものである。なすを切って放置すると切り口が褐色に変化することが知られているが、これは、クロロゲン酸が酸化されて、褐色物質が産生されるからである。

(4) きゅうり

きゅうりは、ウリ科キュウリ属の1年生のつる性植物である。未熟な実の部分を食用としている。年中出回っているが、夏から秋（7月から10月）が多い。きゅうりには、目立った栄養成分は含まれていないが、歯切れのよい食感とみずみずしさから、暑い季節や暑い地方の水分補給用食品として重宝されている。きゅうりには、ククルビタシンという苦み成分が含まれているが、現在出回っているきゅうりにはほとんど含まれていない。

（V）花菜類

花のつぼみや花弁を食用とする野菜のことである。カリフラワーやブロッコリーなどがある。

(1) カリフラワー

アブラナ科アブラナ属の1年生植物である。茎の先にできる花蕾を食用としている。キャベツ同様ケールが突然変異してできたものといわれている。成分としてはビタミンCを多く含んでいる。あくが強いので、下茹でして調理されることが多い。

(2) ブロッコリー

アブラナ科アブラナ属の植物である。ブロッコリーは、カリフラワーの変種であり、花蕾を食用としている。ブロッコリーには、カロテン、ビタミンCが多く含まれている。また、イソチオシアネート類のひとつである**スルフォラファン**が含まれており、がん予防効果が注目されている。発芽したてのブロッコリー（**ブロッコリ**

ースプラウト）には、スルフォラファンが通常のブロッコリーに比べて多く含まれていることから、近年注目されている。

（Ⅵ）その他の野菜

未熟果を食用とする野菜のことである。えだまめ、もやし、ぜんまいなどがある。

例題9 根菜類、果菜類、花菜類に関する記述である。正しいのはどれか。1つ選べ。

1. だいこんおろしの成分で消化を助ける作用があるのは、ミロシナーゼである。
2. にんじんの成分の特徴は、ビタミンDを非常に多く含むことである。
3. トマトの赤い色素成分は、アントシアニンである。
4. なす特有の渋味は、タンニンによるものである。
5. ブロッコリースプラウトには、スルフォラファンが含まれており、がん予防効果が注目されている。

解説 1. 消化を助ける作用があるのは、ジアスターゼである。 2. にんじんの成分の特徴は、カロテンを非常に多く含むことである。ビタミンDは含まれない。 3. トマトの赤い色素成分は、強い抗酸化作用を有しているリコペンである。 4. なす特有の渋味は、クロロゲン酸によるものである。 **解答** 5

2.6 果実類

一般的に樹木に結実する実と、すいかやいちごのような草木植物の果実も含めている。果実類は、食用とする立場から仁果類、準仁果類、核果類、堅果類、漿果類に分けられる。

（Ⅰ）仁果類

子房と萼（がく）と花托（かたく）の一部が発達して果肉部になったもの。果実の中心に果心があり、そこに種子がある。りんご、なし、びわ、かりんなどがそれにあたる。

（1）りんご

バラ科の植物である。日本での主な品種は、つがる、スターキング、デリシャス、ジョナゴールド、ふじ、紅玉、陸奥、北斗、王林などがある。ふじの生産量が最も多い。水分が平均84.9%、炭水化物が14.6%含まれており、その大部分が糖分（フルクトース、グルコース、スクロース）である。でんぷんは、成熟に伴って消える。有機酸（リンゴ酸やクエン酸）が、0.2～0.8%含まれており、品種間により差が大きい。**ペクチン**が、1.0～1.5%含まれており、ジャムやゼリーの原料として重要で

ある。ミネラルとしてはカリウムを多く含み、ビタミン類は比較的少ない。りんご特有の香気成分は、**2-メチルブチレート**と**ヘミサナール**である。

(2) なし

なしは、バラ科の植物であり、日本なし、西洋なし、中国なしの3種類がある。日本なしは、青なしと赤なしがあり、青なしは二十世紀、新世紀、菊水などがあり、赤なしは長十郎、新水、幸水、豊水（この3つをあわせて三水という）などがある。西洋なしは、バートレット、ラ・フランス、ル・レクチェなどがあり、中国なしには、ヤーリー、ソーリーなどがある。

日本なしの果実には、ざらざらした**石細胞**があり、これは、**リグニンとペントザン**から形成されている。水分は88%、糖分は10〜12%である。糖分は、**スクロース**が最も多く、**ソルビトール**、**フルクトース**、**グルコース**の順である。有機酸は0.1%程度含まれている。西洋なしは、水分は84.9%、糖分は13%である。西洋なしの糖分は、フルクトースが最も多く、スクロースやソルビトールも含まれている。リンゴ酸、クエン酸、キナ酸といった有機酸も0.4%程度含んでいる。

(Ⅱ) 準仁果類

子房が発達して果肉になったものであり、真果という。種子が中心に集まっているところが、仁果と似ているので、準仁果とよばれる。かき、みかん、オレンジ、グレープフルーツ、レモンなどがある。

(1) かき

かき科の植物である。かきの品種は非常に多いが、甘がきと渋がきに大別される。かきの水分は、83.1%と果実の中では比較的少ない。糖分は14〜15%であり、その内訳はスクロースが8.5%、グルコースが4.0%、フルクトースが2.3%である。有機酸のほとんどは、リンゴ酸であるが、その量は少ない。カロテンおよびビタミンCが豊富に含まれている。ペクチンは0.5〜1.0%程度含まれ、熟してくると水溶性ペクチンの量が増加し、果実は軟らかくなる。果皮の色素は、カロテノイドやアントシアニンである。また、かきの渋味は、**タンニン**によるものであり、未熟な果実に多く含まれる。渋がきには、0.8〜1.0%の可溶性タンニンが含まれている。生食、干しがき、かき酢、ようかんなど広く利用されている。

(2) うんしゅうみかん

みかんといえば、一般的には温州みかんをさすが、ときには柑橘（かんきつ）類全体をいうこともある。温州みかんは、普通温州と早生温州に大別される。早生温州は、10〜11月、普通温州は11〜12月に成熟し、市場へと出荷される。温州みかんの特徴は、果皮が薄くはがれやすく、種がないことである。最近では、ハウス栽

培のものも多く、6〜9月に流通するようになった。温州みかんの成分は、水分が 86.9 〜87.2％、糖分が 7〜9％（その内訳は、スクロースが約 65％、フルクトースが 18％、グルコースが 17％）、有機酸が 0.8〜1.1％（その内訳は**クエン酸**が 85〜90％、リンゴ酸 5〜7％、その他コハク酸も含む）である。その他、カロテンやビタミン C 含量が高い。そして、発がん抑制効果が報告されている**リモノイド類**も含まれている。また、内果皮の外側の白い筋には**ヘスペリジン**が含まれる。生食、飲料、缶詰 などに利用されている。

(3) グレープフルーツ

　ミカン科の植物であり、東洋産ぶんたんの変種である。白色種と紅色種に大別される。世界の主な産地は、米国、イスラエル、キューバなどである。日本ではすべて輸入している。主な成分は、水分が 89％、糖分が 6〜7％、有機酸が 1.0〜1.4％ であり、多汁性である。また、ビタミン C も 36 mg/100 g と多く含んでいる。グレープフルーツの独特の苦みは、**ナリンギン**によるものである。生食および果汁飲料として利用されている。

(4) レモン

　ミカン科の果実である。レモンは耐寒性が弱いこともあり、温帯および熱帯地方で栽培されている。果実の形状・色彩は品種により異なるが、主なものは、楕円形であり、黄色のものが多い。成分は、水分が 90.5％であり、**クエン酸**が 4.2〜8.3％と非常に多いのが特徴である。したがって、果汁の pH は 2.1〜2.5 となる。レモンの香りは、**リモネン**や**シトラール**などである。また、果汁には**ペクチン**も多い。生食、果汁、ペクチン粉末の原料として利用されている。

例題 10　仁果類、準仁果類に関する記述である。正しいのはどれか。1 つ選べ。
1. りんごに含まれる有機酸はリンゴ酸とコハク酸が多い。
2. なしの石細胞は、リグニンとペントザンから形成されている。
3. かきの渋味は、リモネンによるものである。
4. うんしゅうみかんに含まれる有機酸の内訳はリンゴ酸が約 90％を占める。
5. グレープフルーツの独特の苦みは、リモニンによるものである。

解説　1. りんごに含まれる有機酸はリンゴ酸とクエン酸が多い。　3. かきの渋味は、タンニンによる。リモネンはレモンの香り成分である。　4. うんしゅうみかんに含まれる有機酸はクエン酸が約 90％を占める。　5. グレープフルーツの苦みは、ナリンギンによるものである。リモニンはみかんの苦味成分である。　　　**解答** 2

（Ⅲ）核果類

　子房が発達した真果、果皮は外果皮、果肉は中果皮である。内果皮は硬い核となり、その中に種子が形成される。もも、すもも、うめ、さくらんぼ（おうとう）などがある。

（1）もも

　ももは、バラ科モモ属の落葉小高木、またはその果実や花のことをいう。中国黄河流域が原産であり、日本には8世紀頃に伝来した。主に、生食用の白桃系、加工用の黄桃系に大別される。ももの成分は、水分が88.7%、糖分はスクロースが6〜7%、フルクトースおよびグルコースがそれぞれ1%、ソルビトールが約0.3%含まれている。また、リンゴ酸やクエン酸などの有機酸も約0.2〜0.5%含まれている。モモの甘い匂いは、**ラクトン**類による。モモは、生食、シロップ漬け缶詰、ジャムなどに利用されている。

（2）すもも

　すももは、モモ科の果樹であり、中国が原産地である。すももは、大きくヨーロッパ系、アジア系、アメリカ系に分かれており、日本のすももはアジア系である。すももの成分は、水分が88.6%、糖分は5〜7%であり、グルコースが最も多く含まれており、他にフルクトース、スクロース、キシロースが含まれている。リンゴ酸やクエン酸などの有機酸も約1.3%含まれている。乾果専用のすももは、プルーンとよばれており、**ソルビトール**を多く含んでいるので、整腸作用がある。すももは、生食用、乾果、缶詰、飲料、果実酒など広く用いられている。

（3）うめ

　バラ科の果樹である。実用の品種は、約50種類ほどあり、小うめ、中うめ、大うめに分類される。うめの成分は、水分が90.4%、**クエン酸**などの有機酸が約5〜6%含まれている。うめの種子には青酸配糖体の**アミダグリン**が含まれており、それが酵素的にベンズアルデヒドと青酸を生成する。ベンズアルデヒドは、梅干しや梅酒の特徴的な香気成分となっている。ベンズアルデヒドは、酸化されて安息香酸となり強い抗菌作用がある。うめは、梅干し、梅漬け、梅酒、ジャム、果汁飲料、ゼリー、ようかんなど広く利用されている。

（4）おうとう（さくらんぼ）

　おうとう（さくらんぼ）は、バラ科であり、西洋実桜の果実である。品種は、甘果おうとうと酸果おうとうに大別される。現在日本で栽培されているものは、ほとんどが甘果おうとうであり、佐藤錦や高砂、ナポレオンなどがある。酸果おうとうは、欧米で栽培され、リキュールやジャムに用いられている。おうとう（さくらん

ぼ）の成分は、水分が 83.1％、糖分が 13.2％であり、グルコース、フルクトース、ソルビトールが含まれている。リンゴ酸などの有機酸も約 0.4％含まれている。果皮の色素は、アントシアニン系物質である。

（IV）漿果類

一果が一子房からなり、果肉が柔らかく、多汁質の果実のことをいう。ぶどう、いちじく、ブルーベリー、クランベリーなどがある。

（1）ぶどう

ぶどうは、ブドウ科つる性落葉低木、またはその果実のことをいう。ぶどうは、コーカサス地方を原産とし、約 5000 年前には栽培が始められていた果樹であり、世界で最も広く栽培されている。ヨーロッパぶどう（アジア原産）とアメリカぶどう（北アメリカ原産）の 2 つに大別されるが、ほとんどはヨーロッパぶどうである。品種も非常に多く存在するが、日本では巨峰、デラウエア、マスカットベリーなどが栽培されている。ぶどうの成分は、炭水化物が 15.7％と最も多く、そのほとんどがグルコースとフルクトースである。有機酸は 0.6〜1.2％で、品種間で差が大きく、酒石酸が最も多く、その次にリンゴ酸が多い。果皮の色素成分は、ポリフェノールの一種である**アントシアニン**である。また、紫果皮に含まれる**レスベラトロール**とよばれるポリフェノールは、細胞老化を抑制するサーチュイン遺伝子の発現作用が認められる。生食、ワイン、果汁飲料、干しぶどうなど広く用いられている。

（2）いちじく

いちじくは、クワ科の果樹である。可食部は、花托が発達した果肉とその内部に密集する花である。成分は、炭水化物が 14.3％であり、その主なものはグルコースとフルクトースである。有機酸は、0.3％前後で少ない。果実には、たんぱく質分解酵素である**フィシン**が含まれており、調理の際に肉を軟らかくするために用いられることもある。主な用途は、生食の他、乾燥品やジャムなどである。

例題 11　核果類、漿果類に関する記述である。正しいのはどれか。1 つ選べ。

1. ももは、ヨーロッパが原産である。
2. うめの種子には、青酸配糖体のアミダグリンが含まれている。
3. おうとうには、甘果おうとうと酸果おうとうがあり、日本ではほとんどが酸果おうとうが栽培されている。
4. ぶどうの果実には、レスベラトロールとよばれるポリフェノールが含まれている。
5. いちじくの果実には、炭水化物分解酵素であるフィシンが含まれている。

2.7 きのこ類

　きのこ類は、担子菌類や子嚢（のう）菌類に属する微生物が形成する大きな子実体である。子実体は、胞子がつくる生殖器官で、高等植物では花、胞子は種子に相当する。しいたけ、なめこ、えにきだけ、ひらたけ、ぶなしめじ、まいたけ、えりんぎ、まつたけ、きくらげなどがある。

(1)　しいたけ

　キシメジ科のきのこである。野生では、春と秋にブナ、クヌギ、ナラなどの広葉樹の枯れ木に生育する。傘の直径は 5〜10 cm であり、表面は褐色である。また、ほだ木による栽培が行われており、年中生産されている。そのなかで冬から春の寒い時期に生育した、傘の開く前の肉厚のしいたけを**どんこ**といい高級品である。春や秋に温度が高くなり傘の開いたものを**こうしん**という。成分は、水分が 91.0%、たんぱく質 3.0%、脂質が 0.4%、炭水化物が 4.9%（そのうち食物繊維が 3.5%）である。また、**エルゴステロール（プロビタミンD_2）**が多く含まれている。干ししいたけの特徴的な香気成分は**レンチオニン**であり、うまみ成分は **5´-グアニル酸**とグルタミン酸などである。抗腫瘍効果を有することが知られている**レンチナン**も含まれる。生しいたけは、焼き物、炒め物、天ぷらなど、干ししいたけはスープや煮物などに広く利用されている。

(2)　まつたけ

　まつたけは、キシメジ科のきのこであり、日本の野生キノコの代表であり、特有の香りと食感をもつ。主として、赤松林の傾斜が緩やかで、排水のよい土地に成育する。まつたけは、木の細根に寄生して成育するため、人工栽培はできていない。傘の直径は 8〜15 cm くらいであり、表面は灰褐色である。日本以外でも、中国や朝鮮半島、北米にも分布している。まつたけの成分は、水分が 88.3%、たんぱく質 2.0%、脂質が 0.6%、糖質が 3.5%、食物繊維が 4.7%である。まつたけの特有の香りは、**桂皮酸メチル**と**マツタケオール**である。用途としては、まつたけご飯や吸い物など日本料理に使用される。

(3)　えのきたけ

　キシメジ科のきのこである。傘の直径は、5〜8 cm であり、表面は褐色でぬめりがある。現在市販されているものは、人工栽培されたものであり、傘の直径は、5〜8 cm

であり、細長い茎をもち、色は黄白色である。えのきたけの成分は、水分が88.6%、たんぱく質2.7%、脂質が0.2%、炭水化物が7.6%（うち食物繊維が3.9%）である。汁物の具やなべ物などに広く利用されている。

2.8 藻類

　藻類は、水中で光合成を行う単細胞あるいは多細胞で、根、茎、葉の区別のない隠花植物である。食用の藻類は、多くが海水産の海藻であり、淡水産のものは少ない。含まれている色素により緑藻類（あおさ、あおのり、ひとえぐさなど）、褐藻類（こんぶ、わかめ、ひじきなど）、紅藻類（アマノリ、えごのり、てんぐさなど）に分類される。

(1) あおのり

　緑藻類の代表的なものであり、日本各地の沿岸に15種類ほど分布している、すじあおのり、うすばあおのり、ぼうあおのり、ひらあおのりなどを乾燥し、あさくさのりの下等品として市販される他、粉末状にしたものがある。瀬戸内海沿岸で生産され、養殖も行われている。

(2) こんぶ

　こんぶは、褐藻類のひとつであり、北海道沿岸が主産地である。真こんぶ、羅臼こんぶ、利尻こんぶ、三石こんぶ、長こんぶ、細目こんぶなどがある。2年目に成育したものがよいとされ、乾燥品に加工される。乾物中には、**アルギン酸**、**フコイダン**、**ラミナリン**、**マンニトール**などの炭水化物、ヨウ素、カルシウム、ナトリウム、カリウムなどの無機質が主に含まれている。また、こんぶの抽出物には、**L−グルタミン酸**や**アスパラギン酸**、**タウリン**などが含まれている。表面の白い粉は**マンニトール**と**L−グルタミン酸**からなる。だしの材料、煮物、とろろこんぶ、おぼろこんぶ、昆布茶、つくだ煮の原料など広く用いられている。

(3) わかめ

　褐藻類に属し、本州各地に分布している。褐色、緑褐色の軟らかい葉の一年生の海藻である。わかめは、北方系の南部わかめと、南方系の鳴門わかめに大別される。わかめの特徴的な成分は、難消化性多糖類である**フコイダン**とよばれる粘質物質である。

(4) あまのり

　のりは、紅藻類であり、アマノリ属の海藻の総称である。日本人は古来より食してきた。アマノリ属は、20種類くらい知られているが、特にあさくさのりは、本州の太平洋や瀬戸内海に面した地域、九州北部、西部の浅海に分布し、養殖も行われ

ている。一般的なあさくさのりは、笹の葉状で長さ5〜15 cm、幅5〜10 cm、紫紅色や紫緑色である。のりは、たんぱく質が非常に多く含まれており、最も栄養的に優れたものである。焼きのりや味付けのりなどに利用されている。

例題 12　きのこ類、藻類に関する記述である。誤っているのはどれか。1つ選べ。

1. 傘の開く前の肉厚のしいたけをこうしんという。
2. まつたけの特有の香りは、桂皮酸メチルとマツタケオールである。
3. こんぶの表面の白い粉は、マンニトールとL–グルタミン酸からなる。
4. わかめの粘質物質は、フコイダンである。
5. あさくさのりは、あまのりの一種である。

解説　1. 傘の開く前の肉厚のしいたけをどんこという。こうしんは、春や秋に温度が高くなり傘の開いたものをいう。　　　　　　　　　　　　　　　　**解答**　1

---

3 動物性食品の分類と成分

3.1 肉類

　肉類（食肉類）は、一般的に陸上動物（主に哺乳類や鳥類）の可食部分のことをいう。可食部分は、主に筋肉であるが、肝臓や腎臓などの内臓も含まれる。肉類は、家畜（牛、豚、羊など）や家禽（鶏、鴨、七面鳥など）の骨格に付着している**骨格筋**の部分をいうが、広義には内臓筋も含まれる。

（I）主な成分

　肉類のたんぱく質は、**筋基質たんぱく質**10〜20%、**筋漿たんぱく質**30%、**筋原繊維たんぱく質**50〜60%であり、筋肉の収縮をつかさどるのは、**アクチン**、**ミオシン**およびそれらの複合たんぱく質の**アクトミオシン**などである。肉類の色素成分は、色素たんぱく質の**ミオグロビン**であり、酸素貯蔵の役割をする。

　脂質は、組織細胞にはリン脂質、糖脂質、コレステロールとして、皮下や内臓周囲、筋間には中性脂肪として分布する。**コレステロールは肝臓にも多く含まれる。**

（II）肉類の分類

（1）牛肉

　牛肉は、産地によって、輸入牛肉と国産牛肉の2つに大別される。国産牛肉のなかでも、わが国古来の在来種である**黒毛和種、褐毛和種、日本短角種、無角和種**の4種類を**和牛肉**という。和牛肉は、国内での産地名によって名付けられることが多

い。和牛肉は、肉色が赤褐色で、その中に細かな脂肪交雑のある**霜降り肉**とよばれる肉が、高級なステーキ用として人気が高い。和牛肉以外の国産牛肉として、輸入した子牛を3カ月以上肥育したものや、雄性のホルスタインで去勢し肥育したものなどがある。和牛種と比較して、脂肪交雑は比較的少ないが、価格は比較的安価であることから、好まれる傾向にある。

(2) 豚肉

豚肉は、用途に応じ、生食用と加工用の2つに大別される。生食用は、**ヨークシャー種やバークシャー種**の豚が代表的である。加工用としては、ランドレー種やヂュロック種の豚が代表的である。いずれも海外からの品種である。国内では、成長の速さや大きさ、おいしさなどを考慮に入れ、上記の純粋種をもとにして交雑種がつくられ、需要にあった生産がなされている。

(3) 鶏肉

鶏は、肉用種、卵用種および卵肉兼用種に大別される。肉用種は、2カ月弱で体重約3kg程度まで成長する**ブロイラー**（食用若鶏）が、近年多用されている。ブロイラー種の鶏肉は、肉色は柔らかく、味が淡白であるために、多様な料理に利用しやすい。加えて、海外からの品種であるコーニッシュ種、コブ種、チャンキー種、ニューハンプシャー種、プリマスロック種などの純粋種と交雑種が用いられている。わが国の在来品種には、コーチン種、シャモ種などがあり、飼育期間は長く（3〜5カ月）、肉質が硬く、独特の風味がある。一方、卵用鶏として用いられる白色レグホーン種で、産卵しなくなった廃鶏を、肉用に用いられる場合もあるが、肉質が硬いために加工用に用いられることが多い。

(4) 羊肉

羊肉は、生後1年未満の仔羊の肉である**ラム**（lamb）と、1年以上の成羊の肉である**マトン**（mutton）に分かれる。ラムは柔らかく良好な風味をもつために好まれるが、マトンは独特の臭気（**オクタン酸やノナン酸**由来）があるために、加工用に消費されることが多い。羊肉の品種には、コリデール種、サフォーク種、サウンダウン種などがある。また、これらの臭気を消すために濃い味付けをしたジンギスカン料理が好まれる。

(5) 馬肉

「さくら肉」ともよばれる。肉質は硬く、肉色はミオグロビン含量が多いために暗赤色である。馬肉は、不飽和脂肪酸で**α-リノレン酸**を多く含むことから、融点が低く、口の中でとろける感覚があり、それが好まれることから馬刺で食べられることが多い。

（6）その他の肉類

　猪豚（イノブタ）肉、うさぎ肉、あひる肉、くじら肉、やぎ肉、しか肉などがあげられる。狩猟によって食材として捕獲された野生の鳥獣のことを**ジビエ**というが、ジビエを使用した料理が近年注目されている。

例題 13　肉類に関する記述である。正しいのはどれか。1 つ選べ。

1. 食肉のたんぱく質量は、筋基質たんぱく質、筋漿たんぱく質、筋原繊維たんぱく質の中で筋基質たんぱく質が一番多い。
2. 和牛は黒毛和種、褐毛和種、日本短角種の 3 品種である。
3. 生食用豚は、ヨークシャー種やバークシャー種が代表的である。
4. ブロイラーは大量に生産される食用親鶏のことである。
5. 羊肉は、生後 6 カ月未満の仔羊の肉であるラムと、6 カ月以上の成羊の肉であるマトンに分かれる。

解説　1. 筋基質たんぱく質 10〜20%、筋漿たんぱく質 30%、筋原繊維たんぱく質 50〜60% で筋原繊維たんぱく質が一番多い。　2. 和牛は黒毛和種、褐毛和種、日本短角種、無角和種の 4 品種である。　4. ブロイラーは 2 カ月弱で体重約 3 kg 程度まで成長する食用若鶏のことである。　5. 羊肉は、生後 1 年未満の仔羊の肉であるラムと、1 年以上の成羊の肉であるマトンに分かれる。　　　　　　　　　　　　　**解答** 3

3.2　魚介類

　魚介類とは、食用にしている水産動物のことをいう。現在、約 500 種類程度が食品として扱われている。魚介類の可食部は、主に筋肉であるので畜肉類と同様である。

　筋肉には、普通筋と側線の直下にある暗赤色の**血合筋（血合肉）**がある。血合肉は、まぐろやかつおなどの赤身の回遊魚に 15% 程度含まれている。一般に血合筋が多く、ミオグロビンやミトコンドリアを多く含有する**赤色筋（赤筋）**の多い魚を赤身魚（魚の表皮が青色なので、青魚とする場合もある）、底棲魚のひらめのように血合肉が少なく**白色筋（白筋）**の多い魚を白身魚としている。赤色筋は持久力に富み、白色筋は俊敏性に富む。

（I）主な成分

　魚肉の筋肉のたんぱく質は、**筋基質たんぱく質**、**筋漿たんぱく質**、**筋原繊維たんぱく質**に大別され、それぞれ、2〜5%、20〜35%、60〜75% で、畜肉に比較し筋基質たんぱく質が少ない。筋原繊維たんぱく質は、**ミオシン**と**アクトミオシン**からな

る。脂質は季節による変動が大きく、かつおの場合、春獲り 0.5%、秋獲り 6.2% である。成分は同じ種類でも環境や産地などにより異なる。とりわけ魚肉には、**エイコサペンタエン酸（EPA）**や**ドコサヘキサエン酸（DHA）**といった多価不飽和脂肪酸を多く含み、生活習慣病の予防効果が注目されている。無機質では、赤身肉に**ヘム鉄**が多く含まれる。

たい、えび、かになどの赤い色は、カロテノイドの一種である赤色色素の**アスタキサンチン**が大きく作用している。

（Ⅱ）魚介類の分類

魚介類は、生息域と生物学的特徴から、海水産魚類（遠洋回遊魚、近海回遊魚、沿岸海洋魚、底棲魚）、遡・降河回遊魚、淡水魚、その他の海産動物に大別される。

(1) 海水産魚類

代表的な魚を生息場所に分類し、種類と特徴を表 2.1 にまとめた。

表 2.1　海水産魚類の分類と特徴

分　類	種　類	特　徴
遠洋回遊魚	かじき、まぐろ、かつお 板鰓（ばんさい）類（さめ、えい）	広い海洋（北洋、赤道水域、インド洋、大西洋など）を回遊する大型魚。 筋肉量が多く、身の色が赤い。
近海回遊魚	あじ、ぶり、かんぱち、さんま、にしん、さば、いわし、さわら	日本近海を回遊している魚。 赤身魚が多く、血合筋が発達している。
沿岸海洋魚	すずき、いさき、かます、ぼら、きす、しらうお、ふぐ	日本沿岸に生息している小型から中型の魚。 ほとんどが白身魚で、淡白な味をしている。
底棲魚	ひらめ、かれい、たら、たい、メルルーサ、あんこう	海底や岩礁に生息している魚。 ほとんどが白身魚で、脂質が少なく、淡白な味をしている。

(2) 遡・降河回遊魚

海から川へ産卵のために移動する魚で、さけ、ます類そしてあゆなどが、それにあたる。逆に、川から海へ産卵のために移動する魚もそれにあたり、うなぎが知られている。

(3) 淡水魚

川や湖沼などの淡水にすむ魚であり、こい、どじょう、ひめます、にじます、やまめなどがそれにあたる。

(4) その他の海産動物

魚類以外に、軟体動物（貝類、いか、たこ）、棘皮動物（うに、なまこ）、節足動物（甲殻類）（えび、かに）、原索動物（ほや）、腔腸動物（くらげ）、そして哺乳類（くじら）などがある。

> **例題 14**　魚介類に関する記述である。正しいのはどれか。1 つ選べ。
>
> 1. ミオグロビンやミトコンドリアを多く含有するのは白筋である。
>
> 2. 魚肉は、畜肉に比較し筋基質たんぱく質が多い。
>
> 3. 無機質では、白身肉にヘム鉄が多く含まれる。
>
> 4. アスタキサンチンは、たい、さけ、かにの赤色の色素のひとつである。
>
> 5. たい類は沿岸魚に分類される。

> **解説**　1. ミオグロビンやミトコンドリアを多く含有するのは赤筋である。　2. 魚肉は、畜肉に比較し筋基質たんぱく質が少ない。　3. 無機質では、赤身肉にヘム鉄が多く含まれる。　5. たい類は底棲魚に分類される（**表 2.1**）参照。　　　**解答 4**

3.3 乳類

　乳は、哺乳動物の乳腺分泌物（乳汁）であり、本来は幼動物の発育のためのものである。出産直後の乳汁は、初乳とよばれ、通常の乳汁とは成分組成が著しく異なる。牛乳は、分娩 5 日以内の初乳は販売することができない。

　乳用種としては、ホルスタイン種、ジャージー種、エアシャー種およびガンジー種などがあるが、わが国の牛乳はホルスタイン種がほとんどを占めている。ホルスタイン種の牛乳の乳脂肪率は、約 3.5％ と比較的低いが、1 年間の泌乳量は、約 8,000 kg である。それに対して、ジャージー種の泌乳量は、約 4,500 kg と少ないものの、脂肪率は約 5％ と高い。

（I）飲用乳

　飲用乳とは、牛乳、特別牛乳、成分調整牛乳、低脂肪牛乳、無脂肪牛乳、加工乳、および乳飲料の 7 種類ある。

（1）牛乳

　牛乳は、成分無調整で、生乳のみを均質化処理（ホモジナイズ）を行ない、殺菌、容器充填したものである。乳脂肪分 3.0％ 以上、無脂乳固形分 8.0％ 以上、大腸菌群陰性などの成分規格がある。乳等省令では、殺菌処理をしなければならないとされている。代表的なミルクの殺方法は、低温長時間殺菌法（低温殺菌法、LTLT 法、63〜65℃、30 分）、高温短時間殺菌法（HTST 法、72〜85℃、2〜15 秒）、超高温殺菌法（UHT 法、120〜150℃、1〜4 秒）がある。わが国では、ほとんどが、UHT 法で殺菌されている。

■ 牛乳の成分

　たんぱく質は 3.3％ であり、そのうちの 78.8％ が**カゼイン**、残りの 21.2％ が β -

ラクトグロブリン、ラクトフェリン、リゾチームなどからなる**ホエー**（乳清たんぱく質）である。

　脂質は**トリグリセリド、レシチン**や**ケファリン**などのリン脂質からなる**脂肪球**の形で 1 mL 中に約 60 億個分散しており、安定した**エマルション**となっている。

　炭水化物は 4.8％程度で、大部分が**ラクトース**（乳糖）である。また、牛乳にはカルシウムが 110 mg/100 g 含まれ、カゼインホスホペプチドなどのはたらきにより、小魚類などのカルシウムに比べ**吸収率**が 50〜70％と高くなっている。

(2) 特別牛乳

　特別牛乳は、特別に許可された施設で搾乳された牛乳（未殺菌）を処理したもの、あるいは加熱殺菌処理したものである。特殊な目的で製造され、販売も限られている、特別なルート以外販売されない。特別牛乳は、均質化処理を施していないので、上部に生クリームが浮いてくる。無脂乳固形分 8.5％以上、乳脂肪分 3.3％以上含んでいる。

(3) 成分調整牛乳

　牛乳から乳成分の一部を除き殺菌したものである。

(4) 低脂肪牛乳

　生乳から乳脂肪の一部を除去して、殺菌したものであり、無脂肪牛乳以外のものをいう。無脂乳固形分 8.0％以上、乳脂肪分 0.5％以上 1.5％未満である。

(5) 無脂肪牛乳

　生乳から、ほとんどすべての乳脂肪分を除去し、殺菌したものである。無脂乳固形分 8.0％以上、乳脂肪分 0.5 未満である。

(6) 加工乳

　加工乳は、生乳、牛乳、特別牛乳、乳製品（バター、クリーム、脱脂乳など）を用いて、飲用の目的で加工された牛乳類、発酵乳、乳酸菌飲料を除く飲用乳である。乳飲料との違いは、乳および乳製品以外の配合は禁止されている点である。

(Ⅱ) 乳製品

(1) クリーム

　乳等省令で乳製品クリームと定義されているものは、生乳、牛乳または特別牛乳から乳脂肪分以外の成分を除去したものであり、乳脂肪分 18％以上含むものである。

(2) バター

　乳等省令におけるバターの定義は、生乳、牛乳または特別牛乳から得られた脂肪粒を練圧した（脂肪粒を練り合わせ、粒子中の水分や塩分を均一に分散させる）ものである。バターの種類は、発酵バターと非発酵バターに大別される。発酵バター

は、乳脂肪を濃縮した段階で乳酸菌を添加し、発酵させたものをいう。焼くことによって独特のコクと香りを引き出せることから、菓子類ではクッキー、パン類ではクロワッサンなどに利用されている。一方、非発酵バターは、乳酸菌による発酵を行わないバターであり、わが国で消費されるほとんどを占めている。また、食塩添加の有無によって、有塩バターと無塩バターに分類される。

(3) チーズ

　乳等省令では、チーズはナチュラルチーズとプロセスチーズに分けられる。ナチュラルチーズは、加熱殺菌した原料乳に乳酸菌と凝乳酵素レンネットを添加して凝固し、カード（凝乳）とホエー（乳清）に分けることで作られる。ナチュラルチーズは、乳酸菌などが生存しているために長期保存ができない。

　プロセスチーズは、ナチュラルチーズを原料として加熱溶解させて、たんぱく質や脂肪の分離を防ぐために、溶解塩（乳化剤）を加えたものである。加熱の段階で、細菌や酵素の働きが止まり、熟成がそれ以上進まないために、長期保存ができる。

(4) アイスクリーム

　アイスクリームは、牛乳に生クリーム、甘味料などを加えて、冷やし固めたものである。乳固形分および乳脂肪分の含有量から、アイスクリーム、アイスミルク、ラクトアイスの3種類に分けられる。

(5) 練乳

　練乳には、ショ糖を加えない無糖練乳（エバミルク）と、ショ糖を加えた加糖練乳（コンデンスミルク）に分けられる。

(6) 粉乳

　乳等省令では、全粉乳は牛乳よりほとんどすべての水分を除去して粉末化したものである。脱脂粉乳は、牛乳の脂肪分を除去したものからほとんどの水分を除去して粉末化したもの。

(7) 発酵乳

　牛乳やその一部分を乳酸菌などによって発酵させ、半ゲル状もしくは液状にしたものをいう。乳等省令では、発酵乳と乳酸菌飲料とに分けられる。発酵乳は、牛乳あるいは脱脂乳などを乳酸菌または酵母で発酵させた乳製品である。代表的なものが、ヨーグルトである。

(8) 乳酸菌飲料

　ヨーグルトを希釈して、砂糖、安定剤、香料などを混合して均質化したものである。乳製品乳酸菌飲料（無脂乳固形分3.0～8.0%を含む液体ヨーグルトタイプ）と非乳製品乳酸菌飲料（無脂乳固形分3.0%以下のジュースタイプ）に分けられる。

ただし、無脂乳固形分が、8.0%以上あれば発酵乳となる。

例題 15　乳類に関する記述である。正しいのはどれか。1つ選べ。

1. 牛乳は、分娩10日以内の初乳は販売することができない。
2. わが国の牛乳は、ジャージー種がほとんどを占めている。
3. ホエー（乳清）には、β-ラクトグロブリンやラクトフェリンが含まれる。
4. 牛乳の炭水化物は、4.8%程度で大部分がガラクトースである。
5. 牛乳に含まれるカルシウムは、小魚類などのカルシウムに比べ吸収率が低い。

解説　1. 牛乳は、分娩5日以内の初乳は販売することができない。　2. わが国の牛乳は、ホルスタイン種がほとんどを占めている。　4. 牛乳の炭水化物は、大部分がラクトース（乳糖）である。　5. 牛乳に含まれるカルシウムは、小魚類などのカルシウムに比べ吸収率が高い。　　　　　　　　　　　　**解答** 3

3.4　卵類

　一般的に食用の卵類は、鶏卵、うずら卵、あひる卵、うこっけい卵などがあるが、その利用のほとんどは、鶏卵が占める。卵類は、ビタミンC以外の栄養素をすべて含み、栄養価の優れた動物性食品である。特に、鶏卵は、ヒトの体に必要な栄養素をまんべんなく含んでおり、たんぱく質のアミノ酸組成などの点でも優れた食品である。また、卵類は、その物理的・化学的性質を利用して種々の調理やマヨネーズのような加工品で利用されている。

(1) 鶏卵

　わが国では、白色レグホン種が主な産卵鶏として飼育されている。白色レグホン種は、小型でありながら年間産卵数が200〜300個と多く、重さは56〜63 g である。国内で生産される鶏卵の半分以上が家庭用として消費されている。加工用（マヨネーズ、パンの原料用）、業務用（レストランやホテルなどの外食用）を含めると、日本人の鶏卵消費量は、年間1人当たり300個近くになり、世界第1位である。

1) 鶏卵の構造

　鶏卵の構造を図2.10に示す。鶏卵は、卵殻部、卵白部、卵黄部の3部分からなる。それぞれの重量比は、1：6：3である。卵殻部は、表面からクチクラ、卵殻、卵殻膜の順で構成されている。クチクラは、糖たんぱく質からなる厚さ約10 μmの皮膜で、卵殻気孔を閉じる役割がある。卵殻は、炭酸カルシウムを主成分とする無機質の硬い結晶（厚さ約0.3 mm）でできており、その表面に約1万個の気孔とよばれる

細孔が存在する。卵白部は、卵白、カラザ、カラザ層から構成されている。そのうち卵白は、粘度の高い濃厚卵白と粘度の低い水様卵白に分けられる。新鮮な卵は、粘度の高い濃厚卵白が多く、卵の両端で卵殻膜と結合することで、卵黄を卵の中心に保持するのに重要である。卵黄

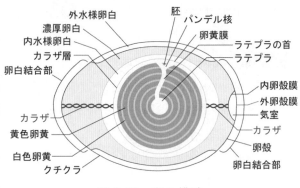

図 2.10　卵の構造

部は、卵黄膜、胚盤、卵黄から構成されている。卵黄膜は、三層構造をもつ半透明の膜で、たんぱく質が構成成分である。卵黄は黄色卵黄と白色卵黄が交互に層状となっている。

2) 卵の成分

鶏卵の主成分は、水分である。卵殻は、ほとんどが無機質である。一方、卵白と卵黄ともに、たんぱく質が豊富に含まれている。このたんぱく質は、鶏卵が食品中で最も優れたものとされている。また、脂質も豊富に含まれているが、そのほとんどは、リポたんぱく質の形で卵黄に存在している。

（ⅰ）卵白

卵白には、十数種類のたんぱく質の存在が知られている。そのほとんどが、溶液状態で卵白全体に均一に存在している。**オボアルブミン**は、卵白たんぱく質の半分以上を占め、卵白の熱凝固性の主体となっている。オボトランスフェリン（コンアルブミン）は1分子当たり鉄やアルミニウムの二価金属イオンを2個結合する。**オボムコイド**は、卵白に含まれる数種のトリプシンインヒビターのうち、量的に最も多い。その他、リゾチームやオボムチンなども存在している。

卵白は脂質をほとんど含んでいない。

（ⅱ）卵黄

卵黄には、主に5種類程度のたんぱく質が知られている。主要なたんぱく質は、低密度リポたんぱく質（LDL）で、その脂質含量が85～89％であり、卵黄の乳化性に寄与している。また、高密度リポたんぱく質（HDL）の脂質含量は21～25％であり、リンたんぱく質であるリポビテリンで構成される。他にも、脂質と結合していないたんぱく質として、リベチン、ホスビチンなどがある。

鶏卵の脂質のほとんどは、卵黄に存在している。トリアシルグリセロールが主成分であり、リン脂質と少量のコレステロール、カロテノイドが含まれている。卵黄

のリン脂質の主成分は、ホスファチジルコリン（レシチン）、ホスファチジルエタノールアミンである。卵黄の脂肪酸組成は、飼料の影響が大きいが、オレイン酸、パルミチン酸、リノール酸の順に多く含まれている。

（iii）その他の成分

　炭水化物としては、卵白中にグルコースとたんぱく質に結合している糖鎖が含まれるが、あわせても 1% 程度である。無機質は、卵白と比べて卵黄に多く、特にリンやカルシウム含量が高い。また、ビタミンは、ビタミン C 以外のビタミンを含む。卵黄では、ビタミン A（レチノール）、ビタミン E（α-トコフェロールと γ-トコフェロール）、葉酸を含む。卵白では、ビタミン B_2、ナイアシンなどの水溶性ビタミンが含まれる。

（2）その他の卵

1）うずら卵

　卵の重さ 8〜10 g、たんぱく質や脂質の含量は、鶏卵とほぼ同じであるが、ビタミン A やビタミン B_1、B_2 および鉄分が鶏卵より多い。

2）アヒル卵

　あひる卵は、**ピータン**（皮蛋）の原料である。卵の重さは、70 g で鶏卵よりもやや大きい。

例題 16　卵類に関する記述である。正しいのはどれか。1 つ選べ。

1. 卵殻は、リン酸カルシウムを主成分とする無機質の硬い結晶である。
2. 卵白たんぱく質の半分以上を占めるのは、オボムチンである。
3. 卵白は、脂質を 50% 程度含んでいる。
4. 卵黄たんぱく質の大部分は、脂質と結合して HDL、LDL の形で存在する。
5. 卵黄のリン脂質の主成分は、ホスビチンである。

解説　1.　卵殻は、炭酸カルシウムを主成分とする。リン酸カルシウムは骨の主成分である。　　2.　卵白たんぱく質の半分以上を占めるのは、オボアルブミンである。オボムチンは卵白たんぱく質の約 3.5% 程度である。　　3.　卵白は脂質をほとんど含んでいない。　　5.　卵黄のリン脂質の主成分は、レシチンである。ホスビチンは卵黄に含まれるリンたんぱく質である。　　　　　　　　　　　　　　　　　**解答** 4

4 油脂、調味料及び香辛料類、嗜好飲料類の分類と成分

4.1 食用油脂

　食用油脂は、原料により、植物油脂と動物油脂に大別される。油脂は、常温で液体のものを「油」といい、常温で固体のものを「脂」と、慣習的に区別されてよばれている。

（I）動物油脂

　動物油脂は、一般的に常温で固体のものが多い。常温で液体である動物油には、魚油がある。動物脂には体脂肪である牛脂やラード、乳脂肪であるバター脂がある。

（1）牛脂（ヘット）

　牛の脂肪組織を加熱溶解後に精製したものである。牛の腎臓、心臓、腸などから低温で抽出して精製した品質がよい牛脂を、プルミエ・ジュという。

（2）豚脂（ラード）

　豚の脂肪組織を溶解して、精製したものをいう。精製ラードと純正ラードに大別される。

（3）バター脂

　3.3 乳類（II）（2）に記載

（II）植物油脂

　植物油脂は、一般的に常温で液体のものが多い。植物油は、リノール酸が約7割を占める乾性油、リノール酸やオレイン酸が主成分である半乾性油、オレイン酸が主成分である不乾性油に分けられる。

（1）大豆油

　わが国で最も消費量の多い油である。てんぷら油やサラダ油として、炒め物、揚げ物用などとして広く利用されている。植物硬化油として、マーガリンやショートニングの原料ともなる。

（2）なたね油

　大豆油に次いで消費量が多い油で、てんぷら油やサラダ油として利用されている。

（3）米ぬか油

　原料が国産で賄える唯一の油である。保存性が要求される加工食品に適していて、スナック食品、揚げ物、スプレー用に用いられている。

（4）ごま油

　原料ごまを炒って搾油し、濾過のみを行い製造されている。ごま油は、特有の香

りを有し、てんぷら油として揚げ物に使用される。トコフェロールや抗酸化性物質のセサモールを含有するために酸化が起こりにくい。

(5) 綿実油

綿の種子を圧搾して製造された油である。風味や熱安定性がよいために、サラダ油やマヨネーズなどの原料に用いられる。

(6) とうもろこし油（コーンオイル）

とうもろこしでんぷんの副産物として、胚芽からつくられる油である。トコフェロール含量が高く、風味や安定性に優れているので、サラダ油やマヨネーズなどに用いられている。

(7) パーム油

あぶらやしの果肉や核から採油した油である。半固形状であり、トコフェノール類も含まれているために、安定性が高い。保存性を必要とするスナック食品、揚げ物、スプレー用に用いられる。マーガリンやショートニングにも用いられている。

(8) やし油

ここやしの果肉や核から採油した油である。固形油であり、飽和脂肪酸含量が高く、低級脂肪酸を含むので、特有の臭気がある。チョコレート、アイスクリームの原料、ナッツ類の揚げ物、マーガリンや石けんの原料となる。

(9) その他の加工油脂

マーガリンやショートニングがある。

4.2 甘味料

甘味料は、糖質系甘味料と非糖質性甘味料の2つに大別される。

糖質系甘味料の代表例は、砂糖である。砂糖は、主にかんしょ（さとうきび）やてんさい（ビート）に含有するショ糖を取り出して精製したものである。その他にも、砂糖かえでからつくられるメープルシュガーや砂糖やしからもつくられる。純度が高い製品は、氷砂糖と双目（ざらめ）糖のグラニュー糖、白ざらである。黒砂糖は、純度の高い糖には含まれていないカリウム、カルシウム、鉄などが多く含まれている。

非糖質系甘味料は、天然甘味料であるステビオサイド（ステビア）、グリチルリチン、たんぱく質系甘味料であるソーマチンなどがある。また、人工甘味料では、アスパラギン酸とフェニルアラニンの重合体であるアスパルテームの他、アセスルファルカリウム、スクラロース、サッカリンなどがある。

4.3 調味料

(1) 食塩

　食塩は、塩化ナトリウムであり、味付けの基本として用いられている。その他にも、防腐作用を利用して食品の加工・保蔵などにも用いられている。塩には、岩塩、天日塩に大別される。食塩の取り過ぎは、高血圧や心疾患など循環器系に悪影響を及ぼすことが知られており、減塩が栄養学的に注目課題である。

(2) うま味調味料（化学調味料）

　純粋物質として化学的工程で製造された調味料を化学調味料とよんでいる。そのなかでも代表的なものに、こんぶのうま味成分として発見された L–グルタミン酸ナトリウム（MSG）、核酸系では、かつお節のうま味成分である 5'–イノシン酸ナトリウム（5'–IMP）、しいたけのうま味成分である 5'–グアニル酸ナトリウム（5'–GMP）がある。

(3) みそ

　みそは、蒸煮しただいずに麹（こうじ）と食塩を混合して発酵・熟成させて製造した、わが国独自の発酵食品である。みそは、米を麹として用いた米みそ、大麦や裸麦を麹として用いた麦みそ、原料がだいずのみでだいずを麹として用いた豆みそなどがあり、多種多様なみそが全国各地で生産されている。地域性を色濃く反映した調味料である。

(4) しょうゆ

　しょうゆは、だいず、小麦、食塩を主原料として製造された調味料であり、みそと並ぶわが国の発酵食品である。醸造法の違いにより、本醸造方式、混合醸造方式、混合方式の3種に大別されるが、71％は本醸造方式で生産される。

　本醸造方式は、しょうゆ本来の製法である。蒸煮しただいずと炒ってひき割った小麦を混合し、麹菌で麹をつくる。しょうゆ麹に食塩水を加え、もろみにして発酵・醸成させる。

(5) ソース類

　一般にソースは液体調味料をさし、原料、製造方法には多くの種類がある。ウスターソース類、トマトケチャップ、チリソースの他、ドレッシング、マヨネーズも含まれる。

1) ウスターソース類

　たまねぎ、にんじん、セロリー、りんご、にんにくなどの野菜、果実の煮出汁や搾汁にトマトピューレを加えた液、またはこれらを濃縮したものに糖類、食酢、食塩、および香辛料（とうがらし、黒こしょう、ナツメグ、丁子、桂皮、セイジ、タ

イム、ローレル、ジンジャーなど）を加えて、醸成させ、さらにカラメル、酸味料、アミノ酸液、糊料などを加えて、調製した茶色または茶黒色の液体調味料である。

2）トマトケチャップ

トマトピューレにたまねぎ、にんにく、食塩、砂糖を加えて、一定濃度に加熱濃縮してから食酢、香辛料（レッドペッパー、ホワイトペッパー、シナモン、ナツメグ、メース、オールスパイス、ローレルなど）を加えて調味したソースである。

3）チリソース

トマトを剥皮し、種を残したまま濃縮したものをベースに食塩、チリパウダー（辛いとうがらし粉末）、ナツメグ、シナモンなどの香辛料を加えて、調理した辛味のあるソースである。

4）サラダクリーミードレッシング

食用植物油脂、醸造酢、果汁、卵黄、卵白、たんぱく加水分解物、食塩、砂糖類、でんぷん、香辛料および食品添加物（調味料、酸味料、乳化剤、着色料、糊料など）を加えて調味したソースのことである。

5）マヨネーズ

サラダ油、食酢、かんきつ類の果汁、卵黄、卵白、たんぱく加水分解物、食塩、砂糖、香辛料および化学調味料を原料として乳化したソースである。

4.4 香辛料

香辛料は、スパイスとハーブに大別される。

(1) スパイス

スパイスは、芳香性植物の果実、花、つぼみ、茎、樹皮、種子、根塊、地下茎などを原料としたものである。こしょう、とうがらし、さんしょう、シナモン、クローブ、オールスパイス、ナツメグ、メース、ターメリック、しょうが（ジンジャー）わさび、サフラン、パプリカなどがある。

(2) ハーブ

葉、花穂類を原料としたもので、主として生鮮物に使われる。ローレル、セージ、ローズマリー、タイム、オルガノ、ペパーミント、マジョラム、バジルなどがある。

4.5 嗜好飲料

わが国で飲まれる代表的な嗜好飲料は、茶、コーヒー、ココア、清涼飲料などである。茶は、茶樹の芽葉を種々の方法で加工して乾燥させたものである。その浸出液を飲料としている。製造方法の違いにより、不発酵茶、半発酵茶、発酵茶に大別

される。日本人の生活にとって不可欠な飲料である緑茶は、不発酵茶であり、蒸し製とよばれる加熱処理法でつくられている。一方、釜炒製とよばれる中国式の製法もある。

(1) 緑茶

日本茶ともいわれる。緑茶は、ツバキ科に属する茶葉から製造される。茶摘みは、年3～4回行われ、茶葉を摘み取った順番に応じて、一番茶、二番茶、三番茶とよぶ。5月初旬に摘み取られた一番茶は、新茶といい、香りが高くおいしいとされる。

(2) 中国茶

中国茶は、茶葉の発酵の度合いにより、緑茶（無発酵）、白茶（微発酵）、黄茶（軽発酵）、青茶（半発酵）、紅茶（完全発酵）、黒茶（後発酵）の6つに分類される。

わが国における中国茶の代表的なものに、ウーロン茶（烏龍茶）があるが、これは茶葉を半発酵させたものである。茶葉を日光にあてて、萎びさせながら酸化酵素をある程度まで作用させて、発酵させた後に、釜で炒ることで酵素を失活させてから揉んで製品とする。

(3) 紅茶

紅茶は、茶葉を萎びさせてからよく揉み、酸化酵素の働きを利用してカテキン類を酸化させて、テオフラビン（橙赤色）、テアルピジン（褐色）などの独特の色調と香気成分をつくらせた赤黒色の茶である。インドのアッサムやダージリン、スリランカのウバやディンブラ、中国安徽省のキーマンなどが有名である。

(4) その他の茶

1) マテ茶

モチノキ科のマテの木の葉を乾燥し茶葉としたもの。

2) ルイボスティー

マメ科の低木の針状の葉の部分を裁断し、発酵して製造したものである。南アフリカの先住民の間で日常的に飲まれている飲料である。

(5) コーヒー

コーヒー豆は、コーヒー樹の成熟した果実から外皮、果肉、半皮、銀皮などを除去した種子（生豆）である、生豆を230℃前後で焙煎したものを炒り豆という。炒り豆を粗砕して、熱水で可溶性成分を抽出させて飲用する（レギュラーコーヒー）。一方、炒り豆を粗砕、熱水抽出した可溶性成分を、粉末、顆粒状にしたものをインスタントコーヒーという。

(6) ココア

カカオ樹の果実の種子であるカカオ豆からつくられる。発酵させたカカオ豆を焙

炒して種皮と胚芽を除去した胚乳（ニブ）を磨砕、圧搾してココアパウダーの一部を除去して、粉末としたものである。

5 微生物利用食品

5.1 アルコール飲料

日本では、アルコール1度以上を含む飲料を酒類という。酒類は、糖あるいはでんぷんの糖化物を原料にして、酵母によるアルコール発酵現象を利用して製造する。

醸造酒は、酵母により発酵させて絞っただけの酒であり、アルコール分が低く、エキスが高い酒であり、清酒、ビール、果実酒などがある。

蒸留酒は、醸造酒を蒸留して製造した酒であり、アルコール分が高くエキスが低い酒であり、焼酎、ウイスキー、ブランデー、ウォッカ、ジン、ラムなどがある。

混成酒は、醸造酒や蒸留酒に植物の花、葉、根、果実などの成分を含ませた酒をいい、アルコール分、エキスともに高い。リキュール類がそれにあたる。日本で古来から製造されているみりんも混成酒の一種である。

(1) 清酒

清酒は、日本酒ともよばれる。蒸した精米に麹カビを接種して酒麹をつくる。酒麹と蒸した精米と水を混合して、でんぷんの糖化を行いながら同時に、あらかじめ醸成した清酒酵母（酵母）を加えて発酵してつくられた醸造酒である（この方式を並行複発酵方式という）。

清酒の表示は、吟醸酒、大吟醸酒、純米酒、本醸造酒などの名称が用いられる。

(2) ビール

ビールは、麦芽、ホップおよび水を原料にして、糖化後発酵させた二酸化炭素を含む醸造酒（アルコール分が20%未満のもの）である。麦芽の他にも、副材料として麦、米、とうもろこし、こうりゃん、ばれいしょ（じゃがいも）、でんぷんなどを使うことができるが、使用量に上限がある。酒税法の「ビール」は、水とホップを除く原料の半分以上が麦芽でなければならない。副材料の使用率が麦芽の半分以上になると、「発泡酒」と分類される。

(3) ワイン（果実酒）

ワインは、ブドウ果実にワイン酵母を加えて発酵させて製造する醸造酒である（このような糖化の工程がない製造方式を単式発酵方式という）。ワインは、赤ワインと白ワインに大別される。赤ワインは、赤色ないし黒色系ブドウ（カベルネ、ソーヴィニヨン、メルロー、ピノ・ノワールなど）を原料とし、果実をつぶして果汁、果

皮、種子とともに発酵させ、搾ったものである。白ワインは、白色ブドウ（シャルドネ、リースリングなど）を原料とし、搾汁から果皮と種子を取り除き、果汁のみを発酵させたものである。

(4) しょうちゅう（焼酎）

焼酎は、米・大麦・そば・さつまいもなどのでんぷん質材料を麹で糖化し、アルコール発酵させたもろみ、あるいは糖質原料を発酵させたもろみを蒸留した蒸留酒である。焼酎には、連続式蒸留焼酎（焼酎甲類、ホワイトリカー①）と単式蒸留焼酎（焼酎乙類、ホワイトリカー②）がある。アルコール分は、36%（容量%）未満であり、市販品は、20%、25%、30%などの種類がある。

(5) ウイスキー

ウイスキーは、大麦麦芽のみを原料として糖化し、アルコール発酵後に蒸留したモルトウイスキーと、とうもろこし、ライ麦などの穀類と麦芽を用いて糖化し、発酵後蒸留したグレインウイスキーがある。蒸留したウイスキー留液は、アルコール分60%前後に加水して、カシ樽に貯蔵する。蒸留したばかりのウイスキーは、無色で香味は粗いが、樽詰している間に、味が丸く、ふくよかに醸成する。スコットモルトウイスキーで3年以上、アメリカンウイスキーで2年以上の熟成が義務付けられる。ウイスキーのアルコール分は、約40%（容量%）である。

(6) ブランデー

ブランデーは、果実酒を蒸留したものである。ぶどうのブランデーが、一般的なブランデーである。ぶどう以外の果実からつくられるものは、アップルブランデーなど、果実の名前をつける。

ワインを粗留、再留して得たアルコール分70%前後の無色透明の蒸留酒をカシの新樽に詰めて、最低4～5年貯蔵する。樽詰した年月の経過とともに濃褐色となり、味に甘味が増し、芳香を発するようになる。

(7) スピリッツ

わが国では、焼酎、ウイスキー、ブランデーを除くエキス分2%未満の蒸留酒をスピリッツ類と分類されている。

(8) ウォッカ

穀類、麦芽を原料とした蒸留酒で、蒸留したアルコールをろ過する。酒税法により、日本で製造されたものは、白樺炭でろ過精製されたものである。ろ過処理により、刺激が除去され、軽やかな芳香が生み出される。市販されているウォッカのアルコール分は、40～50%（容量%）である。

(9) ジン

とうもろこし、ライ麦、麦芽を原料としたアルコールを連続式蒸留器で蒸留し、杜松（ネズ）の実（ジュニバー・ベリー）を加えて再蒸留して、香りをつけたものである。アルコール分は、約50%（容量%）である。

(10) ラム

サトウキビの汁やその廃糖蜜を原料とした蒸留酒である。蒸留後に、ホワイトオーク樽で貯蔵し熟成させる。アルコール分は、40〜75%（容量%）である。

(11) 発泡酒（雑酒）

麦芽または麦を原料の一部とし、製法、香味ともにビールと酷似した発泡性を有する酒類である。米、コーンスターチなどの副原料重量の合計が麦芽重量の100分の50以上のものである。発泡酒のアルコール分は平均5.3%（容量%）である。

5.2 発酵調味料

(1) みそ　4.3 調味料 (3)に記載

(2) しょうゆ　4.3 調味料 (4)に記載

(3) 食酢

酢酸が4〜5%含まれている酸味系調味料である。アルコールを含む原料を酢酸発酵してつくる醸造酢と、合成酢酸を調味した合成酢に分かれる。醸造酢は、穀物酢（米酢、米黒酢、大麦黒酢、その他は穀物酢）、果実酢（りんご酢、ぶどう酢、その他果実酢）に分かれる。食酢の主成分は、酢酸であるが、他にも糖分、アミノ酸なども含まれており、味わいやまろやかさなどを引き出している。

章末問題

1　果実類に関する記述である。最も適当なのはどれか。1つ選べ。

1. りんごの切断面は、リポキシゲナーゼによって褐変する。
2. バナナは、ジベレリン処理によって追熟が促進する。
3. 西洋なしは、非クライマクテリック型の果実である。
4. 日本なしは、果肉に石細胞を含む。
5. いちじくは、アクチニジンを含む。

（第35回国家試験）

解説　1．ポリフェノールオキシダーゼで褐変化する。　2．エチレン処理で追熟する。　3．クライマクテリック型の果実とは成熟の際に呼吸量が著しく増大する現象が現れる果実のことで、りんご、なし、バナナなどがある。　5．アクチニジンを含む代表的な果実はキウイフルーツである。　　　解答 4

2　牛乳に関する記述である。最も適当なのはどれか。1つ選べ。

1. 炭水化物の大部分は、マルトースである。
2. β-ラクトグロブリンは、乳清に含まれている。
3. カゼインは、pH 6.6 に調整すると凝集沈殿する。
4. 脂質中のトリグリセリドの割合は、約15％である。
5. 市販の牛乳は、生乳に水を添加して製造する。

(第 35 回国家試験)

解説　1.　炭水化物の大部分はラクトースである。　3.　カゼインは，pH 4.6 のときに沈殿する。
4.　トリグリセリドの割合は 90％以上である。　5.　市販牛乳は生乳を加熱殺菌したもので基本的には水は添加しない。

解答　2

3　嗜好飲料に関する記述である。最も適当なのはどれか。1つ選べ。

1. 紅茶は、不発酵茶である。
2. 煎茶の製造における加熱処理は、主に征炒りである。
3. 茶のうま味成分は、カフェインによる。
4. コーヒーの褐色は、主にアミノカルボニル反応による。
5. ココアの製造では、カカオ豆に水を加えて磨砕する。

(第 35 回国家試験)

解説　1.　紅茶は発酵茶である。　2.　煎茶の加熱処理は主に蒸し製である。　3.　茶のうまみ成分はテアニンとグルタミン酸ナトリウムである。　5.　ココアの製造はカカオマスを搾油してココアケーキとココアバターに分離され、それぞれがココアパウダー、ココアバターとなる。

解答　4

4　食品とその呈味成分に関する記述である。最も適当なのはどれか。1つ選べ。

1. 柿の渋味成分は、オイゲノールである。
2. たこのうま味成分は、ベタインである。
3. ヨーグルトの酸味成分は、酒石酸である。
4. コーヒーの苦味成分は、ナリンギンである。
5. とうがらしの辛味成分は、チャビシンである。

(第 35 回国家試験)

解説　1.　柿の渋みはシブオールというタンニンである。　3.　ヨーグルトは乳酸発酵でつくられるので 2 が答えである以上、酒石酸は第一選択肢に入らない。　4.　コーヒーにナリンギンは含まれない。
5.　とうがらしの辛み成分はカプサイシンである。

解答　2

5　食品と主な香気・におい成分の組み合わせである。最も適当なのはどれか。1つ選べ。

1. もも ――――――― ヌートカトン
2. 淡水魚 ――――― 桂皮酸メチル
3. 発酵バター ――― レンチオニン
4. 干ししいたけ ―― γ-ウンデカラクトン
5. にんにく ――――― ジアリルジスルフィド

(第 35 回国家試験)

> 解説　1．ヌートカトンはグレープフルーツの香り。ももの香りの主成分はγ-ウンデカラクトン。
> 2．桂皮酸メチルはいちごなどの香り物質として紹介される。　3．レンチオニンはしいたけの香り成分。
> 発酵バターの香りはジアセチルと紹介されるが、製品によってさまざまな香りの特徴がある。　4．干し
> しいたけの香りはレンチオニンが強められている。　　　　　　　　　　　　　　　　　　解答　5

6 　粉類とその原料の組み合わせである。正しいのはどれか。1つ選べ。

1．上新粉 ――――― もち米　　　　　2．白玉粉 ――――― うるち米

3．道明寺粉 ―――― 大豆　　　　　　4．はったい粉 ―― 大麦

5．きな粉 ――――― 小麦　　　　　　　　　　　　　　　　（第34回国家試験）

> 解説　1．上新粉はうるち米である。　2．白玉粉はもち米である。　3．道明寺粉ももち米である。
> 4．はったい粉は焙煎大麦からつくられる。　5．きな粉は大豆でつくられる。　　　　解答　4

7 　野菜類に関する記述である。最も適当なのはどれか。1つ選べ。

1．だいこんの根部は、葉部よりも 100 g 当たりのビタミンC 量が多い。

2．根深ねぎは、葉ねぎよりも 100 g 当たりのβ-カロテン量が多い。

3．れんこんは、はすの肥大した塊根を食用としたものである。

4．たけのこ水煮における白濁沈殿は、リシンの析出による。

5．ホワイトアスパラガスは、遮光して栽培したものである。　　　（第34回国家試験）

> 解説　1．だいこんのビタミンCは葉部の方が多い。　2．葉ねぎの方が100 g 当たりのβ-カロテン量が
> 多い。　3．れんこんははすの地下茎が肥大化したものである。　4．たけのこの白濁沈殿はチロシンで
> ある。　　　　　　　　　　　　　　　　　　　　　　　　　　　　　　　　　　　　解答　5

8 　畜肉に関する記述である。最も適当なのはどれか。1つ選べ。

1．主要な赤色色素は、アスタキサンチンである。

2．脂肪は、常温（20〜25℃）で固体である。

3．死後硬直が始まると、筋肉の pH は上昇する。

4．筋たんぱく質の構成割合は、筋形質（筋漿）たんぱく質が最も多い。

5．筋基質（肉基質）たんぱく質の割合は、魚肉に比べ低い。　　　（第34回国家試験）

> 解説　1．肉の赤色色素はミオグロビン。　3．乳酸が発生するので低下する。　4．一般的には筋原線維
> たんぱく質が最も多いとされる。　5．筋基質たんぱく質は魚肉に比べて多い。　　　　　解答　2

9 　鶏卵に関する記述である。最も適当なのはどれか。1つ選べ。

1．卵殻の主成分は、たんぱく質である。

2．卵白は、脂質を約 30% 含む。

3．卵白のたんぱく質では、リゾチームの割合が最も高い。

4．卵黄のリン脂質では、レシチンの割合が最も高い。

5．卵黄の水分含量は、卵白に比べて多い。　　　　　　　　　　　（第34回国家試験）

解説　1. 卵殻は炭酸カルシウムが主成分である。　2. 卵白の脂質含量はわずかである。　3. 一般的にオボアルブミンの割合が一番多い。　5. 卵白の水分含量は卵黄に比べて 2 倍近くある。　　　　解答　4

第3章

日本食品標準成分表 2020 年版（八訂）解説

達成目標

■食事の栄養計算で用いられる日本食品標準成分表 2020 年版（八訂）を解説したものである。本成分表には日本で日常摂取されている食品の最新の成分値が掲載されている。栄養士、管理栄養士等の献立作成業務で求められる食品の栄養成分等の基礎知識を習得し、正しく活用することを目標とする。

1 日本食品標準成分表 2020 年版（八訂）

1.1 目的および性格

　日本食品標準成分表は、国民が日常摂取する食品の成分に関する基礎データを提供することを目的とし、1950（昭和25）年に唯一の食品成分に関する公的データとして初版が公表された。以降、科学技術の発展とともに改訂が行われ、2020年12月に文部科学省科学技術・学術審議会資源調査分科会とりまとめによる最新版の八訂版（**表3.1**）が公表された。

表 3.1　日本食品標準成分表 2020

食品番号	索引番号	食品名	廃棄率	エネルギー		水分	アミノ酸組成によるたんぱく質	たんぱく質	脂肪酸のトリアシルグリセロール当量	コレステロール	脂質	利用可能炭水化物（単糖当量）	利用可能炭水化物（質量計）	差引き法による利用可能炭水化物	食物繊維総量	糖アルコール	炭水化物	有機酸	灰分	ナトリウム	カリウム	カルシウム	マグネシウム	リン	鉄	亜鉛	銅
単位			%	KJ	kcal	g				mg		g									mg							
成分識別子			REFUSE	ENERC	ENERC_KCAL	WATER	PROTCAA	PROT-	FATNLEA	CHOLE	FAT-	CHOAVLM	CHOAVL	CHOAVLDF-	FIB-	POLYL	CHOCDF-	OA	ASH	NA	K	CA	MG	P	FE	ZN	CU
01083	120	こめ［水稲穀粒］精白米 うるち米	0	1455	342	14.9	5.3	6.1	0.8	(0)	0.9	83.1	75.6	78.1	0.5	–	77.6	0.4	1	89	5	23	95	0.8	1.4	0.22

マンガン	ヨウ素	セレン	クロム	モリブデン	レチノール	α-カロテン	β-カロテン	β-クリプトキサンチン	β-カロテン当量	レチノール活性当量	ビタミンD	α-トコフェロール	β-トコフェロール	γ-トコフェロール	δ-トコフェロール	ビタミンK	ビタミンB1	ビタミンB2	ナイアシン	ナイアシン当量	ビタミンB6	ビタミンB12	葉酸	パントテン酸	ビオチン	ビタミンC	アルコール	食塩相当量	備考
Mg		μg										mg				μg		mg				μg		mg	μg	mg		g	
MN	ID	SE	CR	MO	RETOL	CARTA	CARTB	CRYPXB	CARTBEQ	VITA_RAE	VITD	TOCPHA	TOCPHB	TOCPHG	TOCPHD	VITK	THIA	RIBF	NIA	NE	VITB6A	VITB12	FOL	PANTAC	BIOT	VITC	ALC	NACL_EQ	うるち米 歩留まり：90～91% (100g：120mL, 100mL：83g)
0.81	0	2	0	69	(0)	0	0	0	0	(0)	(0)	0.1	Tr	0	0	0	0.08	0.02	1.2	2.6	0.12	(0)	12	0.66	1.4	(0)	–	0	

　学校や病院の給食管理、栄養指導や一般家庭で利用されている他、行政面では厚生労働省の食事摂取基準作成のための基礎資料、国民健康・栄養調査などの各種統

計調査、農林水産省の食料需給表の作成、食料・農業・農村基本計画における食料自給率の目標設定、食品表示法に基づく栄養成分表示の基礎データなどとして活用されている。また、学校教育の家庭科をはじめ、医学、農学などの研究分野においても広く利用されている。

　国民が日常摂取する食品の種類は国際化により年々増加傾向にあるが、食品成分表は、わが国において常用される食品の標準的な成分値を収載するものである。

　動物、植物、菌類などの食品原材料の成分値は、品種、成育（生育）環境などの要因により、変動がある。また、加工品や調理食品については、原材料の配合割合、加工方法、調理方法の相違により成分値に幅が生ずる。食品成分表においては、これらの数値の変動要因に十分配慮しながら、幅広い利用目的に応じて、分析値、文献値などをもとに標準的な成分値を定め、1 食品 1 標準成分値を原則として収載するものである。なお、標準成分値とは、国内において年間を通じて普通に摂取する場合の全国的な代表値を表すという概念に基づき求めた値である。

1.2 日本食品標準成分表 2020 年版（八訂）への全面改訂概要

　食品成分表は、2000（平成 12）年以降において 5 年おきに全面改訂を重ねてきており、今回の八訂は、七訂及び追補版を全面改定した。今回の改訂の要点は以下の通りである。

①食品のエネルギーの算出基礎としてきた、エネルギー産生成分のたんぱく質、脂質および炭水化物を、FAO（国際連合食糧農業機構）報告書が推奨する方式に改め、原則として、それぞれ、アミノ酸組成によるたんぱく質、脂肪酸のトリアシルグリセロール当量で表した脂質、利用可能炭水化物などの組成に基づく成分に変更することとした。即ち、これまで食品ごとにたんぱく質（窒素の定量値に窒素－たんぱく質換算係数を乗じた値）、脂質（有機溶媒抽出物の値）、炭水化物（可食部 100 g から他の成分の重量を差し引いた値）に、修正 Atwater 係数などの種々のエネルギー換算係数を乗じて算出していたエネルギーについて、FAO/INFOODS が推奨する「組成成分を用いる計算方法」に変え、エネルギー値の科学的推計の改善を図った。ただし、アミノ酸組成やトリアシルグリセロール当量、単糖当量が不明なものは従来法での値が記載されている。

②個人の食生活や施設給食の変化から需要が増大している冷凍、チルド、レトルトの状態で流通する食品（惣菜、Ready to Eat など）について、大手事業者の原材料配合割合から算出した成分値を収載するとともに、素材からの重量や成分の変化についての情報を収載するなどの充実を図り、18 群の『調理加工食品類』の名

称を「調理済み流通食品類」に変更した。なお、「調理済み流通食品類」とは、食品会社が製造・販売する工業的な調理食品および配食サービス事業者が製造・販売する食品と定義した。

③たんぱく質、脂質および炭水化物（利用可能炭水化物、糖アルコール、食物繊維、有機酸）の組成については、別冊として、日本食品標準成分表 2020 年版（八訂）アミノ酸成分表編、日本食品標準成分表 2020 年版（八訂）脂肪酸成分表編、日本食品標準成分表 2020 年版（八訂）炭水化物成分表編の 3 冊が同時に作成された。

1.3 収載食品

食品群は、1 群（穀類）、2 群（いも及びでん粉類）、3 群（砂糖及び甘味類）、4 群（豆類）、5 群（種実類）、6 群（野菜類）、7 群（果実類）、8 群（きのこ類）、9 群（藻類）、10 群（魚介類）、11 群（肉類）、12 群（卵類）、13 群（乳類）、14 群（油脂類）、15 群（菓子類）、16 群（し好飲料類）、17 群（調味料及び香辛料類）と今回名称変更された 18 群（調理済み流通食品類）に分類された。

収載食品については、食品名や分類の一部変更が行われた。食品数は、七訂より 287 食品増え、2,478 食品となった（**表 3.2**）。食品の選定、調理にあたり、①原材料的食品については、成分値の変動要因に留意、②「生」、「乾」など未調理食品を収載食品の基本とし、摂取の際に調理が必要な食品の部については、「ゆで」、「焼き」などの基本的な調理食品を収載、③刺身、天ぷらなどの和食の伝統的な料理、から揚げ、とんかつなどの揚げ物も収載、④摂食時に近い食品の成分値の計算を容易にする観点から、調理方法の概要と、重量変化率などが掲載された。加工食品については、生産、消費の動向を考慮し代表的な食品が選定された。和え物、煮物などの和食の伝統的な調理食品では原材料の配合割合や料理と成分値が、また、近年、加工済みで流通する漬物の成分値も収載された。

食品の分類および配列：収載食品の分類は七訂と同様、大分類、中分類、小分類および細分の四段階とし、大分類は原則として生物の名称をあて、五十音順に配列されたが、一部変更もみられる。

食品番号：食品番号は 5 桁とし、初めの 2 桁は食

表 3.2　食品群別収載食品数（八訂）

	食品群	食品数
1	穀類	205
2	いも及びでん粉類	70
3	砂糖及び甘味類	30
4	豆類	108
5	種実類	46
6	野菜類	401
7	果実類	183
8	きのこ類	55
9	藻類	57
10	魚介類	453
11	肉類	310
12	卵類	23
13	乳類	59
14	油脂類	34
15	菓子類	185
16	し好飲料類	61
17	調味料及び香辛料類	148
18	調理済み流通食品類	50
	合計	2,478

品群にあて、次の3桁を小分類または細分にあてられた。原材料的食品の名称は学術名または慣用名を採用し、加工食品の名称は一般に用いられている名称や食品規格基準などで公的に定められている名称が採用された。

1.4 収載成分項目など

　七訂追補の検討を経て新たな収載成分として「ナイアシン当量」、「AOAC2011.25 法による食物繊維（低分子量のオリゴ糖などを含めて測定するもの）」が追加された。収載成分の配列については表 3.1 を参照されたい。

　酢酸以外の有機酸は、七訂版までは便宜的に炭水化物に含めていたが、すべての有機酸をエネルギー産生成分として扱う観点から有機酸は独立しての記載となった。無機質の成分項目の配列は、各成分の栄養上の関連性が配慮され、ビタミンは脂溶性ビタミンと水溶性ビタミンに分けて配列された。なお、七訂版で記載のあった脂肪酸総量、飽和脂肪酸、不飽和脂肪酸（一価および多価不飽和脂肪酸）の成分項目は、脂肪酸成分表に、また、食物繊維の分析法別成分値および水溶性食物繊維、不溶性食物繊維などの成分項目については、炭水化物成分表に記載することとなった。

1.5 収載成分の概要

　それぞれの成分の測定は、「日本食品標準成分表 2020 年版（八訂）分析マニュアル」による方法およびこれと同等以上の性能が確認できる方法とした。

(1) 廃棄率および可食部

　廃棄率および可食部廃棄率は、原則として、通常の食習慣において廃棄される部分を食品全体あるいは購入形態に対する質量の割合（%）で示し、廃棄部位を備考欄に記載した。なお、可食部とは、食品全体あるいは購入形態から廃棄部位を除いたものである。

(2) エネルギー

　食品のエネルギー値は、原則として、FAO/INFOODS の推奨する方法に準じ、「可食部 100 g 当たりのアミノ酸組成によるたんぱく質」、「脂肪酸のトリアシルグリセロール当量」、「利用可能炭水化物（単糖当量)」、「糖アルコール」、「食物繊維総量」、「有機酸」および「アルコール」の量に各成分のエネルギー換算係数（表 3.3）を乗じて、100 g 当たりの kJ（キロジュール）　および kcal（キロカロリー）を算出し、収載値とした。食品成分表 2020 年版と 2015 年版の計算方法によるエネルギー値の算定変更を図 3.1 に、比較を表 3.4 に示した。

表 3.3　適用したエネルギー換算係数

成　分　名	換算係数 (kJ/g)	換算係数 (kcal/g)	備　　考
アミノ酸組成によるたんぱく質/たんぱく質	17	4	
脂肪酸のトリアシルグリセロール当量・脂質	37	9	
利用可能炭水化物（単糖当量）	16	3.75	
差引き法による利用可能炭水化物	17	4	
食物繊維総量	8	2	成分値は AOAC. 2011. 25 法、プロスキー変法またはプロスキー法による食物繊維総量を用いる。
アルコール	29	7	
糖アルコール			
ソルビトール	10.8	2.6	
マンニトール	6.7	1.6	
マルチトール	8.8	2.1	
還元水あめ	12.6	3.0	
その他の糖アルコール	10	2.4	
有機酸			
酢酸	14.6	3.5	
乳酸	15.1	3.6	
クエン酸	10.3	2.5	
リンゴ酸	10.0	2.4	
その他の有機酸	13	3	

七訂までのエネルギー産生成分

窒素量の分析値に一定の換算係数（6.25 等）を乗じて計算される「たんぱく質」

有機溶媒可溶性成分の総質量である「脂質」

100 g から他の一般成分等の成分値を差し引いて計算される「炭水化物」

八訂以降のエネルギー産生成分

たんぱく質を構成するアミノ酸（約 20 種）の残基量の合計から算出される「アミノ酸組成によるたんぱく質」

飽和・不飽和等の脂肪酸の分析値を換算した「脂肪酸のトリアシルグリセロール当量」

下記の組成成分ごとにエネルギー換算 ❏エネルギーとして利用性の高いでん粉、単糖類、二糖類からなる「利用可能炭水化物」 ❏エネルギーとして利用性の低い炭水化物である「食物繊維」「糖アルコール」

図 3.1　成分表 2020 年版（八訂）におけるエネルギー産生成分の変更

表 3.4　七訂と八訂でのエネルギー値の差異

食品群	食品番号	食　品　名	再計算値 (kcal/100g)	七訂収載値 (kcal/100g)	差異 (増加)
9	9004	あまのり　焼きのり	296.6	188.0	108.6
8	8030	まいたけ　乾	273.0	181.0	92.0
8	8013	しいたけ　乾しいたけ　乾	271.9	182.0	89.9
9	9042	わかめ　乾燥わかめ　板わかめ	200.3	134.0	66.3

食品群	食品番号	食　品　名	再計算値 (kcal/100g)	七訂収載値 (kcal/100g)	差異 (減少)
4	4089	だいず［その他］おから　乾燥	332.6	420.9	-88.2
12	12013	鶏卵　卵黄　乾燥卵黄	638.1	724.0	-85.9
11	11014	＜畜肉類＞うし［和牛肉］リブロース　脂身　生	674.1	751.8	-77.7
11	11249	＜畜肉類＞うし［和牛肉］リブロース　脂身つき　ゆで	537.6	601.4	-63.8
4	4007	いんげんまめ　全粒　乾	278.6	339.4	-60.8

(3) 一般成分

一般成分とは、「水分」、「たんぱく質」、「脂質（コレステロールを除く）」、「炭水化物に属する成分」、「有機酸」、および「灰分」である。

1) 水分 (Water)

水分は、食品の性状を表す最も基本的な成分のひとつで、食品の構造の維持に寄与している。ヒトは、1日に約2リットルの水を摂取し、排泄している。この収支バランス維持が大切で、水分の約2分の1は食品から摂取している。

2) たんぱく質 (Proteins)

たんぱく質はアミノ酸の重合体で、人体の水分を除いた質量の2分の1以上を占め、体組織、酵素、ホルモンなどの材料の他、エネルギー源としても重要である。本成分表から、「アミノ酸組成によるたんぱく質 (Protein, calculated as the sum of amino acid residues)」がエネルギーの算定に利用されているが、従来の基準窒素量に窒素-たんぱく質換算係数を乗じて得られるたんぱく質 (Protein, calculated from reference nitrogen) も収載されている。アミノ酸以外の含窒素化合物を含む食品、すなわち野菜類（硝酸態窒素）、茶類（硝酸態窒素とカフェイン由来窒素）、コーヒー（カフェイン由来窒素）、ココアとチョコレート類（カフェイン・テオブロミン由来窒素）では、全窒素量からそれぞれのアミノ酸以外の窒素量を差し引いて基準窒素量を求める。

3) 脂質 (Lipids)

脂質は、食品中の有機溶媒に溶ける有機化合物の総称であり、中性脂肪の他、リン脂質、ステロイド、ワックスエステル、脂溶性ビタミンなども含まれる。生体内ではエネルギー源や細胞膜などの構成成分として重要である。多くの食品では、脂質の大部分を中性脂肪が占め、そのうち、自然界に最も多く存在するのがトリアシルグリセロールである。本表には、各脂肪酸をトリアシルグリセロールに換算して合計した「脂肪酸のトリアシルグリセロール当量 (Fatty acids, expressed in triacylglycerol equivalents)」と、コレステロールおよび有機溶媒可溶物を分析で求めた「脂質 (Lipid)」も収載した。

4) 炭水化物 (Carbohydrates)

炭水化物は、生体内で主にエネルギー源として利用される重要な成分である。本成分表では、エネルギーとしての利用性に応じて炭水化物を細分化し、各成分にそれぞれのエネルギー換算係数を乗じてエネルギーの算定を行った。このため以下に示す通り、従来の成分項目の(vi)炭水化物」(Carbohydrate, calculated by difference) に加え、新たに(ⅰ)〜(ⅴ)の5項目を追加収載した。

（ⅰ）利用可能炭水化物（単糖当量）（Carbohydrate, available; expressed in monosaccharide equivalents）

でん粉、ぶどう糖、果糖、ガラクトース、しょ糖、麦芽糖、乳糖、トレハロース、イソマルトース、80％エタノール可溶性マルトデキストリン、マルトトリオースなどオリゴ糖類などを直接分析または推計し、この値に糖ごとの係数を乗じて、単糖の質量に換算して合計し(g)、さらにエネルギー換算係数 16 kJ/g(3.75 kcal/g) を乗じて算出する（係数：でん粉および 80％エタノール可溶性マルトデキストリン：1.10、マルトトリオースなどオリゴ糖類：1.07、二糖類：1.05）。

しかし、水分を除く一般成分などの合計値が、乾物量に対して一定の範囲にない食品の場合には、差引き法による利用可能炭水化物を用いてエネルギーを計算する。なお、難消化性でん粉は、AOAC 2011.25 法では食物繊維に相当するので、その量 (g) をでん粉から差し引いて計算する。

（ⅱ）利用可能炭水化物（質量計）（Carbohydrate, available）

利用可能炭水化物（質量計）は、（ⅰ）と同様、でん粉、ぶどう糖、果糖、ガラクトース、しょ糖、麦芽糖、乳糖、トレハロース、イソマルトース、80％エタノール可溶性マルトデキストリン、マルトトリオースなどオリゴ糖類などを直接分析または推計した質量の合計であり、利用可能炭水化物の摂取量の算出に用いる。

（ⅲ）差引き法による利用可能炭水化物（Carbohydrate, available, calculated by difference）

水分を除く一般成分などの合計値が乾物量に対して一定の範囲にない食品の利用可能炭水化物由来のエネルギー計算に用いる。100 g から、水分、アミノ酸組成によるたんぱく質（この収載値がない場合にはたんぱく質）、脂肪酸のトリアシルグリセロール当量として表した脂質（この収載値がない場合には脂質）、食物繊維総量、有機酸、灰分、アルコール、硝酸イオン、ポリフェノール（タンニンを含む）、カフェイン、テオブロミン、加熱により発生する二酸化炭素などの合計 (g) を差し引いて求める。エネルギー換算係数は 17 kJ/g（4 kcal/g）とする。

（ⅳ）食物繊維総量（Dietary fiber, total）

食物繊維総量の定量には、プロスキー法、プロスキー変法、および AOAC. 2011.25 法が用いられる。プロスキー法では「食物繊維総量」が、プロスキー変法では高分子量の「水溶性食物繊維（Soluble dietary fiber）」と「不溶性食物繊維（Insoluble dietary fiber）」、および合計値の「食物繊維総量（Total dietary fiber）」が、AOAC. 2011.25 法では、「低分子量水溶性食物繊維（Water:alcohol soluble dietary fiber）」、「高分子量水溶性食物繊維（Water:alcohol insoluble dietary fiber）」、「不

溶性食物繊維」、および合計値の「食物繊維総量」が得られる。炭水化物成分表 2020 年版には、各法で求められた詳細な値が収載されているが、食品成分表には、AOAC. 2011.25 法、プロスキー変法、プロスキー法の優先順位に従い、「食物繊維総量」の値のみが記載されている。この値（g）にエネルギー換算係数 8 kJ/g（2 kcal/g）を乗じて食物繊維総量由来のエネルギーを算出している。

　遊離の五炭糖であるアラビノースは単糖であるが、腸管壁から吸収されず、ヒトに静注した場合にほとんど利用されないとされる。小腸では消化吸収されずに、大腸に常在する菌叢によって分解利用されるので、食物繊維の挙動と同じと考えられ、エネルギー換算係数には、食物繊維と同じ 8 kJ/g（2 kcal/g）を用いるが、今後の取り扱いについては検討が必要としている。

（ⅴ）糖アルコール（Polyols）

　新たにエネルギー産生成分として糖アルコールが収載された。FAO/INFOODS やコーデックス食品委員会では、糖アルコールを Polyol(s) とよんでいるが、ポリオール（多価アルコール）が「糖アルコール」以外の化合物も含む名称であることから、日本語表記では「糖アルコール」とし、英語表記のみ「Polyol」を用いる。糖アルコール由来のエネルギーは、各成分値（g）にそれぞれのエネルギー換算係数を乗じて算出し、合計する。糖アルコールのうち、ソルビトール、マンニトール、マルチトール、還元水飴については、米国 Federal Register/Vol. 79, No. 41/Monday, March 3, 2014 / Proposed Rules 記載の kcal/g 単位のエネルギー換算係数を採用し、それに 4.184 を乗じて kJ/g 単位のエネルギー換算係数とした。その他の糖アルコールについては、FAO/INFOODS が推奨するエネルギー換算係数を採用した。

（ⅵ）炭水化物（Carbohydrate, calculated by difference）

　従来の「差引き法による炭水化物」（100 g から水分、たんぱく質、脂質、灰分などの合計 g を差し引いた値）も収載した。ただし、魚介類、肉類、卵類のうち原材料的食品については、一般的に炭水化物が微量であり、差引き法で求めることが適当でないことから、原則として全糖の分析値に基づいた成分値とした。なお従来と同様、硝酸イオン、アルコール、酢酸、ポリフェノール（タンニンを含む）、カフェイン、テオブロミンを比較的多く含む食品や、加熱により二酸化炭素などが多量に発生する食品については、これらの含量も差し引いて成分値を求めた。

5）有機酸（Organic Acids）

　有機酸由来のエネルギーは、各成分値（g）にそれぞれのエネルギー換算係数を乗じて算出し、合計した。七訂では酢酸のみエネルギー換算係数 3.5 kcal/g を適用し、酢酸以外の有機酸は差引き法による炭水化物の中に含めてきた。八訂では、新たに

本表の一般成分として「有機酸」（既知有機酸の総量）を収載し、炭水化物成分表・別表2有機酸成分表にはその詳細を収載した。有機酸のうち、酢酸、乳酸、クエン酸およびリンゴ酸については、Merrill and Watt（1955）記載の kcal/g 単位のエネルギー換算係数を採用し、それに 4.184 を乗ずることにより、kJ/g 単位のエネルギー換算係数とした。その他の有機酸については、FAO/INFOODS が推奨するエネルギー換算係数を採用した。

6) 灰分（Ash）

　灰分は、一定条件下で灰化して得られる残分であり、食品中の無機質の総量を反映していると考えられている。また、水分とともにエネルギー産生に関与しない一般成分として、各成分値の分析の確からしさを検証する際の指標のひとつとなる。

(4) 無機質（Minerals）

　収載した無機質は、すべてヒトにおいて必須性が認められたものである。成人の1日の摂取量が概ね 100 mg 以上となる無機質は、ナトリウム、カリウム、カルシウム、マグネシウム、リンである。100 mg に満たない無機質は、鉄、亜鉛、銅、マンガン、ヨウ素、セレン、クロム、モリブデンである。ヨウ素、セレン、クロム、モリブデンの分析には ICP 質量分析法が、その他の無機質の分析には原子吸光光度法が使われる。

　ナトリウム（Sodium）は、細胞外液の浸透圧維持、糖の吸収、神経や筋肉細胞の活動などに関与するとともに、骨の構成要素として骨格の維持に貢献している。過剰により浮腫（むくみ）、高血圧などが起こる。

　カリウム（Potassium）は、細胞内の浸透圧維持、細胞の活性維持などを担い、食塩の過剰摂取や老化によりカリウムが失われ、細胞の活性が低下する。腎機能低下により、カリウム排泄能力が低下すると、摂取の制限が必要になる。

　カルシウム（Calcium）は、骨の主要構成要素のひとつで、ほとんどが骨歯牙組織に存在している。血液凝固や細胞内の活性化に必須の成分である。

　マグネシウム（Magnesium）は、骨の弾性維持、細胞のカリウム濃度調節、細胞核の形態維持に関与し、細胞のエネルギー蓄積と消費に必須の成分である。

　リン（Phosphorus）は、骨の主要構成要素で、リン脂質の構成成分や、高エネルギーリン酸化合物として生体のエネルギー代謝にも重要である。

　鉄（Iron）は、ヘモグロビンの構成成分として赤血球に偏在している。筋肉中のミオグロビン、細胞のチトクロムの構成要素としても重要である。

　亜鉛（Zinc）は、核酸やたんぱく質の合成に関与する酵素やインスリンの構成成分として重要である。欠乏により免疫たんぱくの合成能が低下する。

銅（Copper）は、アドレナリンなどのカテコールアミン代謝酵素の構成要素として重要である。遺伝的に欠乏を起こすメンケス病、過剰障害を起こすウイルソン病が知られている。

マンガン（Manganese）は、ピルビン酸カルボキシラーゼなどの構成要素として重要である。

ヨウ素（Iodine）は、甲状腺ホルモンの構成要素で、欠乏により甲状腺刺激ホルモンの分泌が亢進し、甲状腺腫を起こす。

セレン（Selenium）は、グルタチオンペルオキシダーゼ、ヨードチロニン脱ヨウ素酵素の構成要素で、土壌中のセレン濃度がきわめて低い地域ではセレン欠乏が主因と考えられる心筋障害（克山病）が起こる。

クロム（Chromium）は、糖代謝、コレステロール代謝、結合組織代謝、たんぱく質代謝に関与し、長期間、完全静脈栄養を行った場合に欠乏症がみられ、耐糖能低下、体重減少、末梢神経障害などが起こる。

モリブデン（Molybdenum）は、酸化還元酵素の補助因子として働き、長期間にわたる完全静脈栄養で欠乏症がみられ、頻脈、多呼吸、夜盲症などが起こる。

(5) ビタミン（Vitamins）

脂溶性ビタミンとして、ビタミンA（レチノール、α-および β-カロテン、β-クリプトキサンチン、β-カロテン当量およびレチノール活性当量）、ビタミンD、ビタミンE（α-、β-、γ-および δ-トコフェロール）およびビタミンK、水溶性ビタミンとして、ビタミンB_1、ビタミンB_2、ナイアシン、ナイアシン当量、ビタミンB_6、ビタミンB_{12}、葉酸、パントテン酸、ビオチン、ビタミンCが収載されている。ビタミン類の分析は、高速液体クロマトグラフィーまたは微生物学的定量法が採用されている。以下、いくつかのビタミンの注意点をあげる。

レチノール（ビタミンA）は主として動物性食品に含まれ、視覚の正常化、成長・生殖、感染予防などに関与する。免疫力の低下、夜盲症、成長停止などの欠乏症と頭痛、骨や皮膚の異常の過剰症が知られている。成分値は、異性体の分離を行わず全トランスレチノール相当量をレチノールとして記載している。α-カロテン、β-カロテン、β-クリプトキサンチンは、主に植物に含まれるプロビタミンAで、生体内でレチノールに転換されるのでレチノール活性当量として換算する。プロビタミンAには抗酸化作用、抗発がん作用、免疫賦活作用がある。β-カロテン当量（β-Carotene equivalents）とレチノール活性当量（Retinol activity equivalents：RAE）は、次式により算出した。

β-カロテン当量（μg）＝ β-カロテン（μg）＋ 1/2 α-カロテン（μg）

$$+ 1/2\ \beta\text{-クリプトキサンチン （}\mu g\text{）}$$

$$\text{レチノール活性当量（}\mu g RAE\text{）}=\text{レチノール（}\mu g\text{）}+ 1/12\ \beta\text{-カロテン当量（}\mu g\text{）}$$

　ビタミン D（カルシフェロール）は、カルシウムの吸収・利用や骨の石灰化などに関与し、きのこなど植物性食品に含まれるビタミン D_2（エルゴカルシフェロール）と、動物性食品に含まれる D_3（コレカルシフェロール）がある。両者はヒトに対してほぼ同等の生理活性を示すとされているが、ビタミン D_3 の方がビタミン D_2 より生理活性は大きいとの報告もある。プロビタミン D_2（エルゴステロール）とプロビタミン D_3（7-デヒドロコレステロール）は、紫外線照射によりビタミン D に変換される。

　ビタミン E は、脂質の過酸化の阻止、細胞壁および生体膜の機能維持に関与し、神経機能低下、筋無力症、不妊などの欠乏症が知られている。食品に含まれるビタミン E は、主として α-、β-、γ-、δ-トコフェロールの4種であり、その成分値が収載されている。

　ビタミン K には、K_1（フィロキノン）と K_2（メナキノン類）があり、両者の生理活性はほぼ同等で、成分値は原則としてビタミン K_1 と K_2（メナキノン-4）の合計で示す。血液凝固促進、骨の形成などに関与し、欠乏により新生児頭蓋内出血症などが起こる。糸引き納豆、挽きわり納豆、五斗納豆、寺納豆、金山寺みそ、ひしおみそにはメナキノン-7 が多量に含まれるため、メナキノン-7 含量に 444.7/649.0 を乗じ、メナキノン-4 換算値としてビタミン K 含量に合算している。

　ビタミン B_1（チアミン）は、各種酵素の補酵素として糖質および分岐鎖アミノ酸の代謝に不可欠な成分で、欠乏により倦怠感、食欲不振、浮腫などを伴う脚気（かっけ）、ウエルニッケ脳症、コルサコフ症候群などが起こる。成分値はチアミン塩酸塩相当量で示す。

　ビタミン B_2（リボフラビン）は、フラビン酵素の補酵素の構成成分としてほとんどの栄養素の代謝に関わり、欠乏により口内炎、眼球炎、脂漏性皮膚炎、成長障害などが起こる。

　ナイアシンは、ニコチン酸、ニコチン酸アミドなどの総称で、酸化還元酵素の補酵素の構成成分として重要である。欠乏により、皮膚炎、下痢、精神神経障害を伴うペラグラ、成長障害などが起こることが知られている。成分値は、ニコチン酸相当量で示した。

　ナイアシン当量（Niacin equivalents）は、ナイアシンが食品の摂取以外に、生体内でアミノ酸のトリプトファンから一部生合成されるため、これを表す成分値として新たに設けられた。算出方法は次式による。なお、トリプトファン量が未知の場合のナイアシン当量は、たんぱく質の 1% をトリプトファンとみなし算出する。

$$\text{ナイアシン当量（mgNE）} = \text{ナイアシン(mg)} + 1/60\ \text{トリプトファン(mg)}$$

$$\text{ナイアシン当量（mgNE）} = \text{ナイアシン(mg)} + \text{たんぱく質(g)} \times 1000$$
$$\times\ 1/100 \times 1/60\ \text{(mg)}$$

ビタミン B$_6$ は、ピリドキシン、ピリドキサール、ピリドキサミンなど、同様の作用をもつ 10 種以上の化合物の総称で、成分値は、ピリドキシン相当量で示す。アミノトランスフェラーゼ、デカルボキシラーゼなどの補酵素として、アミノ酸、脂質の代謝、神経伝達物質の生成などに関与する。欠乏により皮膚炎、動脈硬化性血管障害、食欲不振などが起こる。

ビタミン B$_{12}$ は、シアノコバラミン、メチルコバラミン、アデノシルコバラミン、ヒドロキソコバラミンなど、同じ作用をもつ化合物の総称で、成分値はシアノコバラミン相当量で示す。アミノ酸、奇数鎖脂肪酸、核酸などの代謝酵素の補酵素として重要である他、神経機能の正常化およびヘモグロビン合成にも関与する。欠乏により悪性貧血、神経障害などが起こる。

葉酸 は補酵素として、プリンヌクレオチドの生合成、ピリジンヌクレオチドの代謝に関与し、アミノ酸、たんぱく質の代謝においてはビタミン B$_{12}$ とともにメチオニンの生成、セリン–グリシン転換系などに関与している。特に細胞の分化の盛んな胎児にとっては重要な栄養成分で、欠乏により巨赤芽球性貧血、舌炎、二分脊柱を含む精神神経異常などが起こる。

パントテン酸 は、補酵素であるコエンザイム A およびアシルキャリアータンパク質の構成成分で、広く糖、脂肪酸の代謝の酵素反応に関与している。皮膚炎、副腎障害、末梢神経障害、抗体産生障害、成長阻害などの欠乏症が知られている。

ビオチン はカルボキシラーゼの補酵素として炭素固定反応や炭素転移反応に関与している。長期間にわたり生卵白を多量に摂取した場合に欠乏症がみられ、脱毛や発疹などの皮膚障害、舌炎、結膜炎、食欲不振、筋緊張低下などが起こる。

ビタミン C は、各種の物質代謝、酸化還元反応に関与し、コラーゲンの生成、カテコールアミンの生成、脂質代謝に関与し、欠乏により壊血病などが起こる。食品中のビタミン C は、L–アスコルビン酸（還元型）と L–デヒドロアスコルビン酸（酸化型）として存在するが、その効力は同等とみなされ、その合計を成分値とする。

(6) 食塩相当量（Salt equivalents）

食塩相当量は、ナトリウム量に 2.54* を乗じて算出した値を示した。ナトリウム

＊：2.54 は、食塩（NaCl）を構成するナトリウム（Na）の原子量（22.989770）と塩素（Cl）の原子量（35.453）から算出する。

NaCl の式量／Na の原子量 =（22.989770 + 35.453）／22.989770 = 2.54

量には食塩に由来するものの他、原材料となる生物に含まれるナトリウムイオン、グルタミン酸ナトリウム、アスコルビン酸ナトリウム、リン酸ナトリウム、炭酸水素ナトリウムなどに由来するナトリウムも含まれる。

(7) アルコール（Alcohol）

アルコールは、従来と同様、エネルギー産生成分と位置付け、嗜好飲料、調味料に含まれるエチルアルコール量を収載した。

(8) 備考欄

食品の内容と各成分値などに関連の深い以下の重要な事項を備考欄に記載した。

① 食品の別名、性状、廃棄部位、加工食品の材料名、主原材料の配合割合、添加物など。

② 硝酸イオン、カフェイン、ポリフェノール、タンニン、テオブロミン、蔗糖の含量。

(9) 数値の表示方法

成分値の表示は、すべて可食部100 g当たりの値とし、数値の表示方法は以下による。

廃棄率の単位は質量％とし、10未満は整数、10以上は5の倍数で表示した。エネルギーの単位はkJおよびkcalを併記し、整数で表示した。

数値の丸め方は、最小表示桁の1つ下の桁を四捨五入したが、整数で表示するもの（エネルギーを除く）については、原則として大きい位から3桁目を四捨五入して有効数字2桁で示した。

各成分の未測定は「-」、表の「0」は最小記載量の1/10（ヨウ素、セレン、クロム、モリブデンは3/10、ビオチンは4/10）未満または未検出、「Tr（微量、トレース）」は最小記載量の1/10以上〜5/10未満を示す。ただし、食塩相当量の0は算出値が最小記載量（0.1 g）の5/10未満であることを示す。また、文献などから含まれていないと推定されるものは推定値として「(0)」と表示、微量含まれていると推定されるものは「(Tr)」と記載した。

諸外国の食品成分表の収載値から借用した場合や原材料配合割合（レシピ）などを基に計算した場合には（　）を付けて示した。なお、無機質、ビタミンなど、類似食品の収載値から類推や計算により求めた成分は（　）を付けて示した。

(10)「質量（mass）」と「重量（weight）」

国際単位系（SI）では、単位記号にgを用いる基本量は「質量」である。「重量」は力（force）と同じ性質の量を示し、質量と重力加速度の積を意味する。このため「重量」を質量の意味で用いている場合には、「重量」から「質量」への置き換えが

進んでいる。食品成分表 2020 年版では教育面に配慮し、「質量」を用いることに変更したが、調理前後の質量の増減は、七訂と同様に「重量変化率」を用いた。

(11) 食品の調理条件

　食品の調理条件は、一般的な調理（小規模調理）を想定して基本的な条件を定めた。調理に用いる器具は調理器具から食品への無機質の影響がないようガラス製などとした。加熱調理は水煮、ゆで、炊き、蒸し、電子レンジ調理、焼き、油いため、ソテー、素揚げ、天ぷら、フライ、グラッセなどを収載、非加熱調理は水さらし、水戻し、塩漬、ぬかみそ漬などとした。通常、食品の調理では調味料を添加するが、マカロニ・スパゲッティのゆで、にんじんのグラッセ、塩漬、ぬかみそ漬を除き、調味料の添加を行わなかった。ゆでは、調理の下ごしらえとして行い、ゆで汁は廃棄した。和食料理のゆで後の処理も表ではゆでとした。例えば、未熟豆野菜および果菜はゆでた後に湯切りを行い、葉茎野菜では、ゆでて湯切りをした後に水冷し手搾りを行っている。また、塩漬、ぬかみそ漬は、すべて水洗いをし、葉茎野菜はさらに手搾りしている。水煮では煮汁に調味料を加えず、煮汁は廃棄した。

(12) 調理に関する計算式

1) 重量変化率

　食品の調理では、水さらしや加熱による食品中の成分の溶出や調理に用いる水や油の吸着で食品の質量が増減するため、次式により「重量変化率(c_1)」を求めた。

　　　　重量変化率（%）＝ 調理後の同一試料の質量／調理前の試料の質量 ×100 …(c_1)

2) 調理による成分変化率と調理した食品の可食部 100 g 当たりの成分値

　調理した食品の成分値は調理前の食品の成分値との整合性を考慮し、原則として次式により「調理による成分変化率（c_2）」、および「調理した食品の可食部 100 g 当りの成分値（c_3）」を求めた。

　　　　調理による成分変化率（%）＝ 調理した食品の可食部 100 g 当たりの成分値 × 重量変化率（%）÷ 調理前の食品の可食部 100 g 当たりの成分値………(c_2)

　　　　調理した食品の可食部 100 g 当たりの成分値 ＝ 調理前の食品の可食部 100 g 当たりの成分値 × 調理による成分変化率（%）÷ 重量変化率（%）…………(c_3)

3) 調理した食品全質量に対する成分量（g）

　実際に摂取した成分量に近似させるため、栄養価計算では、本成分表の「調理した食品の成分値（可食部 100 g 当たり）」と「調理前の食品の可食部質量」を用い、「調理した食品全質量に対する成分量（c_4）」を算出する。

　　　　調理した食品全質量に対する成分量（g）＝ 調理した食品の可食部 100 g 当たりの成分値 × 調理前の可食部質量（g）/100 × 重量変化率（%）/100………(c_4)

4）購入量

　本成分表の「廃棄率」と「調理前の食品の可食部質量」から、「廃棄部を含めた原材料質量（購入量）（c5）」が算出できる。

　　廃棄部を含めた原材料質量（g）＝ 調理前の可食部質量（g）× 100 ÷（100 － 可食部）………（c5）

(13)　揚げ物と炒め物の脂質量

　揚げ物（素揚げ、天ぷらおよびフライ）については、生の素材 100 g に対して使われた衣などの質量、調理による脂質量の増減なども表で示した。揚げ油の種類、バッターの水分比などは当該食品の調査時の実測値によった。炒めもの（油炒め、ソテー）については、生の素材 100 g に対して使われた油の量、調理による脂質量の増減などについても同様に調理後の脂質量の変化を示した。「調理による成分変化率の区分別一覧」により、食品群別／調理方法区分別などの各成分の調理に伴う残存の程度や油調理などの場合の油関連成分の増加の程度も明らかにした。

(14)　水道水

　食品分析や調理に用いた水は、原則として無機質の影響を排除するためイオン交換水を用いた。一方、実際には水道水を用いて料理する場合が多いので全国の浄水場の水源別、地域別データを集計し、「水道水中の無機質」として無機質量（ナトリウム、カルシウム、マグネシウム、鉄、亜鉛、銅、マンガン、セレン：中央値、最大値、最小値）を示した。無機質の量は、用いた水道水の質量と収載値から計算できる。

2　日本食品標準成分表 2020 年版（八訂）アミノ酸成分表編

2.1　目的および性格

　たんぱく質の栄養価は構成アミノ酸の種類と量（組成）による。日本食品標準成分表 2020 年版（八訂）作成にあたり、国民が日常摂取する食品のたんぱく質含有量とアミノ酸組成を「アミノ酸成分表」（表 3.5）として全面改定し、アミノ酸組成から算出した「アミノ酸組成によるたんぱく質」をエネルギー計算のための成分と位置づけ、収載値とした。

　アミノ酸成分表は、わが国において常用される重要な食品について、たんぱく質の構成要素となる 21 種類（分析項目としては 19 種類）のアミノ酸の標準的な成分値（組成）を収載した。アミノ酸の成分値は原材料により変動することから、アミノ酸成分表の収載値は、アミノ酸成分値の変動要因を十分考慮しながら、日常、市場で入手し得る試料の分析値をもとに、年間を通して普通に摂取する場合の<u>全国的</u>

表 3.5　日本食品標準成分表 2020 年版（八訂）アミノ酸成分表 編

食品群：07　食品番号：7006　索引番号：870　食品名：アボカド 生
備考：別名：アボガド／廃棄部位：果皮および種子

成分項目	第1表 成分識別子	第1表 可食部100g当たり	第2表 成分識別子	第2表 基準窒素1g当たり	第3表 成分識別子	第3表 たんぱく質1g当たり	第4表 成分識別子	第4表 たんぱく質1g当たり
水分	WATER	71.3 g/100g						
アミノ酸組成によるたんぱく質	PROTCAA	1.6 g/100g						
たんぱく質	PROT-	2.1 g/100g						
イソロイシン	ILE	83	ILEN	250	ILEPA	53	ILEP	40
ロイシン	LEU	140	LEUN	430	LEUPA	91	LEUP	68
リシン（リジン）	LYS	120	LYSN	370	LYSPA	79	LYSP	59
含硫アミノ酸：メチオニン	MET	38	METN	110	METPA	25	METP	18
含硫アミノ酸：シスチン	CYS	38	CYSN	110	CYSPA	24	CYSP	18
含硫アミノ酸：合計	AAS	76	AASN	230	AASPA	49	AASP	36
芳香族アミノ酸：フェニルアラニン	PHE	85	PHEN	250	PHEPA	54	PHEP	41
芳香族アミノ酸：チロシン	TYR	63	TYRN	190	TYRPA	41	TYRP	30
芳香族アミノ酸：合計	AAA	150	AAAN	440	AAAPA	95	AAAP	71
トレオニン（スレオニン）	THR	91	THRN	270	THRPA	58	THRP	44
トリプトファン	TRP	29	TRPN	85	TRPPA	14	TRPP	14
バリン	VAL	110	VALN	320	VALPA	69	VALP	51
ヒスチジン	HIS	52	HISN	120	HISPA	34	HISP	25
アルギニン	ARG	91	ARGN	270	ARGPA	58	ARGP	43
アラニン	ALA	99	ALAN	300	ALAPA	63	ALAP	47
アスパラギン酸	ASP	220	ASPN	650	ASPPA	140	ASPP	100
グルタミン酸	GLU	240	GLUN	720	GLUPA	160	GLUP	120
グリシン	GLY	99	GLYN	300	GLYPA	64	GLYP	47
プロリン	PRO	97	PRON	290	PROPA	62	PROP	46
セリン	SER	120	SERN	360	SERPA	77	SERP	58
ヒドロキシプロリン	HYP	-	HYPN	-	HYPPA	-	HYPP	-
アミノ酸組成計	AAT	1800	AATN	5400	AATPA	1200	AATP	870
アンモニア	AMMON	41	AMMONN	120	AMMONPA	26	AMMONP	20
剰余アンモニア	AMMON-E	-						

窒素換算係数（備考欄）：たんぱく質に対する係数（基準窒素による）アミノ酸組成によるたんぱく質 XNA = 4.66／窒素換算係数（基準窒素による）XN = 6.25

黒字：第 1 表「可食部 100 g 当たりのアミノ酸成分表」、赤字：第 2 表「基準窒素 1 g 当たりのアミノ酸成分表」、青字：第 3 表「アミノ酸組成によるたんぱく質 1 g 当たりのアミノ酸成 分表」、緑字：第 4 表「（基準窒素による）たんぱく質 1 g 当たりのアミノ酸成分表」

な平均値と考えられる成分値を決定し、1 食品 1 標準成分値を原則として収載している。

　本成分表の収載食品数は、2015 年版から 395 食品増加し、1,953 食品となった。食品中のアミノ酸は、食品の可食部を分析試料として秤取り、加水分解などの処理をした後、アミノ酸分析計などで測定し、可食部 100 g 当たりの遊離態のアミノ酸含量と基準窒素によるたんぱく質含量の値を得た。アミノ酸の分析値は、加水分解時間で変化するため、各アミノ酸の量の変化をもとにした補正係数を用いて調整した。アミノ酸組成によるたんぱく質はアミノ酸組成に基づいて、アミノ酸の脱水縮合物の量、すなわちアミノ酸残基の総量として求めた値である。

　　アミノ酸組成によるたんぱく質（g）＝ Σ {可食部 100 g 中の各アミノ酸量（g）
　　　× （そのアミノ酸の分子量 − 18.02）/そのアミノ酸の分子量}

　アミノ酸組成によるたんぱく質に対する窒素換算係数は、基準窒素 1 g 当たりの

個々のアミノ酸残基の総量として求めた値である。基準窒素量に当該窒素換算係数を乗じて求めるアミノ酸組成によるたんぱく質量は、従来法に比べ精度が高くなる。

　以上の結果をもとに、「可食部 100 g 当たりのアミノ酸成分表」、「基準窒素 1 g 当たりのアミノ酸成分表」、「アミノ酸組成によるたんぱく質 1 g 当たりのアミノ酸成分表」、「(基準窒素による) たんぱく質 1 g 当たりのアミノ酸成分表」の 4 表を作成した。

2.2 収載食品などと概要

　食品群の分類および配列は、成分表 2020 年版（八訂）に従い、1.穀類（178）、2.いも及びでん粉類（39）、3.砂糖及び甘味類（2）、4.豆類（101）、5.種実類（47）、6.野菜類（342）、7.果実類（124）、8.きのこ類（49）、9.藻類（42）、10.魚介類（427）、11.肉類（274）、12.卵類（19）、13.乳類（53）、14.油脂類（7）、15.菓子類（124）、16.し好飲料類（24）、17.調味料及び香辛料類（97）、18.調理済み流通食品類（4）とした。

　収載食品は、① たんぱく質供給食品としてたんぱく質含量の多い食品および摂取量の多い食品を中心とする。 ② 原材料的食品については、消費形態に近いものを対象とする。 ③ 加工食品については、日常よく摂取されるものでアミノ酸組成に変化をもたらすような加工がされているものをもとに選定した。各表の収載成分項目は、以下のとおりとした。

　第 1 表 : 水分、アミノ酸組成によるたんぱく質、たんぱく質、各アミノ酸、アミノ酸
　第 2 表 : 各アミノ酸、アミノ酸合計、アンモニア、アミノ酸組成によるたんぱく
　　　　　　質に対する窒素−たんぱく質換算係数
　第 3 表、第 4 表 : 各アミノ酸、アミノ酸合計、アンモニア

　アミノ酸は、18 種類（魚介類、肉類と調味料及び香辛料類は 19 種類）を収載し、以下の通りである。

　体内で合成されないかまたは十分に合成されない不可欠アミノ酸（必須アミノ酸）:イソロイシン、ロイシン、リシン、メチオニン、シスチン、フェニルアラニン、チロシン、トレオニン、トリプトファン、バリン、ヒスチジン

　その他のアミノ酸：アルギニン、アラニン、アスパラギン酸、グルタミン酸、グリシン、プロリン、セリン

　この他、魚介類などについてはヒドロキシプロリンを収載した。各アミノ酸の成分値は、脱水縮合時のアミノ酸残基の質量ではなく、アミノ酸としての質量を収載している。このため、各アミノ酸の成分値からアミノ酸組成によるたんぱく質量を算出する際は、縮合脱水の差分を考慮する必要がある。

　　アスパラギンおよびグルタミンは、測定上アスパラギン酸、グルタミン酸と区別できないので、それぞれアスパラギン酸およびグルタミン酸に含めた。シスチンの成分値は、システインとシスチンの合計で、1/2 シスチン量として表した。たんぱく質を構成するアミノ酸と遊離のアミノ酸は区別していない。

　　メチオニンはシスチンと、フェニルアラニンはチロシンとその一部を置き替えることができるので、並べて表記し小計欄を設けた。ヒスチジンは子どもが合成できない不可欠アミノ酸であるが、他の不可欠アミノ酸とは少し異なることから、バリンの次に配列した。アルギニンは、動物により不可欠あるいはそれに準ずるものであるので、不可欠アミノ酸と可欠アミノ酸の間に配列した。推計値は（ ）をつけて収載した。また、数値の表示方法、数値の丸め方などは文科省のサイトを参照されたい。

3　日本食品標準成分表 2020 年版（八訂）脂肪酸成分表編

3.1　目的および性格

　　脂肪酸は脂質の主要な構成成分であり、エネルギー源やさまざまな生理作用により重要な栄養成分である。食品中の各脂肪酸の含量およびエネルギー計算の基礎となる脂肪酸のトリアシルグリセロール当量は、成分表本表におけるエネルギー計算の基礎となり、供給と摂取に関する現状と今後のあり方を検討する基礎資料を提供するものであり、幅広い活用が期待される。

　　食品の脂質含量および脂肪酸組成は、原材料の動植物の種類、生育環境などの諸条件により変動するため、脂肪酸成分表の作成にあたっては、数値の変動要因を十分考慮し、日常、市場で入手し得る来歴の明確な試料についての分析値を 1 食品 1 標準成分値を原則として収載している。

　　今回公表する日本食品標準成分表 2020 年版（八訂）脂肪酸成分表編は、前回からの全面改訂で、新規分析値や最近の文献推計値などを網羅するものである。本成分表では、「可食部 100 g 当たりの成分値（第 1 表）」および「脂肪酸総量 100 g 当たりの成分値（第 2 表）」を収載した。この他、「脂質 1 g 当たりの成分値（第 3 表）」も公表した。

　　脂肪酸は、原則として炭素数 4 から 24 の脂肪酸を測定の対象とし、脂質 1 g 当たりの各脂肪酸を定量した。脂肪酸のトリアシルグリセロール当量は、各脂肪酸総量をトリアシルグリセロールに換算した量の総和である。

　　脂肪酸のトリアシルグリセロール当量（g）＝ Σ｛可食部 100 g 当たりの各脂肪酸の量 ×（その脂肪酸の分子量 ＋ 12.6826）/（その脂肪酸の分子量）｝

3.2 収載食品等と概要

　収載食品数は 139 食品増加し、1,921 食品（第 1 表）となった。食品群の分類および配列は、成分表 2015 年版（七訂）に準じ、1 穀類（180）、2 いも及びでん粉類（40）、3 砂糖及び甘味類（0）、4 豆類（96）、5 種実類（45）、6 野菜類（255）、7 果実類（111）、8 きのこ類（49）、9 藻類（42）、10 魚介類（453）、11 肉類（307）、12 卵類（23）、13 乳類（56）、14 油脂類（32）、15 菓子類（126）、16 し好飲料類（18）、17 調味料及び香辛料類（83）、18 調理済み流通食品類（5）である。

　収載食品の選定には、原則として脂質含量の多い食品、日常的に摂取量の多い食品、原材料的食品および代表的加工食品とし、原材料的食品は消費形態に近いものを対象とした。収載成分の項目は表 3.6 を参照されたい。

　脂肪酸の名称には、IUPAC（International Union of Pure and Applied Chemistry）命名法による系統的名称と慣用名の両者を混用した。従来使用してきたカプロン酸、カプリル酸、カプリン酸の名称は廃止した。乳類などの脂肪酸には分枝脂肪酸である末端のメチル基の炭素原子から数えて 2 番目の炭素原子にメチル基をもつイソ酸「iso」と 3 番目にメチル基をもつアンテイソ酸「ant」の含有が認められる。オレイン酸「18:1（n-9）オレイン酸」と位置および幾何異性体である「18:1（n-7）シス-バクセン酸」を新たに分析した食品では、各々の成分値と合計値を収載した。不飽和の位置については、ω（オメガ）に代わり、正式の n-3、n-6、n-9 など、n-（エヌマイナス）を使用した。IUPAC に倣い、20:5(n-3) はイコサペンタエン酸（IPA）の名称を採用した。20:1(n-11) はガドレイン酸、20:1(n-9) はゴンドイン酸、22:1(n-11) はセトレイン酸、22:1(n-9) はエルカ酸（エルシン酸）、24:1(n-9) はセラコレイン酸という。

　生理作用の違いから、n-3 系多価不飽和脂肪酸と n-6 系多価不飽和脂肪酸の比率が重要である。多価不飽和脂肪酸のうち、動物体内では合成されず食物から摂取しなければならない脂肪酸にリノール酸やα-リノレン酸などがあり、必須脂肪酸とよび、発育不全や皮膚の角質化などの不足による症状が認められている。α-リノレン酸は脳や神経系の働きに深く関与し、生体内で鎖長延長や不飽和化の作用を受け、イコサペンタエン酸（IPA）やドコサヘキサエン酸（DHA）に変換される。IPA や DHA は天然には水産物の脂質に含まれ、魚介類を食べている地域では、脳梗塞や心筋梗塞などの血栓症の少ないことが知られている。また、リノール酸は血清コレステロールの低下作用などが知られているが、過剰摂取による健康障害も指摘されている。また、マーガリンなど食品加工で生成するトランス酸の害も報告されている。

　数値の表示方法、食品の調理条件などは文科省のサイトを参照されたい。

表 3.6　日本食品標準成分表 2020 年版（八訂）脂肪酸成分表 編

食品群 10　**食品番号** 10001　**索引番号** 1159　**食品名** ＜魚類＞あいなめ 生

成分識別子	水分 WATER	脂質 トリアシルグリセロール当量 FATNLEA	脂質 FAT-	脂肪酸総量 FACID	飽和脂肪酸 FASAT	一価不飽和脂肪酸 FAMS	多価不飽和脂肪酸 FAPU	n-3系多価不飽和脂肪酸 FAPUN3	n-6系多価不飽和脂肪酸 FAPUN6	4:0 酪酸 F4D0	6:0 ヘキサン酸 F6D0	7:0 ヘプタン酸 F7D0	8:0 オクタン酸 F8D0	10:0 デカン酸 F10D0	12:0 ラウリン酸 F12D0	13:0 トリデカン酸 F13D0	14:0 ミリスチン酸 F14D0	15:0 ペンタデカン酸 F15D0	15:0ant ペンタデカン酸 F15D0AI	16:0 パルミチン酸 F16D0	16:0iso パルミチン酸 F16D0I	17:0 ヘプタデカン酸 F17D0	17:0ant ヘプタデカン酸 F17D0AI	18:0 ステアリン酸 F18D0	20:0 アラキジン酸 F20D0	22:0 ベヘン酸 F22D0	24:0 リグノセリン酸 F24D0
単位	g/100g	g/100g	g/100g	g/100g	g/100g	g/100g	g/100g	g/100g	g/100g	mg/100g	mg/100g	mg/100g	mg/100g	mg/100g	mg/100g	mg/100g	mg/100g	mg/100g	mg/100g	mg/100g	mg/100g	mg/100g	mg/100g	mg/100g	mg/100g	mg/100g	mg/100g
第1表（黒字）	76.0	2.9	3.4	2.80	0.76	1.05	0.99	0.85	0.11	–	–	–	–	0	–	–	71	12	–	540	–	14	–	100	5	2	2
第2表（赤字）g/100g 脂肪酸総量					27.1	37.6	35.4	30.3	4.0	–	–	–	–	0	–	–	2.5	0.4	–	19.5	–	0.5	–	3.7	0.1	0.1	0.1
第3表（青字）mg/g 脂質				822	223	309	291	249	33	–	–	–	–	0	1	–	21	4	–	160	–	4	–	31	1	1	1

成分識別子	10:1 デセン酸 F10D1	14:1 ミリストレイン酸 F14D1	15:1 ペンタデセン酸 F15D1	16:1 パルミトレイン酸 F16D1	17:1 ヘプタデセン酸 F17D1	18:1 計 F18D1	18:1 n-9 オレイン酸 F18D1CN9	18:1 n-7 シス-バクセン酸 F18D1CN7	20:1 イコセン酸 F20D1	22:1 ドコセン酸 F22D1	24:1 テトラコセン酸 F24D1	16:2 ヘキサデカジエン酸 F16D2	16:3 ヘキサデカトリエン酸 F16D3	16:4 ヘキサデカテトラエン酸 F16D4	18:2 n-6 リノール酸 F18D2N6	18:3 n-3 α-リノレン酸 F18D3N3	18:3 n-6 γ-リノレン酸 F18D3N6	18:4 n-3 オクタデカテトラエン酸 F18D4N3	20:2 n-6 イコサジエン酸 F20D2N6	20:3 n-3 イコサトリエン酸 F20D3N3	20:3 n-6 イコサトリエン酸 F20D3N6	20:4 n-3 イコサテトラエン酸 F20D4N3	20:4 n-6 アラキドン酸 F20D4N6	20:5 n-3 イコサペンタエン酸 F20D5N3	21:5 n-3 ヘンイコサペンタエン酸 F21D5N3	22:2 ドコサジエン酸 F22D2	22:4 n-6 ドコサテトラエン酸 F22D4N6	22:5 n-3 ドコサペンタエン酸 F22D5N3	22:5 n-6 ドコサペンタエン酸 F22D5N6	22:6 n-3 ドコサヘキサエン酸 F22D6N3	未同定物質 FAUN	備考
単位	mg/100g	mg/100g	mg/100g	mg/100g	mg/100g	mg/100g	mg/100g	mg/100g	mg/100g	mg/100g	mg/100g	mg/100g	mg/100g	mg/100g	mg/100g	mg/100g	mg/100g	mg/100g	mg/100g	mg/100g	mg/100g	mg/100g	mg/100g	mg/100g	mg/100g	mg/100g	mg/100g	mg/100g	mg/100g	mg/100g		
第1表（黒字）	0	4	0	310	13	630	–	–	63	25	12	12	7	9	22	12	2	28	10	–	2	10	64	350	13	0	2	53	10	380	–	別名：あぶらめ、あぶらこ　廃棄部位：頭部、内臓、骨、ひれ等（三枚下ろし）
第2表（赤字）g/100g 脂肪酸総量	0	0.2	0	10.9	0.5	22.4	–	–	2.3	0.9	0.4	0.4	0.3	0.3	0.8	0.4	0.1	1.0	0.4	–	0.1	0.4	2.3	12.5	0.5	0	0.1	1.9	0.4	13.6	–	
第3表（青字）mg/g 脂質	0	1	0	90	4	184	–	–	19	7	4	3	2	3	6	3	1	8	3	–	1	3	19	103	4	0	1	16	4	112	–	

黒字：第 1 表「可食部 100 g 当たりの脂肪酸成分表」、赤字：第 2 表「脂肪酸 100 g 当たりの脂肪酸成分表（脂肪酸組成表）」
青字：第 3 表「脂質 1 g 当たりの脂肪酸成分表」

4 日本食品標準成分表 2020 年版（八訂）　炭水化物成分表 編
－利用可能炭水化物、糖アルコール、食物繊維及び有機酸－

4.1 目的および性格

　今回の日本食品標準成分表2020年版（八訂）炭水化物成分表編では、炭水化物に由来するエネルギーをその組成成分をもとに算出する方法に変更し、その組成に関する情報の充実を図った。

　具体的には、成分項目群「炭水化物」に属する成分の消化性に応じて、単糖類、二糖類、でん粉からなる「利用可能炭水化物（単糖当量)」、ソルビトール、マルチトールなどの「糖アルコール」、ヒト小腸の内在性酵素では消化されない三糖類以上のオリゴ糖類や多糖類の「食物繊維」に、それぞれ異なる換算係数を乗じて、食品中の炭水化物のエネルギーを算出した。また、有機酸については、従来は酢酸のみをエネルギー計算に利用していたが、既知のすべての有機酸をエネルギー計算に利用することとした。

　炭水化物成分表編（表3.7）においては、差引き法による炭水化物中の組成をきめ細かく示し、炭水化物成分の摂取量の推計や調査研究に資するよう改訂を行った。また、AOAC. 2011.25 法を用いて測定した食物繊維を収載するなど充実を図った。

　炭水化物成分表は、わが国において常用される重要な食品について、ヒトの酵素により消化・吸収・代謝される利用可能炭水化物、糖アルコール、ヒトの酵素により消化はされないが腸内細菌による代謝産物が吸収され代謝される食物繊維、および有機酸の標準的な成分値を収載している。成分値は原材料である動植物や菌類の種類や諸種の変動要因を十分考慮しながら、日常、市場で入手し得る試料についての分析値をもとに、年間を通して普通に摂取する場合の全国的な代表値と考えられる成分値を決定し、1食品1標準成分値を原則として収載した。

　国際連合食糧農業機関（FAO）では、炭水化物の成分量算出にあたっては利用可能炭水化物と食物繊維を直接分析することを推奨していることから、追補 2018 年では食物繊維の分析法をプロスキー変法・プロスキー法から、難消化性でん粉のすべてと、低分子量水溶性食物繊維、高分子量水溶性食物繊維を測定できる AOAC.2011. 25 法に変えた。

　「本表」には可食部100 g 当たりの利用可能炭水化物である「でん粉、単糖類、二糖類」と「糖アルコール成分値」を収載し、「別表1」に「可食部100 g 当たりの食物繊維の成分値（プロスキー変法・プロスキー法と AOAC. 2011.25 法の値を併記)」、

表 3.7　日本食品標準成分表 2020 年版（八訂）炭水化物成分表 編

本表　可食部 100 g 当たりの炭水化物成分表（利用可能炭水化物及び糖アルコール）

食品群	食品番号	索引番号	食品名	水分	利用可能炭水化物										糖アルコール		備考
					単糖当量	でん粉	ぶどう糖	果糖	ガラクトース	しょ糖	麦芽糖	乳糖	トレハロース	計	ソルビトール	マンニトール	
			成分識別子	WATER	CHOAVLM	STARCH	GLUS	FRUS	GALS	SUCS	MALS	LACS	TRES	CHOAVL	SORTL	MANTL	
			単位	g/100g													
01	01001	—	アマランサス 玄穀	13.5	63.5	56.4	Tr	Tr	-	1.3	0	(0)	(0)	57.8	-	-	

別表 1　可食部 100g 当たりの食物繊維成分表

食品群	食品番号	索引番号	食品名	水分	食物繊維								備考
					プロスキー変法			AOAC.2011.25 法					
					水溶性食物繊維	不溶性食物繊維	食物繊維総量	低分子量水溶性食物繊維	高分子量水溶性食物繊維	不溶性食物繊維	難消化性でん粉	食物繊維総量	
			成分識別子	WATER	FIBSOL	FIBINS	FIBTG	FIB-SDFS	FIB-SDFP	FIB-IDF	STARES	FIB-TDF	
			単位	g/100g									
01	01001	—	アマランサス 玄穀	13.5	1.1	6.3	7.4	-	-	-	-	-	

別表 2　可食部 100g 当たりの有機酸成分表

食品群	食品番号	索引番号	食品名	水分	有機酸																								計	備考
					ギ酸	酢酸	グリコール酸	乳酸	グルコン酸	シュウ酸	マロン酸	コハク酸	フマル酸	リンゴ酸	酒石酸	α-ケトグルタル酸	クエン酸	サリチル酸	ρ-クマル酸	コーヒー酸	フェルラ酸	クロロゲン酸	キナ酸	オロト酸	ピログルタミン酸	プロピオン酸		
			成分識別子	WATER	FORAC	ACEAC	GLYCLAC	LACAC	GLUCAC	OXALAC	MOLAC	SUCAC	FUMAC	MALAC	TARAC	GLUAKAC	CITAC	SALAC	PCHOUAC	CAFFAC	FERAC	CHLRAC	QUINAC	OROTAC	RYROGAC	PROPAC	OA	
			単位	g/100g														mg/100g						g/100g				
07	07107	998	バナナ 生	75.4	-	0								0.4			0.3										0.7	

「別表 2」に「可食部 100 g 当たりの有機酸の成分値」を収載した。食品によっては、備考欄に 80％エタノールに可溶性のマルトデキストリン、マルトトリオースなどのオリゴ糖類、イソマルトースを記載した。

4.2 収載食品等と概要

　収載食品は、原則として炭水化物の含有割合が高い食品、日常的に摂取量の多い食品、原材料的食品および代表的加工食品とし、原材料的食品は実際の消費形態に近いものを対象とした。また、食物繊維は、分析したすべての食品（魚介類、肉類などの動物性食品において「(0)」とした食品を含む）について収載した。有機酸については、有機酸の含有量が多いと考えられる食品を中心に選定した。なお、成分値は、原則として食品成分表2020年版の本表の水分値で補正して収載した。この結果、本表の食品数は、七訂の854食品より221食品が追加され、計1,075食品となった。別表1の食物繊維の食品数は1,416食品、別表2の有機酸収載数は409食品となった。食品群の分類は、1 穀類、2 いも及びでん粉類、3 砂糖及び甘味類、4 豆類、5 種実類、6 野菜類、7 果実類、8 きのこ類、9 藻類、10 魚介類、11 肉類、12 卵類、13 乳類、14 油脂類、15 菓子類、16 し好飲料類、17 調味料及び香辛料類、18 調理済み流通食品類である。

　収載成分では、利用可能炭水化物としてでん粉、ぶどう糖、果糖、ガラクトース、しょ糖、麦芽糖、乳糖、トレハロース、糖アルコールとしてソルビトール、マンニトールを収載した。

　備考欄に80％エタノール可溶性マルトデキストリン、マルトトリオースなどのオリゴ糖類、イソマルトース、マルチトールを示した。利用可能炭水化物（単糖当量）と利用可能炭水化物の合計量（質量）も収載した。

　でん粉および二糖類のその単糖当量への換算係数は、FAO/INFOODSの指針（2012）を参考に、でん粉と80％エタノール可溶性マルトデキストリンについては1.10、マルトトリオースなどのオリゴ糖類については1.07とし、二糖類については1.05とした。

　また、でん粉については、適用した分析法の特性から、でん粉以外の80％エタノール不溶性の多糖類（例えば、デキストリンやグリコーゲン）も区別せずに測定するため、食品によっては、これらの多糖類もでん粉として収載している。成分項目名はFAO/INFOODSの指針に従って「でん粉」としているため、例えば、きのこ類や魚介類に含まれるグリコーゲンはでん粉として収載されているが、きのこ類や生の魚介類がでん粉を含んでいることを示すものではない。収載成分の概要については解説を参考にされたい。

　有機酸として、ギ酸、酢酸、グリコール酸、乳酸、グルコン酸、シュウ酸、マロン酸、コハク酸、フマル酸、リンゴ酸、酒石酸、α-ケトグルタル酸、クエン酸、サリチル酸、p-クマル酸、コーヒー酸、フェルラ酸、クロロゲン酸、キナ酸、オロト

酸、プロピオン酸、ピログルタミン酸の 22 種類を収載した。収載した有機酸は、カルボキシル基を 1 個から 3 個もつカルボン酸である。収載した成分の分析法、表示法については解説を参考にされたい。

食品の調理条件は、食品成分表 2020 年版と同様、一般調理（小規模調理）を想定し基本的な調理条件を定めた。炭水化物成分表 2020 年版の加熱調理は、ゆで、電子レンジ調理、油いため、ソテー、天ぷらおよびフライ（素揚げおよび衣付きフライ）を収載した。

なお、日本と FAO/INFOODS では、「可食部 100 g 中の炭水化物（CHOCDF）」と「差引き法による利用可能炭水化物 （CHOAVLDF）」の計算方法に違いがあり、今後修正が求められる。

●FAO/INFOODS の差引き法による利用可能炭水化物（CHOAVLDF）は次式で計算する。

可食部 100 g 中の差引き法による利用可能炭水化物（CHOAVLDF）（g）

＝ 100 －（可食部 100 g 中の水分 ＋ たんぱく質 ＋ 脂質 ＋ 灰分 ＋ アルコール ＋ 食物繊維 g）

＝ 可食部 100 g 中の（差引き法による炭水化物 － 食物繊維）の g 数

日本はタンニン、カフェイン、酢酸を差し引くので（CHOAVLDF-）と標記。

●FAO/INFOODS の可食部 100 g 中の炭水化物（CHOCDF）は次式で計算する。

可食部 100 g 中の炭水化物（CHOCDF）

＝ 100 －（可食部 100 g 中の水分 ＋ たんぱく質 ＋ 脂質 ＋ 灰分 ＋ アルコール g ）

日本では酢酸もマイナスするので（CHOCDF-）と標記。

例題 1　日本食品標準成分表 2020 年版（八訂）に関する記述である。誤っているのはどれか。1 つ選べ。

1. 国民が常用する食品を、1 食品 1 標準成分値を原則として収載している（1.1 参照）。
2. 年間を通じて普通に摂取する場合の平均値を記載している（1.1 参照）。
3. 食品群の 18 番目が「調理済み流通食品類」に改訂された（1.3 参照）。
4. 食事摂取基準作成や国民健康・栄養調査のための基礎資料なっている（1.1 参照）。
5. 収載食品数が 2,478 となり、魚介類が最も多く収載されている（1.3 参照）。

解説　1. 年間を通じて普通に摂取する場合の全国的な<u>代表値</u>を表す。　　**解答** 2

> 例題 2　日本食品標準成分表 2020 年版（八訂）のエネルギー算出に関する記述である。正しいものはどれか。1 つ選べ。
>
> 1. 可能な限り、FAO 報告書が推奨する「組成成分を用いる計算方法」による値が記載された（1.2 ① 参照）。
> 2. アミノ酸組成によるたんぱく質にエネルギー換算係数 3.75 を乗じて kcal を求める（表 3.3 参照）。
> 3. 脂肪酸のジアシルグリセロール当量に 9 を乗じて kcal を求める（表 3.3 参照）。
> 4. 利用可能炭水化物量（単糖当量）にエネルギー換算係数 4 を乗じて kcal を求める（表 3.3 参照）。
> 5. アルコールと糖アルコールにはエネルギー換算係数 7 を用いる（表 3.3 参照）。

> 解説　2. エネルギー換算係数 4 を乗ずる。　3. ジアシルグリセロール当量ではなく、トリアシルグリセロール当量である。　4. エネルギー換算係数 3.75 を乗ずる。5. 糖アルコールは、吸収率が異なるため、換算係数はそれぞれの糖アルコールにより異なり、1.6〜3.0 を用い kcal を求める。　　　　　　　　　　　　　　　解答　1

> 例題 3　日本食品標準成分表 2020 年版（八訂）に関する記述である。正しいものはどれか。1 つ選べ。
>
> 1. 一般成分とは水分、たんぱく質、脂質（コレステロールを除く）、炭水化物に属する成分および灰分をいう（1.5(3) 参照）。
> 2. 従来の基準窒素量の算定では、野菜類・茶・コーヒーなどの硝酸態窒素を差し引いて求める（1.5(3)2) 参照）。
> 3. 食物繊維のエネルギー算定では、食物繊維総量にエネルギー換算係数 8 を用いて kcal/g を求める（表 3.3 参照）。
> 4. 有機酸のエネルギー算定では、すべての有機酸で 3.5 のエネルギー換算係数が用いられている（表 3.3 参照）。
> 5. 無機質は、ヒトに必須性が認められている 13 種が収載されている（1.5(4) 参照）。

> 解説　1. 一般成分には有機酸も入る。　2. 茶やコーヒーはカフェイン由来、ココアはテオブロミン由来である。　3. エネルギー換算係数 8 は kJ/g で用い、kcal/g では 2 を用いて求める。　4. 有機酸の種類により異なる換算係数を用いる。3.5 は酢酸の値である。　　　　　　　　　　　　　　　　　　　　　　　　　解答　5

例題 4　日本食品標準成分表 2020 年版（八訂）のビタミンに関する記述である。正しいものはどれか。1 つ選べ。

1. レチノール活性当量は、レチノールと 1/12 α-カロテン当量を合計して求める（1.5(5) 参照）。

2. ビタミン E は α-、β-、γ-、δ-トコフェロールの 4 種の合計値が記載されている（1.5(5) 参照）。

3. メナキノン-7 を含む糸引き納豆などでは、メナキノン-4（K₂）と同等の効力と見做し、合計する（1.5(5) 参照）。

4. ナイアシンの成分値は、ニコチン酸とニコチン酸アミドの合計で求める（1.5(5) 参照）。

5. 体内で摂取したトリプトファンの 1/60 がナイアシンに生合成されることから、ナイアシン当量の項目が新たに収載された（1.5(5) 参照）。

解説　1. 1/12 β-カロテン当量を合計する。　2. 4 種の<u>各値</u>が掲載されている。　3. メナキノン-4 換算値の 444.7/649.0 を乗じて合算する。　4. ニコチン酸相当量で示す。　　　　　　　　　　　　　　　　　　　　　　　　　　　　　解答　5

例題 5　日本食品標準成分表 2020 年版（八訂）アミノ酸成分表編、脂肪酸成分表編、炭水化物成分表編に関する記述である。誤っているものはどれか。1 つ選べ。

1. アミノ酸成分表編は、常用される食品の 19 種類のアミノ酸の分析値を収載している（2.1 参照）。

2. 脂肪酸成分表編には、原則として炭素数 4 から 24 の脂肪酸について、「可食部 100 g 当たりの成分値（第 1 表）」、「脂肪酸総量 100 g 当たりの成分値（第 2 表）」、「脂質 1 g 当たりの成分値（第 3 表）」が収載されている（3.1 参照）。

3. 脂肪酸については、カプロン酸、カプリル酸、カプリン酸の名称廃止、不飽和の位置表現への（ω-3）などへの統一などの変更が行われた（3.2 参照）。

4. 炭水化物成分表本編では、ヒトの消化性に応じて「利用可能炭水化物（単糖当量）」と「糖アルコール」の 2 つを収載した（4.1 参照）。

5. 炭水化物成分表編の別表 1 には「食物繊維」の成分値を、別表 2 には「有機酸」の成分値を収載した（4.1 参照）。

解説　3.（ω-3）ではなく、（n-3）などへの変更　　　　　　　　　　　　　　解答　3

参考文献

1) 文部科学省 科学技術・学術審議会 資源調査分科会報告：日本食品標準成分表 2020 年版（八訂）、日本食品標準成分表 2020 年版（八訂）アミノ酸成分表編、日本食品標準成分表 2020 年版（八訂）脂肪酸成分表編、日本食品標準成分表 2020 年版（八訂）炭水化物成分表編 －利用可能炭水化物、糖アルコール、食物繊維及び有機酸－

2) 医歯薬出版 文部科学省日本食品標準成分強 2020 年版（八訂）準拠

3) 第 18 回食品成分委員会資料「組成に基づく成分値を基礎としたエネルギー値の算出について」https://www.mext.go.jp/content/1422931_003_1422931_03.pdf

4) 報道発表 文部科学省「日本食品標準成分表の改訂について」2020 年 12 月 25 日

第**4**章

食品の栄養成分の化学

達成目標

■食品中の水の状態と食品物性や貯蔵性との関係を説明できる。

■食品中の炭水化物、たんぱく質、脂質、ビタミン、無機質（ミネラル）の構造、性質、所在、特性、機能などについて説明できる。

1 水分

1.1 構造と性質

　水分はほとんどの食品に存在する。食品の水分含量は豆類や穀類は 12〜16％程度と少ないが、豚肉 50〜70％、魚類 65〜81％、野菜 85〜97％と大部分の食品は多くの水分を含んでいる。そのため、これらの食品から水分が減少すると、食品本来の機能や特性が変化し、食品の鮮度、品質、構造などに大きく影響する。水分は食品中の酵素反応、褐変反応、腐敗現象、粘性などの物理的性質に重要な役割を果たしている。ゆえに水の構造と性質を理解することは重要である。

　水は 1 気圧（1013 ヘクトパスカル）のもとで沸点は 100℃、融点は 0℃である。沸点以上では気体、融点以下では固体、0〜100℃では液体の状態で存在している。水は液体状態では温度により比重が変化し、4℃で最も重くなる。固体（氷）は液体より比重が軽い。

　水分子は 1 つの酸素原子（O）と 2 つの水素原子（H）がそれぞれ共有結合して形成される化合物で、化学式では H_2O と表される。水の構造を図 4.1 に示す。

　水分子において酸素原子は結合していない非共有電子対をもっている。電子は酸素側に偏って帯電し負の電荷を帯び、水素側は正の電荷を帯びている。このように水分子は分極した極性分子であり、この特性が水分子の性質に大きく影響する。

　水分子同士は、電気の偏りのため静電的な力で引き合う。わずかに正に帯電した水素原子が他の水分子の負に帯電した酸素原子と弱い結合を形成する。この水素原子を介してできた分子間の結合を水素結合とよぶ。水は水分子間だけではなく、食品中の炭水化物のヒドロキシ基、たんぱく質のペプチド結合の NH、CO、あるいはカルボキシ基などの官能基との間に水素結合をして、構造の維持などの物性や化学反応などに関わっている（図 4.2）。

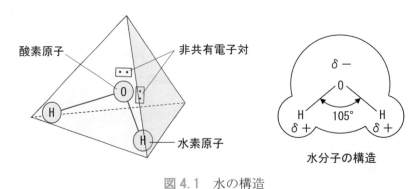

図 4.1　水の構造

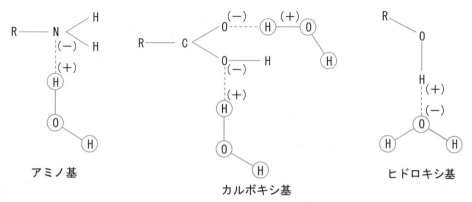

| アミノ基 | カルボキシ基 | ヒドロキシ基 |

図4.2 水分子と食品成分中の官能基との水素結合

1.2 水分活性

食品中の水は**自由水**と**結合水**に分類される。自由水は食品中の成分に束縛されず、蒸発や移動が起こる水で、微生物が利用できて微生物の繁殖（腐敗）や酵素反応にも利用される。結合水は食品中の炭水化物などと水素結合により結合し束縛された水である。食品成分と強く結合しているため微生物が利用できない。そのため自由水と結合水の割合によって保存性や貯蔵性が異なってくる。食品の保存において食品の水分含量よりも自由水の割合が重要となってくる。その指標として**水分活性 Aw**（Water Activity）が用いられる。水分活性はある一定の温度における食品の蒸気圧（P）と同じ温度における純水の蒸気圧（P0）の比率で表すことができる。つまり **Aw =P/P0** で表される。**表4.1**(1)に各食品の水分活性を示した。P が純水の場合は P と P0 は等しいので Aw＝1 となる。水を含まない食品の水蒸気圧は 0 のため Aw＝0 となる。通常の食品は 0＜Aw＜1 のため、自由水が多い食品の水分活性は 1 に近く、結合水が多い食品は水分活性の値が小さくなる。微生物によって生育するのに必要な最低の水分活性値は異なる（**表4.1**(2)）。一般的に細菌は 0.9〜0.99、酵母は 0.88 以上、カビは 0.8 以上といわれている。水分活性が 0.8 以上であればカビが発生し、0.9 以上の食品は細菌により腐敗する可能性が高い。微生物は、水分活性 0.7 以下では増殖できないといわれている。

表4.1(1) 食品の水分含量と Aw

種　　類	水分(%)	Aw
野　　菜	85〜97	0.99〜0.98
果　　物	85〜97	0.99〜0.98
魚 介 類	65〜81	0.99〜0.98
食 肉 類	50〜	0.98〜0.97
乾燥果実	21〜15	0.82〜0.72
乾燥穀類		0.61

表4.1(2) 微生物の増殖と Aw

微　　生　　物	増殖下限 Aw
細　　　　　菌	0.90
酵　　　　　母	0.88
糸 　状 　菌	0.80
好 塩 細 菌	0.75
耐 乾 性 糸 状 菌	0.65
耐浸透圧性酵母	0.61

1.3 食品中の水分

　水分活性を低くして食品の保存性を高めたものとしてドライフルーツ、ジャム、つくだ煮などがある。ドライフルーツは水分を蒸発させて水分活性（0.4以下が多い）を抑えている。一方、ジャム、つくだ煮は砂糖や塩を加えることにより自由水を結合水に変えて水分活性を0.7〜0.8程度に低下させている。水分活性が0.4近くになると食品中の酵素活性や非酵素的褐変反応も収まる。また脂質の酸化反応は水分活性0.3付近で最低となる（図4.3）。

　ジャムやつくだ煮など水分活性が0.6〜0.85、水分含量が20〜40%の食品を中間水分食品という。中間水分食品は適度の水分を含み、長期間の保存が可能であるが、生鮮食品と比較して非酵素的褐変が促進される。これは、非酵素的褐変は水分活性が0.7付近で最も起こりやすいためである。

　食品を密封容器に入れ、一定温度に放置すると水分は蒸発し、平衡状態に達する。このときの食品中の水分を平衡水分という。この平衡水分含量を縦軸に、水分活性を横軸にしてグラフに示すと**等温吸湿・脱湿曲線**が得られる。一般に、食品の吸湿および脱湿の過程は完全に可逆的に進行するのではなく、図4.4の履歴ループに示されるような**履歴現象**（吸湿と脱湿の差が生じる現象）を示す。図4.4のa領域での水分は、食品成分中の官能基と単分子層を形成している結合水であり、b領域は多分子層を形成している準結合水、c領域は自由水と考えられる。等温吸湿・脱湿曲線は食品によって異なるが、同種の食品であればほぼ同じ曲線が得られるため、食品の貯蔵性を予測したり、水分の状況を知るうえで大変有用である。

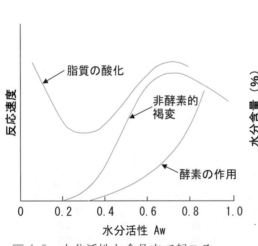

図4.3　水分活性と食品中で起こる反応の速度

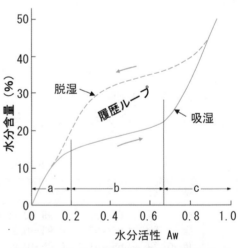

図4.4　食品の水分含量と水分活性の関係（等温吸湿・脱湿曲線）

> **例題 1**　食品の水分に関する記述である。正しいのはどれか。1 つ選べ。
> 1. 水分活性は、食品の結合水が多くなると低下する。
> 2. 微生物は、水分活性が低くなるほど増殖しやすい。
> 3. 脂質は、水分活性が低くなるほど酸化反応を受けにくい。
> 4. 水素結合は、水から氷になると消失する。
> 5. ジャムは、食品中の自由水の割合を高める。

解説　1. 水分活性は、食品の結合水が多くなると低下する。また、水分活性は自由水が多くなると上昇する。　2. 微生物は、水分活性が低くなるほど増殖しにくい。微生物は、水分活性 0.7 以下では増殖できないといわれている。　3. 脂質は、水分活性が 0.3 で最も酸化反応を受けにくい。　4. 水素結合は、水から氷になると増大する。　5. ジャムは、食品中の結合水の割合を高める。　**解答** 1

> **例題 2**　食品の保存に関する記述である。正しいのはどれか。1 つ選べ。
> 1. 乾燥は、食品中の自由水の割合を高める。
> 2. 塩漬は、食品中の自由水の割合を高める。
> 3. 酢漬は、水素イオン濃度を低下させる。
> 4. 脂質は、水分活性が 0.6 で最も酸化反応を受けにくく、非酵素的褐変も、水分活性 0.6 で最も低くなる。
> 5. カビは水分活性 0.8 以上、細菌は 0.9 以上、酵母は 0.88 以上で増殖する。

解説　1. 乾燥は、食品中の自由水の割合が低下し、水分活性が低下、保存性が高まる。水分活性は、食品中の自由水や結合水の状態を示す。純水の水分活性は 1 である。自由水の割合の低下とともに、結合水が増加する。結合水は微生物が利用することができないので、保存性が高まる。　2. 塩漬は、食品中の自由水の割合が低下し、水分活性が低下、保存性が高まる。　3. 酢漬は、水素イオン濃度を上昇させる。4. 脂質は、水分活性が 0.3 で最も酸化反応を受けにくい。非酵素的褐変は、水分活性 0.2 で最も低くなる。また、酵素の活性は水分活性 0.6 以下で低くなる。**解答** 5

2　炭水化物

　炭水化物（糖質）は単糖ならびに糖の誘導体を構成成分とする有機化合物の総称で、一般的に $Cn(H_2O)m$ で表される。この組成式にあてはまらないものもあるため、

炭水化物とはカルボニル（–C=O）基と 2 個以上のヒドロキシ（–OH）基をもつ化合物と定義されている。カルボニル基がアルデヒド基の場合を**アルドース**、ケトン基の場合を**ケトース**という。アルドースの例としてグリセルアルデヒド、グルコース、ガラクトース、マンノースがある。ケトースの例としてフルクトース（果糖）があげられる（図 4.5）。

　炭水化物は体にエネルギーを供給する役割をもち、ぶどう糖（グルコース）、ショ糖（スクロース）、でんぷんなどがある。炭水化物を分類すると、①単糖類、②オリゴ糖、④多糖類、⑤糖誘導体となる。食品の中に含まれている炭水化物は多くの場合その含量は高く、種類も多い。食品の加工や貯蔵の際には、ものによっては高粘性、ゲル化の性質があるため安定化剤、品質改良剤として使われる場合もある。また、炭水化物は少量でも褐変反応などの着色反応や物性などに影響するものも多い。

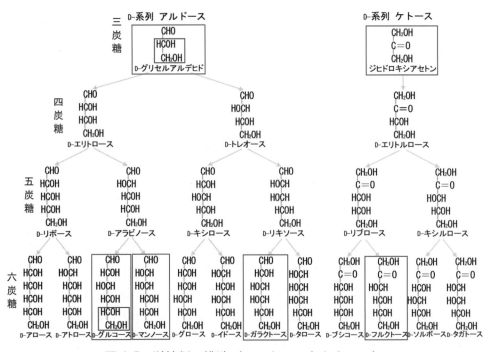

図 4.5　単糖類の構造（アルドースとケトース）

2.1　単糖の構造

　単糖類は炭素の数により三炭糖〜六炭糖があり、食品で重要なのはグルコースやフルクトースなどの六単糖である。アルドースの中で炭素数が最も少ない単糖は炭素数 3 のグリセルアルデヒドである。

　分子中の炭素原子に異なる 4 つの原子または原子団が結合している炭素を不斉炭素という。単糖類は少なくとも 1 つの**不斉炭素原子**をもつ。糖の場合、不斉炭素を

もつことにより光学異性体を生じる。立体異性体の D 型と L 型が存在する（図 4.6）。
自然界に存在する単糖はほとんど D 型である。D 型と L 型を決定する不斉炭素原子
以外の不斉炭素原子に結合する OH 基の位置が 1 カ所だけ異なる異性体を互いに**エ
ピマー**とよぶ。D-グルコースと D-ガラクトースは 4 位の OH 基の立体配置が異なる
のでエピマーの関係にある（図 4.7）。

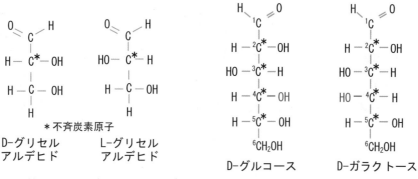

＊不斉炭素原子

D-グリセル　　　　L-グリセル
アルデヒド　　　　アルデヒド

D-グルコース　　　D-ガラクトース

図 4.6　D 型と L 型のグリセルアルデヒド　　　図 4.7　エピマーの例

　水溶液中で三炭糖（トリオース）と四炭糖（テトロース）は直鎖の鎖状構造をと
っている。一方、五炭糖（ペントース）と六炭糖（ヘキソース）は水溶液中でほと
んどが**環状構造**をとっている。これはカルボニル基が 4 位または 5 位の炭素の OH 基
と**ヘミアセタール結合**をして五員環の**フラノース**や六員環の**ピラノース**の構造をと
るためである。糖が環を形成するときの OH の結合をグリコシド結合という。この結
合は環平面に対して上向きと下向きの構造とる。下向きにグリコシド結合をとる場
合は α 型のグリコシド結合といい、上向きの場合は β 型のグリコシド結合という。
つまり図 4.8 のように D、L を決める不斉炭素につく CH_2OH 基と反対方向にグリコシ
ル性 OH 基があるのが α 型で同じ方向にあるものが β 型である。α 型と β 型のような
立体異性を示すものを**アノマー**という。グルコースの場合、α-グルコースと β-グ
ルコースであり、これらは化学的、物理的、生物学的性質が異なる。
　すべての単糖類は還元性を示す。この還元性を利用して糖質の定性分析、定量分
析が行われる。一方、糖のグリコシル性 OH 基は反応性に富み、糖と脱水縮合してグ
リコシド結合を形成する。また、フラボノイド（ポリフェノールの一種）のような
糖以外の有機物ともグリコシド結合を形成し、これを配糖体という。結合した糖以
外の部分をアグリコンという。例えば、黄色い色素のフラボノイドであるケルセチ
ン（アグリコン）は、配糖体の形でたまねぎなどに存在する。

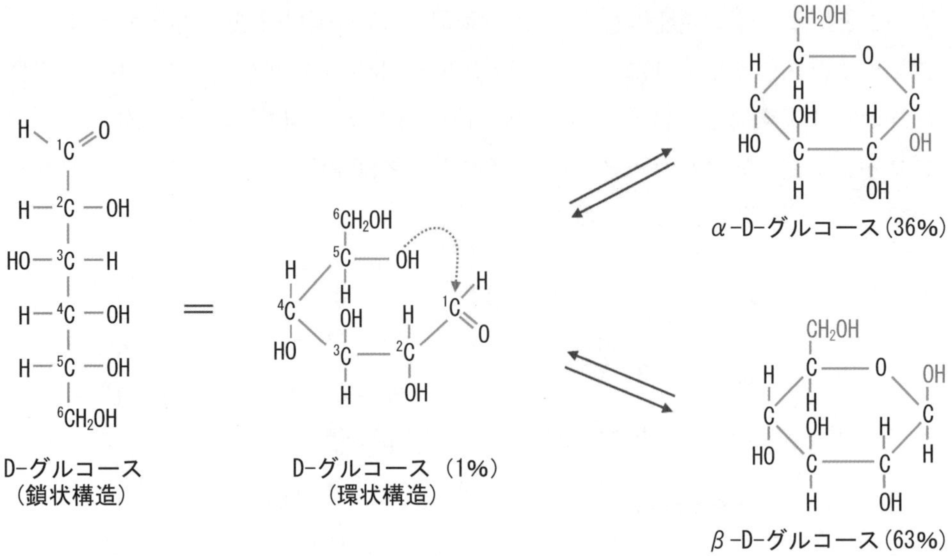

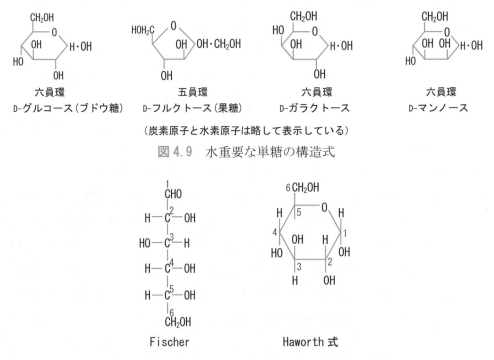

図 4.8　水溶液中のグルコース

2.2 食品として重要な単糖

　食品として重要な単糖としてグルコース（ぶどう糖）、フルクトース（果糖）、ガラクトース、マンノースなどがあげられる（図 4.9）。糖の構造の一般的な表現法として Fisher（フィッシャー）式、 Haworth（ハース）式などがある（図 4.10）。

六員環	五員環	六員環	六員環
D-グルコース（ブドウ糖）	D-フルクトース（果糖）	D-ガラクトース	D-マンノース

（炭素原子と水素原子は略して表示している）

図 4.9　水重要な単糖の構造式

Fischer　　　　　　Haworth 式

図 4.10　グルコースの Fischer 式と Haworth 式

　グルコースは天然に広く分布している甘味をもつ還元糖である。天然に多量に存在するのは D-グルコースで動植物のエネルギー源となる。ショ糖や多糖類のグリコーゲン、食物繊維であるセルロースなどはグルコースを構成要素とする。

　フルクトースはケトースであるが、水溶液中ではケトンがアルデヒドに転換されるため還元性を示す。フルクトースの甘味はグルコースより強く、低温で甘味を増す。果物に多く含まれるため果糖という名前がついた。

　ガラクトースは乳糖や寒天の糖鎖などの構成成分として動植物に幅広く存在する。マンノースはこんにゃくの多糖（コンニャクマンナン）の構成成分として存在する。

　糖誘導体は単糖の一部が他の官能基に置換されたものであり、-OH 基がアミノ基に置換された**アミノ糖**（例：グルコサミン、*N*-アセチルグルコサミン）、糖のケトン基やアルデヒド基が OH 基に還元された**糖アルコール**（例：ソルビトール、キシリトール、エリスリトールなど）がある。

　グルコサミン（図 4.11）は、グルコースの 2 位の OH 基がアミノ基-NH_2 に置換された糖でエビの甲殻に含まれる多糖キチンなどの構成成分として存在する。グルコサミンのアミノ基がさらにアセチル化した糖を *N*-アセチルグルコサミンという。*N*-アセチルグルコサミンは、キチン質や動物の軟骨などに含まれる**ヒアルロン酸**などのムコ多糖類（アミノ糖、アミノ糖誘導体を含む多糖）の構成成分として存在する。ヒアルロン酸は *N*-アセチルグルコサミンとグルクロン酸から構成され、粘性がある。動物の軟骨に含まれる**コンドロイチン硫酸**はコンドロイチン（*N*-アセチルガラクトサミンとグルクロン酸からなる）に硫酸が結合したムコ多糖である。

　糖アルコールは糖の還元性を示すカルボニル基が還元されたものである。**ソルビトール**（グルチトールともいう）は六炭糖のグルコースを、キシリトールは五炭糖のキシロースを還元して得られる（図 4.12）。**キシリトール**は、冷涼感があり、甘味をもつがカロリーはショ糖より低い。**エリスリトール**（エリトリトールともいう）は四炭糖の一種エリトロースの糖アルコールである。果実やしょうゆや酒などの発酵食品に含まれる。

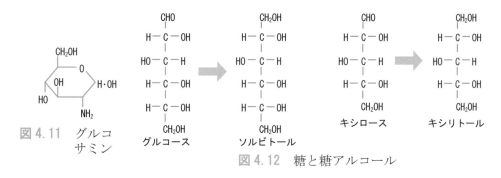

図 4.11　グルコサミン

図 4.12　糖と糖アルコール

例題 3　単糖の構造、食品として重要な単糖に関する記述である。正しいのはどれか。1 つ選べ。

1.　フルクトースは、五単糖である。

2.　自然界に存在する単糖は、ほとんど L 型である。

3.　ヒアルロン酸は、*N*-アセチルグルコサミンとグルクロン酸からなるムコ多糖である。

4.　キシリトールは、キシロースを酸化して得られる。

5.　キシリトールは、甘味をもつがカロリーはショ糖より高い。

解説　1. フルクトースは、六単糖である。　2. 自然界に存在する単糖は、ほとんど D 型である。　4. キシリトールは、キシロースを還元して得られる。　5. キシリトールは、甘味をもつがカロリーはショ糖より低い。　　　　　　　　　　**解答** 3

2.3 少糖類の構造、性質

　オリゴ糖（少糖）は単糖がグリコシド結合により 2〜10 個程度結合した化合物である。二糖類の中にはショ糖（スクロース）、麦芽糖（マルトース）、乳糖（ラクトース）などがある（図 4.13）。**ショ糖**はグルコースとフルクトースが還元性末端-OH 基同士がグリコシド結合したものである。還元性末端同士が結合しているため還元性を示さない。**麦芽糖**は水飴の主成分で、グルコース同士が α-1,4 結合した二糖類である。結合していないグリコシド性ヒドロキシ基をもつため、麦芽糖は還元性を示す。イソマルトースはグルコースが α-1,6 結合した二糖類ではちみつなどに含まれている。**乳糖**はガラクトースとグルコースが β-1,4 結合した二糖類で牛乳や人乳など哺乳類の乳汁に含まれている。人乳には約 7%、牛乳には 4〜5% 程度含まれる。**トレハロース**はグルコース 2 分子が α-1,1 グリコシド結合したものである。

　食品材料として開発されたオリゴ糖にシクロデキストリンやフラクトオリゴ糖、ガラクトオリゴ糖などがある。**シクロデキストリン**は 6〜8 個のグルコースが α-1,4 グリコシド結合して環状となり、還元性をもたないオリゴ糖である（図 4.14）。ドーナツ状の構造の内部の空洞内は疎水性を示し、外部は親水性を示すため、空洞内に疎水性物質を包み込む包接化合物をつくる性質がある。包接されると安定化するため、食品の香味物質の安定化などに利用される。**フラクトオリゴ糖**はスクロース分子のフルクトース側にフルクトースが 1〜3 分子結合したオリゴ糖で難消化性、低う蝕性、ビフィズス菌増殖作用があるたまねぎ、ごぼうなどに存在する。**ガラクトオリゴ糖**は、ガラクトースを 1 分子以上含むオリゴ糖であり難消化性、低う蝕性、ビフィズス菌増殖作用がある。ビートやだいずなどにも含まれる。

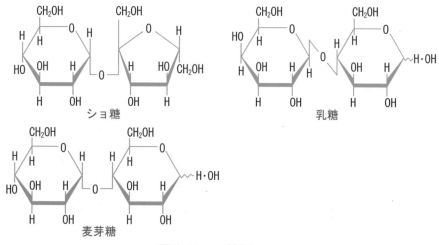

図 4.13　二糖類

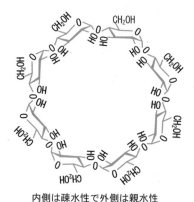

内側は疎水性で外側は親水性

図 4.14　シクロデキストリン

例題 4　**2.3** 少糖類の構造、性質に記載されている糖・甘味料と構成糖の組み合わせである。正しいのはどれか。1 つ選べ。

1. ショ糖（スクロース）————グルコースとグルコース
2. 麦芽糖（マルトース）————グルコースとフルクトース
3. イソマルトース————ガラクトースとガラクトース
4. 乳糖（ラクトース）————グルコースとガラクトース
5. トレハロース————フルクトースとフルクトース

解説　1. スクロースはグルコースとフルクトースが結合したもので、砂糖の主成分である。　2. マルトースはグルコース 2 分子が α-1,4-グリコシド結合したもの。3. イソマルトースはグルコースが 2 分子が α-1,6 結合したものである。　5. トレハロースはグルコース 2 分子が 1,1-グリコシド結合したものである。　**解答 4**

2.4 多糖類

　多糖類とは、多数の単糖（その誘導体も含む）が結合した高分子化合物を総称してよぶ。自然界では大部分の炭水化物は多糖類として存在しており、でんぷん、グリコーゲンなどがある。また、難消化性の多糖類としてセルロース、ペクチン、コンニャクマンナンなどがある。

　単純多糖（ホモ多糖） とはでんぷんのように一種類の単糖からなるもので、でんぷん、グリコーゲン、セルロース、イヌリンなどがある。**複合多糖（ヘテロ多糖）** とは単糖が 2 種類以上から構成されるものである。ペクチン（ガラクツロン酸、ガラクツロン酸メチルエステル、その他の糖を含む）やグルコマンナン（グルコース、マンノースを含む）などがある。

　でんぷんは穀類、いも類、豆類の貯蔵多糖である。ヒトはでんぷんを消化しエネルギー源とし、ヒトのエネルギー源として最も重要な物質である。でんぷんの構造はグルコースが多数結合した高分子化合物でアミロースとアミロペクチンからなる。アミロースはグルコースが α-1, 4 結合で数百個つながっている直鎖状のもので、グルコース 6 個で 1 つのらせん構造を取っている。アミロペクチンはグルコースの α-1, 4 結合以外に α-1, 6 結合の枝分かれ構造をもっている（図 4.15）。もち米のほとんどはアミロペクチンからなる。うるち米はアミロースが 20 ％程度、アミロペクチンが 80 ％程度含まれる。

　でんぷんは**アミロース**と**アミロペクチン**が水素結合で規則的に集まった微結晶性の部分と非結晶性の部分からなる。生のでんぷんは水素結合により会合し微結晶性のミセル構造をもつため、消化酵素が作用しにくく消化性が悪い。しかし、生でんぷんに水を加えて加熱するとでんぷんがのり状になり糊化（α 化）して消化がよくなる。これはでんぷんの水素結合がゆるみ、ここに水が浸入してミセル構造がこわれて消化酵素が作用しやすくなるためである。乾燥した α 化でんぷんは安定した構造を保ち、せんべい、ビスケット、インスタントラーメンなどさまざまな食品に応用されている。

　一方、α 化したでんぷんを放置すると一部が水素結合により会合し部分的に結晶構造が回復し、硬くなり消化酵素も作用しにくくなる。これをでんぷんの**老化（β 化）**という。でんぷんの老化は、冷蔵庫の温度 0～4℃ で老化しやすく、冷凍庫では老化しにくい。水分は 30～60％ で老化しやすい。また、pH が低いときにも起こりやすい。でんぷんの老化を防ぐには、α でんぷんを 60℃ 以上に保つ、高温乾燥、急速冷凍、多量の砂糖を添加などがある。応用例として、保温ジャーのごはん、せんべい、冷凍ごはん、大福もちなどがある。

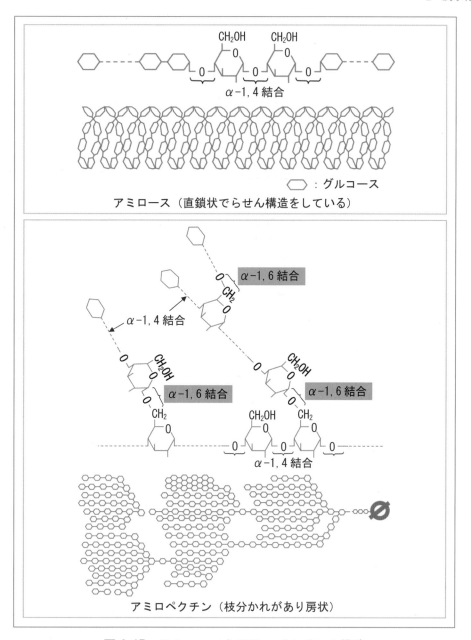

図 4.15 アミロースとアミロペクチンの構造

　でんぷんを加水分解する酵素として α-アミラーゼ（α-1,4 グリコシド結合を不規則に切る）、β-アミラーゼ（α-1,4 グルコシド結合を非還元末端から二糖単位で加水分解し、マルトースを生成する）、グルコアミラーゼ（α-1,4 グリコシド結合も α-1,6 グリコシド結合も切る）、イソアミラーゼ（α-1,6 グリコシド結合を選択的に切る）などがある。β-アミラーゼででんぷんを加水分解したとき、アミロースはほぼ分解することができるが、アミロペクチンを基質とした場合、α-1,6 結合の

手前で反応が止まり分子量の大きい β−リミットデキストリン（β−限界デキストリンともいう）が残る。

デキストリンはでんぷんを加熱、酸、酵素などで分解して低分子化した多糖である。デキストリンはでんぷんと同様にグルコースから構成されている多糖類であるが、原料となるでんぷんの種類、分解した際の低分子化の程度およびグルコースの結合の仕方で特性が大きく異なる。糊料、乳化剤、接着剤などに利用される。

グリコーゲンは動物の体内の肝臓や筋肉に存在する。貝類にも貯蔵多糖として存在する。アミロペクチンと構造が似ているがアミロペクチンより枝分かれが多く網目のような構造をしており、分子量が 100 万から 1,000 万の天然高分子である。

2.5　食物繊維の化学

食物繊維（Dietary Fiber）とはヒトの消化酵素で消化できない難消化性成分の総称である。食物繊維はほとんど消化されず栄養源として利用されにくいが、腸の働きを整えるなどの健康機能をもつ働きがある。食物繊維には、不溶性食物繊維（セルロース、不溶性ペクチン、不溶性ヘミセルロース、リグニン、キチン）と水溶性食物繊維（水溶性ペクチン、グルコマンナン、アルギン酸、水溶性ヘミセルロース）がある。また、飲料などに利用される水溶性食物繊維であるポリデキストロースのような化学修飾多糖もある。

難消化性デキストリンは、でんぷんに微量の酸を添加し、加熱処理をした焙焼デキストリンにグルコース間の結合を切断する酵素（α−アミラーゼやグルコアミラーゼなど）を作用させ、これらの酵素によってグルコースに分解されなかった難消化性の部分を精製したものである。そのため、食物繊維と同様の働きをする。

セルロースは植物の細胞壁の主成分でグルコースが直鎖状に β−1, 4 結合した不溶性の食物繊維である（図 4.16）。ヒトはセルロースを分解する酵素セルラーゼをもたないので消化することができず、セルロースをエネルギー源として利用することはできない。牛、羊、山羊などの草食動物は、胃内の微生物がセルロースを分解するため、エネルギー源として利用できる。セルロースを加工したカルボキシメチル

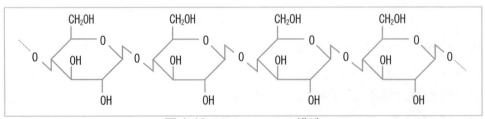

図 4.16　セルロースの構造

セルロース（CMC）は増粘剤や安定剤としてジャムやアイスクリームなどに利用されている。

ヘミセルロースは植物の細胞壁を構成する多糖類のうち、セルロースとペクチン以外のもので、アルカリで抽出できるものである。ヘミセルロースは一般的に不溶性食物繊維といわれているが水溶性のもの（ヘミセルロースB画分）もある。構成する糖は多様であり結合様式も複雑である。主鎖を構成する糖により、マンナン、ガラクタン、キシランなどがある。

グルコマンナンはこんにゃくの主成分の多糖である。こんにゃくの根茎に存在する。グルコースとマンノースが2：3〜1：2の割合でβ-1,4結合している。水溶性の食物繊維である。

イヌリンはきくいもの塊茎、ごぼうの根に含まれる貯蔵多糖で、フルクトースのみがβ-2,1結合している。イヌリンを加水分解して、フルクトースやフラクトオリゴ糖の製造に利用される。

寒天の原料は海藻で、特にてんぐさ（天草）、おごのりが使われている。これらの紅藻類の細胞壁に存在する多糖の主成分は、**アガロース**（70％）と**アガロペクチン**（30％）である。アガロースはβ-D-ガラクトースと3,6-アンヒドロ-α-L-ガラクトースが交互に結合した構造である。アガロペクチンはそれ以外に硫酸などが結合している。水溶性の食物繊維で、強いゲル化能力をもつため、ゼリーやようかんなどに用いられる。

ペクチンは果物、野菜、穀類などの植物の細胞壁や細胞間充填物質に存在する食物繊維で水溶性と不溶性がある。果実ではその成熟とともに可溶化する。ウロン酸であるD-ガラクツロン酸同士がα-1,4結合したポリガラクツロンである。ガラクツロン酸のカルボシキ基-COOHが部分的にメチルエステル-COOCH₃となっている（図4.17）。また、ガラクツロン酸以外にラムノース、ガラクトースなどが結合したヘテロ多糖である。ガラクツロン酸のメトキシ基含量が7％以上のものを**高メトキシペクチン**、7％以下のものを**低メトキシペクチン**という。高メトキシペクチンは酸性下で高濃度のショ糖とともに加熱するとゲル化する。低メトキシルペクチンは、カルシウムイオンの存在下で架橋してゲル化する。この性質を利用し、ジャム、ゼリーな

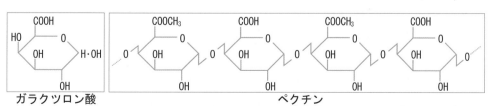

ガラクツロン酸　　　　　　　ペクチン

図4.17　ガラクツロン酸とペクチンの構造

どの製造に用いられる。

　アルギン酸はこんぶ、わかめなどの褐藻類の細胞壁に含まれウロン酸である D-マンヌロン酸、L-ガラクツロン酸が β-1, 4 結合した多糖である。アルギン酸は水に溶けにくいが、アルギン酸のナトリウム塩は水に溶けて、粘りけがある濃い溶液となる。そのため、増粘剤としてソースやアイスクリームなどに利用される。

　キチンはかに、えびなど甲殻類の殻やきのこに存在する**ムコ多糖**である。ムコ多糖とはアミノ糖やアミノ糖誘導体を含む多糖をいい、粘性がある。キチンは N-アセチル-D-グルコサミンが β-1, 4 結合で鎖状に結合した不溶性の食物繊維である。キチンをアルカリ処理し、アセチル基を除去したものがキトサンで、水に不溶であるが硫酸には溶解する（図 4.18）。キトサンは抗菌性をもつため、保存料として用いられる。

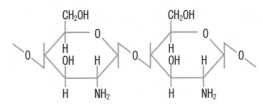

図 4.18　キトサンの構造

　食物繊維にはエネルギー源にはならない（ただし、水溶性で発酵性のある食物繊維は 1〜2 kcal/g のものもある）が、生活習慣病を予防するうえで重要であり、成人男性の 1 日の摂取基準は 21 g 以上、成人女性は 18 g 以上とされている（日本人の食事摂取基準 2020 年版）。近年、食物繊維の摂取量が 15 g 程度と低いため、多くの摂取が望まれる。

　ある種の食物繊維は次の働きが報告されている。便容積の増加、消化管に刺激を与える整腸作用、コレステロールや胆汁酸を吸着・排泄させ、血中コレステロールの上昇抑制、Na と結合し排泄する、発がん物質と結合し排泄させる、有益な腸内細菌を増殖させ腸内環境を改善する、糖の吸収を遅らせることによる血糖値の上昇をゆるやかにするなどの作用により、便秘予防、動脈硬化予防、高血圧の予防、ある種のがん予防、糖尿病の予防効果の可能性が報告されている。

　摂取したでんぷんは完全に小腸で消化されエネルギー源になると考えらえてきた。しかし、近年、でんぷんの一部には消化されず大腸まで運ばれ、酵素抵抗性のでんぷんである**レジスタントスターチ**とよばれる多糖類の存在が明らかになった。レジスタントスターチは、健常人の小腸管腔内において消化吸収されることのないでんぷんおよびでんぷんの部分分解物の総称と定義されている。レジスタントスターチ

は食物繊維と同様の性質をもち、大腸で腸内細菌による発酵を受ける。レジスタントスターチの例として、物理的に消化酵素が作用できない精製度の低い穀類、糊化されていない生のでんぷんである生のじゃがいも、アミロース含量が 50% を超える高アミロースとうもろこしでんぷん、老化によりでんぷん粒子が再結晶化しアミラーゼが作用しにくくなった老化でんぷん、でんぷん分子間を架橋形成させるなどアミラーゼの作用を受けにくくした加工でんぷんなどがある。

例題 5　多糖類と食物繊維の化学に関する記述である。正しいのはどれか。1 つ選べ。

1. 生でんぷんに水を加えて加熱すると、ミセル構造を形成する。
2. デキストリンは、フルクトースから構成されている多糖類である。
3. でんぷんは、グルコースが多数結合したアミロースとアミロペクチンからなる。
4. グルコマンナンは、不溶性食物繊維である。
5. グルコマンナンは、寒天の主な多糖類である。

解説　1. 生でんぷんに水を加えて加熱すると、ミセル構造を壊す。　2. デキストリンはグルコースから構成されている多糖類である。　4. グルコマンナンは水溶性食物繊維である。　5. グルコマンナンはこんにゃくの主成分の多糖である。寒天の主な構成糖はアガロースである。　　　　　　　　　　　　　　　　　**解答** 3

例題 6　食物繊維の化学に関する記述である。正しいのはどれか。1 つ選べ。

1. ペクチンはこんぶの主な多糖類である。
2. ペクチンは果実の成熟とともに不溶化する。
3. ペクチンの主な構成糖は、グルクロン酸である。
4. 低メトキシルペクチンは、カルシウムイオンの存在下でゾル化する。
5. レジスタントスターチは食物繊維と同様の性質をもち、大腸で腸内細菌による発酵を受ける。

解説　1. ペクチンは果物、野菜などの細胞壁、細胞間充填物質の構成成分である。こんぶに含まれる多糖類は、フコイダンやセルロースである。　2. ペクチンは果実の成熟とともに可溶化する。　3. ペクチンの主な構成糖は、ガラクツロン酸である。4. 低メトキシルペクチンは、カルシウムイオンの存在下でゲル化する。　**解答** 5

3 たんぱく質

　たんぱく質は、筋肉、皮膚など生体の構成成分、エネルギー源となるだけではなく、生命現象全般をつかさどる重要な物質である。例えば触媒作用をする酵素、生体調節をするホルモン、免疫・生体防御に関与する抗体、酸素を運搬するヘモグロビンなどがある。また、ヒトが摂取する動植物など生体由来の食品中にはさまざまなたんぱく質が含まれている。ヒトは食品に含まれるたんぱく質を摂取し、ペプチドやアミノ酸に消化し、吸収することで生命活動に利用している。

3.1 アミノ酸の構造・性質

(1) アミノ酸の構造

　たんぱく質を構成しているアミノ酸は、約20種類である。プロリン以外はα位の炭素にアミノ基（$-NH_2$）とカルボキシ基（$-COOH$）が結合したα-アミノ酸である（図4.19）。（分子内のカルボキシ基に隣接する炭素原子から順にα位、β位、γ位、δ位、ε位と名付けられている（図4.19））。α-アミノ酸のα位の炭素はアミノ基、カルボキシ基、水素、側鎖（R）の4つの異なる原子、または原子団が結合している不斉炭素原子であるため、立体異性体のD-アミノ酸とL-アミノ酸が存在する。自然界に存在するアミノ酸のほとんどがL-アミノ酸である。

　α-アミノ酸の構造式中に示されたRは側鎖を意味しており、Rが異なることにより構造や性質に違いが生じる。側鎖の違いからアミノ酸を分類すると脂肪族アミノ酸、酸性アミノ酸とそのアミド、塩基性アミノ酸、芳香族アミノ酸、含硫アミノ酸、複素環式アミノ酸に分けられる（表4.2）。

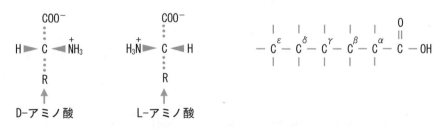

図4.19　アミノ酸の構造

表4.2　たんぱく質の構成アミノ酸

$$H-\overset{\displaystyle COOH}{\underset{\displaystyle R}{C^{\alpha}}}-NH_2$$

アミノ酸の一般式

分類		名　称	略　号	−Rの構造	味	備　　考
中性アミノ酸	脂肪族アミノ酸	グリシン	Gly(G)	−H	甘	D体・L体の鏡像異性体がない
		アラニン	Ala(A)	−CH₃	甘	糖新生に関与、広く分布
		バリン	Val(V)	−CH(CH₃)CH₃	苦甘	分枝アミノ酸、必須アミノ酸 運動時の栄養補給
		ロイシン	Leu(L)	−CH₂−CH(CH₃)CH₃	苦	分枝アミノ酸、必須アミノ酸 肝臓保護作用、筋肉強化作用
		イソロイシン	Ile(I)	−CH(CH₃)CH₂−CH₃	苦	分枝アミノ酸、必須アミノ酸 骨格筋でエネルギー利用
		セリン	Ser(s)	−CH₂−OH	甘	リン酸化を受ける ホスファチジルセリンの成分
		トレオニン	Thr(T)	−CH(OH)CH₃	甘	必須アミノ酸 穀類含量が低い
	芳香族アミノ酸	フェニルアラニン	Phe(F)	−CH₂−⟨benzene⟩	苦	必須アミノ酸 肝臓でチロシンに代謝
		チロシン	Tyr(Y)	−CH₂−⟨benzene⟩−OH	無	神経伝達物質 甲状腺ホルモンの原料
	複素環式アミノ酸	トリプトファン	Trp(W)	−CH₂−⟨indole⟩	苦	必須アミノ酸 メラトニン＋セロトニン、ナイアシンの原料
		プロリン	Pro(P)	⟨HN−CH(COOH) pyrrolidine ring⟩	甘苦	グルタミンから合成 コラーゲンに多い
	含硫アミノ酸	システイン	Cys(C)	−CH₂−SH	無	メチオニンから合成 解毒に働くグルタチオンの成分
		メチオニン	Met(M)	−CH₂−CH₂−S−CH₃	苦	必須アミノ酸

表4.2　（つづき）

				味	
中性アミノ酸	酸性アミノ酸の酸アミド	アスパラギン	Asn(N)	$-CH_2-C\begin{smallmatrix}NH_2\\O\end{smallmatrix}$	酸味	アスパラギン酸から可逆的に生成 アスパラガスから単離
		グルタミン	Gln(Q)	$-CH_2-CH_2-C\begin{smallmatrix}NH_2\\O\end{smallmatrix}$	苦酸	アミノ酸、核酸などの生理活性成分の合成やエネルギー産生に利用
	酸性アミノ酸	アスパラギン酸	Asp(D)	$-CH_2-COOH$	酸味	たんぱく質や他の窒素化合物の合成に利用
		グルタミン酸	Glu(E)	$-CH_2-CH_2-COOH$	酸旨	こんぶの旨味成分 小麦のグルテンに多く含まれる
	塩基性アミノ酸	リシン	Lys(K)	$-(CH_2)_4-NH_2$	苦	最も不足しやすい必須アミノ酸
		アルギニン	Arg(R)	$-(CH_2)_3-NH-C\begin{smallmatrix}NH_2\\NH\end{smallmatrix}$	苦	
		ヒスチジン	His(H)	$-CH_2$（イミダゾール環）	苦	子どもの成長に必要な必須アミノ酸

赤字は必須アミノ酸

(2) アミノ酸の性質

　アミノ酸は分子内にアミノ基とカルボキシ基をもつため、水に溶けるとアミノ基が NH_3^+、カルボキシ基が $COOH^-$ に解離して正と負の両方の電荷をもつ双性イオンとなる。H^+ が増える酸性では $COOH^-$ の電荷が打ち消され、アミノ基のみが電離した陽イオンとなる。アルカリ性では OH^- が増えるため NH_3^+ の電荷が打ち消され、陰イオンとなる（図4.20）。グルタミン酸、リシンなどのように側鎖に解離基があるアミノ酸はその解離基の性質によって H^+ が結合あるいは解離する。溶液の pH の状態によってアミノ酸の解離状態は変化する。正電荷と負電荷が等しくなる pH をアミノ酸の**等電点**といい、各アミノ酸に固有の値となる。等電点が酸性にあるアミノ酸を酸性アミノ酸、アルカリ性にあるアミノ酸を塩基性アミノ酸、中性付近にあるアミノ酸を中性アミノ酸という。

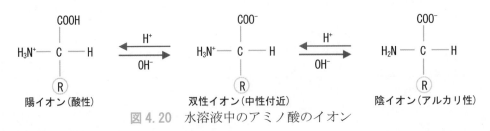

図4.20　水溶液中のアミノ酸のイオン

(3) ペプチド

　あるアミノ酸のカルボキシ基と他のアミノ酸のアミノ基が脱水縮合してペプチド結合（−CO−NH）を形成する。アミノ酸がペプチド結合でつながった分子を**ペプチド**という。アミノ酸が2個結合したものをジペプチド、数個結合したものをオリゴペプチド、多数結合したものをポリペプチドという（図4.21）。

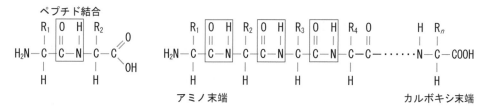

図4.21　ジペプチドとポリペプチド

3.2 必須アミノ酸

　バリン、ロイシン、イソロイシン、トレオニン、リシン、フェニルアラニン、メチオニン、トリプトファン、ヒスチジンの9つのアミノ酸はヒトの体内で合成できないか、あるいは合成できても不足するため、食事から摂取する必要がある。そのため**必須アミノ酸**とよばれている。

3.3 たんぱく質構成アミノ酸以外のアミノ酸とアミノ酸類縁体

　たんぱく質構成アミノ酸以外のアミノ酸とアミノ酸類縁体について表4.3に示した。体たんぱく質を構成する20種類のアミノ酸以外に、オルニチン、シトルリン、GABAのようなアミノ酸やクレアチン、タウリンのようなアミノ酸類縁体が存在する。いずれも生体に重要な成分である。猫ではタウリンの合成能力が低いので猫にとっては必須の食品成分である。

3.4 たんぱく質の構造

　たんぱく質はアミノ酸がペプチド結合でつながったポリペプチドである。たんぱく質を構成するアミノ酸の配列順序をたんぱく質の**一次構造**という。ポリペプチド鎖はペプチド結合のカルボニル基（−C=O）のOとイミド基（NH）のHとの間の水素結合により立体構造が保たれており、これを**二次構造**という。二次構造は、たんぱく質の部分的な構造であり、らせん構造である**αヘリックス構造**、ひだ状（シート状）構造である**β構造**、一定の構造をとらない**ランダムコイル構造**をしている（図4.22）。

　たんぱく質は、二次構造が組み合わさって球状や繊維状の立体的な構造をとり、この立体的な構造を**三次構造**という。三次構造はたんぱく質の分子内の側鎖（R）間の相互作用（疎水結合、ジスルフィド結合、水素結合、イオン結合など）が関与している。ポリペプチド鎖の内部は疎水性のアミノ酸が多く配列し、疎水性アミノ酸どうしで結合する。表面は親水性アミノ酸が多く位置している。三次構造を形成することにより、生体内でたんぱく質の機能が発現される。

　三次構造をもつたんぱく質の単量体（**サブユニット**）が会合し、複数個集まることにより、機能を発現するたんぱく質もある。これをたんぱく質の**四次構造**という。例として赤血球に存在するヘモグロビンがある（図4.22）。

表4.3　たんぱく質構成アミノ酸以外のアミノ酸と類縁体

名　称	化　学　式	備　考
オルニチン	$NH_2-(CH_2)_3-\overset{\overset{H}{\|}}{\underset{\underset{NH_2}{\|}}{C}}-COOH$	尿素回路の中間体 L-アルギニン→L-オルニチン＋尿素
シトルリン	$NH_2-\overset{\overset{O}{\|\|}}{C}-NH-(CH_2)_3-\overset{\overset{H}{\|}}{\underset{\underset{NH_2}{\|}}{C}}-COOH$	尿素回路の中間体 すいか、ゴーヤ、きゅうりなどのウリ科に多く含まれる 利尿作用、血管拡張作用あり
β-アラニン	$\overset{\beta}{CH_2}-\overset{\alpha}{\underset{\underset{NH_2}{\|}}{CH_2}}-COOH$	天然に存在する唯一のβ-アミノ酸 パントテン酸やカルノシン、アンセリンなどの構成成分 筋肉中に多く含まれる
γ-アミノ酪酸 （GABA）	$\overset{\gamma}{CH_2}-\overset{\beta}{CH_2}-\overset{\alpha}{\underset{\underset{NH_2}{\|}}{CH_2}}-COOH$	発芽玄米などに含まれる グルタミン酸より生じる 中枢神経に多い抑制性の神経伝達物質 血圧降下作用が報告されている
クレアチン	$NH_2-\overset{\overset{CH_3}{\|}}{\underset{\underset{NH}{\|\|}}{C}}-N-CH_2-COOH$	筋肉組織で高エネルギーリン酸化合物として存在 鶏肉、牛乳、豚の赤身に多い
タウリン	$NH_2-CH_2-CH_2-SO_3H$	システインの誘導体 いか、たこ、かきなどに含まれる 血中コテステロール低下作用、血圧正常化作用が報告されている。
カルニチン	$(CH_3)_3N^+-CH_2-\overset{\overset{OH}{\|}}{CH}-CH_2-COOH$	脂質代謝に関与 羊肉、牛肉に多い リシンとメチオニンから生合成される
アリイン	$CH_2=CH-CH_2-S-CH_2-\overset{\overset{H}{\|}}{\underset{\underset{NH_2}{\|}}{C}}-COOH$	システインの誘導体 にんにくの香気成分がアリシンになる
テアニン	$C_2H_5-NH-CO-(CH_2)_2-\overset{\overset{H}{\|}}{\underset{\underset{NH_2}{\|}}{C}}-COOH$	茶に特異的にみられる旨味成分 茶の品質の指標

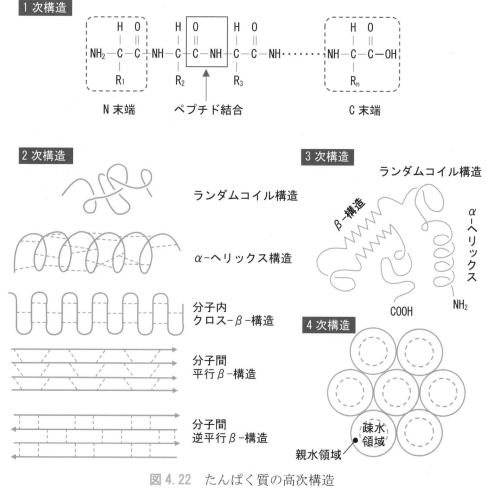

図4.22 たんぱく質の高次構造

3.5 たんぱく質の分類

　たんぱく質は、ポリペプチド鎖のみからなる**単純たんぱく質**、ポリペプチド鎖に糖やリン酸など非たんぱく質が結合した**複合たんぱく質**、およびこれらのたんぱく質が物理的、化学的作用を受けて生じる**誘導たんぱく質**に分類される。さらに、単純たんぱく質は溶媒への溶解性の違いにより（表4.4）のようにアルブミン、グロブリン、グルテリン、プロラミン、硬たんぱく質、プロタミン、ヒストンに分けられる。複合たんぱく質は結合する非たんぱく質の違いにより、糖たんぱく質、リポたんぱく質、核たんぱく質、リンたんぱく質、色素たんぱく質に分類される（表4.5）。誘導たんぱく質の例として、コラーゲンに水を加え加熱すると生じる**ゼラチン**があげられる。また、たんぱく質は形状の違いにより、球状たんぱく質と繊維状たんぱく質に分けられる。

表4.4　単純たんぱく質の分類

| 分　類 | 溶解性（○：可溶、×：不溶） | | | | | 備　　考 |
	水	希塩類	希酸	希アルカリ	70〜80%アルコール	
アルブミン	○	○	○	○	×	熱で凝固する。オボアルブミン（卵白）、ラクトアルブミン（牛乳）、血清アルブミン（血清）など。
グロブリン	×	○	○	○	×	熱で凝固する。血清グロブリン（血清）、リゾチーム（卵白）、アクチン（筋肉）、ミオシン（筋肉）。グリシニン（大豆）、β-ラクトグロブリン（牛乳）など。
プロラミン	×	×	○	○	○	ツェイン（とうもろこし）、グリアジン（小麦）、ホルデイン（大麦）など。
グルテリン	×	×	○	○	○	グルタミン酸が多い。グルテニン（小麦）、オリゼニン（米）など。
ヒストン	○	○	○	△	―	塩基性たんぱく質。ヒストン（胸腺）、グロビン（血液）など。濃アルカリに可溶。希アンモニアに不溶。
プロタミン	○	○	○	○	―	熱で凝固しない。塩基性たんぱく質。アルギニンが多い。サルミン（さけの白子）、クルペイン（にしんの白子）など。
硬たんぱく質（アルブミノイド）	×	×	×	×	―	水、希酸、希アルカリで煮沸により可溶性ゼラチンに変化。コラーゲン（軟骨、皮）、ケラチン（毛髪、つめ）、エラスチン（腱、じん帯）など。

表4.5　複合たんぱく質の分類

分　類	非たんぱく質成分	主なたんぱく質
リンたんぱく質	リン酸	カゼイン（牛乳）、ビテリン（卵黄）、ホスビチン（卵黄）
糖たんぱく質	糖、アミノ酸	オボムコイド（卵白）、オボムチン（卵白）
リポたんぱく質	脂質	リポビテリン（卵白）、リポビテレニン（卵白）
色素たんぱく質	色素	ヘモグロビン（血液）、ミオグロビン（筋肉）
核たんぱく質	DNA、RNA	ヌクレオヒストン（核内）

3.6 たんぱく質の性質

(1) たんぱく質の性質

　たんぱく質はアミノ酸側鎖にアミノ基やカルボキシ基をもつものがあるため、それぞれ固有の等電点をもち、たんぱく質ごとに等電点は異なる。例えば、酸性アミノ酸を多く含むたんぱく質（大豆に多い）のグリシニンの等電点は4.3であり、塩基性アミノ酸アルギニンを多く含むたんぱく質のプロタミンの等電点は12.0〜12.4と高い。等電点では溶解度が低くなり、沈殿しやすくなる。この性質を利用してたんぱく質を沈殿させることを**等電点沈殿**という。チーズ、ヨーグルト、豆腐などは等電点沈殿を利用した食品である。

　たんぱく質の溶解性に関して、たんぱく質の表面にアミノ基、カルボキシ基、ヒドロキシ基などが出ていると水分子と水和して水に溶けやすくなる。一方、チロシン、システィンは水に溶けにくい。たんぱく質に多量の塩類を加えると、水和を減少させ、沈殿を引き起こすことがある。これを**塩析**といい、たんぱく質の分離、精製に利用される。

　たんぱく質は酸やアルカリなどの化学的作用、温度（高温、凍結）、圧力、攪拌など物理的作用を受けると、立体構造を保持している水素結合、イオン結合、疎水結合などが切れ、らせん構造などがほどけて立体構造が壊れる（図4.23）。このような現象をたんぱく質の**変性**という。たんぱく質は高濃度の尿素、有機溶媒、塩類、界面活性剤などの変性剤を加えても変性する。

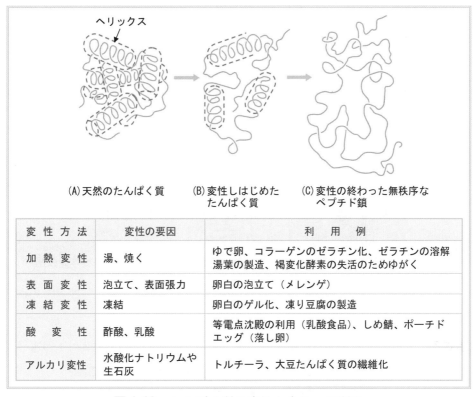

変性方法	変性の要因	利用例
加 熱 変 性	湯、焼く	ゆで卵、コラーゲンのゼラチン化、ゼラチンの溶解湯葉の製造、褐変化酵素の失活のためゆがく
表 面 変 性	泡立て、表面張力	卵白の泡立て（メレンゲ）
凍 結 変 性	凍結	卵白のゲル化、凍り豆腐の製造
酸 変 性	酢酸、乳酸	等電点沈殿の利用（乳酸食品）、しめ鯖、ポーチドエッグ（落し卵）
アルカリ変性	水酸化ナトリウムや生石灰	トルチーラ、大豆たんぱく質の繊維化

図4.23　たんぱく質の変性と食品への利用

　たんぱく質の変性を利用した食品としてゆで卵（加熱による変性）、凍り豆腐（凍結変性）、ヨーグルト（酸による変性）、メレンゲ（表面張力による変性）などがある。ゆばは、大豆たんぱく質を加熱変性させたものである。ヨーグルトは、牛乳に含まれるたんぱく質であるカゼインを酸によって凝固させたものである。ヨーグルトをつくる際、乳酸菌の生成した乳酸によって、牛乳のpHが低下する。カゼインは、

pHが4.6になると凝固するため、その性質を利用してヨーグルトが生成される。ピータンは、アルカリによる卵たんぱく質の凝固を利用している。

たんぱく質の変性ではペプチド結合はそのままで非共有結合だけが破壊される。変性した条件を除くことによりもとに戻る**可逆的変性**もあるが、一般的には再生できない**不可逆的変性**が多い。

たんぱく質をアルカリ性で加熱したときには、リシノアラニン（**図4.24**）が生成する（例：かん水による中華麺の製造など）。リシノアラニンの生成はたんぱく質の栄養価低下の原因となる。

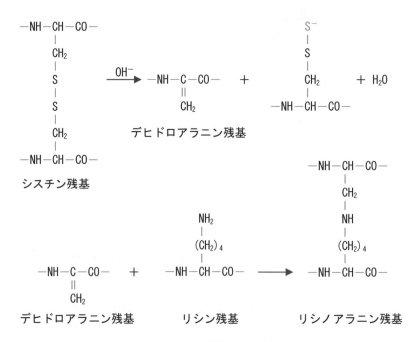

図4.24　リシノアラニンの生成

例題7　たんぱく質の性質に関する記述である。正しいのはどれか。1つ選べ。

1. チーズ、ヨーグルト、豆腐は等電点沈殿を利用した食品である。
2. ゆばは、小麦たんぱく質を加熱変性させたものである。
3. ヨーグルトは、牛乳に含まれるたんぱく質であるカゼインをレンネットの酵素作用により変性させたものである。
4. ピータンは、卵たんぱく質を酢で凝固させたものである。
5. たんぱく質を酸性で加熱したときには、リシノアラニンが生成する。

---

(2) たんぱく質の栄養

　たんぱく質の栄養は、たんぱく質を構成している必須アミノ酸の種類と量により
決まる。たんぱく質の栄養を評価する指標に**アミノ酸価**がある。アミノ酸価は食品
中のたんぱく質のアミノ酸がどれだけ不足しているかを表す指標である。アミノ酸
価はFAO/WHO が提案したアミノ酸評点パターンを基準として、たんぱく質中のアミ
ノ酸含量を比較して算定する。すべての必須アミノ酸がバランスよく含まれている
たんぱく質のアミノ酸価は 100 となる。100 未満のアミノ酸は**制限アミノ酸**といい、
その中で最も低い値を示すものを**第一制限アミノ酸**、次に低い値を示すものを**第二
制限アミノ酸**という。精白米、小麦、とうもろこしの第一制限アミノ酸はリシンで
ある。とうもろこしの第二制限アミノ酸はトリプトファンである。一般的に畜肉、
魚肉、鶏卵、牛乳など動物性たんぱく質のアミノ酸価は高く、植物性のたんぱく質
のアミノ酸価は低い。

(3) 食品中の主なたんぱく質

　米に含まれる主なたんぱく質はオリゼニンである。大豆に含まれるたんぱく質の
グリシニンはゲル形成能がある。βコングリシニンは血清コレステロール低下作用
が報告されている。大麦の主なたんぱく質はホルデインとホルデニンであり、グル
テン形成はしない。とうもろこしに含まれるたんぱく質はゼイン（ツエイン）であ
り、グルテン形成はしない。小麦たんぱく質のグリアジンは粘性があり、一方グル
テニンは弾性がある。どちらもグルテン形成に重要である。

　卵黄に含まれるたんぱく質であるリポビテリン、リポビテレニンは乳化性がある。
卵白に含まれているたんぱく質のオボアルブミンは泡立ち性がある。オボムコイド
はトリプシンインヒビターとなる。

　牛肉、豚肉など畜肉のたんぱく質は、筋漿たんぱく質30%、筋原繊維たんぱく質
50〜60%、筋基質たんぱく質 10〜20%からなる。食肉は主として筋原繊維たんぱく
質のミオシン、アクチン、複合たんぱく質のアクトミオシンなどからなる。家畜は
屠殺後、時間とともに死後硬直が起こる。筋肉ではグリコーゲンが分解され乳酸が
生じて pH が低下する。ATP の分解が始まり、アクチンとミオシンが結合してアクト
ミオシンに変化し筋肉は収縮する。死後硬直後の肉は保水力が低下し食用に適さな

い。その後、筋肉中の酵素により自己消化が進み、肉質が柔らかくなる。またATP
が分解し、5'-イノシン酸などの旨味成分が生成する。

　魚肉も筋原繊維たんぱく質が主であり、ミオシンとアクトミオシンからなる。か
まぼこは食塩と練ること（塩ずり）によりできたアクトミオシンのゲル化を利用し
た水産練製品である。かまぼこ、はんぺん、ちくわなどの魚練り製品は、魚肉たん
ぱく質が低濃度の食塩水に溶解する性質を利用したものである。まず、魚肉に食塩
を加えてよくする。そして、できたすり身を成型後、加熱したものである。

　牛乳のたんぱく質はリンたんぱく質であるカゼイン、乳清たんぱく質（ホエー）
のラクトアルブミンがある。カゼインはリン酸カルシウムと複合体を形成し、カゼ
インミセルの形で直径 $0.03 \sim 0.3 \mu m$ コロイド粒子となり分散している。そのため、
牛乳のカゼインミセルは、半透膜を通過できない。

例題8　食品中の主なたんぱく質に関する記述である。正しいのはどれか。1つ
選べ。
1. 大豆に含まれるたんぱく質のグリシニンはゾル形成能がある。
2. 大麦の主なたんぱく質はホルデインである。
3. グリアジンとグルテニンはとうもろこしの主な構成たんぱく質である。
4. 魚練り製品は、すり身に酢酸を添加して製造したものである。
5. 牛乳のカゼインミセルは、半透膜を通過する。

解説　1. 大豆に含まれるたんぱく質のグリシニンはゲル形成能がある。　3. グリ
アジンとグルテニンは小麦の主な構成たんぱく質である。　4. 魚練り製品は、すり
身に食塩を添加して製造したものである。　5. 牛乳のカゼインミセルは、半透膜を
通過できない。　　　　　　　　　　　　　　　　　　　　　　　　　　　**解答　2**

3.7 たんぱく質の分析法

　たんぱく質の分析には試料中のたんぱく質の有無を調べる定性分析法と試料中に
含まれるたんぱく質の量を調べる定量分析法がある。代表的な定性分析法として**キ
サントプロテイン反応**（硝酸を加えるとたんぱく質中の芳香族アミノ酸がニトロ化
することにより呈色する）と**ビウレット反応**（アルカリ条件下でたんぱく質の主鎖
の窒素原子が銅（Ⅱ）イオンと配位し錯体を形成し呈色する）がある。定量分析法
は、**ケルダール法、ローリー法、ブラッドフォード法、紫外吸収法**などがある。な
かでもケルダール法は、食品成分表の総たんぱく質を求めるための標準法として使

用されている。ケルダール法は、有機物を硫酸で加熱分解し、窒素をアンモニアに変え、これを酸の溶液に吸収させ滴定して定量する。定量された窒素含量に**窒素－たんぱく質換算係数 6.25** を乗じると、食品中に含まれるたんぱく質含量（粗たんぱく質量）を求めることができる。

　たんぱく質中は 280 nm 付近に極大を示す強い紫外吸収をもつ。これはたんぱく質を構成するトリプトファン、チロシン、フェニルアラニンなどの芳香族アミノ酸に由来する。そのため、紫外吸収法では 280 nm の吸光度を測定してたんぱく質濃度を簡易的に求めることができる。

4 脂質

4.1 脂質の種類と構造

　脂質とは、エーテル、クロロホルム、アルコールなどの有機溶媒に溶けやすい性質をもつ物質をいう。脂質には、**単純脂質、複合脂質、誘導脂質、その他の脂質**がある（**表 4.6**）。単純脂質とは脂肪酸とアルコール（グリセロールや高級アルコールなど）がエステル結合したものをいう（**図 4.25**）。複合脂質は脂肪酸、アルコール以外にリン酸、糖などが結合したものをいう。レシチンなどがあげられる。誘導脂質は単純脂質から誘導されてできるもので、脂肪酸があげられる。その他の脂質は単純脂質、複合脂質以外の脂溶性成分で、コレステロール、ステロールなどがあげられる。

　単純脂質は油脂とろうがある。3 価アルコールのグリセロールに 3 分子の脂肪酸がエステル結合したものをトリアシルグリセロール（トリグリセリド、油脂、中性脂肪ともいう）という。1 分子の脂肪酸が結合したものをモノアシルグリセロール、2 分子結合したものをジアシルグリセロールという。動植物中に広く分布しているのはトリアシルグリセロールで、モノアシルグリセロール、ジアシルグリセロールは天然には少ない。モノアシルグリセロールは乳化性に優れているため、乳化剤として利用されている。ろう（ワックス）は脂肪酸と一価アルコールのエステルで、動植物の表皮の脂質などに含まれている。ろうは食用としては重要ではない。

　複合脂質はリン脂質と糖脂質がある。リン脂質はグリセロリン脂質とスフィンゴリン脂質に分類される。食品成分として重要なのはグリセロリン脂質である（**図 4.26**）。リン脂質は疎水性の脂肪酸の部分と親水性のリン酸部分をもつことで両親媒性を示す。そのため乳化剤として用いられ、特にレシチン（フォスファチジルコリン）は乳化性に優れマヨネーズ、マーガリンなどに利用されている。糖脂質はグリセロ糖

表 4.6　脂質の分類

1. 単純脂質
   1）油脂　脂肪酸とグリセリンのエステル、中性脂肪、トリグリセリド
   2）ろう　脂肪酸と高級アルコールとのエステル

2. 複合脂質　脂肪酸とアルコールの他にその他の物質を含むもの
   1）リン脂質　リン酸を含むもの
      ①レシチン（ホスファチジルコリン）　　⑤プラズマローゲン
      ②ホスファチジルエタノールアミン　　　⑥スフィンゴミエリン
      ③ホスファチジルセリン　　　　　　　　⑦その他
      ④ホスホイノチシド
   2）糖脂質　糖を含むもの
      ①セレブロシド　　　　　　　　　　　②ガングリオシド
   3）リポたんぱく質

3. 誘導脂質　単純脂質、複合脂質などから誘導されるもの
   1）脂肪酸　2）脂肪族アルコール　3）ステロール

4. その他の脂質　主として天然に存在する脂質関連物質
   1）脂肪族炭化水素　2）クロロフィル　3）カロテン類　4）炭化水素　5）脂溶性ビタミン　6）その他

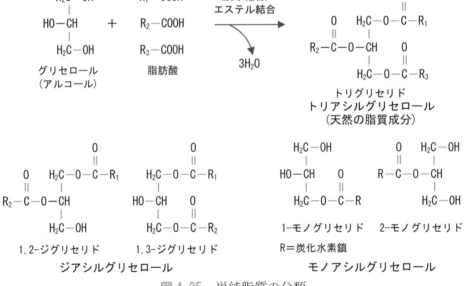

図 4.25　単純脂質の分類

脂質とスフィンゴ糖脂質に分類される。糖脂質はガラクトースやグルコースなどの単糖あるいはオリゴ糖がグリコシド結合している（図 4.26）。

　誘導脂質は主に単純脂質から誘導される脂質で**脂肪酸、ステロール、脂肪族アルコール**のことをいう。**その他の脂質**として、**炭化水素**（例：サメの肝油に多く含まれるスクアレン）、**脂溶性ビタミン**、**脂溶性色素**（例：カロテノイド、クロロフィル）がある。

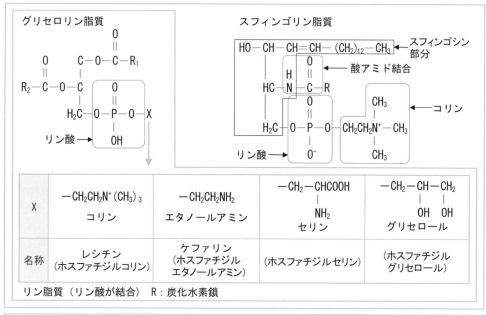

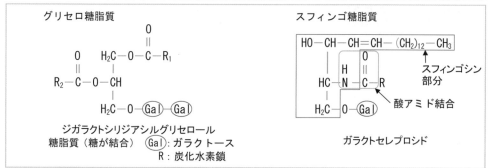

図 4.26　複合脂質の構造

　ステロールはステロイド骨格を有し、3 位に OH 基をもち、17 位に炭化水素が結合したものである（図 4.27）。動物の主なステロールはコレステロールである。レバー、卵黄、キャビア、イクラなどに多く含まれる。体内では、コレステロールから胆汁酸やステロイドホルモン、ビタミン D などが生合成されるため、必要な物質である。しかし、血中コレステロール濃度が高くなると動脈硬化の発症リスクが上がることが懸念されている。しいたけに多く含まれるエルゴステロール（プロビタミン D_2）は紫外線照射によりビタミン D となる。植物ステロールとして、β-シトステロール、カンペステロール、スチグマステロールなどがある。

　脂肪酸は炭水化物の末端にカルボキシ基をもつ化合物である。表 4.7 に主な脂肪酸を、表 4.8 に主な油脂類の脂肪酸組成を示した。食品に含まれている脂肪酸は炭素数 14〜22 の長鎖脂肪酸が多い。炭化水素鎖に二重結合のない脂肪酸を**飽和脂肪酸**という。二重結合をもつ脂肪酸を**不飽和脂肪酸**という。二重結合が 1 個の不飽和脂

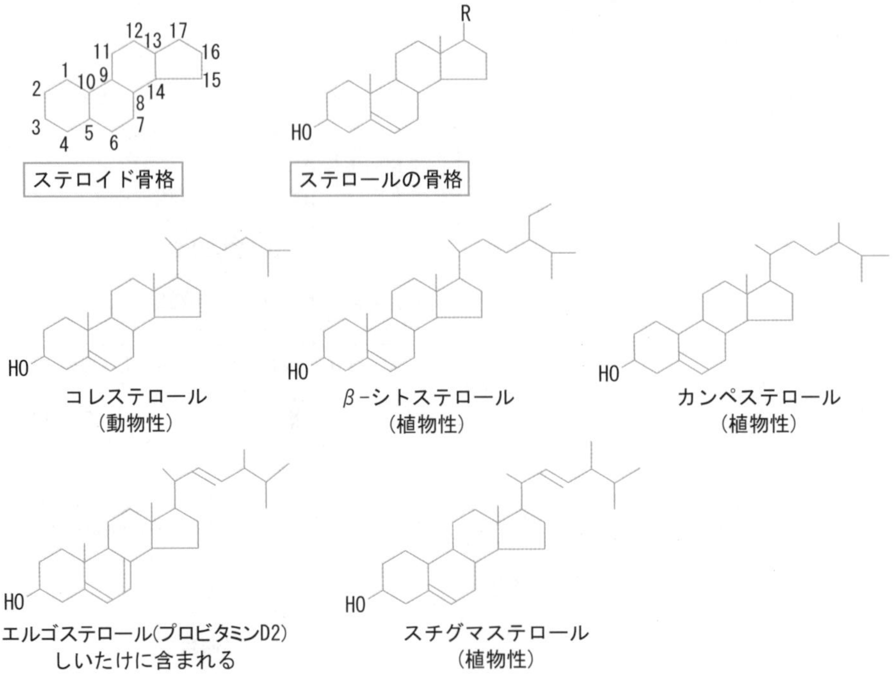

ステロイド骨格

ステロールの骨格

コレステロール
（動物性）

β-シトステロール
（植物性）

カンペステロール
（植物性）

エルゴステロール（プロビタミンD2）
しいたけに含まれる

スチグマステロール
（植物性）

図 4.27　ステロールの構造

表 4.7　主な脂肪酸

1. 直鎖飽和脂肪酸　$C_nH_{2n+1}COOH$

慣用名	炭素数	系統名	構造式	所在
酪酸	4	*n*-butanoic	$CH_3(CH_2)_2COOH$	バター
カプロン酸	6	*n*-hexanoic	$CH_3(CH_2)_4COOH$	バター、ヤシ油
カプリル酸	8	*n*-octanoic	$CH_3(CH_2)_6COOH$	バター、ヤシ油
カプリン酸	10	*n*-decanoic	$CH_3(CH_2)_8COOH$	バター、ヤシ油
ラウリン酸	12	*n*-dodecanoic	$CH_3(CH_2)_{10}COOH$	ヤシ油
ミリスチン酸	14	*n*-tetradecanoic	$CH_3(CH_2)_{12}COOH$	一般動植物油
パルミチン酸	16	*n*-hexadecanoic	$CH_3(CH_2)_{14}COOH$	一般動植物油
ステアリン酸	18	*n*-octadecanoic	$CH_3(CH_2)_{16}COOH$	一般動植物油
アラキジン酸	20	*n*-(e)icosanoic	$CH_3(CH_2)_{18}COOH$	落花生油、魚油

2. 直鎖不飽和脂肪酸

1）モノエン酸　$C_nH_{2n-1}COOH$

慣用名	炭素数	系統名	構造式	所在
パルミトオレイン酸	16	9-*cis*-hexadecenoic	$CH_3(CH_2)_5CH=CH(CH_2)_7COOH$	一般動植物油
オレイン酸	18	9-*cis*-octadecenoic	$CH_3(CH_2)_7CH=CH(CH_2)_7COOH$	一般動植物油
エルカ酸	22	13-*cis*-docosenoic	$CH_3(CH_2)_7CH=CH(CH_2)_{11}COOH$	ナタネ油

2）ジエン酸　$C_nH_{2n-3}COOH$

慣用名	炭素数	系統名	構造式	所在
リノール酸	18	9, 12-*all-cis*-octadecadienoic	$CH_3(CH_2)_4CH=CHCH_2CH=CH(CH_2)_7COOH$	植物種子油

3）トリエン酸　$C_nH_{2n-5}COOH$

慣用名	炭素数	系統名	構造式	所在
リノレン酸	18	9, 12, 15-*all-cis*-octadecatrienoic	$CH_3(CH_2CH=CH)_3(CH_2)_7COOH$	大豆油　アマニ油

4）テトラエン酸、ペンタエン酸、ヘキサエン酸

慣用名	炭素数	系統名	構造式	所在
アラキドン酸	20	5, 8, 11, 14, -*all-cis*-(e)icosatetraenoic	$CH_3(CH_2)_3(CH_2CH=CH)_4(CH_2)_3COOH$	卵黄レシチン
エイコサペンタエン酸（EPA）	20	5, 8, 11, 14, 17-*all-cis*-(e)icosapentaenoic	$CH_3(CH_2CH=CH)_5(CH_2)_3COOH$	魚油
ドコサヘキサエン酸（DHA）	22	4, 7, 10, 13, 16, 19-*all-cis*-docosahexaenoic	$CH_3(CH_2CH=CH)_6(CH_2)_2COOH$	魚油

表 4.8　油脂の脂肪酸組成

油脂類	融点(℃)	脂肪酸(%)¹⁾			飽和脂肪酸(g/100g)²⁾								不飽和脂肪酸(g/100g)²⁾						
		飽和	不飽和		4:0	6:0	8:0	10:0	12:0	14:0	16:0	18:0	16:1	18:1	18:2 n-6	18:3 n-3	20:4 n-6	20:5 n-3	22:6 n-3
			一価	多価															
大豆油	-7~-8	16.0	23.8	60.1						0.1	10.6	4.3	0.1	23.5	53.5	6.6			
とうもろこし油	-15~-10	14.1	30.2	55.7							11.3	2.0	0.1	29.8	54.9	0.8			
サフラワー油（高オレイン酸）	-5	7.8	77.7	14.5						0.1	4.7	2.0	0.1	77.1	14.2	0.2			
サフラワー油（高リノール酸）	-5	10.0	14.0	76.0						0.1	6.8	2.4	0.1	13.5	75.7	0.2			
オリーブ油	0~6	14.1	78.3	7.7							10.4	3.1	0.7	77.3	7.0	0.6			
パーム油	27~50	50.7	39.5	9.9					0.5	1.1	44.0	4.4	0.2	39.2	9.7	0.2			
アマニ油	-16~-25	8.5	16.7	74.8							4.8	3.3	0.1	15.9	15.2	59.5			
えごま油	-12	8.0	17.8	74.2							5.9	2.0	0.1	16.8	12.9	61.3			
有塩バター	20~30	71.5	25.5	3.0	3.8	2.4	1.4	3.0	3.6	11.7	31.8	10.8	1.6	22.2	2.4	0.4	0.2		
ラード（豚脂）	33~46	42.4	47.0	10.6				0.1	0.2	1.7	25.1	14.4	2.5	43.2	9.6	0.5	0.1		
牛脂	40~50	45.8	50.2	4.0					0.1	2.5	26.1	15.7	3.0	45.5	3.7	0.2			
まいわし	約-4	36.7	26.8	36.5					0.1	6.7	22.4	5.0	5.9	15.1	1.3	0.9	1.5	11.2	12.6
まさば	約-4	37.3	41.0	21.7					0.1	4.0	24.0	6.7	5.3	27.0	1.1	0.6	1.5	5.7	7.9
まだら	-0.5~0	24.4	20.8	54.8						1.1	18.5	4.4	1.9	15.4	0.7	0.3	2.9	17.3	31.0

1）脂肪酸の総量に対する%
2）脂肪酸の総量に対する100g 当たりの各脂肪酸の g

出典）日本食品標準成分表 2020 年版

肪酸を**モノエン酸（一価不飽和脂肪酸）**という。2個以上の不飽和脂肪酸を**ポリエン酸（多価不飽和脂肪酸）**という。IUPAC 系統名では、不飽和脂肪酸の二重結合の位置は、カルボキシ基の炭素の数を1として二重結合の位置を示すことが定められている。栄養学的に取り扱うときは、メチル基末端の炭素から数える表記法（系列）が用いられることもある。その場合、代表的な脂肪酸として、n-3 系は α-リノレン酸（$C_{18:3}$）、エイコサペンタエン酸（$C_{20:5}$）、ドコサヘキサエン酸（$C_{22:6}$）、n-6 系はリノール酸（$C_{18:2}$）、n-9 系はオレイン酸（$C_{18:1}$）がある（図 4.28）。

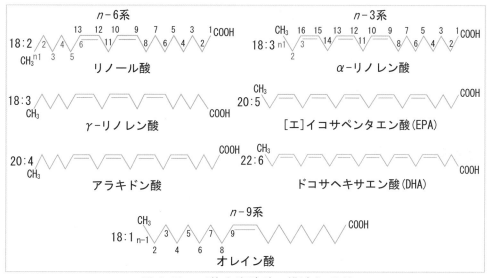

図 4.28　不飽和脂肪酸の構造と系列

　天然の不飽和脂肪酸の2重結合はほとんどすべてがシス型（シス脂肪酸）であり、炭素鎖が二重結合の位置で折れ曲がっている（図4.29）。ただし、トランス型の脂肪酸（トランス脂肪酸）は天然にも存在し、牛肉はトランス脂肪酸を含む。$C_{18:1}$のオレイン酸はシス型であるが、$C_{18:1}$のエライジン酸はトランス型である（図4.30）。加工油脂はトランス型の脂肪酸を含む場合がある。例えば、天然油脂に水素を添加してショートニングを製造する過程で生成する。

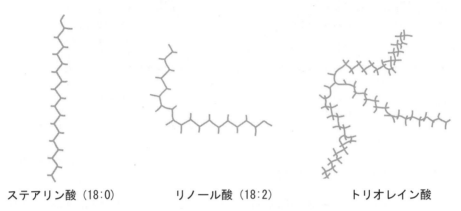

| ステアリン酸（18:0） | リノール酸（18:2） | トリオレイン酸 |

シス型の不飽和脂肪酸は折れ曲がった形をしている。

図4.29　シス型の不飽和脂肪酸の形状

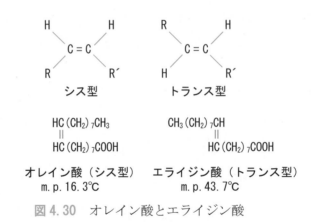

図4.30　オレイン酸とエライジン酸

例題9　脂質の種類と構造に関する記述である。正しいのはどれか。1つ選べ。

1. 炭化水素鎖に二重結合をもつ脂肪酸を飽和脂肪酸という。
2. エイコサペンタエン酸（EPA）に含まれる炭素原子の数は、22である。
3. 天然の不飽和脂肪酸の2重結合はほとんどすべてがトランス型である。
4. トランス型の脂肪酸は天然には存在しない。
5. トランス型の脂肪酸はショートニングを製造する過程で生成する。

解説 1．二重結合をもつ脂肪酸を不飽和脂肪酸という。 2．（表4.7参照）エイコサペンタエン酸に含まれる炭素原子の数は、20である。 3．天然の不飽和脂肪酸の2重結合はほとんどすべてがシス型である。 4．トランス型の脂肪酸は天然にも存在し、例えば牛肉にはトランス脂肪酸が含まれる。 解答 5

4.2 油脂の性質

油脂は常温で液体のものを**油**（oil）、固体のものを**脂**（fat）という。油脂の物性は油全体としての構成脂肪酸に大きく影響される。油脂の比重は水より軽く、15℃において天然の油脂の比重は0.91〜0.95程度である。油脂の比重はトリグリセリドを構成している脂肪酸の種類により影響を受ける。不飽和脂肪酸、短鎖脂肪酸、ヒドロキシ脂肪酸が増えるに従い比重は高くなる。

油脂の屈折率は、不飽和脂肪酸、短鎖脂肪酸、ヒドロキシ脂肪酸が多いほど高くなる。油脂の酸化劣化によっても屈折率は上昇する。油脂の粘度も、油脂の酸化により増加する。

油脂の融点は、脂肪酸の炭素数が増えるにしたがい上昇する。同じ炭素数の時は、不飽和脂肪酸より飽和脂肪酸の方が高く、二重結合の数が多い方が、融点が低い。また、同じ炭素数の時は、トランス型の脂肪酸はシス型の脂肪酸より融点が低い。これはトランス酸の構造が飽和脂肪酸と類似してためである。液体油脂の不飽和脂肪酸の二重結合の一部を水素添加すると飽和となり融点が上昇する。これを**硬化油**といい、マーガリンなどの原料となる。牛脂、豚脂のように長鎖脂肪酸と一価飽和脂肪酸を多く含む油脂やパーム油のように飽和脂肪酸が多い油脂は、融点が高く、常温で固体である。一方、魚油や大豆油、とうもろこし油などは多価不飽和脂肪酸が多いため、融点が低く、常温では液体の状態である。

4.3 必須脂肪酸

油脂に含まれるリノール酸、α-リノレン酸は、ヒトの正常な発育、皮膚、生理機能の維持のために必要であるが、ヒトの体内で合成できないため、食物からとらなければならない。そのため**必須脂肪酸**とよばれている。ヒトの体内でリノール酸（$C_{18:2}$、n-6系列）からはアラキドン酸（$C_{20:4}$）、一方、α-リノレン酸（$C_{18:3}$、n-3系列）からはエイコサペンタエン酸（EPA、$C_{20:5}$）、ドコサヘキサエン酸（DHA、$C_{22:6}$）が生成される。これらの脂肪酸のうち炭素数が20のものからエイコサノイドといわれるプロスタグランジン、トロンボキサン、ロイコトリエンなどの生理活性物質が生成される。n-6系列由来のエイコサノイドとn-3系列由来のエイコサノイドは、

互いに血管拡張と収縮、気管支弛緩と収縮、血小板凝集と血小板凝集抑制など拮抗する作用があるため、摂取バランスが重要である。植物性油脂、肉など動物性油脂、魚油などに含まれる脂肪酸は組成が異なるため、バランスよく摂取する必要がある。日本人の食事摂取基準（2020年度版）では、20〜40歳代の女性でn-6系脂肪酸の食事摂取基準は8 g/日、n-3系脂肪酸は1.6 g/日となっている。

例題 10　油脂の性質と必須脂肪酸に関する記述である。正しいのはどれか。1つ選べ。

1. 油脂の酸化劣化によっても屈折率は小さくなる。
2. 油脂の粘度は、油脂の酸化により低下する。
3. 油脂の融点は、脂肪酸の炭素数が増えるにしたがい低くなる。
4. 同じ炭素数の時は、トランス型の脂肪酸はシス型の脂肪酸より融点が低い。
5. ヒトの体内では、α-リノレン酸からアラキドン酸が生成される。

解説　1. 油脂の酸化劣化によっても屈折率は上昇する。　2. 油脂の粘度は、油脂の酸化により増加する。　3. 油脂の融点は、脂肪酸の炭素数が増えるにしたがい上昇する。　5. ヒトの体内では、リノール酸からアラキドン酸が生成される。　**解答 4**

---

4. 4　油脂の性質の測定

　油脂の化学的性質を調べるために以下の測定方法がある。

　けん化価は、油脂1 gをけん化（加水分解）するのに必要な水酸化カリウムのmg数で表す。けん化価は構成脂肪酸の鎖の長さの割合を示す。けん化価から油脂の分子量を求めることができる。同じ重さの油脂を比べると油脂中に短い鎖の脂肪酸が増えるほど、脂肪酸とグリセロールの結合数が増える。つまり短い鎖の脂肪酸を多く含む油脂ほどけん化価は高くなる。例えば、構成脂肪酸の分子量が小さい乳脂やヤシ油のけん化価は、大豆油やコーン油より高い。

　ヨウ素価は油脂100 gに付加されるヨウ素のg数で表した値であり、構成脂肪酸の不飽和度を示す。ヨウ素は脂肪酸の二重結合に付加するため、不飽和度が高い油脂ほど、ヨウ素価が高くなり、酸化されやすいことが分かる。EPA、DHAを多く含んでいる魚油は、飽和脂肪酸を多く含む牛脂、豚脂、バターよりヨウ素価が高くなる。

　油脂の劣化など品質を示す指標として、酸価（AV）、過酸化物価（PV または POV）、カルボニル価（CV）、チオバルビツール酸価（TBA 値）などがある。

　酸価は油脂1 gに含まれる遊離脂肪酸を中和するのに必要な水酸化カリウムのmg

数で表す。加熱、貯蔵、酸敗などにより遊離脂肪酸が生成すると酸価は高くなる。

　過酸化物価は、油脂 1 kg 中の過酸化物（ヒドロペルオキシド）のミリ当量数で示す。過酸化物を含む油脂にヨウ化カリウムを加えると過酸化物の分解によりヨウ素が遊離してくる。この遊離したヨウ素をチオ硫酸ナトリウムで定量し算出する。過酸化物は酸化の初期に生成するため、油脂の初期の酸化の程度を知ることができる。

　カルボニル価は、油脂 1 kg 中のカルボニル化合物のミリ当量数で表す。油脂の酸化が進行すると初期に生成した過酸化物（一次酸化物）が分解して、カルボニル化合物を含む二次酸化物が生成する。油脂の酸敗によりカルボニル価は高くなる。

　チオバルビツール酸価は、過酸化脂質の定量値であり、食品および生体組織の酸化の程度の指標として広く用いられている。油脂中の過酸化物が分解するとマロンジアルデヒドなどができる。これがチオバルビツール酸（TBA）と反応すると赤色色素を生成するので、530 nm の吸光度を測定することにより求めることができる。

　例題 11　　油脂の性質の測定に関する記述である。正しいのはどれか。1 つ選べ。

1. 構成脂肪酸の分子量が小さい油脂ほどけん化価は低くなる。
2. 魚油は、飽和脂肪酸を多く含む牛脂、豚脂、バターよりヨウ素価が低くなる。
3. 加熱、貯蔵、酸敗などにより遊離脂肪酸が生成すると酸価は高くなる。
4. 過酸化物価は時間を経過した油脂の酸化の程度を知ることができる。
5. 油脂の酸敗によりカルボニル価は低くなる。

解説　1. 構成脂肪酸の分子量が小さい油脂ほどけん化価は高くなる。　2. 魚油は、飽和脂肪酸を多く含む牛脂、豚脂、バターよりヨウ素価が高くなる。　4. 過酸化物は油脂の初期の酸化の程度を知ることができる。　5. 油脂の酸敗によりカルボニル価は高くなる。　　　　　　　　　　　　　　　　　　　**解答 3**

5　ビタミン

　ビタミンは、炭水化物、たんぱく質、脂質などの栄養素が体内で機能を発揮できるように、補助的に働く必須の栄養素である。ビタミンは微量で生体の生理機能を調節し、体内で合成されない、あるいは合成されたとしてもごくわずかであるため、食物から摂取しなければならない。ビタミンが不足すると**欠乏症**となり疾病や成長障害の原因となる。脂溶性ビタミンは過剰に摂取すると体内に蓄積するため過剰症を引き起こす恐れがあるため、取り過ぎに注意する必要がある。ビタミンは、その

溶解性から脂溶性ビタミン（A、D、E、Kの4種類）と水溶性ビタミン（B群とCの9種類）に分類される。

5.1 脂溶性ビタミン

　脂溶性ビタミンは、水には溶けず、脂質に溶けやすいビタミンであり、ビタミンA、D、E、Kの4種類がある。体内に蓄積されるため、多量に摂取すると過剰症を引き起こすものもある。

(1) ビタミンA（図4.31）

　ビタミンAとは、レチノールと同じ生理作用を示す化合物の総称である。主要なものにレチノール、レチナール、レチノイン酸があり、β-カロテンのように体内でレチノールに変えられるものをプロビタミンAという。プロビタミンAはα-カロテン、β-クリプトキサンチンなどがある。ビタミンAはロドプシン（視覚色素）の形成、成長促進作用、皮膚の角化防止作用がある。

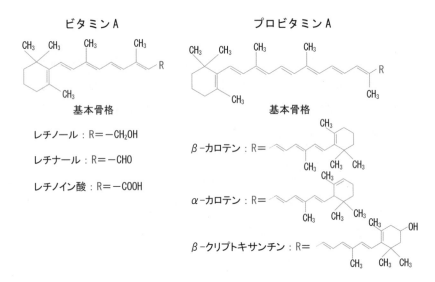

図4.31　ビタミンA

1) 欠乏症・過剰症

　欠乏症として夜盲症、皮膚や粘膜上皮細胞の角化、角膜乾燥症（乳幼児）、免疫力の低下などがある。過剰症として胎児の奇形、頭蓋内圧の上昇、筋肉痛、脱毛、悪心などがある。β-カロテン（プロビタミンA）は必要に応じて体内でビタミンAに変えられるため、過剰症は起こらない。

2) 含まれている食品

　レチノール（ビタミンA）を含む食品は動物性食品で、β-カロテン（プロビタミ

ンA）を含む食品は植物性食品である。うなぎ、レバー、卵黄、バターなどにビタミンAは多い。プロビタミンAはほうれん草などの緑黄色野菜、にんじん、かぼちゃ、のり、うんしゅうみかんなどに多い。脂溶性ビタミンのため、油脂とともにとると吸収率が高くなる。

3）安定性

空気中で酸化されやすい。光と熱の存在下で不安定になる。食品中の油脂が酸化されるとビタミンAも酸化される。

(2)　ビタミンD（図4.32）

食品中のビタミンD_2はきのこ類に含まれ、D_3はヒトの体内でもつくられるが、魚類、卵類などに含まれる。キノコ類に含まれるエルゴステロールは紫外線照射によりビタミンD_2に変化する。干ししいたけに紫外線をあてるとビタミンD_2が増える。皮膚にある7-デヒドロコレステロールも紫外線にあたるとビタミンD_3になる。ビタミンDは体内で活性型のビタミンD（1α, 25-ジヒドロキシビタミンD）となり体内のカルシウムの恒常性の維持に重要である。

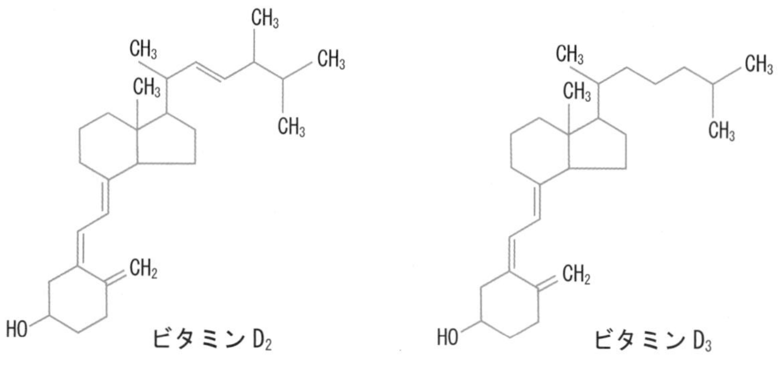

図4.32　ビタミンD

1）欠乏症・過剰症

欠乏症として、くる病（小児）、骨軟化症（成人）がある。過剰症として、高カルシウム血症、軟組織の石灰化、腎障害などがある。

2）含まれている食品

干ししいたけ、乾燥きくらげ、魚類、卵類（イクラ）などに多く含まれている。

3）安定性

熱に対して安定であり、調理・加工に対して比較的安定である。

(3) ビタミンE（図4.33）

　ビタミンEは4種類のトコフェロールと4種類のトコトリエノールの総称である。食品中にはα-トコフェロールが多く含まれており、ビタミンE活性が最も高い。ビタミンEは抗酸化力がある。細胞膜はリン脂質からなり、その構成脂肪酸に不飽和脂肪酸が多く存在している。ビタミンEは生体内でこの不飽和脂肪酸の過酸化を防ぐ。

1）欠乏症・過剰症

　ビタミンEの欠乏では、溶血性貧血が起こる。しかし、通常の食生活では欠乏症や過剰症はみられない。

2）含まれている食品

　植物性食品に多く含まれ、小麦胚芽、アーモンド、**大豆油**、ごま油などの植物油、鶏卵、マヨネーズなどにも含まれている。抗酸化作用があるため酸化防止剤としてマーガリンなどさまざまな加工品に添加されている。

3）安定性

　光やアルカリ性では不安定で酸化されやすい。

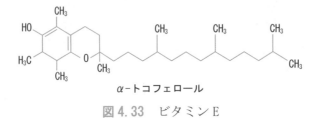

α-トコフェロール

図4.33　ビタミンE

(4) ビタミンK（図4.34）

　ビタミンKはカルシウム代謝に関係し、正常な骨形成に必要である。また血液凝固に必要なビタミンである。食品中に含まれるビタミンKはK_1（フィロキノン）とK_2（メナキノン）がある。

1）欠乏症・過剰症

　欠乏症として出血症（小児）、血液凝固遅延がある。慢性的なビタミンK不足は骨形成に影響して骨粗鬆症を引き起こす。通常の食事では過剰症は認められない。

2）含まれている食品

　糸ひき納豆、緑黄色野菜（しゅんぎく、ブロッコリー、ほうれんそう、小松菜、パセリ）に多く含まれている。

3）安定性

　熱や空気酸化には安定であるが、アルカリ、光に対しては不安定である。

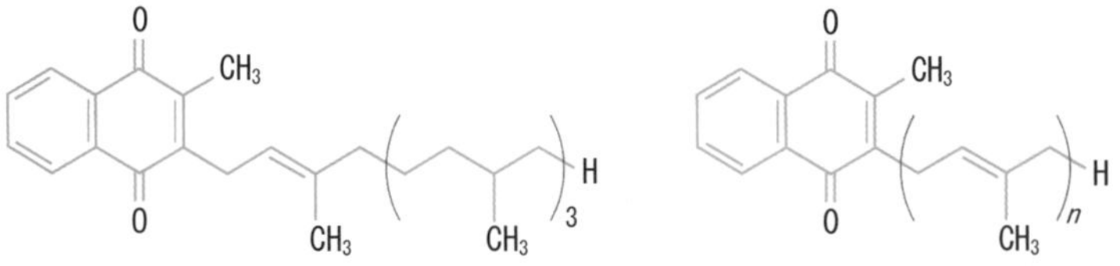

フィロキノン（ビタミンK₁）　　　メナキノン-n（ビタミンK₂）

図4.34　ビタミンK

例題12　脂溶性ビタミンに関する記述である。正しいのはどれか。1つ選べ。

1. ビタミンAが欠乏すると、頭蓋内圧が亢進する。
2. β-カロテンは、熱や光に安定である。
3. ビタミンDの欠乏では、夜盲症が起こる。
4. ビタミンEの欠乏では、溶血性貧血が起こる。
5. ビタミンKの過剰症では、血液凝固遅延がある。

解説　1. ビタミンAの過剰では、頭蓋内圧が亢進する。　2. β-カロテンは、熱や光に不安定である。　3. ビタミンDの欠乏では、くる病、骨軟化症がある。夜盲症は、ビタミンA欠乏症である。　5. ビタミンKの欠乏では、血液凝固遅延がある。

解答 4

5.2 水溶性ビタミン

水溶性ビタミンは水に溶けやすいビタミンである。ビタミンB群（B₁、B₂、ナイアシン、B₆、B₁₂、葉酸、パントテン酸、ビオチンの8種類）とC群がある。B群のビタミンは補酵素として機能する。水溶性ビタミンは生体内に過剰に蓄積することはなく、通常の食生活では過剰症があらわれることはほとんどない。

(1) ビタミンB₁（チアミン）（図4.35）

ビタミンB₁は脚気を治癒するビタミンとして発見された。ビタミンB₁はチアミン二リン酸として糖代謝酵素の補酵素としてはたらく。糖代謝や神経機能のはたらきを維持するのに必要である。

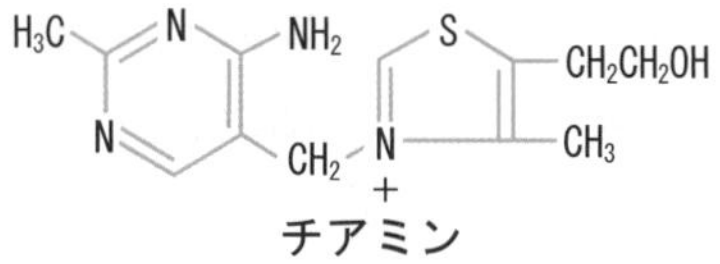

図4.35　ビタミンB₁

1) 欠乏症・過剰症

欠乏症として脚気、ウエルニッケ脳症がある。いずれも神経疾患である。過剰症はないとされている。

2）含まれている食品

　米糠、玄米、小麦胚芽、豚肉、ごま、落花生などに多く含まれている。

3）安定性

　調理・加工時にゆで汁や煮汁に移行する。熱や酸性溶液には安定であるが、アルカリ性では不安定である。

(2) ビタミン B₂（リボフラビン）（図4.36）

　ビタミン B₂ は、リボフラビン、リボフラビンモノヌクレオチド（FMN）、フラビンアデニンジヌクレオチド（FAD）がある。食品中には FAD が多く含まれている。FMN と FAD は酸化還元酵素の補酵素としてはたらく。電子伝達系、脂肪酸の代謝、グルタチオンの代謝などに関与しており、正常な発育に必要なビタミンである。

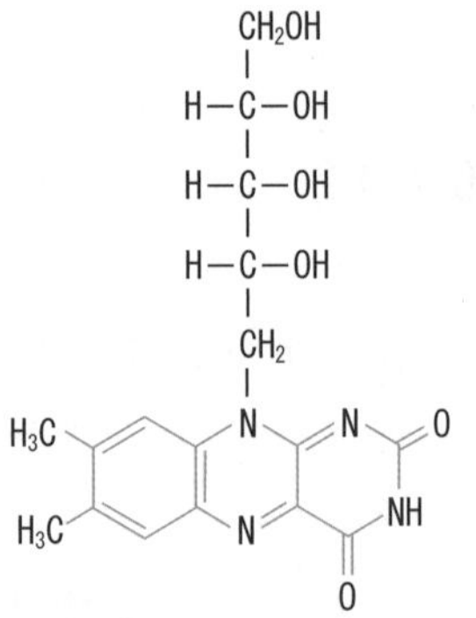

図 4.36　リボフラビン

1）欠乏症・過剰症

　欠乏すると口唇炎、口角炎、舌炎、脂漏性皮膚炎などを発症する。過剰摂取による健康障害を引き起こすことはないと考えられている。

2）含まれている食品

　酵母、どじょう、レバー、干ししいたけ、アーモンド、糸ひき納豆などに多く含まれている。

3）安定性

　熱に安定であるが、光や重曹処理などアルカリで分解されやすい。

(3) ナイアシン（図4.37）

　ナイアシンはとうもろこしを主食とする人々に発症しペラグラという病気を予防する因子として発見された。ナイアシンはニコチン酸とニコチンアミドの総称である。ナイアシンは生体内で NAD（ニコチンアミドアデニンジヌクレオチド）および NADP（NAD にリン酸が結合したもの）となり、糖代謝、脂質代謝、たんぱく質代謝における酸化還元酵素の補酵素として機能している。動物性食品ではニコチン

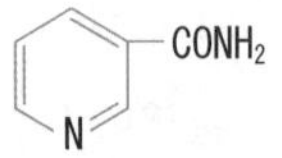

ニコチンアミド

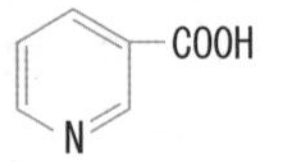

ニコチン酸

図 4.37　ナイアシン

アミド、植物性食品ではニコチン酸として存在している。また、ヒトの生体内でナイアシンはトリプトファンからも合成され、トリプトファン 60 mg からナイアシン 1 mg に転換される。

1) 欠乏症・過剰症

皮膚炎、神経症、下痢を伴うペラグラとよばれる疾病を引き起こす。ニコチン酸の多量投与により消化器障害が生じる。

2) 含まれている食品

かつお、まぐろ、たらこ、レバー、干ししいたけ、落花生、米糠などにナイアシンが多く含まれている。

3) 安定性

ナイアシンは熱、光、アルカリ、酸に強く安定なビタミンである。ただし、水溶性のため、調理時に煮汁に移行する。

(4) ビタミンB₆（ピリドキシン）（図4.38）

ビタミンB₆は、ピリドキシン、ピリドキサール、ピリドキサミンの3種類と、それらのリン酸エステルを含む合計6種類がある。ビタミンB₆はピリドキサールリン酸（PLP）、ピリドキサミンリン酸（PMP）の形で主にアミノ酸代謝（非必須アミノ酸の相互転換、アミノ基転移反応、脱炭酸反応など）に関わる酵素の補酵素として作用する。

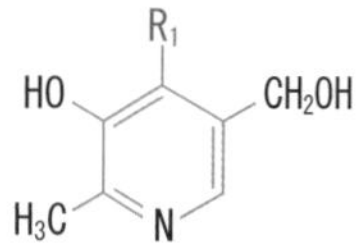

ピリドキシン：
$R_1 = -CH_2OH$

ピリドキサール
$R_1 = -CHO$

ピリドキサミン
$R_1 = -CH_2NH_2$

図4.38 ビタミンB₆

1) 欠乏症・過剰症

欠乏症として皮膚炎、貧血、脂肪肝などがある。1日当たり数グラムを数カ月摂取した場合は知覚神経障害が起こると報告されている。

2) 含まれている食品

にんにく、ピスタチオ、ぎんなん、まぐろ、かつお、レバー、ごまなどに多く含まれる。

3) 安定性

酸性で安定であるが、光で分解されやすい。

(5) ビタミンB₁₂（シアノコバラミン）（図4.39）

ビタミンB₁₂はコリン環とよばれる環状構造の中心にコバルトを配位したテトラピロール化合物で複雑な構造をもつ。ビタミンB₁₂の補酵素型にはメチルコバラミンとアデノシルコバラミンがある。メチルコバラミンはメチル基転移反応のメチル基運搬体として核酸、たんぱく質、糖、脂質などの代謝に関与し、アデノシルコバラミンは奇数鎖脂肪酸や分岐鎖アミノ酸の異化代謝に関与する。ビタミンB₁₂は胃から分泌される内因子と結合して吸収される。

1) 欠乏症・過剰症

主な欠乏症として巨赤芽球貧血がある。

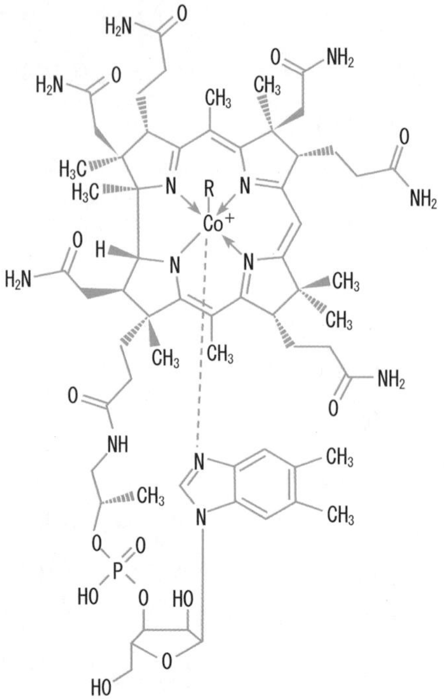

図 4.39　ビタミン B_{12}

2）含まれている食品

しじみ、あさり、かき、いか、たらこ、魚類やあまのりなどに多く含まれる。

3）安定性

熱には安定である。アルカリ環境下では加熱や光により分解する。

（6）葉酸（図 4.40）

葉酸はパラアミノ安息香酸にプテ
リジン環とグルタミン酸が結合した
もので、食品中にはグルタミン酸の
結合数が異なるものがある。体内に
吸収されると活性型のテトラヒドロ
葉酸（THF）に変換される。THF はメ

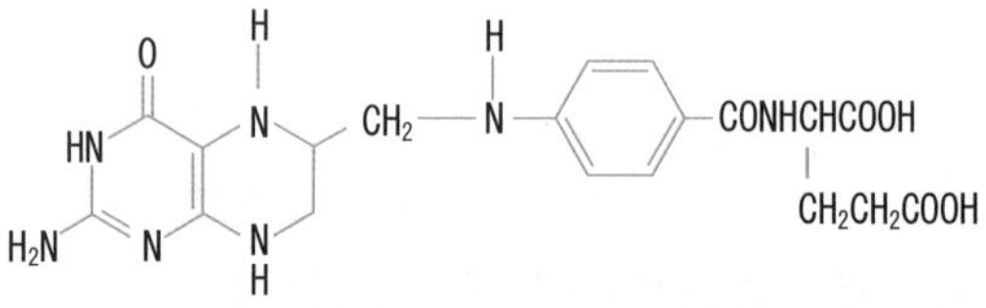

5, 6, 7, 8-テトラヒドロ葉酸

図 4.40　葉酸

チル基、ホルミル基などの一炭素単位転移酵素の補酵素として機能し、アミノ酸代
謝、核酸の合成などを正常に保つはたらきがある。

1）欠乏症・過剰症

欠乏症として巨赤芽球貧血、舌炎がある。また、動脈硬化との関連が指摘されて
いる血清ホモシステイン値が上昇する。細胞の分化が盛んな胎児にとって重要な栄
養素であり、妊娠中に葉酸が不足すると胎児の神経管閉塞障害の発症が懸念される

ため、葉酸の十分な摂取が望まれる。

2）含まれている食品

ほうれんそう、ブロッコリー、だいず、えだまめ、わかめ、レバーなどに多く含まれている。

3）安定性

光、熱、空気酸化に対して不安定である。

(7) パントテン酸（図 4.41）

パントテン酸はパントイン酸と β アラニンが結合したもので、補酵素 A（コエンザイム A；CoA）の構成要素である。生体内ではアシル基転移反応に関与し、糖、脂肪酸代謝に関与している。例としてアセチル CoA、スクシニル CoA、アシル CoA などがある。

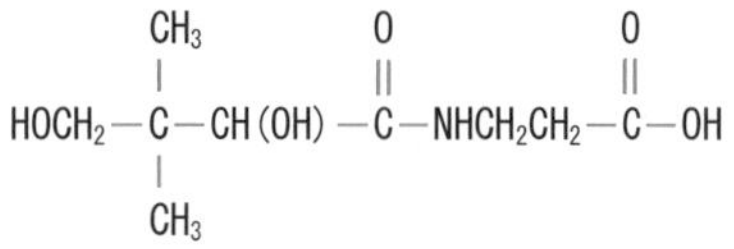

$$HOCH_2-\underset{\underset{CH_3}{|}}{\overset{\overset{CH_3}{|}}{C}}-CH(OH)-\overset{\overset{O}{||}}{C}-NHCH_2CH_2-\overset{\overset{O}{||}}{C}-OH$$

図 4.41　パントテン酸

1）欠乏症・過剰症

皮膚炎、成長障害などが知られている。パントテン酸は腸内細菌でも合成され、また動・植物性食品に広く含まれているため、通常の食事をしていれば不足することはない。

2）含まれている食品

糸ひき納豆、たまご、きな粉、落花生、アボカド、レバーなど。

3）安定性

酸、アルカリ、熱で分解しやすい。

(8) ビオチン（図 4.42）

食品に含まれるビオチンはたんぱく質に結合したものが多い。吸収されたビオチンは、糖新生、脂肪酸合成、アミノ酸代謝に関わる酵素の補酵素として機能する。

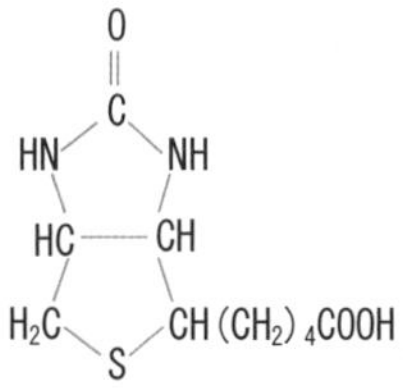

図 4.42　ビオチン

1）欠乏症・過剰症

ビオチンは腸内細菌でも合成され、動・植物性食品に広く含まれているため通常の食事では不足することはない。しかし、ビオチンは卵白に含まれるアビジンというたんぱく質と強く結合する。大量の生卵を食べるとビオチンの吸収率が低下し欠乏する可能性がある。欠乏したときは、皮膚炎、舌炎、神経障害などが起こる。過剰症は特に知られていない。

2）含まれている食品

レバー、卵黄、落花生などの種実類、だいず、とうもろこし、カリフラワーなど

に多く含まれている。

3）安定性

熱、光、酸、アルカリに対して安定である。

(9) ビタミンC（図4.43）

ビタミンCは他の水溶性ビタミンと異なり補酵素として酵素反応に直接関わらない。ビタミンCはコラーゲンの生合成、チロシンの代謝、神経伝達物質であるカテコールアミンの生合成、生体異物の解毒などに関与する。

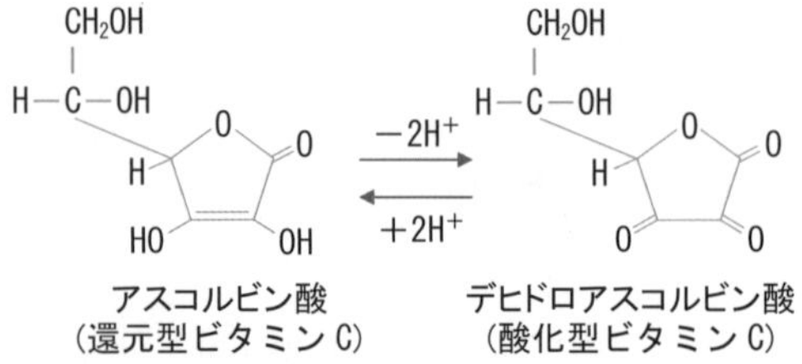

図4.43　ビタミンC

アスコルビン酸（還元型ビタミンC）　デヒドロアスコルビン酸（酸化型ビタミンC）

ビタミンCには還元型（アスコルビン酸）と酸化型（デヒドロアスコルビン酸）がある。アスコルビン酸は強い還元性があり、酸化防止剤として利用される。また、褐変反応の変色防止作用もあり、食品の加工・保存上重要なはたらきをする。一方、アスコルビン酸は鉄の吸収を助けるはたらきもある。これは吸収の低い三価鉄を還元して二価鉄の状態にして、吸収を維持するためである。

1）欠乏症・過剰症

ビタミンCが欠乏することにより壊血病になることが知られている。歯茎の出血、疲労感、関節痛などの症状がみられる。

2）含まれている食品

緑黄色野菜、果物、緑茶などに多く含まれる。

3）安定性

熱、光、アルカリ、金属イオンにより酸化されやすく、調理による損失が大きい。また、きゅうり、にんじんなどの野菜はアスコルビン酸オキシダーゼ（アスコルビン酸を酸化する酵素）が含まれているため、これらの組織をミキサーなどで破壊し空気に触れさせるとこの酵素が活性化されアスコルビン酸を酸化する。そのため野菜ジュースをつくるときこれらの野菜を加えるとビタミンCが失われる。

例題13　水溶性ビタミンに関する記述である。正しいのはどれか。1つ選べ。

1. ビタミンB_1の過剰症としてウエルニッケ脳症がある。
2. ビタミンB_2は、光に安定である。
3. ナイアシンはアミノ酸のメチオニンから合成される。
4. ナイアシンの欠乏症として巨赤芽球貧血がある。
5. ビタミンB_{12}は分子内にコバルトを含む。

解説　1. ウエルニッケ脳症はビタミン B$_1$ の欠乏症である。　2. ビタミン B$_2$ は、光照射で分解する。　3. ナイアシンは体内で必須アミノ酸のトリプトファンから合成される。　4. ナイアシンの欠乏症はペラグラである。巨赤芽球貧血はビタミン B$_{12}$ や葉酸の欠乏症である。　　　　　　　　　　　　　　　　　　　　　　　　**解答**　5

例題 14　水溶性ビタミンに関する記述である。正しいのはどれか。1 つ選べ。

1. ビタミン B$_{12}$ の過剰摂取により巨赤芽球貧血になる。
2. 葉酸が欠乏すると血清ホモシステイン値が下がる。
3. パントテン酸は肝臓でも合成される。
4. 多量の卵白を食べるとビオチンが欠乏する。
5. ビタミン C は、熱に安定で、調理による損失はない。

解説　1. 巨赤芽球貧血はビタミン B$_{12}$ の欠乏症である。　2. 葉酸が欠乏すると血清ホモシステイン値が上昇する。　3. パントテン酸は腸内細菌でも合成される。5. ビタミン C は熱、光、アルカリ、金属イオンにより酸化されやすく、調理による損失が大きい。　　　　　　　　　　　　　　　　　　　　　　　　　　**解答**　4

6　無機質

　無機質（ミネラル）とは、食品や人体に存在する元素のうち炭素（C）、水素（H）、酸素（O）、窒素（N）を除いた元素をいう。人体のミネラルの含量は体重の約 4% であるが、生体内では合成できないため、食物から摂取する必要がある。人体に比較的多く含まれるミネラルとしてカルシウム、リン、硫黄、カリウム、ナトリウム、塩素、マグネシウムがあり、この 7 元素を主要ミネラル（または多量ミネラル）という。一方、体内での存在量が 10 g 以下で 1 日の食事摂取基準が 100 mg 以下の元素を微量ミネラルという。鉄、マンガン、銅、ヨウ素、亜鉛、セレン、モリブデン、クロム、コバルトがある。上記の 16 種類のミネラルはヒトに対する必要性が証明されている。

　食品中のミネラルは灰分として測定する。食品を 550℃ で燃焼したときに残る灰の重量を測定することにより求めることができる（日本食品標準成分表）。灰分は硫黄や塩素のように燃焼中に失われるものもあるため、食品中のミネラル組成と厳密には一致しない。しかし、測定が簡便であるため、定量によく用いられる。

6.1 食品中に含まれるミネラルの役割

　食品中に含まれるミネラルの主な役割として、①組織の構成成分、②浸透圧、酸塩基平衡の維持、③色素の構成成分、④呈味成分、⑤貯蔵性、⑥ゲル化、⑦触媒作用、⑧酵素の補因子、⑨キレート作用などがある。以下、例をあげる。①の例：リン酸カルシウム、リン酸マグネシウムとして骨などの組織の形成、リン脂質など細胞膜の構成成分としての役割がある。②の例：ナトリウム、カリウム、塩素などは水溶液中でイオンの状態で存在し、細胞内外の浸透圧や酸塩基平衡を維持している。③の例：緑黄色野菜の色素であるクロロフィルにはマグネシウムが、肉の色素ミオグロビンには鉄が結合している。食品の調理、加工、保存による色の変化はこれらのミネラルの脱離や酸化が関係している。④の例：食塩の塩味は塩素イオンが関与している。⑤の例：食塩含量の高い食品は水分活性が低くなり微生物が繁殖しにくい。そのため貯蔵性が向上する。⑥の例：大豆たんぱく質ににがり（塩化マグネシウム）を加えるとたんぱく質の分子間に架橋が形成され、豆腐となる。ジャム製造時に低メトキシペクチンにカルシウム塩を加えるとゼリー状になる。これは2価のマグネシウムイオンやカルシウムイオンは高分子化合物の分子間を架橋し、ゲルを形成するためである。⑦の例：鉄イオンや銅イオンなどは油脂の酸化やアスコルビン酸の酸化を促進し、食品を劣化させる。⑧の例：マグネシウム、鉄、亜鉛、セレン、マンガン、銅などは、ある種の酵素がはたらくため酵素と結合する補因子としてはたらく。⑨の例：金属をはさみこむような形で配位結合して錯化合物をつくるものをキレート剤という。穀類に含まれるフィチン酸（図4.44）はキレート作用が強く、カルシウムや亜鉛などと結合し、結合によりこれらのミネラルの吸収が阻害される。一方、⑦で述べたように鉄イオンや銅イオンなどは油脂やアスコルビン酸の酸化を促進し、食品を劣化させる。そのため、鉄、銅などの金属物質をキレートするクエン酸、リン酸などを添加することもある（例：ジャムへのクエン酸の添加）。

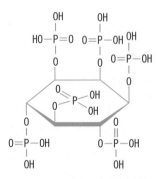

イノシトールに6個のリン酸が結合している。

図4.44　フィチン酸

6.2 多量ミネラル

(1) ナトリウム

　生体内のナトリウムは浸透圧調節、酸・塩基平衡に重要な役割を果たしている。主に細胞外液中にイオンの形で存在しており、細胞外液の陽イオンの大半を占めて

いる。ナトリウムの欠乏症として疲労感、食欲不振、頭痛などの症状が現れることがあるが通常の食事ではナトリウムが不足することはない。ナトリウムは、大部分が食塩（塩化ナトリウム）として摂取される。過剰に摂取すると高血圧、胃がん発症の危険性が増すことが知られている。日本人の食事摂取基準（2020年版）では、食塩相当量の目標量を男性（15歳以上）は7.5 g未満/日、女性（12歳以上）を6.5 g未満/日としている。

(2) カリウム

カリウムは、野菜、果物、豆類、いも類などの植物性食品に比較的多く含まれている。生体内では神経興奮伝達、筋収縮、浸透圧維持、酸・塩基平衡の調節などの役割がある。生体内で大部分は細胞内液中にイオンの形で存在している。通常の食生活では欠乏することはないが、下痢やある種の薬剤により排出されると、吐き気、食欲不振、脱力感、不整脈などの欠乏症が現れる。カリウムにはナトリウムの排泄作用がある。そのため、ナトリウムの排泄が増えるとカリウムの排泄も増えるので、ナトリウムを多くとる場合はカリウムを多く摂取した方が望ましいといわれている。

(3) カルシウム

カルシウムはミネラルの中でも最も多く人体に含まれる。人体の99％はリン酸カルシウムや炭酸カルシウムの形で骨と歯に存在し、残りの1％は電解質（イオン）として、筋肉や血漿中に存在し、血液凝固、筋肉収縮、神経細胞の興奮、神経伝達物質の放出、免疫機能の維持など生命活動の維持においても重要な役割をしている。そのため、この約1％というカルシウム濃度は厳密一定に保たれている。カルシウムの摂取量が減り、血中のカルシウム濃度が減少するとそれを補うため骨吸収が起こり、骨量が減少する。特に高齢者や閉経後の女性のカルシウム不足は、骨粗鬆症の原因となる。カルシウムの欠乏症として骨粗鬆症、くる病、骨軟化症などがある。一方、尿路結石はカルシウムの過剰が原因となる。

骨や歯のカルシウムはリン酸カルシウムの形で存在している。そのため、カルシウムとリンの摂取はバランスを取る必要があり、Ca：P＝1：1〜2の比率が望ましいとされている。カルシウムを多く含む食品は乳・乳製品、小魚類、海藻類などである。食品により吸収率が異なり乳・乳製品に含まれるカルシウムは吸収率が高い。一方、小魚や植物性食品のカルシウム吸収率は低い。ほうれんそうに含まれるシュウ酸や穀類に含まれるフィチン酸はカルシウムと結合して、カルシウムの吸収を阻害する。

(4) マグネシウム

生体内のマグネシウムの約60%はリン酸マグネシウムなどの形で骨に含まれ、残

りのマグネシウムは筋肉、臓器、赤血球、体液などに存在し、300 以上の酵素の補因子として生体内酵素反応に関わっている。マグネシウムの欠乏症はまれであるが、腎臓病や利尿剤の使用によりマグネシウムの排泄が進むと欠乏することがある。筋力低下、痙攣、血圧、心拍の変化などがあげられる。マグネシウムを過剰に摂取すると下痢を引き起こす。マグネシウムは種実類、豆類、海藻類に多く含まれる。緑黄色野菜の色素であるクロロフィルにはマグネシウムが結合している。

(5) リン

生体内のリンの 85 ％はカルシウムと結合し骨や歯を形成している。10 ％は筋肉に、残りは脳、神経などに存在している。また、核酸、リン脂質、リンたんぱく質の構成成分でもあり、ATP などの高エネルギーリン酸化合物として存在し、遺伝、細胞膜の構成成分、エネルギー代謝などに重要な役割を果たしている。リンはほとんどの食品に含まれており不足することはないが、食品添加物としてリン酸塩やリン酸が加工食品に用いられていることがあるのでむしろ過剰摂取が問題となっている。リンの過剰摂取はカルシウムの恒常性の異常や副甲状腺機能の亢進を引き起こすことがある。

(6) 塩素

塩素は細胞外液の主要な陰イオンで、体液の浸透圧、酸塩基平衡の維持に関わっている。消化を助ける胃酸は、塩酸であり塩素を含んでいる。塩素は食塩から摂取しているため通常不足することはない。

(7) 硫黄

硫黄は含硫アミノ酸（メチオニン、システインなど）の構成成分で、たんぱく質中に多く存在している。また、コンドロイチン硫酸、ビタミン B_1、パントテン酸などの構成成分でもある。硫黄は肉類、魚類、卵など動物性食品に多く含まれている。わさび、からし、大根をすりつぶすと生成する辛味成分アリルイソチオシアネートにも硫黄が含まれている。

例題 15　多量ミネラルに関する記述である。正しいのはどれか。1 つ選べ。

1. カリウムには、ナトリウムの吸収を促す作用がある。
2. カルシウムの吸収はフィチン酸、シュウ酸などで促進される。
3. 生体内のマグネシウムの約 60％は、リン酸マグネシウムの形で骨に含まれる。
4. リンは脳、神経などには存在しない。
5. 硫黄は、ビタミン B_{12} の構成成分である。

6.3 微量ミネラル

(1) 鉄

生体内の鉄は、ヘム鉄（約70%）と非ヘム鉄（約30%）として存在する。ヘム鉄（図4.45）はポルフィリン錯体中の鉄で、非ヘム鉄はポルフィリン錯体以外の状態で存在する鉄である。ヘム鉄は主に赤血球のヘモグロビンと肉のミオグロビンの構成成分であり、酸素の運搬や細胞内での保持のはたらきがある。また、細胞内の酵素にも存在し、酸化還元反応などに関与している。非ヘム鉄は、フェリチンやフェリチンが凝集したヘモシデリンの形で貯蔵鉄として、肝臓、脾臓、骨髄に蓄えられている。吸収された鉄は鉄結合たんぱく質であるトランスフェリンと結合して運搬される。

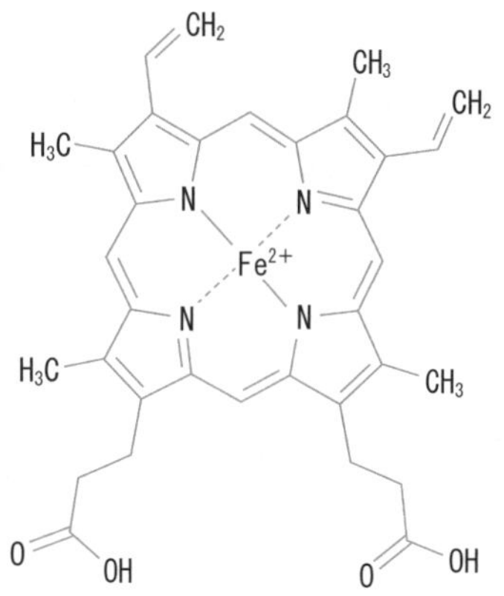

図4.45 ヘム鉄

鉄はヘム鉄や二価鉄の形で吸収される。動物食品に多いヘム鉄は吸収率が高いが、植物性食品に多い非ヘム鉄は吸収率が低い。非ヘム鉄は不溶性の三価鉄が多いためである。ビタミンCは三価鉄を還元して二価鉄にするので、吸収を促進する。一方、穀類に多いフィチン、茶に多いタンニンは鉄と結合し吸収率を低下させる。鉄はレバー、肉類、赤みの魚肉、海藻類などに多く含まれる。欠乏すると鉄欠乏性貧血を引き起こす。過剰症としてヘモクロマトーシスが知られている。

鉄は食品の加工、調理、貯蔵にも影響する。ナスの皮の色素アントシアニンは鉄と結合すると色調が変化し、安定化する。一方、鉄は食品の褐変反応、油脂の酸敗を促進する因子でもあり食品の品質にも影響する。

(2) 亜鉛

亜鉛は生体内においてアルコール脱水素酵素、アルカリフォスファターゼなどの亜鉛含有酵素の構成成分として、種々の生理機能に重要な役割を果たしている。亜鉛欠乏の主な症状として味覚障害、発育遅延、皮膚障害が知られている。主に舌表面に存在する味蕾には味覚の受容にはたらく亜鉛を含む酵素が存在し、味覚に関与している。亜鉛はレバー、肉類、かきなどの貝類、豆類などに含まれる。

(3) セレン

　セレンを含む酵素にはグルタチオンペルオキシダーゼなどのような抗酸化酵素が多く、生体内の抗酸化反応に重要な役割を果たしている。その他にもセレンを含むたんぱく質は各種生体反応に関与している。セレンが欠乏すると成長障害、土壌中のセレン濃度が低い低セレン地域で起こる克山病（心筋症の一種）が有名である。克山病予防にセレン投与が有効である。セレンはレバー、魚介類、穀類、肉類、乳製品に多く含まれている。

(4) 銅

　スーパーオキシドジスムターゼ、チロシナーゼなどの銅依存性酵素の構成成分である。銅が欠乏すると貧血、皮膚や毛の脱色などの欠乏症がみられる。ヒトの場合、銅欠乏は通常みられないが、人工栄養の未熟児、難治性下痢症などで欠乏症がみられる。銅はレバー、魚介類、種実類、豆類に多く含まれる。

(5) マンガン

　マンガンはマンガンスーパーオキシドジスムターゼなど各種酵素の構成成分で酸化還元酵素、加水分解酵素など多くの酵素の活性化や骨の形成、成長に関与している。欠乏すると成長障害、骨代謝異常などがある。マンガンは動物性食品には少なく、穀類、種実、豆類に多く含まれる。

(6) ヨウ素

　ヨウ素は甲状腺ホルモンの構成成分である。このホルモンはたんぱく質合成やエネルギー代謝などに関与している。ヨウ素が欠乏すると甲状腺機能低下症や甲状腺腫が発症することが知られている。ヨウ素は海水中に多く含まれているため、海藻類、魚介類に多く含まれている。

(7) クロム

　クロムはインスリンの作用に重要であり、糖・脂質代謝の維持に機能している。クロムが欠乏すると、インスリン感受性の低下、糖代謝異常、高コレステロール血症、動脈硬化、体重減少、神経障害などが報告されている。クロムは肉類、魚介類、穀類などに多く含まれており、通常の食生活では不足することはない。

(8) モリブデン

　モリブデンはキサンチンオキシダーゼ、アルデヒドオキシダーゼなどの酵素の補因子として酸化還元酵素の活性化に関与している。通常の食事では欠乏症はみられないが、長期間の完全静脈栄養を行っている場合に欠乏症がみられ、夜盲症、過呼吸などが起こることが知られている。モリブデンは穀類、豆類、乳製品などに多く含まれる。

(9) コバルト

　コバルトはビタミンB_{12}を構成する成分である。造血作用、神経を正常に保つはたらきがあり、欠乏するとビタミンB_{12}欠乏のような悪性貧血を引き起こす。肉類、魚介類など動物性食品に多く含まれる。

例題 16　微量ミネラルに関する記述である。正しいのはどれか。1つ選べ。

1. ヘム鉄の吸収率は、非ヘム鉄より低い。
2. 非ヘム鉄の吸収は、ビタミンCにより促進する。
3. セレンが欠乏すると、ウエルニッケ脳症を発症する。
4. クロムが欠乏すると、インスリン抵抗性が低下する。
5. コバルトは、ビタミンDを構成する成分である。

解説　1. ヘム鉄の吸収率は非ヘム鉄より高い。　3. セレンが欠乏すると、克山病を発症する。　4. クロムが欠乏すると、インスリン感受性が低下する。　5. コバルトはビタミンB_{12}を構成する成分である。　　　　　**解答　2**

章末問題

1　食品中の水に関する記述である。最も適当なのはどれか。1つ選べ。

1. 純水の水分活性は、100 である。
2. 結合水は、食品成分と共有結合を形成している。
3. 塩蔵では、結合水の量を減らすことで保存性を高める。
4. 中間水分食品は、生鮮食品と比較して非酵素的褐変が抑制される。
5. 水分活性がきわめて低い場合には、脂質の酸化が促進される。　　（第 35 回国家試験）

解説　1. 純水の水分活性は、1.00 である。　2. 結合水は、食品成分と水素結合を形成している。　3. 塩蔵では、結合水の量を増やし、自由水の量を減らすことで保存性を高める。　4. 中間水分食品は、生鮮食品と比較して非酵素的褐変が促進される。　　　　　**解答　5**

2　食品中のビタミンに関する記述である。最も適当なのはどれか。1つ選べ。

1. β-クリプトキサンチンは、プロビタミンAである。
2. ビタミンB_2は、光に対して安定である。
3. アスコルビン酸は、他の食品成分の酸化を促進する。
4. γ-トコフェロールは、最もビタミンE活性が高い。
5. エルゴステロールに紫外線があたることで、ビタミンKが生成される。　　（第 35 回国家試験）

解説　2.　ビタミンB_2は、光ｋｊｍして非常に不安定である。　3.　アスコルビン酸は、他の食品成分の酸化を抑制する。　4.　α-トコフェロールは、最もビタミンＥ活性が高い。　5.　エルゴステロールに紫外線があたることで、ビタミンD_2が生成される。　　　　　　　　　　　　　　　　　　解答　1

3　食品の脂質に関する記述である。最も適当なのはどれか。1つ選べ。

1.　大豆油のけん化価は、やし油より高い。

2.　パーム油のヨウ素価は、いわし油より高い。

3.　オレイン酸に含まれる炭素原子の数は、16である。

4.　必須脂肪酸の炭化水素鎖の二重結合は、シス型である。

5.　ドコサヘキサエン酸は、炭化水素鎖に二重結合を8つ含む。　　　　（第34回国家試験）

解説　1.　けん化価は大豆油（189～195）よりも、やし油（248～264）のほうが高い。　2.　いわし油（248～264）はヨウ素価の高い油であり、パーム油（50～55）よりも高い。　3.　オレイン酸の炭素数は16ではなく18である。　5.　ドコサヘキサエン酸は、炭化水素鎖に二重結合を6つ含む。　解答　4

4　食品100ｇ当たりのビタミン含有量に関する記述である。最も適当なのはどれか。1つ選べ。

1.　精白米のビタミンB_1含有量は、玄米より多い。

2.　糸引き納豆のビタミンＫ含有量は、ゆで大豆より多い。

3.　鶏卵白のビオチン含有量は、鶏卵黄より多い。

4.　乾燥大豆のビタミンＥ含有量は、大豆油より多い。

5.　鶏むね肉のビタミンＡ含有量は、鶏肝臓より多い。　　　　（第34回国家試験）

解説　1.　米のビタミンB_1は胚芽の部分に多く含まれており、玄米の方がビタミンB_1含有量が多い。3.　ビオチンは卵黄に含まれている。また、ビオチンは卵白に含まれているアビジンにより吸収が阻害される。　4.　ビタミンＥの含有量は大豆油の方が乾燥大豆と比較して約4倍多い。　5.　鶏肝臓（レバー）には100ｇ当たり14,000 μｇと多くのビタミンＡが含まれている。　　　　　　　　解答　2

5　食品の水分に関する記述である。正しいのはどれか。1つ選べ。

1.　水分活性は、食品の結合水が多くなると低下する。

2.　微生物は、水分活性が低くなるほど増殖しやすい。

3.　脂質は、水分活性が低くなるほど酸化反応を受けにくい。

4.　水素結合は、水から氷になると消失する。

5.　解凍時のドリップ量は、食品の緩慢凍結によって少なくなる。　　　　（第33回国家試験）

解説　2.　微生物は、水分活性が低くなるほど増殖しにくい。微生物は、水分活性0.7以下では増殖できないといわれている。　3.　脂質は、水分活性が0.3で最も酸化反応を受けにくい。　4.　水素結合は、水から氷になると増大する。　5.　解凍時のドリップ量は、食品の緩慢凍結によって増加する。　解答　1

6 　食品中のたんぱく質の変化に関する記述である。正しいのはどれか。1つ選べ。

1. ゼラチンは、コラーゲンを凍結変性させたものである。

2. ゆばは、小麦たんぱく質を加熱変性させたものである。

3. ヨーグルトは、カゼインを酵素作用により変性させたものである。

4. 魚肉練り製品は、すり身に食塩を添加して製造したものである。

5. ピータンは、卵たんぱく質を酢で凝固させたものである。 　　　　　　（第31回国家試験）

解説　1. ゼラチンは、コラーゲンを長時間加熱した際に生成される。　2. ゆばは、大豆たんぱく質を加熱変性させたものである。　3. ヨーグルトは、牛乳たんぱく質のカゼインを酸によって凝固させてつくる。乳酸菌の生成した乳酸によって、牛乳のpHが低下しカゼインが凝固する。　5. ピータンは、アルカリによる卵たんぱく質の凝固を利用している。 　　　　　　　　　　　　　　　　解答 4

7 　油脂の化学的特性に関する記述である。正しいのはどれか。1つ選べ。

1. 大豆油のケン化価は、バターより大きい。

2. ラードのヨウ素価は、イワシ油より大きい。

3. 過酸化物価は、自動酸化初期の指標となる。

4. 新しい油脂の酸価は、古い油脂より大きい。

5. 油脂の酸敗が進行すると、カルボニル価は小さくなる。 　　　　　　（第30回国家試験）

解説　1. 大豆油のケン化価は、バターより小さい。脂肪酸の分子量が小さいほど、大きい値となる。　2. ラードのヨウ素価は、イワシ油より小さい。ヨウ素価は脂肪酸の不飽和度をみることができる。　4. 新しい油脂の酸価は、古い油脂より小さい。酸価とは油脂の古さを示す。　5. 油脂の酸敗が進行すると、カルボニル価は大きくなる。カルボニル価は油脂の後期酸敗の程度をみることができる。　解答 3

8 　でんぷんに関する記述である。正しいのはどれか。1つ選べ。

1. 脂質と複合体が形成されると、糊化が促進する。

2. 老化は酸性よりアルカリ性で起こりやすい。

3. レジスタントスターチは、消化されやすい。

4. デキストリンは、120～180℃の乾燥状態で生成する。

5. β-アミラーゼの作用で、スクロースが生成する。 　　　　　　（第30回国家試験）

解説　1. 脂質と複合体が形成されると、糊化は抑制される。　2. 老化は酸性で起こりやすい。　3. レジスタントスターチは、消化されにくい。　5. β-アミラーゼの作用で、マルトースが生成する。　解答 4

9 　脂質に関する記述である。正しいのはどれか。1つ選べ。

1. 飽和脂肪酸の構成割合が大きくなると、ヨウ素価は大きくなる。

2. 天然に存在する不飽和脂肪酸は、主にトランス型である。

3. リン脂質のリン酸部分は、疎水性を示す。

4. 活性メチレン基の多い脂肪酸は、酸化しにくい。

5. 不飽和脂肪酸は、酵素的に酸化される場合がある。 　　　　　　（第29回国家試験）

解説 1. 不飽和脂肪酸の構成割合が大きくなるとヨウ素価が大きくなる。 2. 天然に存在する不飽和脂肪酸は主にシス型である。 3. リン脂質のリン酸部分は親水性を示す。 4. 活性メチレン基の多い脂肪酸は酸化しやすい。 5. 不飽和脂肪酸は、リボキシゲナーゼによって酸化される。 解答 5

---

10 糖質と脂質に関する記述である。正しいのはどれか。1 つ選べ。
1. グルコースは、5 個の炭素原子をもつ。
2. デオキシリボースは、6 個の炭素原子をもつ。
3. ホスファチジルコリンは、糖質である。
4. リン脂質は、ホルモン感受性リパーゼにより分解される。
5. ホスファチジルイノシトールは、リン脂質である。 （第 28 回国家試験）

解説 1. グルコースは、6 個の炭素原子をもつ。 2. デオキシリボースは、5 個の炭素原子をもつ。 3. ホスファチジルコリンは、リン脂質の一種である。 4. リン脂質は、リポたんぱく質リパーゼにより分解される。リポたんぱく質リパーゼは、血中の中性脂肪を遊離脂肪酸とグリセロールに分解し、脂肪組織への貯蔵を促す。 解答 5

---

11 穀類のたんぱく質に関する記述である。誤っているのはどれか。1 つ選べ。
1. 米の主要たんぱく質は、オリゼニンである。
2. 小麦の主要たんぱく質は、グルテニンとグリアジンである。
3. とうもろこしの主要たんぱく質は、ゼインである。
4. そばのたんぱく質含有量は、小麦より少ない。
5. 精白米のたんぱく質含有量は、小麦より少ない。 （第 27 回国家試験）

解説 4. そばのたんぱく質含有量は、小麦より多い。 解答 4

---

12 多糖と主な構成糖の組み合わせである。正しいのはどれか。1 つ選べ。
1. セルロース ――― ガラクトース 2. ペクチン ――― マンヌロン酸
3. キチン ――― N-アセチルグルコサミン 4. アガロース ――― グルコース
5. アルギン酸 ――― ガラクツロン酸 （第 27 回国家試験）

解説 1. セルロース ――― グルコース 2. ペクチン ――― ガラクツロン酸
4. アガロース ――― ガラクトース 5. アルギン酸 ――― マンヌロン酸 解答 3

---

13 ミネラルとその欠乏症の組み合わせである。正しいのはどれか。1 つ選べ。
1. クロム ――― 心筋障害
2. セレン ――― 骨粗鬆症
3. 鉄 ――― ヘモクロマトーシス
4. 亜鉛 ――― 皮膚炎
5. カルシウム ――― 尿路結石 （第 26 回国家試験）

解説　1．クロム―高コレステロール血症、動脈硬化など。心筋障害はセレン不足による。　2．セレン―カシン・ベック病、克山病などの心筋障害。骨粗しょう症はカルシウム不足などによる。　3．鉄―鉄欠乏性貧血。ヘモクロマトーシスは鉄の過剰により起こる。　5．カルシウム―骨粗鬆症、くる病、骨軟化症など。尿路結石はカルシウム過剰が原因となる。　　　　　　　　　　　　　　　　　解答　4

14　食物繊維と難消化性糖質に関する記述である。<u>誤っている</u>のはどれか。1つ選べ。
1．不溶性食物繊維には、便量を増加させる作用がある。
2．水溶性食物繊維には、血清コレステロールの低下作用がある。
3．大腸での発酵により生成された短鎖脂肪酸は、エネルギー源になる。
4．大腸での発酵により生成された短鎖脂肪酸は、ミネラル吸収を促進する。
5．有用菌の増殖を促進する難消化性糖質を、プロバイオティクスという。　　　（第 30 回国家試験）

解説　5．有用菌の増殖を促進する難消化性糖質を、プレバイオティクスという。プロバイオテクスとは、善玉菌または、善玉菌含有食品のことを示す。　　　　　　　　　　　　　　　　　解答　5

15　アミノ酸に関する記述である。[　]に入る組み合わせとして、正しいのはどれか。
たんぱく質を構成する 20 種類のアミノ酸のうち、[a]は卵たんぱく質に多い含硫アミノ酸で、[b]は穀類たんぱく質で不足しがちな必須アミノ酸（不可欠アミノ酸）である。また、[c]は光学活性を示さないアミノ酸である。

	a		b		c
1．	トリプトファン	―	リシン	―	グリシン
2．	トリプトファン	―	フェニルアラニン	―	セリン
3．	メチオニン	―	リシン	―	セリン
4．	メチオニン	―	フェニルアラニン	―	セリン
5．	メチオニン	―	リシン	―	グリシン

（第 25 回国家試験）

解説　たんぱく質を構成する 20 種類のアミノ酸のうち、[メチオニン]は卵たんぱく質に多い含硫アミノ酸で、[リシン]は穀類たんぱく質で不足しがちな必須アミノ酸（不可欠アミノ酸）である。また、[グリシン]は光学活性を示さないアミノ酸である。　　　　　　　　　　　　　　　　　解答　5

参考文献

1)　日本食品標準成分表 2020 年版

2)　厚生労働省　日本人の食事摂取基準 2020 年版

3)　江頭祐嘉合、真田宏夫　編著　基礎栄養の科学　理工図書　2017

4)　小林謙一　編著　基礎栄養学　理工図書　理工図書　2021

5)　川上美智子、高野克己　編著　食品の科学総論

6)　久保田紀久枝、森光康次郎　編　食品学　東京化学同人 2016

7)　鬼頭 誠、佐々木 隆造　編　食品化学　文永堂出版　1998

8)　日本ビタミン学会編　ビタミン総合事典　朝倉書店　2016

9)　糸川嘉則　編　ミネラルの事典　朝倉書店　2003

10)　日本食物繊維学会編　食物繊維－基礎と応用－　第一出版　200

第**5**章

食品の嗜好成分と物性

達成目標

■食品中の色素成分の構造、性質、所在を説明できる。

■食品中の味成分の構造、性質、所在を説明できる。

■食品中の香り成分の構造、性質、所在を説明できる。

■食品中の物性 (テクスチャー) について説明できる。

1 色

　物質は色を有しており、食品も物質であるため特有の色がある。色は食品の鮮度や品質、嗜好の判定基準の一要因である。この節では食品の色について成分と化学構造、特徴を述べる。

1.1 色とは何か？

　ヒトが色として感じる光線（可視光線）は 380 nm から 780 nm の波長のものである（図 5.1）。光はさまざまな電磁波のうちのひとつで、可視光線より波長の短いものを紫外線、長いものを赤外線とよぶ。光が物体にあたって反射した光に対し、目の網膜にある視細胞が刺激を受け、脳が反応することにより色を感じる。物体の色は、その物体に照射された光の中で物体の表面あるいは内部から反射されてくるさまざまな波長の光を総合して色と感じる。例えば、ある物体に光があたり、その光の中の波長 640 nm〜780 nm 付近の光線のみが反射されてきたとするとその物体は赤い色に見える。可視光線をすべて反射する物体は白く、すべての光を吸収する物体は黒く見える（図 5.1）。

　食品の色は料理に彩りを添え、食欲を増進させるとともに、鮮度や品質の判定にも利用される。

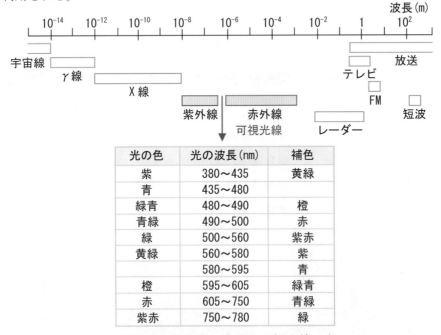

光の色	光の波長（nm）	補色
紫	380〜435	黄緑
青	435〜480	
緑青	480〜490	橙
青緑	490〜500	赤
緑	500〜560	紫赤
黄緑	560〜580	紫
	580〜595	青
橙	595〜605	緑青
赤	605〜750	青緑
紫赤	750〜780	緑

図 5.1　電磁波の波長と可視光線の色

　食品に含まれる色素成分は、脂溶性のカロテノイド系色素、ポルフィリン系色素、水溶性のフラボノイド系色素、その他の色素に大別される。

1.2 脂溶性色素：カロテノイド系色素

(1) 構造と安定性

　カロテノイドは黄、橙、赤を呈する脂溶性の色素である。動植物の細胞の色素体に存在し、糖や脂質、たんぱく質と結合しているものもある。カロテノイドはテルペンのひとつであり、構造はイソプレン（iso-prene；C_5H_8）を基本骨格として、両端に環状構造（β-イオノン環）がついているものが多い（図5.2）。カロテノイドはイソプレン骨格を多数有しているため、多数のトランス型の共役二重結合を有している。この共役二重結合が光の吸収をすることによってカロテノイドは黄〜赤色を呈する。しかし、酸素や光などによりトランス型の共役二重結合がシス型に移行することで色調の変化や退色を起こしやすい。そのためカロテノイドを安定させるためにはブランチング、レトルト（加圧加熱殺菌）、冷凍などの方法が必要になる。

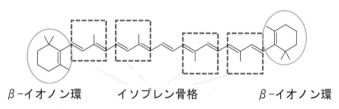

β-イオノン環　　　イソプレン骨格　　　β-イオノン環

図5.2　カロテノイド（図は β-カロテン）の構造

　現在750種以上のカロテノイドが見出されているが、ひとつの食品に20種類のカロテノイドが混在しているものもある。カロテノイドは炭素と水素だけからなる**カロテン（carotene）類**と、炭素、水素の他に、酸素をヒドロキシ基やカルボキシ基の形で含む**キサントフィル（xanthophyll）類**に分けられる。図5.3にカロテノイド色素の一覧を示した。

(2) 色素の所在

　高等植物、藻類などはカロテノイドを生合成できるので、カロテノイドは野菜や果物類に含まれている。緑黄色野菜ではカロテノイドとクロロフィルはおよそ1：3の割合で共存している。時間経過とともにクロロフィルが分解すると緑色が消え、カロテノイドの黄色が現れる。

　カロテン類のうち、α-カロテン、β-カロテン、γ-カロテンは、かぼちゃやにんじんなど緑黄色野菜に多く含まれる。リコピンはトマトやすいかに多く含まれ赤色を呈する。

名　称	色	構　　造	所　　在
α-カロテン (α-carotene)	黄橙色	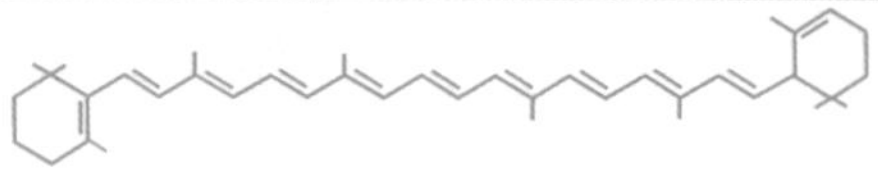	にんじん、オレンジ 緑葉、藻類
β-カロテン (β-carotene)	黄橙色	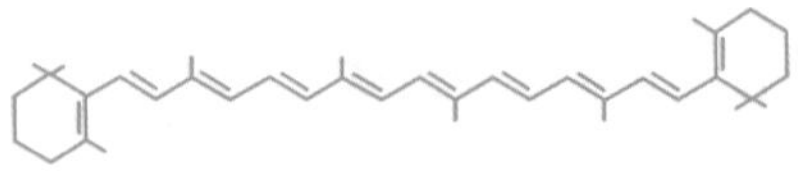	にんじん、さつまいも、 かぼちゃ、卵黄、 オレンジ、緑葉、藻類
γ-カロテン (γ-carotene)	黄橙色	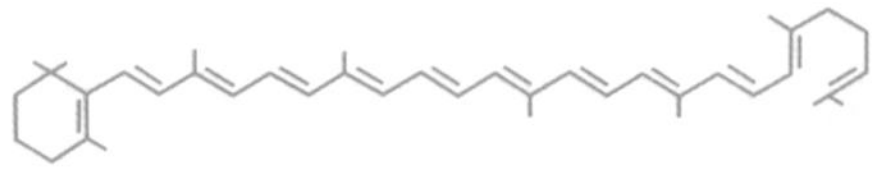	あんず
リコピン (lycopene)	赤　色	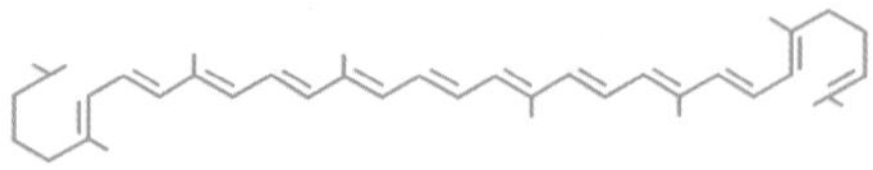	トマト、すいか、かき
ルティン (lutein)	黄橙色	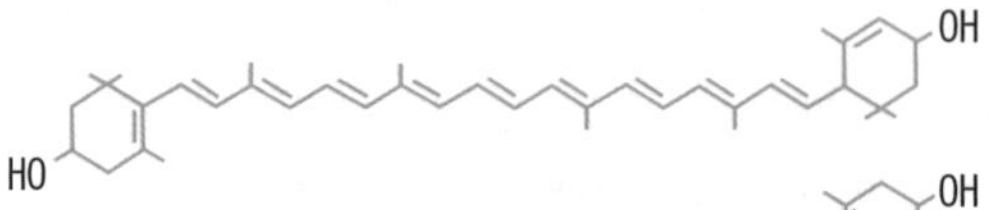	緑葉、卵黄、とうもろこ し、オレンジ、かぼちゃ、 緑藻類、紅藻類
β-クリプト キサンチン (β-cryptoxanthin)	黄橙色	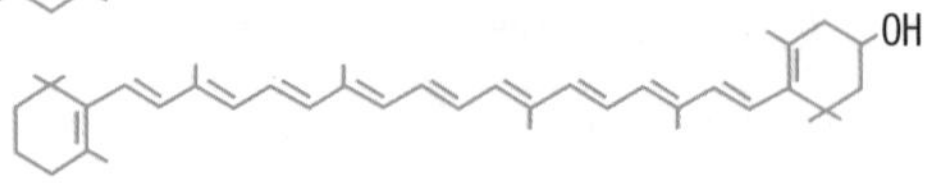	かき、とうもろこし、オ レンジ、みかん、卵黄
ゼアキサンチン (zeaxanthin)	黄橙色	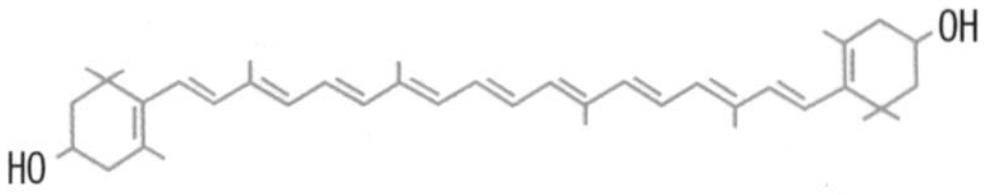	卵黄、とうもろこし、 オレンジ
カプサンチン (capsanthin)	赤　色	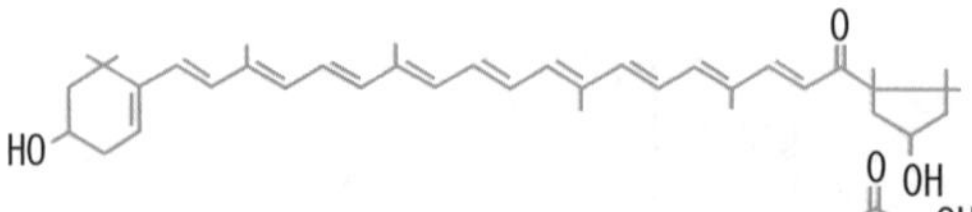	とうがらし、ピーマン、 パプリカ
アスタ キサンチン (astaxanthin)	暗緑色	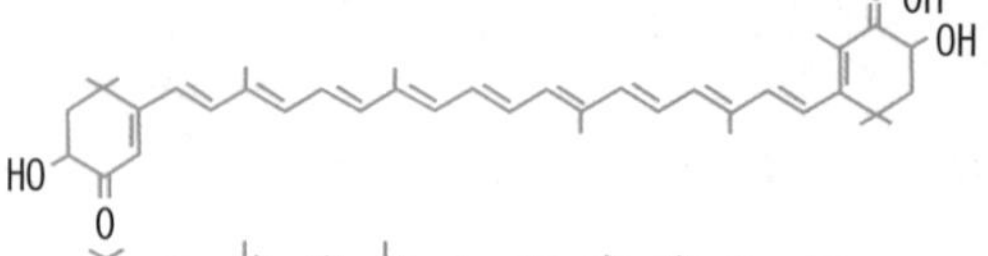	かに、えび、さけ、 ます、おきあみ
フコキサンチン (fucoxanthin)	褐　色	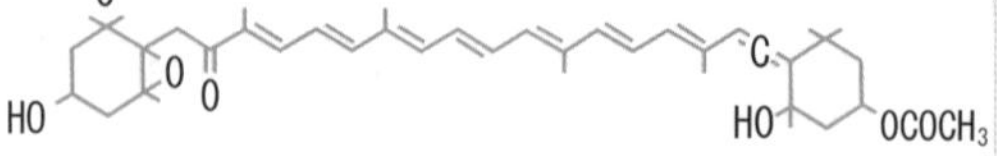	こんぶ、わかめ

（縦見出し：カロテン／キサントフィル）

図5.3　カロテノイド色素の構造

　キサントフィル類のうち、β-クリプトキサンチンは黄色を呈し、かきやとうもろこしに含まれる。ルテインは黄色の色素でほうれん草などの緑葉野菜や緑藻類、とうもろこしなどに多く含まれる。カプサンチンは赤ピーマンやとうがらしの赤い色素である。わかめやこんぶなどの褐藻類は褐色のフコキサンチンを含んでいる。わかめをゆでると褐色から緑色になるのはフコキサンチンが分解され、緑色のクロロフィルが優勢になるからである。その他、サフランやくちなしに含まれているキサントフィルは水溶性配糖体クロシンの形で存在していて、栗などの黄色の着色に利用される。またバターやマーガリンなどの着色にはアナトー色素から得られるビキシンというキサントフィルが利用される。α-、β-およびγ-カロテン、β-クリプトキサンチン、エキネノンは動物体内においてビタミンAに変換され得るプロビタミンAである。

　一方、動物はカロテノイドを生合成できない。例えば、鶏卵の卵黄の色は、飼料に含まれる色素による。飼料にキサントフィルのルテイン、クリプトキサンチン、ゼアキサンチンが含まれると濃い黄色になる。さけ、ます、たい、ほうぼう、えび、かにの赤色色素はカロテノイドで、植物や藻類から食物連鎖で体内に移行したものである。さけやます、えび、かにの色素はカロテノイドのアスタキサンチンで、生のときはたんぱく質と結合したカロテノプロテインとして存在し、暗緑色を呈する。加熱によりたんぱく質は変性し、アスタキサンチンが遊離すると酸化されて赤色のアスタシンになる。カロテノイドは魚の卵巣、肝臓にも含まれ、うに、すじこ（イクラ）、たらこなどの魚卵の色もカロテノイドで、例えば、うにの色素はエキネノンとβ-カロテンである。カロテノイドはブランチング、レトルト（加圧加熱殺菌）、冷凍では安定であるが、酸素と光に対しては二重結合が多いため、酸化分解が起こり退色しやすい。

例題 1　カロテノイドに関する記述である。正しいのはどれか。1つ選べ。

1. カロテノイドが有しているトランス型の共役二重結合は、光や酸素に安定である。
2. リコピンは、トマトやスイカに多く含まれる。
3. 動物は、カロテノイドを生合成できる。
4. ワカメやコンブなどの褐藻類は、カプサンチンを多く含んでいる。
5. えび、かにの色素は、β-クリプトキサンチンである。

解説　1. 光や酸素に不安定のため、ブランチングなどの安定化が必要である。3. 動物は、カロテノイドを生合成できない。　4. カプサンチンではなくフコキサンチンを多く含む。　5. えび、かにの色素は、アスタキサンチンである。　**解答 2**

1.3 脂溶性色素：ポルフィリン系色素

　4分子のピロール（pyrrole）が4個のメチレン橋で環状につながったテトラピロール（ポルフィリン；porphyrin）を骨格としたものである。（図5.4）ポルフィリン系の色素にはクロロフィルやヘム色素などがある。

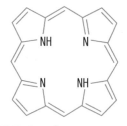

図5.4　ポルフィリン環

(1) クロロフィル

1) 構造と安定性

　クロロフィル（Chlorophyll）は植物の葉緑体中に存在する緑色の脂溶性色素で、

たんぱく質やリポたんぱく質と結合して存在し、光合成の明反応を行っている。クロロフィルは**ポルフィリン環**の中心に Mg^{2+} が配位した構造に疎水性のフィトール（長鎖アルコール）が結合しているため水に溶けない（図 5.5）。これまでにクロロフィル a、b、c1、c2、e、f の 6 種類がみつかっている。クロロフィルはたんぱく質と結合していて安定している。

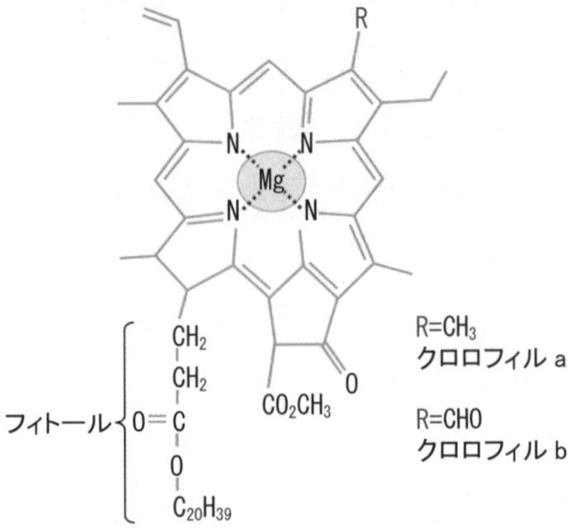

クロロフィルは酸性下で Mg^{2+} が H^+ に入れ替わり、緑褐色の**フェオフィチン**になる。

図 5.5　クロロフィルの化学構造

また植物体が損傷を受けると**クロロフィラーゼ**という酵素が働き、フィトール基が脱離し**クロロフィリド**（緑色）になる。さらに、これを酸性下におくと Mg^{2+} が脱離して**フェオフォルバイド**（褐色）になる。先のフェオフィチンもクロロフィラーゼによって、さらにフェオフォルバイド（褐色）になる。フェオフォルバイドには光毒性があり、多量に摂取すると光過敏症を引き起こす。緑黄色野菜を冷凍する際にはブランチングしてこの酵素を失活させて退色を防ぐ。一方、アルカリ性下では、水溶性の**クロロフィリン**（鮮緑色）になり安定化する（図 5.6）。

2) クロロフィルの所在

食品中では、黄緑色〜青緑色を呈し、緑黄色野菜、未熟果の果実、海藻類、植物性プランクトンや香辛料類などに存在する。緑黄色野菜や藻類にはクロロフィルとカロテノイドが共存している。緑黄色野菜、果実、緑藻類にはクロロフィル a（青緑色）とクロロフィル b（黄緑色）がおよそ 3：1〜2：1 の割合で存在している。クロロフィル a が多いほど緑色が濃くなる。

(2) ヘム色素

1) 構造と所在

畜肉、魚肉の**ミオグロビン**（myoglobin）や血液の**ヘモグロビン**（hemoglobin）は**ヘム**とたんぱく質が結合したものである。ヘムの構造はポルフィリン環の中心に Fe^{2+} が配位結合した錯体である（図 5.7）。ヘモグロビンはヘム構造中の鉄分子が酸素に容易に結合するため、酸素を運搬する機能を有する。食肉中の色素は 90% がミオグロビン、10% がヘモグロビンであり、ミオグロビン含量が非常に多いため、食肉の色はほぼミオグロビンに依存する。

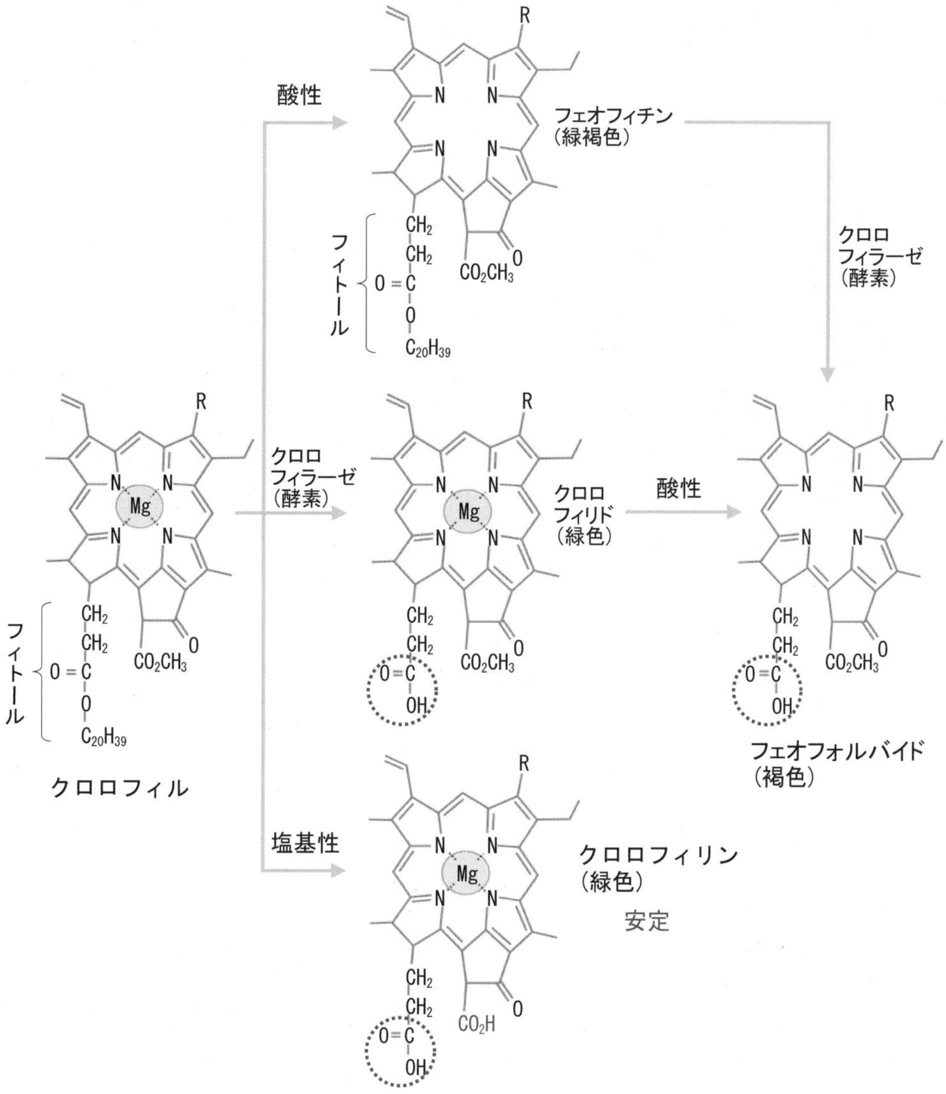

図5.6　クロロフィルの安定化

　肉の色が動物種、年齢、部位で異なるの
はミオグロビン含量の違いによる。部位に
よる差は運動量と関係があり、よく運動す
る肩肉は赤色筋が多く、この筋肉では酸素
消費量が多いのでその供給源のミオグロビ
ンを多く含む。まぐろ、かつお、さば、さ
んまなど赤身の魚の色素もミオグロビンで
ある。

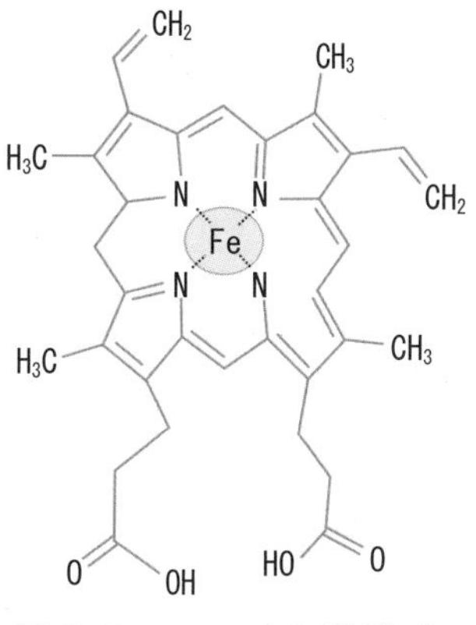

図5.7　ヘムの化学構造

2）ミオグロビンの変化と色

　ミオグロビンの色の変化を図5.8に示した。新鮮な肉は暗赤色をしているが、空気に触れ酸素分子とヘムが結合すると**オキシミオグロビン**（oxymyoglobin；O_2-Mb）になり徐々に明赤色になる。鉄イオンは2価のままなので、酸素化（oxygenation）という。またこのことをブルーミング（blooming）とよぶ。肉を放置すると鉄イオンが3価に酸化され、**メトミオグロビン**となり赤褐色になる。また、加熱するとメトミオグロビンが変性して**メトミオクロモーゲン**となり、灰褐色になる。この色の変化で肉の加熱度を判定できる。ハムやソーセージでは、食品添加物として硝酸塩、亜硝酸塩の使用が許可されている。塩漬け時に発色剤としてこれらを加えると一酸化窒素（NO）が生じる。この一酸化窒素がミオグロビンに結合して**ニトロソミオグロビン**になり、鮮赤色を呈するようになる。さらに肉を加熱すると変性して**ニトロソミオクロモーゲン**になるが、この赤色も安定である。

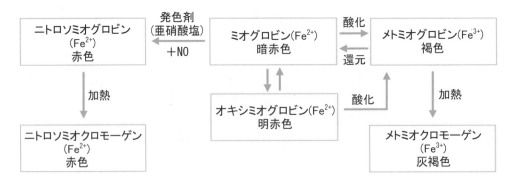

図5.8　ミオグロビンの色の変化

例題2　クロロフィルに関する記述である。<u>誤っている</u>のはどれか。1つ選べ。

1. クロロフィルは、ポルフィリン環の中心に Mg^{2+}が配位した構造である。
2. クロロフィルは、酸性下でMg^{2+}がH^+に入れ替わり、緑褐色のフェオフィチンとなる。
3. 植物体が損傷を受けるとクロロフィラーゼという酵素が働き、クロロフィルからフィトール基が脱離しクロロフィリド（緑色）になる。
4. フェオフォルバイドには光毒性があり、多量に摂取すると光過敏症を引き起こす。
5. クロロフィルはアルカリ性下で水溶性のフェオフォルバイド（褐色）になり不安定となる。

解説　5. フェオフォルバイド（褐色）ではなく、クロロフィリン（鮮緑色）になり安定化する。　　　　　　　　　　　　　　　　　　　　　　　　　　　　**解答** 5

例題3　ミオグロビンやヘモグロビンに関する記述である。正しいのはどれか。
1つ選べ。

1. ヘムはポルフィリン環の中心に Mg^{2+} が配位した構造である。

2. 食肉中の色素は90％がヘモグロビン、10％がミオグロビンである。

3. ミオグロビンは酸素に触れるとメトミオクロモーゲンになり徐々に灰褐色になる。

4. 食肉に亜硝酸塩などを加えると一酸化窒素が生じミオグロビンに結合してニト
ロソミオグロビンになり、鮮赤色を呈す。

5. 食肉を加熱するとメトミオグロビンが変性してニトロソミオクロモーゲンとな
り、灰褐色になる。

解説　1. Mg^{2+} ではなく Fe^{2+} が配位した構造である。　2. 食肉中の色素は90％がミ
オグロビン、10％がヘモグロビンである。　3. メトミオクロモーゲンではなく、オ
キシミオグロビンになり明赤色になる。　5. ニトロソミオクロモーゲンではなくメ
トミオクロモーゲンである。　　　　　　　　　　　　　　　　　　　　**解答　4**

1.4 水溶性色素：フラボノイド色素

フラボノイド色素はフラバン（C6-C3-C6）（図5.9）という基本骨格をもった、植
物に分布する水溶性色素である。フラボノイド化合物は非常に多く、天然に7,000
種以上存在する。基本骨格にさまざまな官能基をもち、色素としてはフラボノイド
系色素とアントシアン系色素の2つに大別される。これらの色素は糖と結合した配
糖体（図5.10）の形で存在することが多く、フラボノイドの基本骨格（＝非糖部分：
アグリコン）のみの構造として存在することは少ない。図5.11に代表的なフラボノ
イド（アグリコン部分）の一覧を示した。また表5.1にフラボノイド色素の一覧を
示した。

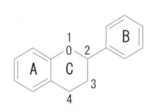

図5.9　基本骨格フラバンの
構造と位置番号

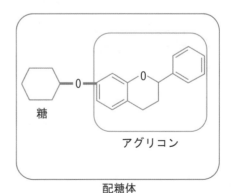

配糖体

図5.10　配糖体の構造

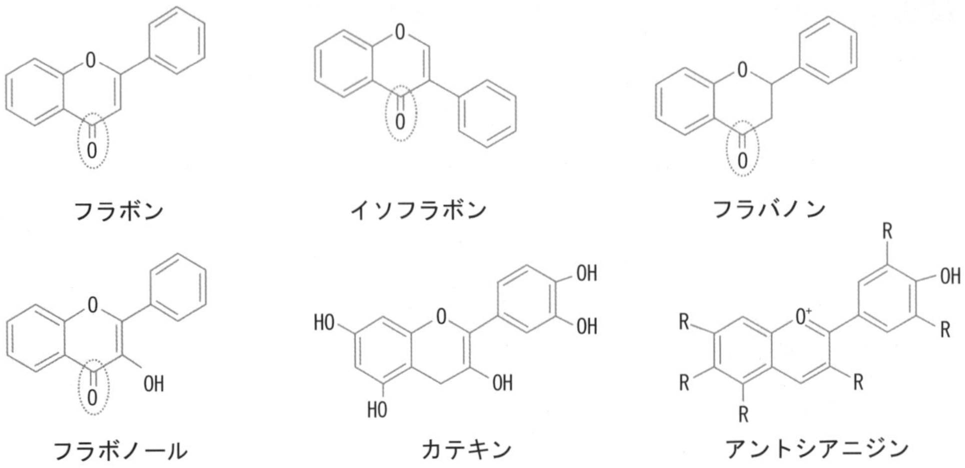

フラボン　　　　　　　　　イソフラボン　　　　　　　　フラバノン

フラボノール　　　　　　　カテキン　　　　　　　　アントシアニジン

図 5.11　代表的なフラボノイドの基本骨格（化学構造）

表 5.1　フラボノイド色素一覧

性質	分類	基本骨格	配　糖　体	アグリコン	糖　残　基	色	所　　　在
水溶性	フラボノイド系	フラバノン	ヘスペリジン	ヘスペレチン	7-β-ルチノシド	無色	みかん、グレープフルーツ
			ナリンジン	ナリゲニン	7-β-ネオヘスペリドシド	無色	夏みかん、柑橘類
		フラボン	アピイン	アピゲニン	7-アピオシルグルコシド	無～黄色	パセリ、セロリー
			トリシン配糖体	トリシン	各種グルコシド	無～黄色	小麦
		フラボノール	ルチン	ケルセチン	3-β-ルチノシド	淡黄色	そば、トマト
			ケルシトリン	ケルセチン	3-β-ラムノシド	淡黄色	茶
			イソケルシトリン	ケルセチン	3-β-グルコシド	淡黄色	茶、とうもろこし
			ケルセチン配糖体	ケルセチン	4´-グルコシド、3,4´-ジグルコシド	淡黄色	たまねぎの皮
			アストラガリン	ケンフェロール	3-β-グルコシド	淡黄色	いちご、わらび
		イソフラボン	ダイジン	ダイゼリン	7-β-グルコシド	無～黄色	大豆
	アントシアン系	アントシアニジン	カリステフィン	ペラルゴニジン	3-グルコシド	橙赤色	いんげんまめ、さといも、ざくろ、いちご
			ペラルゴニン	ペラルゴニジン	3,5-ジグルコシド	橙赤色	いんげんまめ、あかかぶ、ざくろ
			クリサンテミン	シアニジン	3-グルコシド	赤色	黒大豆、ささげ、ブルーベリー
			シアニン	シアニジン	3,5-ジグルコシド	赤色	赤かぶ
			シソニン	シアニジン	3,5-ジグルコシド（アシル化体）	赤色	しそ
			デルフィニン	デルフィニジン	3,5-ジグルコシド	赤紫色	いんげんまめ、ぶどう、ざくろ
			ナスニン	デルフィニジン	3-ルチノシド-5-グルコシド（アシル化体）	赤紫色	なす
			オエニン	マルビジン	3-グルコシド	赤紫色	いんげんまめ、ブルーベリー、ぶどう
			ペオニン	ペオニジン	3,5-ジグルコシド	赤色	さつまいも
			ベタニン	ペチュニジン	3,5-ジグルコシド	赤紫色	キタムラサキ（じゃがいも）

性　質	分　　　類	種　　　類	成　　　分	主　な　所　在
水溶性	フラバノール誘導体	カテキン	カテキン	緑茶、りんご、ブルーベリー、はすの実
			エピガロカテキン	緑茶

(1) フラボノイド系色素

C環の4位が二重結合の酸素であるケトン基の場合を狭義のフラボノイドという。狭義のフラボノイドには**フラバノン、フラボン、フラボノール、イソフラボン**がある。C環の2位と3位が二重結合のフラボン、フラボノール、イソフラボンは淡黄色〜黄色を呈し、アルカリ性で黄褐色、酸性で無色あるいは淡黄色を呈する。加熱すると黄色から褐色になり重金属イオンと錯体を作り深色化する。中華麺が黄色を呈するのは、小麦粉中に存在するトリシンがアルカリ性のかんすいで濃い黄色になるからである。また、たまねぎを、はがねの包丁で切ると黒くなるのも、鉄と色素が錯体を作るからである。C環の2位と3位が二重結合でないフラバノンは可視領域に吸収をもたず無色である。たまねぎの皮にはケルセチン（アグリコン）が存在するが、配糖体で存在する。

カテキン類はフラバノール誘導体で、広義でのフラボノイドである。カテキン類は緑茶、りんご、なしなどの果実、れんこんなどに含まれる。煎茶にお湯をそそぐと、最初は黄金がかった緑色であるが、時間がたつと褐色になる。これはカテキンが酸化重合し褐色に変わるためである。紅茶は酸化発酵の過程で、エピカテキン、エピガロカテキンがポリフェノールオキシダーゼの作用で酸化重合し、テアフラビン（赤色）やテアルビジン（赤褐色）が生じる。

(2) アントシアン系色素

赤い花の色やいちご、赤しそ、なすなどの色素はアントシアン系色素による。いちごに含まれるカリステフィン、赤しそに含まれるシソニン、なすに含まれるナスニンが代表的な**アントシアニジン**（anthocyanidin）である。

天然のアントシアン系色素は、上記のアントシアニジンに各種の糖（グルコース、ガラクトース、ラムノース、キシロース、アラビノースなど）が結合し、植物体中では配糖体のアントシアニン（anthocyanin）として存在している。アントシアニン（配糖体）とアントシアニジン（アグリコン）を総称して**アントシアン**とよぶ。

アントシアン系色素は溶液のpHにより色が変化する。強酸性では赤色に、微酸性あるいは中性では紫色に、アルカリ性では青色になる（図5.12）。また、アントシアニン系色素のうち、B環にOH基を2つ以上もつシアニジン、デルフィニジンは金属イオンを配位結合しやすい。なすの漬物を作るときに、釘やみょうばんを入れたり、黒豆を煮るときに釘を入れたりするのは鉄イオンや、アルミニウムイオンで色を安定させるためである。

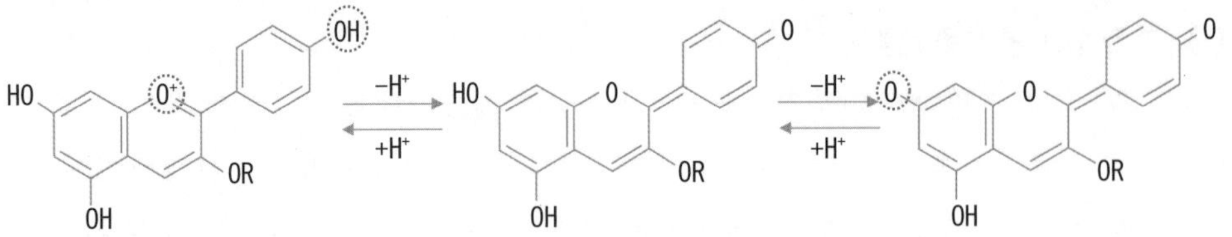

フラビリウムカチオン　　　アンヒドロ塩基　　　　アンヒドロ塩基アニオン
強酸性（赤色）　　　弱酸性〜中性（紫色）　　　塩基性（青色）

図 5.12　アントシアニンの基本骨格と pH による変色

例題 4　フラボノイド色素に関する記述である。<u>誤っている</u>のはどれか。1 つ選べ。

1. フラボノイド系色素のケルセチン配糖体は玉ねぎの皮に存在する。
2. フラボノイド系色素のルチンはそばに存在する。
3. いちごに含まれる赤いアントシアン系色素はベタニンである。
4. 赤しそ葉に含まれるアントシアン系色素はシソニンである。
5. アントシアン系色素は pH で色が変化する。

解説　3. いちごに含まれる赤い色素はカリステフィンである。　　　**解答** 3

1.5　その他の色素

　植物に含まれる天然色素のなかには色素を抽出して天然の添加物として加工食品などに利用される。また調理加工をしてできてくる色素や人工的な色素もある。これらも食品の着色料として利用されている。

(1)　コチニール色素（別名カルミン酸色素）

　サボテンに寄生するカイガラムシ科エンジムシの乾燥体から抽出される。酸性溶液では橙色、中性溶液では赤色、アルカリ性溶液では赤紫色である。清涼飲料水、冷菓、キャンデー、ジャム、ソーセージ、かまぼこなどに利用されている。

(2)　クルクミン

　カレー粉の黄色色素は、ショウガ科ウコン（ターメリック）の根に含まれる脂溶性のクルクミンである。クルクミンはポリフェノール系の化合物で、弱酸性（弱アルカリ性）で赤褐色を呈する。

(3) フィコビリン系色素

　フィコビリン系色素は紅藻類および藍藻類に存在する紅色の色素たんぱく質でフィコエリスリン（紅色）、フィコシアニン（青色）の 2 種がある。紅藻類にはフィコビリンたんぱく質のフィコエリスリンが存在する。紅藻類は海藻類に多い緑色のク

ロロフィルよりも、フコキサンチン、フィコエリスリンやフィコキサンチンの量が多いため褐色や赤色に見える。加熱をするとクロロフィルやフィコシアニン（青色）は変化しないがフィコエリスリンが減少するため緑色に変わったように見える。

(4) ベニコウジ色素（別名モナスカス色素）

子のう菌類ベニコウジカビから得られる紅色の色素で、主色素はモナスコルブリンおよびアンカフラビンである。抽出された色素は主にかまぼこなどの練り製品などに用いられている。

(5) カラメル色素

カラメルはブドウ糖や砂糖などの糖類やでんぷんの加水分解物、糖蜜などを加熱処理して得られる茶色〜茶褐色の色素である。着色料のなかでは最も使用料が多く、飲料やソース、しょうゆなどに用いられている。

(6) 合成着色料

色つきの加工食品のなかには「赤色2号」「黄色4号」などの合成着色料が添加されているものもある。合成着色料である食用タール系色素は現在12品目が許可されている。ごく少量で発色がよく、色があせにくいのがメリットだが、その品質、鮮度などに関して消費者の判断を誤らせる恐れがあるため鮮魚介類や食肉・野菜類に着色料を使用することは禁じられている。

例題5 各種色素に関する記述である。正しいのはどれか。1つ選べ。

1. コチニール色素はエンジムシから抽出される色素である。
2. クルクミンは糖類を加熱処理して得られる茶色の色素である。
3. フィコビリン系色素はクチナシから得られる黄色の色素で栗などを着色するのに使用される。
4. ベニコウジ色素はベニコウジカビから得られる暗緑色の色素である。
5. 合成着色料は鮮魚介類や食肉・野菜類に使用してもよい。

解説 2. クルクミンはウコン（ターメリック）から抽出される黄色の色素である。3. フィコビリン系色素は藻類から得られる。赤色と青色がある。 4. ベニコウジ色素はベニコウジカビから得られる紅色の色素である。 5. 合成着色料は鮮魚介類や食肉・野菜類に使用してはいけない。 **解答** 1

2 味

2.1 味を感じるメカニズム

味は、食物のおいしさを左右する最も重要な因子である。味は**甘味、酸味、鹹味（塩味）、苦味、うま味の基本 5 原味**と、渋味、えぐ味、辛味などに分類される。5 原味は、互いに他の基本味と味質が異なり独立した味であることが証明されている。基本 5 原味の受容器は味蕾で、ヒトの場合は主に舌にあるが、その他咽頭および軟口蓋にもある。ヒトの舌には約 10,000 個の味蕾がある。味蕾の中には 50〜100 個のさまざまな性質を示す細胞が存在し、それらの一部が味受容細胞（味細胞）として機能する。味は食物に含まれる味物質が味蕾によって検出されることで生じる。

それぞれの味成分は味細胞の先端に受容、あるいは取り込まれて活動電位が生じ、その興奮が味覚神経を通じて脳に伝達される。味細胞は I 型（暗調細胞）、II 型（明調細胞）、III 型（中間調細胞）、IV 型（基底細胞）に分類されている。今日では II 型細胞は甘味、うま味、苦味受容細胞、III 型細胞は酸味受容細胞、IV 型細胞は味幹細胞か前駆細胞ということが分かってきている。塩味受容細胞の全容は現時点でははっきりしていない。基本味以外にもカルシウムや脂肪に応答する味細胞が存在することが報告されているが、これらの研究は始まったばかりである。

味細胞に発現している味覚受容体には、7 回膜貫通型の G たんぱく質共役型受容体（T1R、T2R ファミリー）と、イオンチャネル型受容体などがある。甘味、うま味、苦味の受容体は G たんぱく質共役型受容体である。鹹味（塩味）や酸味はイオンチャネル型受容体が関与する。鹹味（塩味）は塩の陽イオン、特にナトリウムイオンによって、また酸味は水素イオン（H^+）によって引き起こされる。一方、温度や辛味の受容に関わるチャネル分子と似た膜たんぱく質複合体がチャネルを形成していると考えられている。

一方、渋味やえぐ味、辛味のようなその他の味は、一般的な皮膚感覚と同様、上皮粘膜の収斂作用や痛覚刺激として認知される。近年ではにんにくなどのアリル化合物や芥子のアリルイソチオシアナートによる冷刺激受容体の存在や痛覚受容に関与するカプサイシン受容体などチャネル型の受容体の存在がみつかっている。

味を識別できる最小限界値を閾値（threshold level）とよんでおり、化合物によりこの値は異なる（表 5.2）。また、値は測定条件で変動しやすい。閾値には味の存在を感知できる最小の値である検知閾値と、どのような味であるか識別可能な最小の値である認知閾値がある。毒物や生理活性物質のシグナルである苦味に対し人間

表5.2　基本5原味の閾値とシグナル

味の種類	代表的な物質	閾値（%）	生理的シグナル
甘味	スクロース	0.2	エネルギー
旨味	グルタミン酸ナトリウム	0.013	たんぱく質
鹹味（塩味）	食塩	0.0056	ミネラル
酸味	酒石酸	0.0014	腐敗
苦味	硫酸キニーネ	0.000075	毒物

は最も敏感で、硫酸キニーネの場合、0.000049〜0.000196%程度で識別できる。また食品の腐敗のシグナルである酸味の閾値も0.00094%（酒石酸）と低値となっている。ミネラルのシグナルである鹹味の閾値は0.0037%〜0.0146%（食塩）、たんぱく質のシグナルであるうま味の閾値は0.0117%（MSG）、エネルギー源のシグナルである甘味の閾値は（0.086〜0.172%ショ糖）である。このように閾値はヒトの生命維持に適切な値となっており、動物や乳児も、甘味、うま味、塩味を好むという。

2.2 甘味成分

　主要な甘味成分について構造を示した（図5.13）。

(1) 糖類

　甘味をもつ代表的な化合物としてスクロースを中心とする糖類があげられる。単糖類や二糖類、糖アルコールは甘味を有するものが多い。甘味の強さ（甘味度）は糖の種類や立体構造によって異なる（表5.3）。

　単糖は水に溶けると温度でα型、β型の比率が変わり甘味度も変化する。特に、フルクトースはβ型がα型の3倍の甘味度を示す。冷やすとβ型の比率が増すため甘味度が上昇する。果物を冷やすとより甘く感じるのはこのためである。β型のフルクトースは**スクロース（ショ糖）**やグルコースよりも甘味度が増す。グルコースをグルコー

表5.3　糖類の甘味度

糖　　類	甘味度	エネルギー（kcal/g）
スクロース	1	4
α-D-グルコース	0.74	4
β-D-グルコース	0.48	4
α-D-フルクトース	0.6	4
β-D-フルクトース	1.8	4
D-キシロース[*1]	0.4	4
マルトース[*2]	0.3	4
ラクトース	0.2〜0.4	4
トレハロース	0.45	4
パラチノース[*3]（イソマルツロース）	0.42	4
ラフィノース	0.23	2
スタキオース	0.3	1.6
異性化糖	0.5〜0.8	4
エリトリトール	0.7	0.2
マルチトール	0.9	2.1
マンニトール	0.5	1.5
ソルビトール	0.6	2.6
キシリトール	1	2.4
還元パラチノース（パラチニット）	0.5	2

[*1] 合成甘味料（アミノカルボニル反応で着色性に優れる）
[*2] 容易に体外に排出され血糖値を上昇させない。
[*3] α-1,6 結合（砂糖に転移酵素を作用）

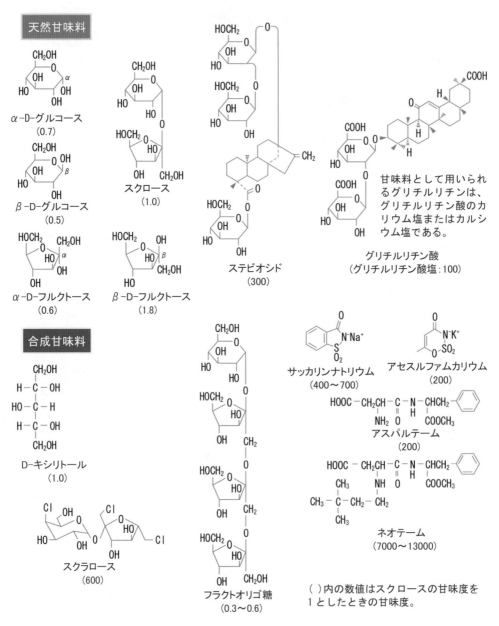

天然甘味料

α-D-グルコース
(0.7)

β-D-グルコース
(0.5)

α-D-フルクトース
(0.6)

β-D-フルクトース
(1.8)

スクロース
(1.0)

ステビオシド
(300)

甘味料として用いられるグリチルリチンは、グリチルリチン酸のカリウム塩またはカルシウム塩である。

グリチルリチン酸
(グリチルリチン酸塩：100)

合成甘味料

D-キシリトール
(1.0)

スクラロース
(600)

フラクトオリゴ糖
(0.3〜0.6)

サッカリンナトリウム
(400〜700)

アセスルファムカリウム
(200)

アスパルテーム
(200)

ネオテーム
(7000〜13000)

（　）内の数値はスクロースの甘味度を1としたときの甘味度。

出典）久保田紀久枝、森光康次郎「食品学—食品成分と機能性（第2版補訂）P.88 一部改変　東京化学同人 2011

図 5.13　主要甘味成分の構造

スイソメラーゼという酵素で半分程度フルクトースに変化させた「異性化糖」は、グルコース単体よりも甘味強度を増やすことができる。このように作成された異性化糖は、日本の食品の原材料名で果糖ブドウ糖液糖などの表記をされ、1970 年台以降、加工品などに利用されている。低温下で甘味度を増すので、清涼飲料や冷菓などに多く利用されている。

　糖のアルデヒド基やケトン基が還元された糖アルコールは甘味を有するが、体内への吸収が悪くカロリーになりにくいため低カロリー甘味料として用いられるものがある。その他、う歯予防のためにパラチノース、トレハロースの二糖類が、う歯予防や血糖値上昇予防のためにキシリトール、マルチトール、エリスリトール、還元パラチノースなどの糖アルコールが、ビフィズス菌増殖効果のためにキシロオリゴ糖、大豆オリゴ糖、ラクトスクロース、イソマルトオリゴ糖など難消化性の各種オリゴ糖が、また、高血糖予防のために L-アラビノースが機能性甘味料として使われている。

　スクロース（ショ糖）の OH 基を 3 個塩素（Cl）に置換したスクラロースは、血糖値を変化させず、砂糖の 600 倍の甘味を有することから多くの国で人工甘味料として使用されている。

(2)　テルペン配糖体（グリチルリチン、ステビオシド）

　マメ科カンゾウ属（*Glycyrrhiza L.*）の根茎にはスクロースの 100 倍程度の甘味を有するトリテルペン配糖体の**グリチルリチン**（glycyrrhizin）の Ca 塩、K 塩が含まれている。この抽出物は佃煮、ふりかけ、漬物の甘味として利用されている。ただし多量に摂取すると浮腫、高血圧の副作用があることが知られている。

　南米原産のキク科ステビア（*Stevia rebaudiana L.*）の葉はジテルペン配糖体の甘味物質であるステビオシドやレバウディオサイド A を含んでいる。ステビオシドはスクロースの 300 倍程度の甘味を有し、スポーツ飲料や菓子類に使用されている。

(3)　その他の甘味料

　ユキノシタ科の低木の葉であるアマチャ（*Hydrangea macrophylla var. thunbergii*）には、スクロースの 400 倍程度の甘味をもつフィロズルチン（phyllodulcin）とイソフィロズルチンが含まれる。

　西アフリカ原産のクズウコン科の植物タウマトコックス・ダニエリ（*Thaumato-coccus daniellii*）の果実に含まれる**ソーマチン**（thaumatin）は、スクロースの 2,000 倍程度の甘味をもつたんぱく質系の甘味物質である。

　西アフリカ原産のツヅラフジ科のつる性植物ディオスコレオフィルム・ヴォルケンシー（*Dioscoreophyllum volkensii*）の果実に含まれるモネリン（monellin）もスクロースの 800～2,000 倍の甘味をもつたんぱく性の甘味物質である。pH の変化（極端な酸性、アルカリ性）や加熱により甘味が消失する。

　アスパルテームとネオテームはジペプチド系の甘味料で、食品添加物（合成甘味料）として許可されている。**アスパルテーム**はスクロースの 200 倍程度、ネオテームはスクロースの 7,000～13,000 倍程度の甘みを有する。アスパルテームは L-フェ

ニルアラニンのメチルエステルと L-アスパラギン酸からできており構造中にフェニルアラニンを有する。フェニルアラニンの代謝が阻害される疾病であるフェニルケトン尿症にはフェニルアラニンの摂取量が制限される。このためアスパルテームを使用する際には L-フェニルアラニン化合物という表記をする。アスパルテームは熱に弱く、長期保存すると加水分解する。ネオテームは、アスパルテームを改良して作成された化合物でアスパラギン酸のアミノ基に分岐アルキル基を結合して作られており、アスパルテームより安定している。

アセスルファムカリウムはスクロースの 200 倍の甘味をもつ化合物でこれも食品添加物（合成甘味料）として許可されている。後味にわずかに苦味をもつが、熱や pH 変化には安定である。他の高甘味度甘味料と併用すると相乗効果をもたらす性質がある。例えば、アスパルテームを同量添加すると甘味度が 40％強化され、ショ糖・果糖・糖アルコールなどの併用でも甘味度が 15〜30％強化される。そのため、さまざまな加工品に甘味料として添加されることが多い。

サッカリン（スクロースの 200 倍）、および**サッカリンナトリウム**（スクロースの 400〜700 倍）は最も古くから使用されてきた合成甘味料である。サッカリンは、水に不溶性で現在はチューインガムにのみ使用されている。一方、サッカリンのナトリウム塩であるサッカリンナトリウムは水溶性であるため食品に多用されてきたが、弱い苦味を有するなどで近年は使用量が減少している。

アミノ酸のグリシン、アラニン、セリン、トレオニン、プロリンなどの単体のアミノ酸も甘味を有し、かになどの魚介類や野菜の味に関与している。

一方、甘味を有する化合物は毒物でも見受けられる。酢酸鉛や、クロロホルムなども毒性がありながら甘味を有する化合物である。

例題 6　　甘味成分に関する記述である。<u>誤っている</u>のはどれか。1 つ選べ。

1. アスパルテームは、L-フェニルアラニンのメチルエステルと L-アスパラギン酸が結合した構造である。
2. フルクトースは、β 型の方が α 型より甘い。
3. 異性化糖は、スクロースを分解して作成される甘味料である。
4. マメ科カンゾウ属（*Glycyrrhiza L.*）の根茎には、甘味料の一種トリテルペン配糖体のグリチルリチンの塩類が含まれている。
5. アセスルファムカリウムは、他の高甘味度甘味料と併用すると相乗効果をもたらす性質がある。

解説　3. 異性化糖はグルコースを酵素で変化させて作成された甘味料である。

解答 3

2.3 酸味成分

　酸味は、食品中の有機酸や無機酸から生じる水素イオン H^+ がチャネルを通り細胞内に到達し、電位を発生させることで酸味を生じさせると考えられている。

　食品に含有される有機酸には、酢酸（食酢、漬物）、乳酸（発酵乳、漬物）、クエン酸（柑橘類）、リンゴ酸（りんご）、酒石酸（ぶどう、ワイン）、コハク酸（貝類、清酒）などがある（表5.4）。また無機酸として、炭酸（炭酸飲料、発泡酒）やリン酸（清涼飲料）があげられる。有機酸には、腸内を刺激して排便を促すなど、腸内環境を整える働きがある。また、酢酸には血管弛緩作用があり、血圧を低下させる効果がある。なお、食品添加物として酸味料を使用する場合、一括表示が認められている。

表5.4　食品中の主な有機酸の構造とその所在

有 機 酸	所 在	構 造	味
酢酸	食酢	CH_3COOH	刺激的な酸味
シュウ酸	ほうれんそう、やまのいも	$HOOC \cdot COOH$	舌を刺激する後味
乳酸	発酵乳製品	$CH_3CH(OH) \cdot COOH$	温和な酸味
フマル酸	野菜、清酒	$HOOC \cdot CH=CH \cdot COOH$	渋味を伴う
コハク酸	貝類、清酒	$HOOC \cdot CH_2 \cdot CH_2 \cdot COOH$	コクのある酸味
リンゴ酸	りんご、いちご	$HOOC \cdot CH(OH) \cdot CH_2 \cdot COOH$	かすかに苦味
酒石酸	ぶどう	$HOOC \cdot CH(OH) \cdot CH(OH) \cdot COOH$	渋味のある酸味
クエン酸	柑橘類	$\begin{array}{c} CH_2COOH \\ | \\ HO-C-COOH \\ | \\ CH_2COOH \end{array}$	爽快な酸味
アスコルビン酸	果実、野菜		爽快な酸味

2.4 鹹味（塩味）成分

　塩味は、アルカリ金属（Na^+、K^+、Li^+）やアルカリ土類金属（Ca^{2+}、Mg^{2+}）、アンモニウムイオン NH_4^+ などの陽イオンと各種陰イオン、すなわちハロゲン族のイオン Cl^-、Br^-、I^- や硫酸イオン SO_4^{2-}、炭酸イオン HCO_3^-、硝酸イオン NO_3^- との塩が有する味で、陽イオンがチャネルを通ることで生じると考えられている。

　食塩（塩化ナトリウム）が最も自然な塩味をもつ。この塩味は塩化物イオンとナトリウムイオンの両方からもたらされる。にがり（塩化マグネシウム $MgCl_2$）を含んだあら塩は、潮解作用で湿気やすいが、種々のミネラルが摂取できることから近年人気がある。また、塩化カリウムや塩化アンモニウムなどを加えて、塩化ナトリウムを 50％にカットした低ナトリウム塩などの機能性塩も販売されている。その他、リンゴ酸やマロン酸、グルコン酸などの有機酸のナトリウム塩も塩味をもち、塩味にはナトリウムイオンが最も寄与する。塩味は食物をおいしくするために必須の味で、アミノ酸の味を増強する力があることが知られている。

例題 7　酸味と塩味に関する記述である。正しいのはどれか。1 つ選べ。

1.　コハク酸はブドウに多く含まれ渋みのある酸味をもたらす。
2.　酢酸は野菜や果実に多く含まれ爽快な酸味を示す。
3.　クエン酸は食酢に多く含まれ刺激的な酸味を示す。
4.　塩味は各種陽イオンと各種陰イオンとの塩が有する味で、陽イオンがチャネルを通ることで生じる。
5.　塩化カリウムが最も自然な塩味をもつ。

解説　1．コハク酸は貝類や清酒に多く含まれコクをもたらす。　2．酢酸は食酢に多く含まれ刺激的な酸味を示す。　3．クエン酸は柑橘類に多く含まれ爽快な酸味を示す。　5.塩化ナトリウムが最も自然な塩味をもつ。　　　　　　　　　　**解答** 4

2.5　苦味成分

　食品中の主要な苦み成分について示した（図 5.14）。苦味成分の多くが、ヒトに対し毒性や強い生理活性をもっている。そのため、苦味成分に対するヒトの閾値は低く、微量で苦味は感知できるが、ビールや緑茶の苦味のように少量の苦味は食物の嗜好性を高め、生体調節などの機能性を発揮するため、ヒトは苦味物質を上手に利用している。しかし、植物に含まれる含窒素化合物のアルカロイドのなかには強い毒性をもつものがあり、それらは食用とされない。苦味物質は構造上、アルカロイド、フラボノイド配糖体、テルペン、ペプチド、無機塩に分類することができる。

(1)　アルカロイド（alkaloid）

　アミノ基やイミノ基をもつものが多い。食品中には茶の**カフェイン**、ココアの**テオブロミン**が代表的なアルカロイドである。この他、毒であるがじゃがいものソラニンもアルカロイドである。

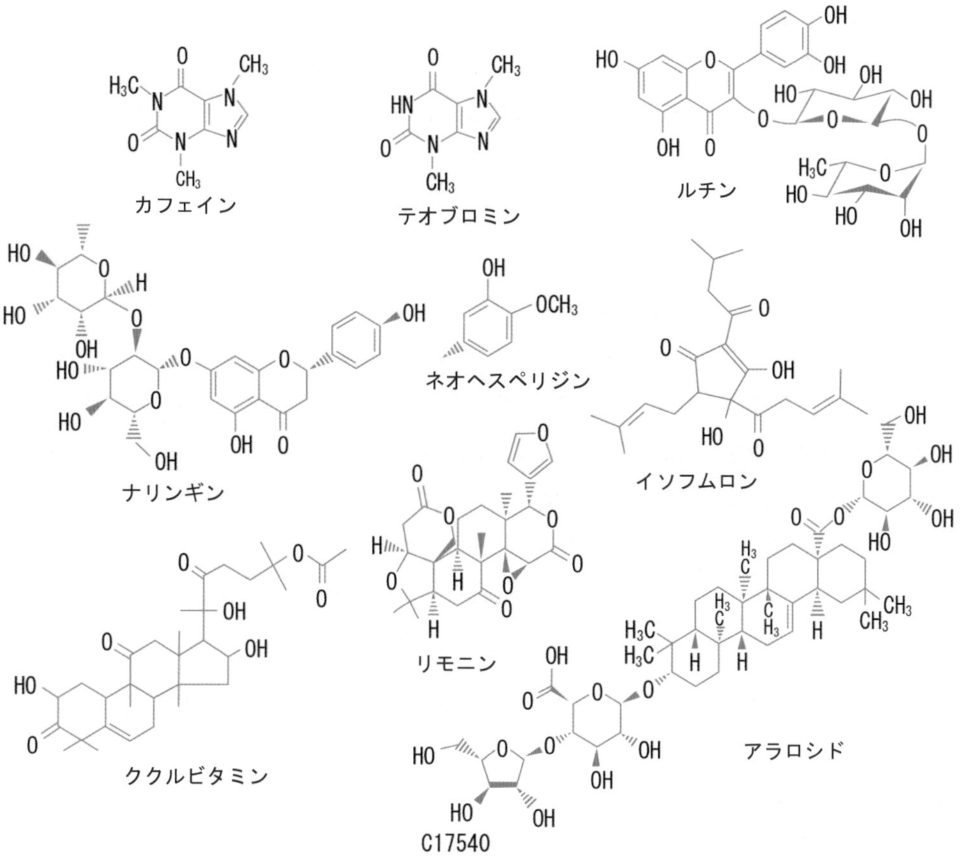

カフェイン
テオブロミン
ルチン
ナリンギン
ネオヘスペリジン
イソフムロン
リモニン
ククルビタミン
アラロシド
C17540

図 5.14　食品中の主要な苦味成分

(2) フラボノイド配糖体

夏みかんやグレープフルーツなどの柑橘類には苦味成分の**ナリンギン**（naringin）や**ネオヘスペリジン**（neohesperidin）が含まれる。特に皮部や皮に近い実に多く含まれる。ナリンギンは酸などで配糖体の糖が外れると苦みがなくなる（図 5.15）。温州みかんにも類似の化合物であるヘスペリジンやナリルチンが含まれるが、これらには苦味がない。

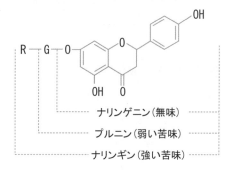

ナリンゲニン（無味）
プルニン（弱い苦味）
ナリンギン（強い苦味）
R：ラムノース、G：グルコース

図 5.15　苦味成分のナリンギン

ソバにはケルセチンに糖が結合したルチン（rutin）が含まれる。ルチンには、抗炎症効果や血流改善効果などが認められており、ビタミン様物質とよばれる。

（3）テルペン類

　ビールの苦味は、加工で加えられるホップ（*Humulus lupulus*；セイヨウカラハナ ソウ）に含まれるテルペン化合物**フムロン**（humulone）が熱処理で変化した**イソフ ムロン**（isohumulone）による。イソフムロンは強い抗菌性を有し、肥満予防効果も 認められている。

　きゅうりの頭部やにがうり、ヘチマ、ユウガオ、ズッキーニなどウリ科の植物に はトリテルペンの**ククルビタシン**（cucurbitacin）が含まれる。ククルビタシンを 多く産生するものは食中毒を起こすので異常に苦いものは食べないようにする。に がうりにはさらに苦味をもつ同系統の化合物であるモモルデシンが含まれる。

　柑橘類の種子や果肉にはトリテルペン化合物のリモニン（limonin）が含まれる。 リモニンには抗菌、抗ウイルス効果がある。柑橘類に対し、加熱をしたり、貯蔵し たりすると前駆体からリモニンが生成され、苦味の要因となる。

　たらの芽のアラロシド（araloside）や大豆の大豆サポニン（soysaponin Bb など） もトリテルペン化合物である。大豆サポニンには抗酸化作用がある。魚や肉の肝臓 の苦味は胆汁酸成分であるコール酸によるもので、ステロイド骨格をもつイソプレ ノイドである。

（4）ペプチド類

　バリン、ロイシン、イソロイシン、トリプトファン、メチルアラニンなどの疎水 性アミノ酸や、リシン、アルギニン、ヒスチジンの塩基性アミノ酸は苦味を呈する。 疎水性アミノ酸から構成されるペプチド類も苦味を呈する。古くなった乳製品やチー ズ、八丁みそや大豆たんぱく質の加水分解により生じる苦味は、ジペプチド〜分 子量 3,400 程度の苦味ペプチドによる。

例題8　苦味成分に関する記述である。<u>誤っている</u>のはどれか。1 つ選べ。
1. 苦味成分に対するヒトの閾値は低く、微量で苦味は感知できる。
2. ナリンゲニンに糖が結合すると苦みがなくなる。
3. にがうりの苦味はトリテルペンのククルビタシンである。
4. 魚や肉の肝臓の苦味は胆汁酸成分であるステロイド骨格をもつコール酸による。
5. 八丁みそや古いチーズなどの苦味はジペプチド〜分子量 3,400 程度の苦味ペプ チドによる。

解説　2. ナリンゲニンは苦味がない。苦味があるのはナリンギンで配糖体である。 この糖が外れると苦みがなくなる。　　　　　　　　　　　　　　　**解答** 2

2.6 うま味成分 (図 5.16)

日本料理では古くからうま味食品の利用が盛んで、こんぶ、かつお節、煮干し、しいたけ、貝などが使用されてきた。欧米にはうま味の概念がなかったので、うま味が基本味のひとつであることを実証する実験が長年にわたり行われ、現在ではUmami として認められている。うま味物質の発見は日本人の池田菊苗先生によるものである。代表的なうま味物質はいずれもカルボキシ基（–COOH 基）を有するのでそのままで酸味を感じるが、水素をナトリウム塩に変えることでうま味を強く呈するようになる。

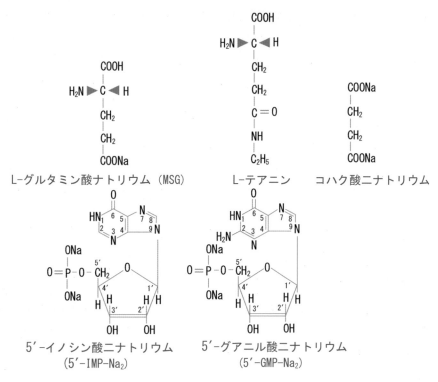

図 5.16　食品中のうま味成分

(1) アミノ酸

グルタミン酸ナトリウム (mono sodium *L*-glutamate : MSG) は、こんぶのうま味成分である。グルタミン酸は肉、魚介類、野菜のうま味物質としても重要である。グルタミン酸は野菜や果実の味にも貢献している。トマトの味にとって、グルタミン酸は不可欠成分とされており、トマトは完熟するとグルタミン酸が飛躍的に増大し、アスパラギン酸と 4 : 1 の比率のときに最もトマトらしい味になるという。またアミノ酸のうち、このアスパラギン酸や、グリシンなどもうま味成分のひとつである。グルタミン酸エチルアミドの**テアニン** (theanine) は、遮光栽培した玉露や碾

茶に特有のうま味成分である。

毒きのこのテングタケに含まれる *L*-イボテン酸（ibotenic acid）、ハエトリシメジに含まれる *L*-トリコロミン酸（tricholomic acid）はグルタミン酸ナトリウムよりも非常に強いうま味をもつが毒物である。

ベタインはトリメチルグリシンともよばれるアミノ酸の一種で、たこやいかに含まれるうま味成分である。

(2) 核酸系 5´-リボヌクレオチド

リボースの 5 位にリン酸が結合した **5´-イノシン酸**（5´-IMP）や **5´-グアニル酸**（5´-GMP）は強いうま味を呈する。これらを 5´-リボヌクレオチドといい呈味性ヌクレオチドともいう。

5´-イノシン酸はかつお節や肉類などのうま味成分である。肉や魚の死後、ATP から ADP、AMP と順次リン酸がはずれ、さらに AMP デアミナーゼが働き生成される。分解反応が進み、ヌクレオシドのイノシンや塩基のヒポキサンチンになるとうま味は失われる。

5´-グアニル酸は、しいたけやきのこのうま味成分で 5´-イノシン酸より強いうま味を呈する。いずれも二ナトリウム塩にして調味料とされる。MSG にうま味成分の 5´-リボヌクレオチドを混合するとうま味が増強する（味の相乗作用）。MSG と 5´-IMP の 1：1 混合物では 12.5 倍、MSG と 5´-GMP の 1：1 混合物では MSG の 60 倍のうま味となる。

(3) 有機酸

あさりやしじみなどの貝類や日本酒に含まれているコハク酸（succinic acid）は、酸味をもつうま味成分である。コハク酸二ナトリウムの形でうま味を増強し調味料として利用されている。

例題 9 うま味成分に関する記述である。正しいのはどれか。1 つ選べ。
1. グルタミン酸ナトリウムは、かつお節のうま味成分である。
2. テアニンは、貝類や酒類に特有のうま味成分である。
3. たこやいかに含まれるうま味成分は、*L*-イボテン酸である。
4. MSG に 5´-リボヌクレオチドを混合するとうま味が弱くなる。
5. 5´-イノシン酸は、分解が進み、イノシンやヒポキサンチンになるとうま味が失われる。

2.7 辛味成分

辛味は、香辛料などがもつ hot や spicy、sharp などで表現される味覚である。近年では辛味感覚は、味細胞に受容されるだけでなく、上皮細胞にある冷熱を感じる受容体も関与していることが明らかにされた。例えば、とうがらしの辛味成分カプサイシンの他、しょうがのジンゲロール、にんにくのアリシン、こしょうのピペリンなどの辛味成分も同じ受容体に結合し、熱感や痛みを与える。タイムの辛味成分チモールやオレガノのカルバクロールも類似の温刺激受容体に受容される。

一方、さわやかなクール感を与えるミントのメントールも辛いと表現される。またわさびや和からしの辛味成分アリルイソチオシアナート、シナモンのシンナムアルデヒドも辛みを与えるがこれらは各種冷刺激受容体に受容される。

辛味成分は抗酸化や消化液の分泌促進などの生理活性作用がある。

(1) からし (mustard)、わさび (Wasabi)

日本の黒からし、わさび、西洋わさび、だいこんの辛味成分は、含硫化合物の**イソチオシアネート類**である。わさびや黒からしの主要辛味成分はアリルイソチオシアネートである。また洋からし（白からし）の主要辛味成分はパラヒドロキシベンジルイソチオシアネート（p-hydroxybenzylisothiocyanate）である。だいこんの辛味成分は 4-メチルチオ-3-ブテニルイソチオシアネートである。これらの成分は植物細胞中では配糖体のグルコシノレート類、例えばシニグリン（sinigrin）やシナルビン（sinalbin）の形で存在している。これらの成分は辛くないが、細胞が傷つけられると酵素ミロシナーゼが働いて辛味成分が遊離され辛みが生じる。

(2) しょうが (ginger)

新鮮なしょうがの辛味成分は、バニリルケトン類のうち、**ジンゲロール類**で(6)-gingerol（75%）、(10)-gingerol（11%）、(8)-gingerol（8%）である。しょうがを加熱するとジンゲロールは甘い香りをもつジンゲロン（zingeron）に、乾燥すると 2 倍の辛味強度をもつショウガオール（shogaol）に変化する。

(3) とうがらし (chili pepper)

とうがらしは脂溶性の**カプサイシン**（capsaicin）が主要辛味成分となっている。カプサイシンは口腔内で辛みを引き起こすだけでなく、皮膚にも灼熱感や痛みをもたらす。吸収されたカプサイシンは腸のぜん動運動亢進などエネルギー代謝を促進

させ、体脂肪の蓄積を抑制する。

(4) こしょう (pepper)

ピペリン (piperine) とピペリンの幾何異性体であるチャビシン (chavicine) が辛味成分である。抗菌、防腐作用を有するため肉の保存には欠かせない調味料で、こしょうを求めて大航海時代が始まった。未熟な果実を乾燥させたものが黒こしょう、完熟後乾燥して水に浸漬し皮を除去したものが白こしょうである。

(5) さんしょう (Japanene pepper)

さんしょうの実の辛味成分はサンショオール類でα-サンショオール (α-sanshool) やβ-サンショオール (β-sanshool) が含まれる。

例題 10　辛味成分に関する記述である。<u>誤っている</u>のはどれか。1つ選べ。

1. わさびや黒からしの主要辛味成分は4-メチルチオ-3-ブテニルイソチオシアネートである。
2. しょうがの主要辛味成分はジンゲロール類で、乾燥するとより辛みの強いショウガオールに変化する。
3. とうがらしの主要辛味成分は脂溶性のカプサイシンである。
4. こしょうの主要辛味成分はピペリンとチャビシンである。
5. さんしょうの実の辛味成分はサンショオール類である。

解説　1. わさびや黒からしの主要辛味成分はアリルイソチオシアネートである。

解答 1

2.8 渋味成分

渋味は、口腔内の粘膜細胞のたんぱく質と渋味成分が非特異的に結合し、たんぱく質が変性（収斂）することでもたらされる。たんぱく質が収斂することから収斂味ともよばれている。渋味を与える成分として代表的なものにポリフェノール類のタンニンがある。

茶葉にはエピカテキン (EG)、エピガロカテキン (EGC)、エピカテキンガレート (ECG)、**エピガロカテキンガレート** (EGCG) のカテキン類とよばれるポリフェノール類が、渋柿にも水溶性タンニンの一種のシブオールが、またぶどう種子やワインには**プロアントシアニジン類**などの縮合型タンニンが含まれている。コーヒーの渋味は、ポリフェノールのクロロゲン酸類による。

2.9 えぐ味成分

たけのこ、さといも、山菜などはえぐ味を感じさせる。たけのこのえぐ味は**ホモゲンチジン酸**とシュウ酸カルシウムによる。ホモゲンチジン酸はたけのこの内側に白く結晶するチロシンの代謝生成物で、掘ってから時間の経過とともに増加する。一般にえぐ味は不快な味とされ、調理の際には重曹、灰汁、糠水などでアク抜きを行い除去する。

2.10 こく味成分

食品のこくは、味、香り、食感による多くの刺激（複雑さ（深み））のバランスで形成されるものであり、それらの刺激に広がりや持続性が感じられる味わいのことをさす。近年ではカルシウム感知受容体（CaSR）がこくを感じる機構において重要な役割を果たしているとされ、研究が進みつつある。カルノシン（β-アラニルヒスチジン）、アンセリン（β-アラニル-1-メチルヒスチジン）、バレニン（β-アラニル-3-メチルヒスチジン）などのイミダゾールペプチドや、グルタチオン、ニンニクの成分であるアリイン、脂肪、ゼラチン、グリコーゲン、メイラードペプチド（みそ、チーズ）はこく味に関与すると考えられている。牛肉エキスからは、N-(4-methyl-5-oxo-1-imidazolin-2-yl)-sarcosine のこく味物質がみつかっている。また多数の γ-グルタミル化ジペプチドがこくを呈することが明らかになってきている。

例題 11　渋味とえぐ味、こく味成分に関する記述である。<u>誤っている</u>のはどれか。1つ選べ。

1. 茶葉の渋味はシブオールとよばれるタンニンが原因である。
2. コーヒーの渋味はクロロゲン酸類による。
3. プロアントシアニジン類などの縮合型タンニンがワインに渋味をもたらす。
4. たけのこのえぐ味はホモゲンチジン酸とシュウ酸カルシウムによる。
5. みそ、チーズのこく味成分はメイラードペプチドである。

解説　1. 茶葉の渋味はカテキン類が原因である。　　　　　　　　　　　**解答** 1

2.11 味の相互作用

味覚には、味物質の相互作用で本来の味が変化する現象がみられる。代表的なものに**対比効果**、**相殺効果**、**相乗効果**、**変調効果**がある。

(1) 味の対比効果

　ある味成分の味が、異種の味成分により強められる現象をいう。甘味は微量の塩味、酸味、苦味で甘味が増強される。うま味も微量の塩味でうま味が増強される。対比効果としては、例えばお汁粉に少しの塩を添加すると甘みが増すことが知られている。

(2) 味の相殺効果

　ある味成分の味が、異種の味成分により弱められる現象をいう。塩味は、酸味やうま味で味が弱く感じられる。酸味は、塩味や甘味で味が弱まる。苦味は、甘味を加えることで弱く感じられる。例えばコーヒーに砂糖を加えると苦みが弱く感じられ飲みやすくなる。

(3) 味の相乗効果

　同種の味成分を同時に味わったとき、それぞれの味の和よりも強く味が感じられる現象をいう。グルタミン酸ナトリウム(MSG)と、イノシン酸ナトリウム(5´-IMP-Na)やグアニル酸ナトリウム（5´-GMP-Na）などの5´-リボヌクレオチドにおけるうま味の相乗効果は顕著である。1:1の混合物の味の強度はそれぞれ7.5倍、30.0倍になる。例えば、複合調味料はこの相乗効果を利用したものである。

(4) 味の変調効果

　ある味成分を摂取した後、異種の味成分を食べたときに本来の味と異なって感じられる現象をいう。例えば酸味、苦味、塩味の後に水を飲むと水が甘く感じられるのはこの現象である。

　その他、西アフリカ原産のミラクルフルーツ（*Synsepalum dulcificum*）の果実は無味であるが、この実を口に含んだ後に、別の酸味や苦みを有する食品を摂取すると甘く感じる。これは、果実に含まれる糖たんぱく質の**ミラクリン**が舌に結合し、水素イオンの作用で変形し甘味受容体を活性化させることで発現する。インドやスリランカ原産のホウライアオカズラ（*Gymnema sylvestre*）（通称：ギムネマ）には、トリテルペノイド配糖体であるギムネマ酸が含まれる。ギムネマ酸は甘味物質が受容体に受容されるのを阻害し甘味を感じなくさせる。このような物質を**味覚変革物質（味覚修飾物質）**という。

例題12　味の相互作用に関する記述である。正しいのはどれか。1つ選べ。
1. お汁粉に少しの塩を添加すると甘みが増すのは味の変調効果である。
2. コーヒーに砂糖を加えると苦みが弱く感じられ飲みやすくなるのは味の対比効果である。

3. 味の相乗効果の例としては、グルタミン酸ナトリウムに5′-リボヌクレオチド類の添加でうま味の増強がある。

4. 酸味、苦味、塩味の後に水を飲むと水が甘く感じられるのは味の相殺効果である。

5. ミラクルフルーツを口に含むと甘味を感じなくさせる。

解説　1. 味の対比効果である。　2. 味の相殺効果である。　4. 味の変調効果である。　5. ミラクルフルーツを口に含むと、酸味や苦みを有する食品を甘く感じさせる。　　　　　　　　　　　　　　　　　　　　　　　　　　　　解答 3

3 香気成分

　鼻は匂いを受容する器官で、嗅覚発現には揮発性の**香気物質**（分子量 300 以下の低分子化合物）が**嗅上皮**に触れる必要がある。嗅上皮には嗅神経細胞（嗅細胞）があり、嗅細胞には嗅覚受容体（レセプター）とよばれる膜たんぱく質が存在している（図 5.17）。1 つの嗅細胞表面には 1 種類の嗅覚受容体だけが

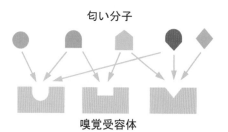

図 5.17　匂い分子の受容

選択的に発現している。この受容体に匂い物質が結合すると、嗅細胞から電気信号が発生し、そのすぐ上部に位置する嗅球とよばれる嗅覚情報処理をつかさどる脳器官に伝えられる。

　香り分子はその立体構造により複数種の受容体と結合することができ、また 1 種の受容体は多数の香り分子と結合をもつとされている。香気物質に対するヒトの**閾値**は低く、空気中に数分子あるだけでも感知できる場合があり、一般的には ppm～ppb のわずかな濃度で感知される。

　食べ物の匂いは、鼻の孔から直接、鼻腔を通じて入るオルトネーザルアロマ（orthonasal Aroma）と口に含んで口腔から咽頭を通じて鼻腔に上がるレトロネーザルアロマ（retronasal Aroma）の両方から感じている。香りのもととなる物質は数十万種あるといわれ、食品の香気（aroma）は多数の化合物から構成されている。例えば、茶の香気は 100～200 の香気物質から構成されており、コーヒーからは約 800 種の化合物が見つかっている。食品に含まれる各化合物の含有比や特有成分の存在で固有の香りが感じられる。香りと味が一体化した風味を**フレーバー**（flavor）という。

香気物質の構造と香りの特徴には密接な関係があり、化合物内に有する官能基に共通性がある。例えば、含窒素、含硫化合物はたんぱく質の分解、すなわち腐敗を表すシグナルで、悪臭 (off-flavor) をもつものが多く、閾値が低い (表 5.5)。これらの化合物に人間の鼻は敏感である。また、光学異性体が存在する化合物では、ヒトの受容体との親和性の違いによって、香りの特徴や強さが異なることが多い。例えば、リナロールという化合物は向きが異なる S 体と R 体がある。S 体はオレンジ様の香りで、逆向きの R 体はラベンダー様の香りがする。また S 体の方がより匂いを強く感じられる。

表 5.5　香気成分の検知閾値

	化　合　物	閾値 (ppm)
芳香	ヘキサノール	0.006
	酢酸ブチル	0.016
	α–ピネン	0.018
	バニリン	0.02
	青葉アルデヒド	0.017
悪臭	メチルメルカプタン	0.00007
	イソバレルアルデヒド	0.0001
	イソ吉草酸	0.000078
	フェノール	0.0056
	インドール	0.0003
	ジオスミン	0.0000065

食品の香気成分は、その生物体の中で生合成反応により生成されるものと、加工・調理中の酵素的・非酵素的反応などにより生成されるものに分類される。生合成反応では、高等植物中におけるテルペン化合物の生成や、果実におけるエステル化合物の生成があげられる。加工・調理では、切断破壊や微生物発酵によって酸化・還元酵素、加水分解酵素、異性化酵素などが働き香気成分が生成される。また、油脂の自動酸化や加熱操作中のアミノ・カルボニル反応などの非酵素的反応でも特徴ある香気が生成される。

例題 13　香気成分に関する記述である。誤っているのはどれか。1 つ選べ。

1. 鼻の孔から直接、鼻腔を通じて食べ物の匂いが入るのをオルトネーザルアロマという。

2. 口に含んで口腔から咽頭を通じて食べ物の匂いが鼻腔に上がるのをレトロネーザルアロマという。

3. 腐敗を表す悪臭成分は、含窒素、含硫化合物をもつものが多く、閾値が低い。

4. 化合物の構造上、光学異性体であっても香りの特徴や強さは全く同じである。

5. 食品の香気成分は、生合成反応により食品中で生成されるものと、加工・調理中の酵素的・非酵素的反応などにより生成されるものに分類される。

解説　4. 光学異性体では香りの特徴や強さは異なることがある。　　　　解答　4

3.1 植物性食品のにおい

(1) 葉や香草の香り

　高等植物はイソプレン C_5H_8 を基本骨格とするテルペン化合物を二次代謝産物として生合成する経路を有している（イソプレン骨格は図5.2 参照）。テルペン化合物としてはイソプレンが2個結合したモノテルペン炭化水素、3個結合したセスキテルペン炭化水素、そのアルコール、アルデヒド、ケトン、エステルなどの誘導体がある。大部分のテルペン化合物は水に溶けず、揮発性で、さわやかな香りを有するものが多い。テルペン化合物には抗菌効果があるため、森林浴やアロマテラピーに利用されている。テルペン化合物は植物にとっても生理活性が高いため、植物体内では遊離体ではなく配糖体で存在することが多く、必要に応じて加水分解される。α-ピネン（α-pinene）、リモネン（limonene）、**リナロール**（linalool）、ゲラニオール（geraniol）、シトロネロール（citronellol）などのテルペン化合物は植物界に広く分布しており、柑橘類の果実、野菜、ハーブの香気として重要である（図5.18）。例えば、ペパーミントの清涼感のある香りは、*l*-メントール（*l*-menthol）（40%）と*l*-メントン（*l*-menthone）（20%）のテルペン混合物からなる。シソにはペリラアルデヒド（perillaldehyde）というモノテルペンが多く、さわやかな香りを与える。パセリにはテルペン化合物の他、アピオール（apiol）やミリスチシン（myristicin）の香気成分が含まれるがこれらは毒性を有するため、腎疾患者や妊産婦では多量摂取に注意が必要である。

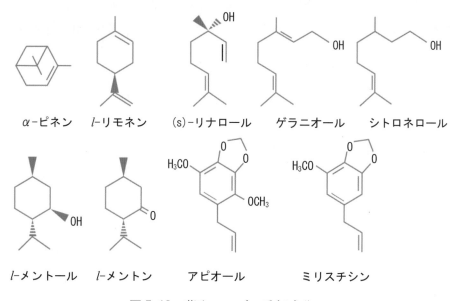

α-ピネン　　*l*-リモネン　　(s)-リナロール　　ゲラニオール　　シトロネロール

l-メントール　　*l*-メントン　　アピオール　　ミリスチシン

図5.18　葉やハーブの香気成分

(2) 野菜の青い香り

　葉菜類の新鮮な青臭やきゅうりのさわやかなみどりの香りは、脂質から合成される。脂質から切り出されたリノール酸やα-リノレン酸の不飽和脂肪酸から、各種酵素によって脂肪族のアルコール、アルデヒド、エステル、酸、ラクトンなどが生成する。例えば緑茶などに含まれる青い香りの青葉アルコール（(Z)-3-hexenol）と青葉アルデヒド（(E)-2-hexenal）などの炭素が6個のC_6化合物や、きゅうりのさわやかな香りのスミレ葉アルデヒド（(E)-2, (Z)-6-nonadienal）、きゅうりアルコール（(E)-2, (Z)-6-nonadienol）などの炭素が9個のC_9化合物はα-リノレン酸から生成される。

　一方、リノール酸からはヘキサナールなどが生成する。メロンの特有成分はきゅうりにも含まれる（Z)-6-nonenal である。ピーマンの独特の青臭い匂いは、2-イソプロピル-3-メトキシピラジン（2-isopropyl-3-methoxypyrazine）、2-メトキシ-3-(1-メチルプロピル)-ピラジン（2-methoxy-3-(1-methylpropyl)-pyrazine）などのメトキシピラジン類による。

(3) アブラナ科植物の香りと辛味（図5.19）

　からし、わさび、だいこん、かぶ、キャベツ、はくさい、ブロッコリー、カリフラワーなどのアブラナ科の植物は、葉、根、種子などにからし油配糖体（シニグリン、シナルビン）の状態で含有する。配糖体の状態では香りや辛味はほとんどない。しかし、切ったり、すり下ろしたりして細胞が破壊されると加水分解酵素のミロシナーゼが作用しグルコースと硫酸がはずれ、独特の香りと辛味を有する**イソチオシアネート類**が生成される。わさび、からし、からし菜では**アリルイソチオシアネート**が、だいこんでは 4-メチルチオ-3-ブテニルイソチオシアネートが、かぶでは3-ブテニルイソチオシアネートと 2-フェニルエチルイソチオシアネートが主要香気成分となっている。生のブロッコリーでは L-スルフォラファン（4-メチルスルフィニル-3-ブチルイソチオシアネート）が主要香気成分となっている。

(4) ネギ属野菜の香りと辛味（図5.20）

　にんにく、にら、たまねぎ、長ねぎなどの刺激臭は、含硫化合物の**スルフィド類**による。これらのスルフィドのアルキル部は、アリル基、1-プロペニル基、プロピル基、メチル基などの組み合わせからなる。種類により含有比が異なり、にんにく、にらではアリル基、たまねぎ、長ねぎではプロピル基、らっきょうではメチル基をもつスルフィドが主成分となっている。植物体では前駆体の S-アルキル-L-システインスルフォキシド類（S-alkyl-L-cysteine sulfoxide）の形で含まれている。細胞を傷つけると酵素**アリイナーゼ**（C-S lyase）の働きでスルフェン酸（sulfenic

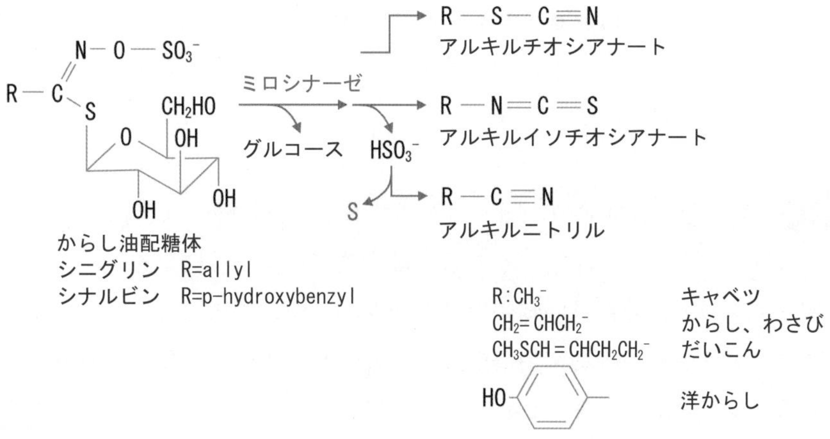

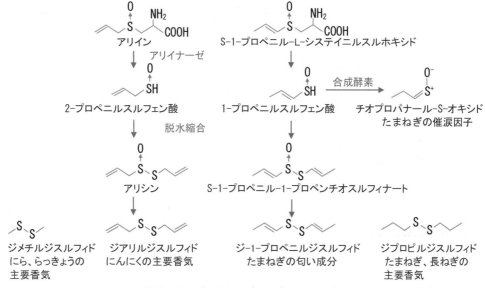

図 5.19　アブラナ科植物の匂い成分の生成

図 5.20　ネギ類の匂い成分の生成

acid）に変化し、さらにアリシン（allicin）やチオプロパナール–S–オキシドなどのチオスルフィネート（thiosulfinate）を経てジスルフィド（disulfide）やトリスルフィド（trisulfide）などのスルフィド類が生成される。例えばにんにくの場合、S–アルキル–L–システインスルフォキシド類のうち、アリル基を有するアリイン（alliin）は**アリイナーゼ**の働きで 2–プロペニルスルフェン酸（2–propenylsulphenic acid）に変化し、さらに**アリシン**（allicin）が生成される。その後アリシンから**ジアリルジスルフィド**（diallyl disulfide）が生成される。

　スルフィド類は香気とともに辛味も有し、血小板凝集抑制作用をもつ。チオスルフィナート類も香気を有し、にんにくのアリシンは強い抗菌活性を有する。たまね

ぎを切ると涙が出るのは、催涙因子**チオプロパナール-*S*-オキシド**による。玉ねぎを切る直前まで冷やしておくと、この成分が生じにくく、また揮発しにくくなるので目にしみにくくなる。

例題 14　　野菜類の香気成分に関する記述である。正しいのはどれか。1 つ選べ。

1.　きゅうりのさわやかなみどりの香りは青葉アルコールによる。
2.　ピーマンの独特の青臭い匂いはメトキシピラジン類による。
3.　アブラナ科植物が細胞に損傷を受けるとアリイナーゼが作用し香りと辛味を有するスルフィド類が生成される。
4.　にんにくの細胞を傷つけるとミロシナーゼの働きでイソチオシアネート類が生成される。
5.　たまねぎを切ると涙が出るのは*l*-メントールによる。

解説　　1.　きゅうりのさわやかなみどりの香りは、スミレ葉アルデヒド（(E)-2, (Z)-6-nonadienal）ときゅうりアルコール（(E)-2, (Z)-6-nonadienol）による。　3.　アブラナ科植物が細胞に損傷を受けるとミロシナーゼが作用し香りと辛味を有するイソチオシアネート類が生成される。　4.　にんにくの細胞を傷つけるとアリイナーゼが作用し香りと辛味を有するアリシンが生成する。　5.　たまねぎを切ると涙が出るのは、催涙因子チオプロパナール-S-オキシドによる。　　　　　**解答** 2

---

(5) きのこの香り

　しめじなどのきのこの主要香気は、**1-オクテン-3-オール**（1-octen-3-ol）、1-オクテン-3-オン（1-octen-3-one）、3-オクタノール（3-octanol）などの C_8 化合物で、リノール酸からリポキシゲナーゼの作用で生成される。まつたけの主要香気は、1-オクテン-3-オールと**桂皮酸メチル**からなる。しいたけの香気は、前駆体のレンチニン酸（lentinic acid）からγ-グルタミルトランスフェラーゼと酵素 C-S リアーゼの作用で生成する含硫化合物の**レンチオニン**（lenthionine）による。レンチオニンには肝機能障害抑制作用が認められている。

(6) 果実の香り

　果実の香りは成熟に伴い強くなる。これは有機酸とアルコールから、酵素によってエステル化合物が生じるためである。一方、短い炭素鎖はアミノ酸からも生成され、分岐鎖脂肪族は、アミノ酸のロイシンから生合成される。

　いちご、りんご、バナナなどの果物の香りは酢酸エステルによる。例えばりんご

様香気の酢酸ブチル（butylacetate）や酢酸ヘキシル（hexyl acetate）、バナナ様香気の酢酸イソアミル（isoamyl acetate）や酢酸2-メチルブチル（2-methylbutyl acetate）などである。

ももの甘い香りは**ラクトン類**からなる。熟成とともに、もも独特の香りをもつγ-ウンデカラクトン（γ-undecalactone）、γ-ノナラクトン（γ-nonalactone；ココナッツ様香気）、γ-デカラクトン（γ-decalactone；バター様香気）などのγ-ラクトンが増加する。なしの主要香気はヘキサン酸エチル（ethyl hexanoate）、ブタン酸エチル（ethyl butyrate）、酢酸エチル（ethyl acetate）、ヘプタン酸エチル（ethyl heptanoate）、2-ヘキセン酸エチル（ethyl 2-hexenoate）、安息香酸エチル（ethyl benzoate）などのエステルである。

柑橘系の果実の香りは、**テルペン化合物**による。レモンではリモネンやシトラール、ピネンが、グレープフルーツではヌートカトンが特有香となっている。きいちご（ラズベリー）の特有香は、甘いココナッツ香をもつフェノール化合物のラズベリーケトン（rasberry ketone；4-(p-hydroxy-phenyl)-2-butanone）である。

(7) 香辛料の香りと辛味

香辛料は、香気成分として抗菌活性をもつフェノール化合物を含むものが多い。シナモンの香りは、シンナムアルデヒド（cinnamaldehyde）とシンナミルアルコール（cinnamyl alcohol）からなる。バニラエッセンスの甘い香りの主成分は**バニリン**（vanillin）である。ナツメグのミリスチシン（myristicin）やサフロール（safrole）、スターアニスやフェンネルのアネトール（anethole）、タイムのチモール（thymol）、クローブやオールスパイスの**オイゲノール**（eugenol）はいずれもフェノール誘導体である。

例題 15 きのこや果実、香辛料に関する記述である。<u>誤っている</u>のはどれか。1つ選べ。

1. まつたけの主要香気は、1-オクテン-3-オールと桂皮酸メチルからなる。
2. しいたけの香気は、レンチニン酸から酵素の作用で生成するレンチオニンによる。
3. 果実の香りは、成熟に伴い脂肪酸とケトン類から、酵素によってアルデヒド類が生じるため強くなる。
4. ももの甘い香りはラクトン類からなる。
5. バニラエッセンスの甘い香りの主成分はバニリンである。

解説　3. 果実の香りは成熟に伴い有機酸とアルコールから、酵素によってエステル化合物が生じるため強くなる。　　　　　　　　　　　　　　　　　　　解答 3

3.2 動物性食品の匂い

　新鮮な魚には匂いがほとんどないが時間とともに生臭い匂いが発生する。海水魚の生臭さの原因はアミン類で、魚肉中に含まれるトリメチルアミンオキシドに細菌類が出す還元酵素が作用し、**トリメチルアミン**やジメチルアミンが生成される。さめ肉には尿素が含まれており、時間経過とともに、尿素の分解物のアンモニア臭が強くなる。

　淡水魚の臭いはアミノ酸のリジンから誘導される**ピペリジン**、δ-アミノバレラール、δ-アミノ吉草酸による。また、こいやしじみでは季節により泥臭、カビ臭が問題になることがあるが、これは湖水の藍藻や放線菌が生成する**ゲオスミン**や 2-メチルイソボルネオールを取り込むことによる。また、あゆ独特の香気成分は、あゆに含まれるイコサペンタエン酸 (EPA) が酵素リポキシゲナーゼの作用で分解した 2,6-ノナジエナールによる。

　畜肉の生臭みは硫化水素やメルカプタン、アンモニアなどである。また牛乳は殺菌時の加熱によって、カルボニル化合物、低級脂肪酸および含硫化合物などの香気成分が生成する。バターやチーズは発酵時に生成する酪酸やジアセチル (diacetyl) が主要な香気成分として生成し、ヨーグルトは乳酸などの有機酸やアセトアルデヒド、アセトイン (acetoin) が主要な香気成分として生成する。

例題 16　動物性食品の匂いに関する記述である。正しいのはどれか。1 つ選べ。
1. 海水魚の生臭さの原因は、硫化水素である。
2. さめ肉には、尿素が含まれており、尿素分解物のアンモニア臭が時間経過とともに強くなる。
3. 淡水魚の臭いは、メルカプタンなどによる。
4. こいやしじみの泥臭、カビ臭は、トリメチルアミンなどによる。
5. バターやチーズは、発酵時に生成する酢酸やアセトンが主要な香気成分である。

解説　1. 海水魚の生臭さの原因は、トリメチルアミンなどのアミン類である。
3. 淡水魚の臭いはピペリジン、δ-アミノバレラール、δ-アミノ吉草酸による。
4. こいやしじみの泥臭、カビ臭はゲオスミンや 2-メチルイソボルネオールなどによる。　　5. 発酵時に生成する酪酸やジアセチルが主要な香気成分である。　**解答 2**

3.3 発酵食品の匂い

漬物、みそ、しょうゆなどの発酵食品では、微生物の働きで脂肪やたんぱく質が分解し、酢酸（acetic acid）、イソ吉草酸（isovaleric acid）などの酸や、アルコール、アルデヒド、ケトン、エステルなどの多数の香気が生成される。

しょうゆでは酵母の作用でアミノ酸とペントースから、しょうゆらしい香気を有するホモフラネオール（HEMF；4-ヒドロキシ-2-(or5)エチル-5-(or2)メチル-3(2H)-フラノン）やキャラメル香を有するフラネオール（HDMF；4-ヒドロキシ-2,5-ジメチル-3(2H)-フラノン）、同じくキャラメル香を有するノルフラネオール（HMMF；4-ヒドロキシ-5-メチル-3(2H)-フラノン）が生成される。さらに、メチオニンからメチオノール、メチオナールが生成し、しょうゆらしさを与える。みその香気成分もしょうゆと同じくホモフラネオールやメチオノールの他、燻煙香をもたらす4-エチルグアイアコールが含まれている。

納豆の臭いは**ピラジン類**（ピラジン、2-メチルピラジン、2,5-ジメチルピラジン、2,5,3-トリメチルピラジン）の他、イソ吉草酸、イソ酪酸のような脂肪酸や、3-hydroxy-3-methyl-2-butanone と 3,4-dihydroxy-3,4-dimethyl-2,5-hexanedione などのヒドロキシケトン化合物による。

茶は、加熱によって酵素を作用させない不発酵の緑茶、発酵途中で加熱をし、半発酵させる烏龍茶、完全に発酵させる紅茶、微生物発酵させる黒茶に分類される。それぞれの香りの組成は加工法で違いがみられるが、以下のような共通成分がみられる。リナロール（linalool）とそのオキシド、ゲラニオール（geraniol）、ネロリドール（nerolidol）などのテルペン化合物、カロテン由来の分解物の他、ベンジルアルコール（benzyl alcohol）、2-フェニルエタノール（2-phenylethanol）、インドール（indole）などの芳香族化合物が含まれている。

3.4 加熱香気成分

パン、クッキー、焙じ茶、コーヒーなどの香ばしい香りは、加熱によりアミノ酸のアミノ基と、グルコースなど還元糖のカルボニル基が反応し、複雑な工程を経る**アミノ・カルボニル反応**（**メイラード反応**ともいう。非酵素的褐変反応）で生成される。アミノ・カルボニル反応はまずアミノ化合物と還元糖が結合し、シッフ塩基とよばれる窒素配糖体を形成する。その後、アマドリ転位（二重結合（-N=C-）の転位）によりその反応生成物を生じるまでの反応を初期段階とし、アマドリ転位生成物以降の中期段階を経て、最終段階でメラノイジンを生成する。ただしメイラード反応は非常に多くの素反応からなる過程であり、その全容は未だ十分には解明さ

れていない。またこれらの反応中間生成物が**ストレッカー分解**反応により、アミノ酸より1つ炭素の少ないアルデヒド類が生成する他、中間産物のアミノケトン化合物が縮合、環化して、ポップコーンの匂いを有する種々の**ピラジン化合物**が生成される。ピラジンなどのヘテロ環を有する化合物は閾値が低いので、微量で香ばしさを与える。この他、ピロール化合物や 5-hydroxymethylfurfural（HMF）などの**フラン化合物**が生成され、焦げ臭などの焙焼香を与える。

　ショ糖などの糖を100℃以上に加熱し焦がすと糖が分解し、マルトール、シクロテン、ソトロンなどの甘いカラメル様香気が生成される。この反応を**カラメル化反応**といい、これも非酵素的褐変反応である。この反応は酸、アルカリ下でより促進される。

3.5 脂肪分解により生じる匂い

　食品中の不飽和脂肪酸の分解が進むと揮発性のアルデヒドに変化する。これらは特徴的な匂いがあり、品質低下を引き起こす。この香りのことを**オフフレーバー**という。脂肪酸のうち、オレイン酸やリノール酸が分解されるとヘキサナールや、2-ヘキセナールなどの低分子化合物が生じる。これらは油の酸敗臭の原因である。また揚げ油を長時間加熱するとアクロレインという油酔いの原因物質が生じる。

　米が酸化したときに生じる古米臭は米の中の不飽和脂肪酸が酸化して生じたアルデヒド類で、例えばヘキサナールやペンタナールなどがある。このヘキサナールは豆乳の青臭みの原因物質でもある。

例題 17　食品を加工、保存した際に生じる匂いに関する記述である。<u>誤っている</u>のはどれか。1つ選べ。

1. しょうゆのしょうゆらしい香気をもたらすのは、フラネオール類である。
2. 納豆の臭いは、フラン類による。
3. パン、クッキーなどの香ばしい香りは、アミノ化合物と還元糖の加熱によりアミノ・カルボニル反応（メイラード反応）とストレッカー分解で生成される。
4. 糖を100℃以上に加熱し焦がすと糖が分解し、マルトール、シクロテン、ソトロンなどの甘いカラメル様香気が生成される。
5. 豆乳の青臭みの原因物質は、ヘキサナールである。

解説　2. 納豆の臭いはピラジン類による。　　　　　　　　　　　**解答** 2

4 食品のテクスチャー

4.1 食品のおいしさと物理的性質

　食品の2次機能である嗜好性は、人間の5感（味覚、嗅覚、視覚、聴覚、触覚）によって認識される重要な特性である。食品のおいしさに関する要因には、味・香りなど、その成分の化学的性質に由来するものと、舌ざわり、かみごたえ、のどごしなどの口腔内の触覚や圧覚によって感知される物理的性質とがある。

　食品はそれぞれ組織の構造が異なり、それに起因して物理的性質も異なる。このような物理的性質を**食品の物性**という。物性には、**力学的物性（レオロジー）**と**感覚的物性（テクスチャー）**とがある。

4.2 コロイドの科学

(1) 食品の状態

　砂糖、食塩などほぼ純粋な食品のように一部の例外はあるが、ほとんどの食品は、水、たんぱく質、糖質、脂質その他の多くの成分が複雑に混ざり合った状態で存在する。多くの食品は不均質で、多成分の分散系からなる。このとき、分散している粒子を分散質（または分散相）、粒子が分散している物質を**分散系**または**分散媒**（または連続相）とよぶ。分散系は、気体、液体、固体の分散質と分散媒の組み合わせにより**表5.6**のように分類できる。

表5.6　気体、液体、固体の分散質と分散媒の組み合わせ

		分散質（分散相）		
		気　体	液　体	固　体
分散相（連続相）	気体		エアロゾル（香り付けのスモーク）	粉体（小麦粉、でんぷん、スキムミルク）
	液体	泡沫（ホイップクリーム、ビールの泡）	エマルション（牛乳、マヨネーズ、バター）	サスペンション（みそ汁、ジュース、ソース）
	固体	固体泡（パン、スポンジケーキ）	固体エマルション（畜肉、魚肉、果実）	固体サスペンション（冷凍食品）

　また、分散系は分散する粒子の大きさにより、分子溶液（分子分散系）、コロイド溶液（コロイド分散系）、粗大分散系に分類される（**図5.21**）。粒子の大きさが$10^{-5} \sim 10^{-7}$cm より小さい粒子だと「真の溶液」それより大きい粒子だと「懸濁液」という。

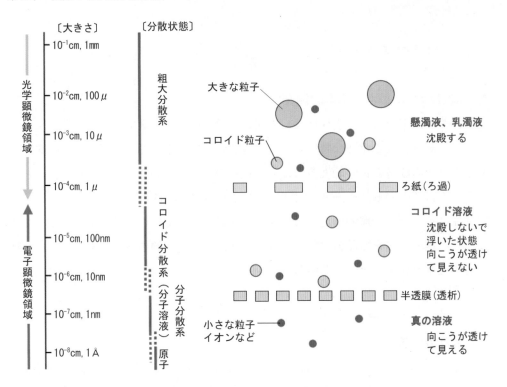

図 5.21　分散系粒子の大きさ

(2) コロイド (colloid)

　コロイドは構成するコロイド粒子により、**分子コロイド**、**ミセルコロイド**、**分散コロイド**の3種類に分類されている。分子コロイドは分子1個でコロイドの大きさになっている水溶性の高分子化合物で、例としてデンプンや寒天などがある。ミセルコロイドは分子量の小さい分子が多数集合した状態（ミセル）のもので、石ケンや合成洗剤などがこれにあたる。分散コロイドは水に溶けない物質がコロイドの大きさになったもので釉薬や金コロイドがこれにあたる。一般的にコロイド同士は接近してももっている電荷によって反発し、沈殿しない（**図 5.22**）。

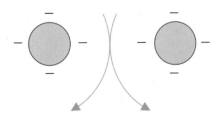

コロイド同士は接近してももっている
電荷によって反発し、沈殿しない。

図 5.22　コロイドの模式図

　また、コロイド粒子と水との親和性の違いにより**疎水コロイド**と**親水コロイド**に分類できる。疎水コロイドは水和していないコロイドで、電気を帯びていて水にあまりなじまない。疎水コロイドの溶液に少量の電解質を加えるとコロイド粒子表面の電荷が中和され、コロイド粒子が分子間力によって集まって沈殿してくる。これを**凝析**という（**図 5.23**）。

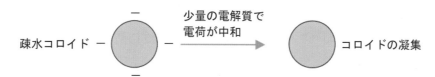

図 5.23　疎水コロイドの凝析

　親水コロイドは水和しているコロイドであり、水によくなじむので簡単に凝析（沈殿）しない。親水コロイドを沈殿させるには周りの水和水を取り除き、さらに電荷を中和しなければならないため多量の電解質を必要とする。この多量の電解質で沈殿させる方法を**塩析**という（図 5.24）。例えば豆腐は塩析を利用した食品で、豆乳中のたんぱく質が親水コロイドとして存在しており、そこに電解質であるにがりが作用することによって製造される。

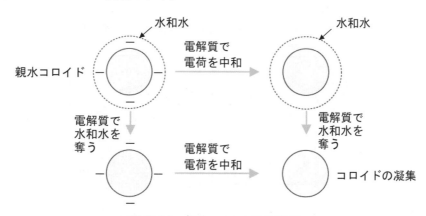

図 5.24　親水コロイドの塩析

　また、疎水コロイドに親水コロイドを加えると、疎水コロイドの周りを親水コロイドが取り囲んでコロイドが安定する。このコロイドを**保護コロイド**（protective colloid）という。例えば、牛乳中にはいくつかの**カゼイン**が存在しており、カルシウムイオンで沈殿しない κ-カゼインが保護コロイドとして存在している。そこに凝乳酵素として知られるキモシン（レンネット）を加えると κ-カゼインの一部が分解されて、疎水コロイドのパラカゼインが生成する。このパラカゼインがカルシウムイオンと結合してカード状に固まる。

　コロイド溶液ではチンダル現象やブラウン運動が起きる。**チンダル現象**とはコロイド溶液のような分散系に光を通したとき、光は吸収されると同時に全方向に放出し、その光の通路がその斜めや横からでも光って見える現象のことである。例えば、映画館の映像投射部分が幕に向けて一筋の光として見えるのは、空気中に漂うほこりの粒子などがコロイド粒子となって光を乱反射する一種のチンダル現象である。

ブラウン運動は水分子などの溶媒分子が不溶性のコロイド粒子にランダムに衝突するために起こる現象で、コロイド粒子が動いているように見える現象のことである。

(3) 乳濁液と懸濁液

　乳濁液（エマルション）は水と油のように、互いに溶解しない液体中に他の液体粒が分散している状態をいう。分離している2つの液体を**エマルション**にすることを**乳化**といい、乳化する作用をもつ物質を**乳化剤**という。乳化剤は界面活性剤を使用することが多い。エマルションは乳化剤の存在により安定化する（図5.25）。乳化剤としてはリン脂質である**レシチン**（ホスファチジルコリン）やテルペン系化合物の配糖体であるサポニン、各種の脂肪酸エステルなどがある。エマルションは一般的にコロイド粒子が小さいほど安定性が高い。

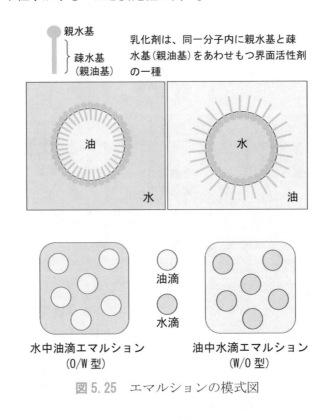

図5.25　エマルションの模式図

　水の中に油滴が分散している系を**水中油滴型**（O/W 型：oil in water 型）エマルションといい、牛乳、生クリーム、卵黄、マヨネーズなどがあり、流動性を示す。例えば、マヨネーズは酢と卵の水分中に、卵黄中のレシチンが乳化剤として働き、油がそこに油滴として分散している。水中油滴型のエマルションでは油滴の粒子が大きすぎると油滴が凝集し、より大きな粒子となり、水層の上部に層をつくる。これを**クリーミング**という。例えば、搾りたての牛乳はクリーミングにより二層に分

かれているが、均質化（ホモジナイズ）することによって脂肪球をより小さくし、エマルションを安定化させ、二層に分離するのを防いでいる。

　一方、油の中に水滴が分散している系を**油中水滴型**（W/O 型：water in oil 型）エマルションといい、例としてバター、マーガリンなどがある。こちらは固体状である。

　懸濁液（サスペンション；suspension）は、液体に固体粒子が分散した系をいう。みそ汁、抹茶、水溶きかたくり粉などがある。乳濁液より不安定で、しばらく放置すると固体の比重が水より大きければ沈殿し、小さければ浮く。一般的に沈殿速度は粒子が微細なほど遅い。

(4)　ゾルとゲル

　液体中にコロイド粒子が分散している溶液（コロイド溶液）は状態によって**ゾル**（sol）と**ゲル**（gel）の2つに分類される。ゾルは流動性がある状態で、一方、ゲルは分散質が凝集して網目構造などをつくり、溶液全体の流動性がなくなり固化した状態をいう。また、棒寒天や凍豆腐のようにゲル中に存在する分散媒が減少し乾燥状態になったものをキセロゲル（乾燥ゲル）という。

　ゲル化性をもつものには、多糖類系とたんぱく質系の2つがある。多糖類系ではでんぷん（くず桜、ブラマンジェ）や海藻抽出物（寒天、カラギーナン）や植物抽出物（タマリンド、サイリウム）、細菌抽出物（キサンタンガム）などがある。一方、たんぱく質系には（茶碗蒸し、豆腐、かまぼこ、ゼラチン）などがある。これらのゲルは、温度状態によりゾルとゲルが変化する**熱可逆性ゲル**（ゼラチン、寒天など）と、一旦ゲルになるとゾルに戻らない**不可逆性ゲル**（豆腐など）に分類できる。

例題 18　　コロイドとその状態に関する記述である。正しいのはどれか。1つ選べ。

1. でんぷんや寒天は、分散コロイドである。
2. 疎水コロイドを沈殿させるには周りの水和水を取り除き、さらに電荷を中和しなければならないため多量の電解質を必要とする。
3. コロイド溶液に光を通したとき、その光の通路が光って見える現象をブラウン運動という。
4. 油の中に水滴が分散している系を水中油滴型エマルションといい、例としてマヨネーズなどがある。
5. ゾルは流動性がある状態で、ゲルは網目構造などをつくり、溶液全体の流動性がなくなり固化した状態をいう。

> **解説**　1. でんぷんや寒天は分子コロイドである。　2. 疎水コロイドを沈殿させる
> には少量の電解質でよい。　3. コロイド溶液に光を通したとき、その光の通路が光
> って見える現象をチンダル現象という。　4. 油の中に水滴が分散している系を油中
> 水滴型エマルションといい、例としてバターなどがある。　　　　　　　**解答** 5

4.3 レオロジー

(1) レオロジーの基礎

　レオロジー（rheology）とは物質の変形と流動に関する科学のことである。物質
の変形はフックの弾性の法則、物質の流動はニュートンの粘性の法則を基礎とする。
レオロジーでは、外力を加えたときの応力 P（一定の方向にかけられた力（荷重）
に対して物体の内部に生ずる抵抗力）とひずみ D（応力の発生により生じた物体の
変形の程度）の関係が基礎となる。

　物質のレオロジー的性質は、食品に対する感覚的評価である**テクスチャー**の客観
的な指標として重要である。

(2) 弾性

　ゴム、バネなどのように外力をかけるとひずみ、外力を取り除くともとに戻る性
質を**弾性**（elasticity）という。このような性質を示す物質を弾性体という。弾性
の法則は、ばねへの荷重（力）はばねの伸び・変形（ひずみ）に正比例するという
法則である。この法則は下記の式で表わすことができる（フックの法則）。

$$P（応力）= E（弾性率）\times \gamma（ひずみ）$$

　弾性率は変形のしにくさを表す物性値である。ひとつの方向に引っ張って伸びる
か、押して縮むかの変化する割合を**伸び弾性率（ヤング率）**といい、箱のような四
角いものを横から押して平行四辺形になるかの変化する割合を**ずり弾性率（剛性率）**
という（図 5.26）。

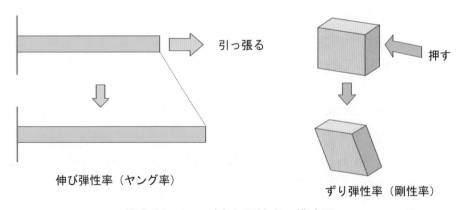

図 5.26　ヤング率と剛性率の模式図

(3) 粘性

　液体をかき混ぜると流動するが、力を取り除くとやがて自然に止まってしまう。これは液体内部の摩擦のためであり、このような流れに抵抗する内部摩擦を粘性（viscosity）といい、その度合いを**粘性率**という。したがって、粘性率が大きいと流れにくく、粘りの大きいことを示す。

　液体には、ずり速度とずり応力が比例関係にあるニュートン流体と、比例関係になく、ずり速度により粘度が変化する非ニュートン流体がある。

　ニュートン流体は、下記の式のニュートンの法則に従う。水、アルコール飲料、油、水あめなどはニュートン流体に属する。流体に加える力が異なっても粘度が変化しない性質をニュートン流動という。

$$\eta\,(粘度) = P\,(ずり応力)\,/\,D\,(ずり速度)$$

　流体に加える力が異なると粘度が変化する性質を**非ニュートン流動**といい、そのような性質を示す流体を**非ニュートン流体**という。非ニュートン流体は加えられた力と流動の速度が比例しない。ポタージュスープやケチャップなど多くの液体食品は非ニュートン流体である。非ニュートン流体のうち、その流動の特性から**ダイラタント流体**（ダイラタンシー流体）、擬塑性流体、ビンガム流体（塑性流体）などがある。（図 5.27）。ダイラタント流体は流れが強くなるほど流動しにくくなり、擬塑性流体は流れが強くなるほど流動しやすくなる。ビンガム流体は一定のせん断応力に達しないと流動を始めない。

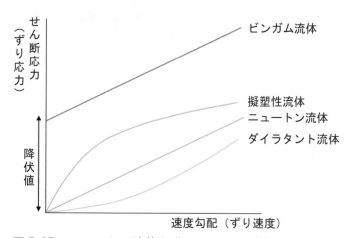

図 5.27　ニュートン流体と非ニュートン流体の流動特性

　ダイラタント流体の例としては片栗粉に水を加えたものなどがある。片栗粉と水を 1：1 程度に混合したものはゆっくりかき混ぜることは容易であるが、急激にかき混ぜると非常に硬くなり、水が粉に吸水されたようになる。

　擬塑性流体の例としてはマヨネーズやケチャップなどの流動性のある食品や歯磨き粉などがある。撹拌すると流動性を増し、静置すると流れにくくなる。また擬塑性流体とよく似た挙動を示す流体のひとつに**チキソトロピー**がある。力を加えることによって粘度が低下するという点では、擬塑性流体もチキソトロピーも同じだが、チキソトロピーの場合は下がった粘度がある時間放置するともとに戻る性質がある。チキソトロピーの例ではペンキやボールペンのインクなどがある。また力を加えることによって粘度が上昇するものをレオペクシーと表現する場合があるが食品での適切な例はないと考えられる。

　ビンガム流体（塑性流体）の例としてはバター、マーガリン、パン生地などがある。ある一定以上の力を加えると変形して、力を加えなくなった後ももとに戻らずに変形がそのまま残る性質を**塑性**（plasticity）という。変形が起こる際の力（限界値）を**降伏値**という。

　納豆の糸、すりおろしたやまいもなどは、引き上げると流れ（粘性）、もとに戻ろう（弾性）とする性質が重なり合って糸をひく現象（曳糸性）がある。

(4) 粘弾性

　弾性と粘性を併せ持つ性質を**粘弾性**（viscoelasticity）という。米飯、めん類、パン類、水産・畜産加工品、ゲル状食品など、固形食品の多くは粘弾性体と考えられる。

　まずフックの法則における弾性体をばね（スプリング）で示したものをスプリング模型（図5.28）といい、ニュートン流体をダッシュポット（ピストン）で示したものをダッシュポット模型（図5.29）という。粘弾性体の力学的モデルは、これらの単純なスプリング模型やダッシュポット模型を組み合わせて表現することが多い。これらを組み合わせた代表的なものにマックスウェル模型（図5.30）、フォークト・ケルビン模型（図5.31）がある。フォークト・ケルビン模型に一定の力が継続

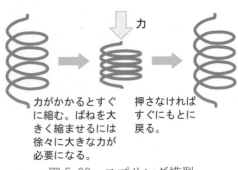

力がかかるとすぐに縮む。ばねを大きく縮ませるには徐々に大きな力が必要になる。　押さなければすぐにもとに戻る。

図5.28　スプリング模型

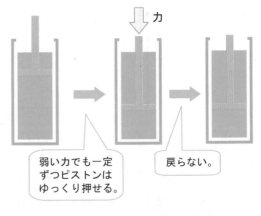

弱い力でも一定ずつピストンはゆっくり押せる。　戻らない。

図5.29　ダッシュポット模型

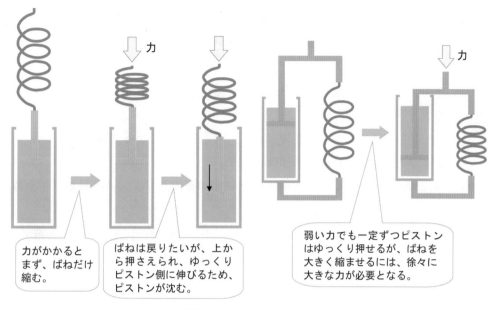

図5.30　マクスウェル模型　　　図5.31　フォークト・ケルビン模型

的に作用したときに、徐々に変形が進んでいく現象をクリープ現象という。例えば、硬いアスファルトが敷いてある地面から植物が生えるとき、アスファルトは植物に負けて変形してしまう。このように固体に対し長期間にわたり少しずつ力をかけ続けると変形してしまう現象である。

　粘弾性を有する食品のモデルとして、これらの模型を用いることで一定の指標を得ることができる。しかし、実際の食品は非常に複雑なため、これだけでは完全ではない。

(5) 大変形特性と破断特性

　食品を咀嚼する段階では大きな力が加えられ、食品は大変形して破断が生じる。食品は高分子材料のものが多いため粘弾性をもつことが多く、フックの法則に従う範囲が狭い。

　食品が大変形あるいは破断するまで圧縮による応力を加えたときの応力−ひずみ曲線から、大変形特性あるいは破断特性を求めることができる（図5.32）。大変形あるいは破断のひずみ、応力、エネルギーによって表される。

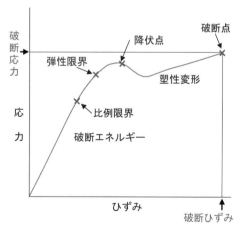

図5.32　大変形と破断

> **例題 19**　レオロジーに関する記述である。<u>誤っている</u>のはどれか。1つ選べ。
>
> 1. ニュートン流体は、ずり速度とずり応力が比例関係ではない。
> 2. 擬塑性流体の例としては、マヨネーズなどがある。
> 3. チキソトロピーは、撹拌すると流動性を増すが、静置し時間経過すると流れにくくなる現象である。
> 4. ある一定以上の力を加えると変形して、力を加えなくなった後ももとに戻らずに変形がそのまま残る性質を塑性という。
> 5. 粘弾性体の力学的な単純モデルは、スプリング模型やダッシュポット模型である。

> **解説**　1. ニュートン流体はずり速度とずり応力が比例関係にある。　　　　**解答** 1

4.4 テクスチャー

　テクスチャー（texture）は、本来、織物・服地や木材、岩石などに対しての人の触感を表わす言葉の総称である。食品の場合、いわゆる食感、すなわち「口あたり」「歯ごたえ」「舌触り」など食品を口に入れたときの口腔内の皮膚感覚や筋肉感覚などで知覚される特性とほぼ同義語になっている。食品のテクスチャーは①硬さ、凝集性、粘度、弾性、付着性などの力学的性質、②粒子の大きさや形状とその会合状態による幾何学的性質、③水分や脂肪含量による表面の性質が影響する。

　食品の感覚的特性であるテクスチャーの解析は、人間による官能検査と、機器による測定によって行われる。機器測定法は、基礎的方法、経験的方法、模擬的方法に分類される。以下に機器測定法について説明する。

(1) 基礎的方法

　基礎的なレオロジー的性質（客観的に定義できる物理量：静的弾性率、動的粘弾性など）を測定する方法である。わずかに変形を加えるような微小変形領域の測定と、破断に至るような大きな変形を与えて行う大変形領域の測定がある。微小変形領域として静的弾性率、動的粘弾性などを測定する機器に**毛細管粘度計**などがある。毛細管粘度計はハーゲン・ポアズイユの法則に従い、一定量の試料が毛細管を通って流出するのに要する時間を求めることで粘性（粘度）を求めることができる。砂糖水やシロップ、水あめやサラダ油などのニュートン流体のみに利用される。大変形領域を測定する機器には回転粘度計やクリープメーター（主に固体状食品における静的粘弾性測定）などがある。**回転粘度計**は流体中の物体が受ける粘度抵抗から粘性を求めることができる。こちらはニュートン流体にも非ニュートン流体にも使用できる。クリープメーターでは時間における変形や変形の距離、歪みから粘弾性

を、破断測定から破断特性を測定できる。

（2）経験的方法

　客観的に定義できる物理量ではなく、経験的に食品の物性値と関連づけられる特性値を測定する方法である。測定機器にカードメーター（切断による変形を測定する）、ペネトロメーター（物質を貫入させることによる変形を測定する）などがある。

（3）模擬的方法

　食品はさまざまな化合物からできていてさまざまな相からなっており不均一であるため、力が加わるとさまざまな物理的挙動を示す。そのため、実際に食品が扱われる条件、すなわち手で捏ねたり、咀嚼したりするなどをまねて測定した方が、よりその食品に近い値が得られる。

　模擬的に実験する測定機器としてテクスチュロメーター、レオメーター、ファリノグラフ、テクスチャーアナライザーなどがある。

　テクスチュロメーター（texturometer）はアメリカのツェスニアク（Szczesniak）が開発したヒトの咀嚼動作をモデルにした機器で、円弧状にプランジャーが動くところが他の機器と異なる。この機器はテクスチャープロフィル分析法（表5.7）により、官能検査による評価特性と機器測定によって求めた力学的特性値（テクスチャー特性値）との間に高い相関を示すことが知られている。

表5.7　テクスチャープロフィル分析法

	一次特性	二次特性	一般用語
力学的特性	かたさ		軟らかい→歯ごたえのある→硬い
	凝集性	もろさ 咀嚼性 ガム性	ボロボロの→ガリガリの→もろい 軟らかい→歯ごたえのある→強靭な 崩れやすい→粉状の→ゴム状
	粘性		サラサラした→粘っこい
	弾性、回復性		塑性の→弾力のある
	付着性		ネバネバする→粘着性→ベタベタする
幾何学的特性	粒子径と形		砂状、粒状、粗粒状
	粒子の形と方向性		線維状、細胞状、結晶状
その他の特性	水分含量		乾いた→湿った→水気のある→水気の多い
	油脂含量	油状	油っこい
		グリース状	脂っこい

　テクスチュロメーター特性の模式図を図5.33に示した。これは歯の代わりにさまざまな形のプランジャー（プラスチックや金属部品）を使用し、2回の圧縮（咀嚼を模倣した動き）で、プランジャーにかかる圧力と食品などの物質の変形具合を解

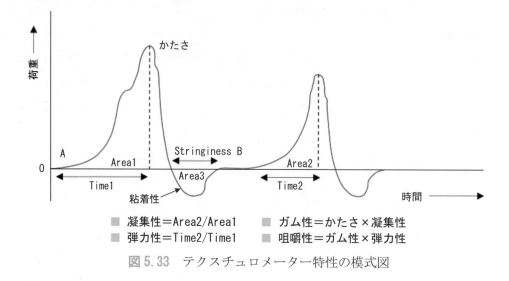

　　　　　　　　　■ 凝集性＝Area2/Area1　　■ ガム性＝かたさ×凝集性
　　　　　　　　　■ 弾力性＝Time2/Time1　　■ 咀嚼性＝ガム性×弾力性

図 5.33　テクスチュロメーター特性の模式図

析するものである。この解析から硬さや凝集性、粘性、弾性、付着性、もろさ、咀嚼性、ガム性などが分かる。この模式図では例えば最初は荷重（この場合は噛む力の模倣）が大きくなっているが、2回目は初回より荷重が少なく、実際に噛んでいるような咀嚼動作の模倣が得られているのが分かる。テクスチャーの解析ではおいしさの解析だけでなく、咀嚼・嚥下困難者向けの誤嚥防止に向けた安全な食品の設計や解析をするのにも使用される。例えば特別用途食品のうち、「嚥下困難者用食品」にはこのテクスチュロメーターで測定した「硬さ」や「付着性」「凝集性」について基準が設けられている。

　また**レオメーター**も同じく破断・粘弾性測定装置であるが、食品だけでなく工業材料も対象としている。またファリノグラフはパンなどの小麦粉生地の安定性や粘弾性を測定するのに使用される。最近では多機能の物性試験機が多数販売されている。

例題 20　テクスチャーに関する記述である。正しいのはどれか。1つ選べ。

1. 毛細管粘度計は、非ニュートン流体の粘度を測定できる。
2. 機器測定法のうち、カードメーターは、経験的に切断による変形を測定する装置である。
3. 機器測定法のうち、ツェスニアクが開発した機器はファリノグラフである。
4. テクスチュロメーターは嚥下を模倣した解析手法である。
5. 特別用途食品のうち、「嚥下困難者用食品」にはテクスチュロメーターで測定した「粘性」や「弾性」「もろさ」について基準が設けられている。

解説　1．毛細管粘度計はニュートン流体の粘度を測定できる。　3．ツェスニアク
が開発したのはテクスチュロメーターである。　4．テクスチュロメーターは咀嚼を
模倣した解析手法である。　5．「嚥下困難者用食品」には「硬さ」や「付着性」「凝
集性」について基準が設けられている。　　　　　　　　　　　　　　　　解答　2

章末問題

1　食品の色素成分に関する記述である。正しいのはどれか。1つ選べ。

1．クロロフィルが褐色になるのは、マグネシウムの離脱による。

2．アントシアニンが赤色を呈するのは、アルカリ性の条件下である。

3．えびやかにをゆでると赤色になるのは、アスタシンの分解による。

4．ミオグロビンが褐色になるのは、ヘム鉄の還元による。

5．のりを加熱すると青緑色になるのは、フィコシアニンの分解による。　　　（第29回国家試験）

解説　2．アントシアニンが赤色を呈するのは、酸性の条件下である。　3．えびやかにをゆでると赤色
になるのは、アスタキサンチンの分解による。　4．ミオグロビンが褐色になるのは、ヘム鉄の酸化によ
る。　5．のりを加熱すると青緑色になるのは、フィコエリスリン（赤色）の減少による。　　　解答　1

2　食品に含まれる色素に関する記述である。最も適当なのはどれか。1つ選べ。

1．β-クリプトキサンチンは、アルカリ性で青色を呈する。

2．フコキサンチンは、プロビタミンAである。

3．クロロフィルは、酸性条件下で加熱するとクロロフィリンになる。

4．テアフラビンは、酵素による酸化反応で生成される。

5．ニトロソミオグロビンは、加熱するとメトミオクロモーゲンになる。　　　（第34回国家試験）

解説　1．β-クリプトキサンチンは黄色を呈する。　2．フコキサンチンはプロビタミンAではない。
3．クロロフィルは、酸性条件下で加熱するとフェオフィチンになる。　5．ニトロソミオグロビンは加
熱するとニトロソミオクロモーゲンになる。　　　　　　　　　　　　　　　解答　4

3　食品の呈味とその主成分に関する記述である。正しいのはどれか。1つ選べ。

1．わさびの辛味は、ピペリンによる。

2．干ししいたけのうま味は、グルタミン酸による。

3．にがうりの苦味は、テオフィリンによる。

4．柿の渋味は、不溶性ペクチンによる。

5．たけのこのえぐ味は、ホモゲンチジン酸による。　　　　　　　　　　（第33回国家試験）

解説 1. わさびの辛味はアリルイソチオシアネートによる。 2. 干ししいたけのうま味はグアニル酸による。 3. にがうりの苦味はモモルデシンとククルビタシンによる。 4. 柿の渋味は可溶性タンニンのシブオールによる。 解答 5

---

4 植物性食品の味とその成分の組み合わせである。正しいのはどれか。1つ選べ。

1. こんぶの旨味--------クロロゲン酸
2. きゅうりの苦味------ククルビタシン
3. しょうがの辛味------ナリンギン
4. わさびの辛味--------テアニン
5. とうがらしの辛味-----ピペリン (第 31 回国家試験)

解説 1. こんぶの旨味は L–グルタミン酸ナトリウムによる。 3. しょうがの辛味はジンゲロール、乾燥後はショウガオールによる。 4. わさびの辛味はアリルイソチオシアネートによる。 5. とうがらしの辛味はカプサイシンによる。 解答 2

---

5 植物性食品とその香気成分の組み合わせである。正しいのはどれか。1つ選べ。

1. にんにく------------酢酸イソアミル
2. しいたけ------------レンチオニン
3. グレープフルーツ----桂皮酸メチル
4. きゅうり------------ジアリルジスルフィド
5. バナナ--------------トリメチルアミン (第 29 回国家試験)

解説 1. にんにくはアリシンによる。 3. グレープフルーツはヌートカトンによる。 4. きゅうりはきゅうりアルコールとスミレ葉アルデヒドによる。 5. バナナは酢酸イソアミルによる。 解答 2

---

6 食品の物性に関する記述である。正しいのはどれか。1つ選べ。

1. 牛乳のカゼインミセルは、半透膜を通過できる。
2. 寒天ゲルは、熱不可逆性のゲルである。
3. ゼリーは、分散媒が液体で分散相が固体である。
4. クッキーは、分散媒が固体で分散相が液体である。
5. ケチャップは、ダイラタンシー流動を示す。 (第 33 回国家試験)

解説 1. 牛乳のカゼインミセルは、半透膜を通過できない。 2. 寒天ゲルは、熱可逆性のゲルである。 4. クッキーは、コロイドではないのであてはまらない。 5. ケチャップは、擬塑性流動を示す。 解答 3

---

7 食品とその物性に関する記述である。正しいのはどれか。1つ選べ。

1. 板こんにゃくは、ゾルである。

2. マヨネーズは、O/W型エマルションである。

3. スクロース水溶液は、非ニュートン流動を示す。

4. でんぷん懸濁液は、チキソトロピー流動を示す。

5. トマトケチャップは、ダイラタンシー流動を示す。　　　　　　　　（第31回国家試験）

解説　1. 板こんにゃくはゲルである。　3. スクロース水溶液はニュートン流動を示す。　4. でんぷん懸濁液はダイラタンシー流動を示す。　5. トマトケチャップは擬塑性流動を示す。　　　　　　**解答 2**

---

8 野菜・果実の成分に関する記述である。正しいのはどれか。1つ選べ。

1. レモンの酸味の主成分は、リンゴ酸である。

2. うんしゅうみかんの果肉の色素成分は、アスタキサンチンである。

3. だいこんの辛味成分は、イソチオシアネートである。

4. きゅうりの香りの主成分は、1－オクテン3－オールである。

5. なすの果皮の色素成分は、ベタニンである。　　　　　　　　　（第30回国家試験）

解説　1. レモンの酸味の主成分はクエン酸である。　2. うんしゅうみかんの果肉の色素成分はβ－クリプトキサンチンである。　4. きゅうりの香りの主成分はきゅうりアルコールとスミレ葉アルデヒドである。　5. なすの果皮の色素成分はナスニンである。　　　　　　　　　　**解答 3**

---

9 食品とその呈味成分に関する記述である。最も適当なのはどれか。1つ選べ。

1. こんぶの旨味成分は、5'－グアニル酸である。

2. 苦味の閾値は、基本味の中で最も高い。

3. 緑茶の旨味成分は、コハク酸である。

4. きゅうりの苦味成分は、ククルビタシンである。

5. ビールの苦味成分は、イソロイシンである。　　　　　　　　　　（創作問題）

解説　1. こんぶの旨味はL－グルタミン酸ナトリウムによる。　2. 苦味の閾値は、基本味の中で最も低い。　3. 緑茶の旨味成分は、テアニンである。　5. ビールの苦味成分は、フムロンである。　**解答 4**

---

10 野菜・果実の成分に関する記述である。最も適当なのはどれか。1つ選べ。

1. レモンの酸味は、リンゴ酸による。

2. だいこんの辛味成分は、イソチオシアネート類である。

3. バナナの香気成分は、レンチオニンである。

4. なすの果皮の色素成分は、カルミン酸である

5. トマトの色素成分はミオグロビンである。　　　　　　　　　　（創作問題）

解説　1. レモンの酸味は、クエン酸による。　3. バナナの香気成分は、イソアミルアルコールである。　4. なすの果皮の色素成分は、ナスニンである　5. トマトの色素成分は、リコピンである。　　**解答 2**

11　植物性食品とその色素成分の組み合わせである。**誤っている**のはどれか。1つ選べ。

1.　とうがらし -------- カプサンチン

2.　とうもろこし ----- ルテイン

3.　いちご ----------- カリステフィン

4.　赤しそ ----------- リコペン

5.　あまのり --------- フィコシアニン

（創作問題）

解説　4.　赤しそーシソニン　　　　　　　　　　　　　　　　　　　　　　　　解答　4

第6章

食品成分の 変化と栄養

達成目標

■食品中の炭水化物、たんぱく質の化学的変化、栄養との関係について説明できる。

■食品中の栄養素の成分間反応について理解し、説明できる。

■酸化の機構と食品学的影響を理解し、説明できる。

■褐変の機構と食品学的影響を理解し、説明できる。

1　炭水化物の変化

1.1　でんぷんの糊化

　穀類やいも類などに含まれるでんぷんは細胞内にでんぷん粒として貯蔵されている。でんぷん粒は主にアミロースとアミロペクチンからなり、部分的に規則的な配列をしてミセルを形成する結晶部分と非結晶部分の領域が存在する。でんぷん粒子内のグルコース分子間は水素結合を形成しており、水分子が入り込むことができないため、生でんぷん（β-でんぷん）は常温の水には溶解しにくく、消化性も悪い。これに水を加えて加熱すると、熱エネルギーによって分子振動が盛んになり、ミセルの水素結合が不安定となって水分子が入り込みやすくなり、でんぷんは膨潤する。さらに加熱するとでんぷん粒は崩壊し糊状になる。これをでんぷんの**糊化**（gelatinization）または**α化**といい、この状態のでんぷんを**糊化でんぷん（α-でんぷん）**という（図6.1）。糊化でんぷんはミセルが崩れた状態であるので、アミラーゼの作用を受けやすくなり、消化がよい。穀類やいも類のようなでんぷんを多く含む食品は、水を加えて加熱することで消化がよくなるうえ、粘度により食感も変化して食用に適するようになる。

　でんぷん中のアミロースとアミロペクチンの含量はでんぷんの種類、測定法によっても異なるが、一般的にはアミロース含量が大きいと糊化温度が高くなる傾向がある。また、糊化過程はでんぷん粒子中に存在する微量の脂質やたんぱく質によっても影響を受ける。

1.2　でんぷんの老化

　糊化でんぷんを放置する、あるいはゆっくり冷却すると、再び一部ミセルのような構造を形成し、粘性を失ってかたくなる。この現象をでんぷんの**老化**（retrogradation）または**β化**という。老化したでんぷんはアミラーゼが作用しにくいため分解されにくくなる。でんぷんの老化は糊化によって拡散したでんぷんの分子が温度の低下とともにその運動性を失い、分子間または水分子を介して水素結合を生じるようになり、部分的にミセルのような構造に戻るためであると考えられている。しかし、生でんぷんとまったく同じ構造に戻るわけではない（図6.1）。

　アミロースはアミロペクチンに比べて立体障害が少なく、会合してミセルを形成しやすいため老化しやすい。また、でんぷんの老化はアミロース含量が高く、温度0〜5℃、水分30〜60%の場合に進行しやすい。でんぷんの老化を防ぐためには、糊

化したでんぷんを 70〜80℃以上または 0℃以下で急速に水分を除去すると、でんぷんが糊化状態のまま乾燥されるため有効である。この原理を利用した食品には即席めん、α化米、ビスケットなどがある。また、糊化後に−20℃で急速に冷凍することも老化の抑制に有効である。この他、ショ糖を添加すると、糖が吸水剤として作用するだけでなく、膨潤したでんぷん粒に糖が入り込み分子同士の接触を妨げて分子会合点を生じさせにくくするため、老化を遅延させる。白玉粉でつくる求肥や羽二重餅などがかたくなりにくいのはこのためである（表6.1）。

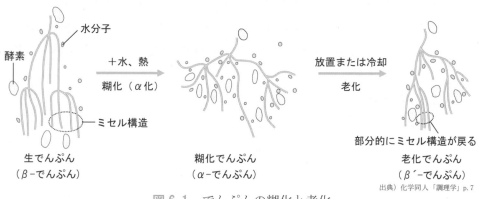

図6.1　でんぷんの糊化と老化

表6.1　でんぷんの老化防止方法とその原理を利用した食品例

方　法	この原理を利用した例
αでんぷんを 60℃以上で保持	炊飯器の保温機能
αでんぷんを高温で乾燥	即席めん、α化米、膨化米、せんべい、ビスケット
αでんぷんを急速に冷凍	冷凍米飯、冷凍めん
αでんぷんに多量の砂糖を添加	求肥、羽二重餅、ようかん、ういろう

例題 1　でんぷんに関する記述である。正しいのはどれか。1つ選べ。

1. 生でんぷん（β-でんぷん）は、常温の水に溶解しやすく、消化性もよい。
2. 生でんぷん（β-でんぷん）を水とともに加熱すると糊状になる。
3. 糊化でんぷんは、アミラーゼの作用を受けにくくなり、消化が悪い。
4. 一般的にはアミロース含量が大きいと糊化温度が低くなる傾向がある。
5. 糊化でんぷんをゆっくり冷却すると、軟らかくなる。

解説　1. β-でんぷんは、常温の水に溶解しにくく、消化性も悪い。　3. 糊化でんぷんは、アミラーゼの作用を受けやすくなり、消化がよい。　4. アミロース含量が大きいと糊化温度が高くなる。　5. ゆっくり冷却すると、かたくなる。　**解答** 2

> **例題2**　でんぷんに関する記述である。正しいのはどれか。1つ選べ。
>
> 1. 老化したでんぷんは、アミラーゼが作用しやすいため分解されやすくなる。
> 2. アミロースは、アミロペクチンに比べて老化しにくい。
> 3. でんぷんの老化は、アミロース含量が低いと進行しやすい。
> 4. でんぷんの老化は、0～5℃の温度帯で進行しやすい。
> 5. ショ糖は、老化を促進させる。

> **解説**　1. 老化したでんぷんはアミラーゼが作用しにくいため、分解されにくくなる。
> 2. アミロースはアミロペクチンに比べて老化しやすい。　3. でんぷんの老化はア
> ミロース含量が高いと進行しやすい。　5. ショ糖は老化を遅延させる。　**解答** 4

1.3　でんぷんのデキストリン化

　生でんぷんを160～170℃の乾燥状態で加熱する、あるいは酸や酵素で加水分解して低分子化した多糖を**デキストリン**（dextrin）という。パンを焼いたり、小麦粉を炒めてルウをつくる過程などで小麦粉に含まれるでんぷん分子がデキストリン化する。デキストリンは工業的にも製造されており、原料となるでんぷんの種類、分解の度合いによって特性が異なってくる。水に溶けやすく、老化しにくいため、各種食品の乳化剤や接着剤などに利用されている他、エネルギー源として経腸栄養剤などにも利用されている。

　難消化性デキストリン（レジスタントスターチ）は人の消化酵素では分解できない難消化性の糖質である。でんぷんに微量の酸を添加し、加熱処理をした**焙焼デキストリン**に、α-アミラーゼやグルコアミラーゼといったグルコース間の結合を切断する酵素を作用させ、グルコースに分解されなかったデキストリンの部分を精製して調製する。消化管でのグルコース吸収を阻害する他、胆汁酸ミセルからの長鎖脂肪酸やモノアシルグリセロールの放出を抑制して吸収を遅延させる。さまざまな機能性表示食品の素材として利用されている。

1.4　ショ糖の調理操作による組織・物性の変化

　調理に用いられる糖類はおもにショ糖（スクロース）である。ショ糖溶液は加熱していくと煮詰められて温度が上昇し、それに伴って沸点も上昇する（**表6.2**）。加熱後やがてショ糖100％の液となり、150℃付近から**転化**[*1]が始まり、170℃付近で着色し焙焼香を呈し始め、180～185℃で糖の無水物であるカラメルになる。これら

---

*1 **転化**：スクロースがグルコースとフルクトースに分解すること。

212

の溶液は加熱温度によって冷却後の状態が異なる。調理に用いる場合には、煮詰め温度と砂糖の溶解性、粘性、結晶性、あめ化、カラメル化などの性質が利用される。

1.5　多糖類のゲル化

　水を多く保持する多糖類溶液はゲル化しやすく、増粘剤、ゲル化剤、乳化安定剤などとしてさまざまな加工食品に利用されている。これらの特性は多糖類分子間の相互作用による。

　でんぷん、寒天、ペクチンなどのゲルは均一に分散した流動性のある液体を冷却してつくられる。図6.2に示すように、高温の液体状態では多糖類分子がランダムコイルの状態で分散しているが、冷却すると温度の低下に伴い分子鎖同士がらせん構造をとり、分子間の相互作用によるゲル化が始まる。さらに冷却するとらせん構造同士が集まり、**接合領域（架橋領域）**を形成し、弾性に富んだゲルがつくられる。多糖類分子間の架橋は主に**水素結合**によるものであるが、その他に**イオン結合**、**共有結合**、**疎水結合**など種々の結合力によって生じる。

　一方で、メチルセルロースやヒドロキシプロピルメチルセルロースは、加熱することでゲルとなり、冷却すると再び液状となる。メチルセルロースは水溶液中では水と結合することで溶解しているが、加熱による昇温に伴い疎水基に結合している水分子の解離が起こり、メチル基間の疎水性相互作用によってゲル化すると考えられている。また、カードランも80℃以上の加熱によって不可逆性のゲルを生成するが、これは加熱によって分子構造の変化が起こり、分子間にネットワークを形成することで起きると考えられている。

表6.2　スクロース溶液の濃度と沸点

スクロース濃度（%）	沸点（℃）
10	100.4
20	100.6
30	101.0
40	101.5
50	102.0
60	103.0
70	106.5
80	112.0
90.8	130.0

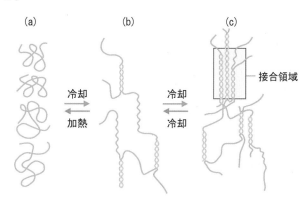

(a)単量体（ゾル）
(b)二重らせんの形成（ゲル）
(c)二重らせん同士の接合（ゲル）

加熱・冷却によりゾルゲル転移が起こる。

出典）化学同人「食品学総論」p. 130

図6.2　多糖類（カラギーナン）分子間の相互作用によるゲル化機構

例題 3　デキストリンとショ糖に関する記述である。正しいのはどれか。1つ選べ。

1. デキストリンは、生でんぷんを120〜130℃の乾燥状態で加熱して生成される。
2. 難消化性デキストリンは、人の消化酵素で分解することができる。
3. 難消化性デキストリンは、消化管でのグルコース吸収を促進する。
4. 難消化性デキストリンは、長鎖脂肪酸やモノアシルグリセロールの吸収を促進させる。
5. ショ糖溶液を加熱していくと煮詰められて無水物であるカラメルになる。

解説　1. デキストリンは、生でんぷんを160〜170℃の乾燥状態で加熱して生成される。　2. 人の消化酵素では分解できない。　3. 消化管でのグルコース吸収を阻害する　4. 長鎖脂肪酸やモノアシルグリセロールの吸収を遅延させる。　　**解答** 5

2 たんぱく質の変化

2.1 たんぱく質の分解

　たんぱく質はアミノ酸が多数結合したペプチド鎖を基本構造とする高分子化合物である。ペプチド結合の切断（一次構造の変化）が起こり、たんぱく質がより小さな分子のペプチドやアミノ酸に分かれることを**たんぱく質の分解**（degradation）という。みそ、しょうゆ、チーズなどに代表される発酵食品では、貯蔵している間に食品中に含まれているプロテアーゼの作用によりたんぱく質が分解され、たんぱく質の分解物がそれぞれの食品特有の風味を生み出すのに大きく寄与している。

　プロテアーゼの働きを利用した例として、唐揚げ粉にプロテアーゼを加えることで鶏肉のたんぱく質表面を分解し、軟らかくすることが可能となる。塩麹を調理に使う場合は麹がもつプロテアーゼの働きを利用していることが多い。一方で、コラーゲンの変性物であるゼラチン（高分子）からつくったゼリーに生のパインアップルやキウイなど強力なたんぱく質分解酵素を含む果実を入れると、ゼラチンが低分子化され、ゲル化能が失われて凝固しにくくなる。そのため、このような果実を使用するときは、前もって加熱し、酵素を失活させておくとよい。

2.2 たんぱく質の変性

　ペプチド構造が切断されることなく高次構造が変化する現象（一次構造は変化しない）を**たんぱく質の変性**（denaturation）という。たんぱく質の一次構造はペプチド結合により形成されているため容易には切断されないが、たんぱく質の二次構

造や三次構造はおもに**水素結合**や**イオン結合**、**疎水結合**などの弱い相互作用（**非共有結合**）によって形成されている。そのため、加熱、凍結、加圧、攪拌などの物理的作用や、酸、アルカリ、界面活性剤などによる化学的作用が加わると、立体構造を保持している弱い相互作用のみが壊れて、らせん構造やひだ状構造がほどけ、形や性質が変化する（図6.3）。たんぱく質の四次構造のみの変化は、サブユニットの**解離**または**会合**とよばれ、変性とは区別される場合が多い。

たんぱく質の変性に伴う主な変化には次のものがあげられる。

① **栄養的な変化**

分子内に隙間ができ、構造がゆるむことにより消化酵素の作用を受けやすくなる。

② **物理化学的性質の変化**

変性前は内部に折りたたまれていた疎水性の部分が分子表面に露出し、分子間の疎水結合が高まることで凝集しやすくなり、沈殿（不溶化）や凝固（ゲル化）が生じる。

③ **生理的な変化**

酵素活性などの生物的活性が低下または失われる。

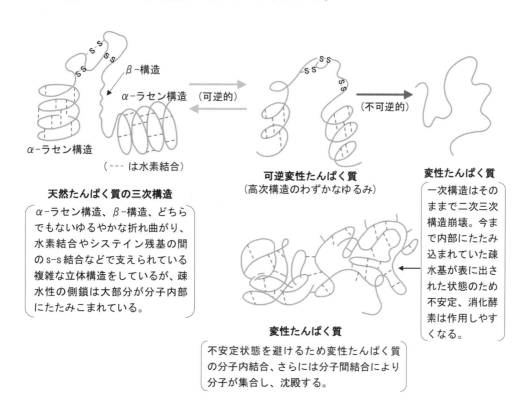

図6.3 たんぱく質変性の模式図（一〜三次構造の変化）

例題 4　たんぱく質の分解に関する記述である。正しいのはどれか。1つ選べ。

1. たんぱく質の二次構造の変化では、ペプチド結合の切断が起こる。

2. たんぱく質がより小さなペプチドやアミノ酸に分かれることを変性という。

3. たんぱく質の分解は、加熱によって起こる。

4. たんぱく質の分解は、プロテアーゼの作用によって抑制される。

5. みそやしょうゆなどの発酵食品は、たんぱく質の分解を利用した食品である。

解説　1. ペプチド結合の切断は一次構造の変化である。　2. 変性ではなく分解である。　3. 一次構造の変化は加熱では起こらない。　4. たんぱく質の分解はプロテアーゼの作用によって起こる。　　　　　　　　　　　　　　　　　　**解答** 5

例題 5　たんぱく質の変性に関する記述である。正しいのはどれか。1つ選べ。

1. たんぱく質の変性とは、一次〜四次構造までが破壊されることをいう。

2. たんぱく質の変性は、攪拌などの物理的操作では起こらない。

3. たんぱく質の変性は、pH の変化によって起こる。

4. たんぱく質が変性すると凝固しにくくなる。

5. たんぱく質が変性すると消化酵素の作用を受けにくくなる。

解説　1. たんぱく質の変性では一次構造は変化しない。　2. たんぱく質の変性は物理的要因と化学的要因によって起こる。　4. たんぱく質が変性すると凝固しやすくなる。　5. 消化酵素の作用を受けやすくなる。　　　　　　　　　　　**解答** 3

2.3 たんぱく質の凝集・沈殿・凝固（ゲル化）

　変性したたんぱく質は、高次構造の変化に伴い内部に埋もれていた疎水性アミノ酸が分子表面に露出されるため、分子間の疎水性相互作用が強まり、互いに会合しやすくなる。すると、本来は水溶液中で分散していたたんぱく質分子が多数集合し、大きな塊状となる（凝集）。これは、溶媒条件（pH、塩濃度など）やたんぱく質濃度に大きく影響される。例えば、等電点付近の pH では分子間の静電的な反発がないため、大きな凝集体が形成され沈殿しやすい（変性たんぱく質の**等電点沈殿**）。一方で等電点から離れた pH では静電的な反発が強いため、凝集が制限され、変性たんぱく質分子が連なった線状の凝集体が形成される（図 6.4）。

　たんぱく質の変性は食品の調理や加工においてさまざまな用途で利用されている（表 6.3）。茶碗蒸しやプリンがゲル化するのは、加熱変性したたんぱく質の凝集体

が複雑に絡み合い、三次元的な網目構造を形成して水分を抱え込むためである。このタイプのゲルは、主に疎水性相互作用により形成されるため、一旦形成されると冷却してもたんぱく質溶液（ゾル）には戻らない（熱不可逆性ゲル）。一方、魚の煮凝りも変性たんぱく質由来（変性コラーゲン：ゼラチン）のゲルであるが、加熱・冷却によりゾル・ゲル転移を繰り返す熱可逆性である（図6.5）。このゲルは多糖類ゲルに多くみられるタイプと同様に、分子間の水素結合により形成される。

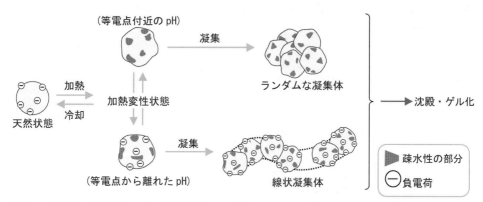

球状たんぱく質は加熱変性しても球状を維持して、条件によってさまざまな凝集体を形成する。その形態の違いによって食品の物性が変わる。図中の⊖は等電点よりアルカリ性側における負電荷の増加を示す。

出典）化学同人「食品学総論」p.122

図6.4　球状たんぱく質の加熱変性と凝集機構

表6.3　たんぱく質の変性を利用した調理・加工食品

変性（凝集）の要因	この原理を利用した食品例
加熱	ゆで卵、プリン、豆腐、湯葉、かまぼこ
表面張力	メレンゲ
凍結	凍り豆腐
乳化	マヨネーズ
酸	しめさば、ヨーグルト
アルカリ	中華麺、ピータン
金属イオン	豆腐
等電点沈殿	ヨーグルト、カッテージチーズ

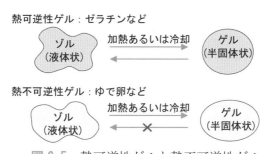

図6.5　熱可逆性ゲルと熱不可逆性ゲル

例題 6　　たんぱく質の凝集・沈殿・凝固（ゲル化）に関する記述である。正しいのはどれか。1つ選べ。

1. 茶碗蒸しは、加熱によるたんぱく質の変性を利用した食品である。
2. ヨーグルトは、カゼインを酵素作用により変性させたものである。
3. ピータンは、酸によるたんぱく質の変性を利用した食品である。
4. 凍り豆腐は、アルカリによるたんぱく質の変性を利用した食品である。
5. 卵白を撹拌してできる泡（メレンゲ）の安定性は、加熱によるたんぱく質の変性による。

解説　（2.〜5.は**表 6.3**参照）2. ヨーグルトは酸変性や等電点沈殿を利用した食品である。　　3. ピータンはアルカリ変性を利用する。　　4. 凍り豆腐は凍結変性を利用する。　　5. 泡の安定性は、たんぱく質の表面変性（表面張力）による。　　**解答**　1

コラム　たんぱく質の熱変性

　ゆで卵や目玉焼きのように、卵黄や卵白に含まれるたんぱく質は加熱により不可逆的な変化を起こして凝固する。このように、たんぱく質が加熱によって、その高次構造に変化が生じて変性することを**熱変性**という。熱変性では、たんぱく質同士が会合して不溶化するものや、コラーゲンのように低分子成分に解離して可溶化するものもある。たんぱく質の熱変性には水が必要である。

　たんぱく質が熱変性を起こす温度は一般的に 60〜80 ℃であるが、たんぱく質の種類、加水量、共存物質（酸や電解質）などによって異なる。特に**アルブミン**や**グロブリン**は熱変性しやすく、肉、魚、卵などのたんぱく質食品の加熱による変化は、これらのたんぱく質が熱凝固したものである。

3　食品成分間の相互作用

3.1　たんぱく質と糖質の成分間反応

(1) たんぱく質の物性に及ぼす糖質の影響

　かまぼこやちくわ、魚肉ソーセージのような水産練り製品の製造では、魚肉たんぱく質の加熱によるゲル形成が利用される。その際、弾性を補強するためにでんぷんを添加することがある。これは、魚肉すり身に加えられたでんぷんが加熱処理されることで糊化膨潤し、たんぱく質のゲル構造の間隙を埋めるように接着して、ゲ

ルの弾力性、保水性が向上するためとされる。ただし、加熱の過不足やでんぷん粒が破壊された状態ですり身に添加する場合には補強効果は期待されない。また、筋原線維たんぱく質に糖を添加すると、糖質のOH基がたんぱく質と水和することでたんぱく質周囲の水の構造が変化する。これにより魚肉たんぱく質の冷凍貯蔵中の変性が抑制され、解凍してもゲル化能が保たれる。

　糖添加によるたんぱく質の変性抑制効果は冷凍液卵などに利用されており、10%ショ糖と5%食塩を加えて凍結した冷凍液卵は解凍後も生卵と同等の流動性や泡立ち性を保持する。

(2) でんぷんの物性に及ぼすたんぱく質の影響

　炊飯米の物性には、米に含まれるでんぷんだけでなくたんぱく質も影響する。たんぱく質含量が高いと、米飯は硬く食味が劣るといわれている。これは、たんぱく質が炊飯中にでんぷんの糊化・膨潤を抑制することにより、粘り気の少ない飯になる傾向があるためである。米の胚乳内のたんぱく質はプロテインボデイの形ででんぷん粒子間に散在しており、一部はでんぷん粒と結合して存在している。そのため、アミラーゼ分解酵素で米粒からでんぷんを遊離させてから炊飯を行うと、米飯の粘りは向上する。

3.2 でんぷんと脂質の成分間反応

(1) でんぷんと脂質による包接化合物の形成

　アミロースはグルコース6分子でらせん構造を形成しやすく、その立体構造に起因して内部に疎水部位を有する。脂肪酸あるいはモノグリセリドがその中に入り込み、でんぷんと複合体（**包接化合物**）を形成する（**図 6.6**）。複合体が形成されると、でんぷんと脂肪酸の相互作用により、脂肪酸がでんぷんの膨潤を抑制し、糊は硬くなる。でんぷんと脂肪酸の複合体形成が食品の物性に影響を与える例として、米では、古米化すると遊離脂肪酸が増大することで米飯組織の硬化や炊飯性の劣化が起きる。また、モノグリセリドの添加は、焼きたてのパンがやわらかくなりすぎるのを防ぐ。

　でんぷんに含まれる脂質もでんぷんの糊化特性に影響を与える。でん

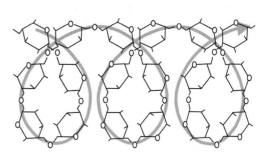

アミロースのらせん構造内部は疎水的であるため、脂肪酸やモノグリセリドが入り込み複合体を形成する。

図 6.6　アミロースの包摂化合物形成能

ぷん粒内部に存在する脂質の大部分はリン脂質であり、穀類中のでんぷんに含まれる脂質（米 0.7％、小麦 0.5％、とうもろこし 0.7％）はアミロースと複合体を形成している。脱脂することで糊化温度が低下し、糊化しやすくなる。

(2) 老化の抑制

モノグリセリドや脂肪酸のショ糖エステルはアミロースと複合体を形成することでアミロース分子同士の結合を抑制し、でんぷんの老化を抑制する。これは、包接化合物の疎水基がアミロース周辺の水の接近を阻害する、またはでんぷんの末端鎖の接近を阻害するためと考えられている。この性質を利用し、ショ糖脂肪酸エステルは食品添加物としてパンやケーキの老化防止に用いられている。

例題 7　たんぱく質と糖質・脂質の成分間反応に関する記述である。正しいのはどれか。1つ選べ。
1. 魚肉たんぱく質にでんぷんを添加するとゲルの弾性が低下する。
2. たんぱく質に糖を添加することで変性抑制効果がある。
3. 炊飯米の物性には、でんぷんは影響するがたんぱく質は影響しない。
4. でんぷんが脂質と複合体を形成すると糊化が促進される。
5. ショ糖エステルは、でんぷんの老化を促進する。

解説　1. 魚肉たんぱく質にでんぷんを添加するとゲルの弾性が補強される。
3. 炊飯米の物性にはでんぷんだけでなくたんぱく質も影響する。　4. でんぷんが脂質と複合体を形成すると糊化が抑制される。　5. ショ糖エステルはでんぷんの老化を抑制する。　　　　　　　　　　　　　　　　　**解答** 2

3.3 たんぱく質と脂質の成分間反応

(1) エマルションの形成と安定化

エマルションとは水と油のような本来混ざらない液体のうち、一方が微粒子となって他方の液体中に分散している溶液のことをいう。食品のエマルション形成にたんぱく質は優れた乳化剤、安定化剤としてはたらく。これは、たんぱく質自身が界面活性剤としての性質をもっているためで、たんぱく質－脂質間の疎水性相互作用の役割が大きい。

水中のたんぱく質が油／水界面に吸着する過程では、たんぱく質分子の**両親媒性**が重要となる。一般にたんぱく質は、水溶液中において主として親水基群が分子の外側に、疎水性基群が分子の内側にあるため、撹拌するなど外部からエネルギーを

与えてたんぱく質分子を変形させ、分子内部の疎水性領域を露出させることで、両親媒性能を強く発現することができるようになる。続いて、界面に吸着したたんぱく質は脂質の疎水性領域と相互作用を強め、油の側になるべく多くの疎水基部分を向けようと構造変化（界面変性）してエマルションを安定化させる（図6.7）。

たんぱく質と脂質の相互作用を利用した食品にゆばがある。ゆばは、加熱により豆乳表面に形成される皮膜（たんぱく質と脂質の複合体）である。加熱により変性したたんぱく質は豆乳中で生じた対流により液面まで運ばれ、表面の水分が蒸発することで濃縮される。脂質は、豆乳表面に一定並んでおり、たんぱく質と複合体を形成することで酸化されにくくなる。

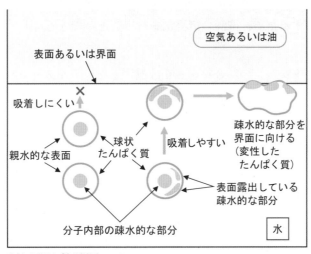

出典）化学同人「食品学総論」p.134

図6.7 たんぱく質の界面への吸着と界面における状態

(2) グルテンと脂質の相互作用

パン製造時、パン生地のミキシングにおいて、ショートニングなどの可塑性を有する油脂を加えると、油脂が生地中のグルテンに沿って薄膜状に伸展し、グルテン同士の潤滑油の役割を果たすためパン生地の伸展性が向上する。これにより生地物性だけでなく、焼成後のパン体積、テクスチャーも改善される。また、手延べそうめんでは、その製造過程において麺の表面に綿実油を塗りながら、何段階にも分けて麺を伸ばしていく。仕上げの細さまで引き延ばして乾燥させた後、長時間貯蔵されるが、貯蔵期間中に生じる遊離脂肪酸がグルテンに作用することで、グルテンの凝集性が改善され、そうめん独特のコシがつくられる。

3.4 たんぱく質とポリフェノール類の成分間反応

(1) 沈殿生成

　渋み物質として知られるタンニンはポリフェノール化合物の一種であり、たんぱく質を吸着する性質をもつ。たんぱく質とタンニンの反応は、りんごやぶどうなどの果汁飲料製造時の沈殿生成の原因となる一方で、酵素の精製や清酒の混濁（しろおり）防止などでは積極的に利用されている。たんぱく質とタンニンの結合は、おもにたんぱく質のアミド結合とタンニンのフェノール性水酸基との間の水素結合による。この結合は可逆的で、それぞれの種類やその濃度比、pH、温度、共存物などの影響を受ける。一般に pH 4.5、たんぱく質/タンニンの比が 2〜3 で低温のときに最も沈殿が生成する。清酒の混濁の防止では、カキタンニンが清酒原酒中の酵素たんぱく質を吸着するため、清酒の清澄化を行うことができる。

(2) 着色反応

　たんぱく質とタンニンの結合物を長く放置すると、アミノ・カルボニル反応と類似の反応によってその結合は不可逆的に変化し、褐色の不溶性沈殿となる。この褐変と不溶化はクロロゲン酸やカテキンなどの低分子ポリフェノールで著しく、酸化酵素によって促進される。クロロゲン酸やカテキンのように隣接する 2 個のフェノール性水酸基を有するフェノール類はエンジオール化合物の一種であり、たんぱく質やアミノ酸とアミノ・カルボニル反応類似の反応をする。特に自動酸化や酵素酸化で形成されたキノン型フェノールはアミノ酸のストレッカー分解を起こし、反応液は着色するとともに各種のカルボニル化合物を生じて独特の香りを呈する（本章5 褐変 参照）

　例題 8　　たんぱく質と脂質およびたんぱく質とポリフェノール類の成分間反応に関する記述である。正しいのはどれか。1 つ選べ。
 1. ゆばは、加熱変性した小麦たんぱく質と脂質との複合体である。
 2. 脂質の酸化は、手延べそうめんの加工に利用されている。
 3. 渋み物質として知られるタンニンは、脂質を吸着する性質をもつ。
 4. 清酒の混濁の防止ではタンニンの水溶化により清澄化を行う。

　解説　1. ゆばは大豆たんぱく質を加熱変性させたものである。　3. タンニンは、たんぱく質を吸着する性質をもつ。　4. 清酒の清澄化では酵素たんぱく質をタンニンに吸着させる。　　　　　　　　　　　　　　　　　　　　**解答** 2

3.5 亜硝酸に関わる成分間反応

(1) ミオグロビンの発色

　食肉などでは好ましい赤色にみせるために発色剤として硝酸塩や亜硝酸塩を添加することがある。これは、亜硝酸塩から生じた一酸化窒素（NO）が肉に含まれている色素たんぱく質ミオグロビンのヘム鉄部分と結合し、安定な**ニトロソミオグロビン**（赤色）となるためである（図6.8）。また、ニトロソ

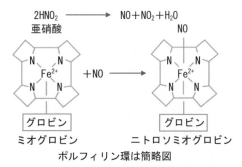

図 6.8　ニトロソミオグロビンの生成

ミオグロビンは加熱によりにニトロシルミオグロモーゲン（ニトロソミオグロモーゲン）に変化するが、色調はメトミオグロモーゲンの場合と異なって赤色系であるピンク色となる。このような発色剤の作用によって肉の赤色は安定化され、ハムやソーセージ、ベーコンなどの加工肉食品、たらこなどの魚卵食品に幅広く利用されている（図5.8 参照）。

(2) ニトロソ化合物の生成

　亜硝酸（HNO_2）、亜硝酸塩から生成する亜硝酸イオン（NO_2^-）は、酸性条件下で三酸化二窒素（N_2O_3）を生成し、アミン類（特に第二級アミン）と反応して発がん性の*N*-ニトロソアミンを生成する（図6.9）。亜硝酸は加工肉や野菜中に存在しており、二級アミンも広く食品中に認められている。亜硝酸と第二級アミンの反応は酸性条件で起こりやすいため、亜硝酸塩と第二級アミンを同時にかつ多量に摂取した場合に生体内（胃内）で*N*-ニトロソアミンが生成される可能性がある。しかし、アスコルビン酸やフェノール類などの還元性物質により、ニトロソアミンの生成は抑制される。このように、食品中では種々の発がん物質や変異原物質が二次的に生成する可能性が考えられるが、一方で、その不活化や抑制機構を有する成分も共存する。

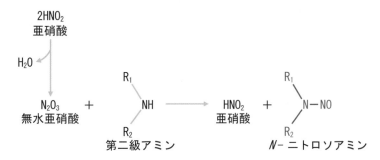

図 6.9　亜硝酸と第二級アミンの反応によるニトロソアミンの生成

3.6 色素成分と金属との成分間反応

ポルフィリン色素のクロロフィルにはマグネシウムが、ヘム色素には鉄がキレートしており、発色に関わっている。また、アントシアニン色素やフラボノイド色素の色調も金属イオンとのキレート形成によって変化する。

なすのぬか漬けや黒豆の煮る際に鉄くぎを入れると鉄イオンがアントシアニン色素とキレート形成し、アントシアニン色素の分解が抑制され、退色されずに色が保持される（図6.10）。中華麺の製造に用いるかん水は、小麦粉のフラボノイド色素を黄色に発色させる。グリンピースの缶詰などでは、マグネシウムを銅や鉄に置換して緑色を安定化させている。

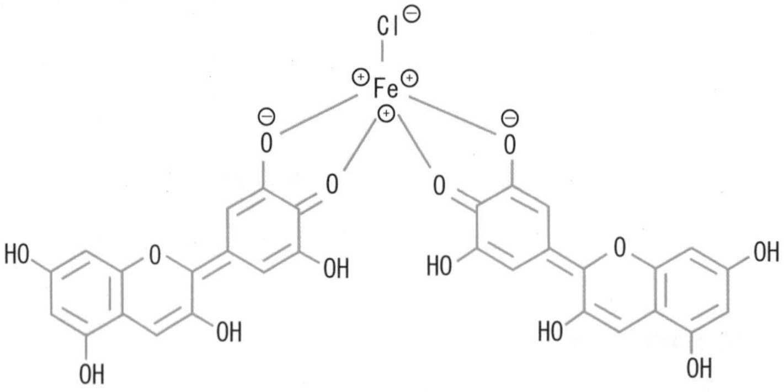

図6.10　デルフィニシンと鉄のキレート

例題 9　亜硝酸に関わる成分間反応および色素成分と金属との成分間反応に関する記述である。正しいのはどれか。1つ選べ。

1. 食肉などでは、好ましい赤色にみせる発色剤として硝酸塩や亜硝酸塩を添加する。
2. N-ニトロソアミンは、食品中の第二級アミンと亜硫酸が反応して生成する。
3. クロロフィル色素の発色には、マンガンが関わっている。
4. ヘム色素には銅がキレートしており、発色に関わっている。
5. 中華麺のかん水は、小麦粉のカロテノイド色素を黄色に発色させる。

解説　2. 食品中の第二級アミンと亜硝酸が反応して生成する。　3. クロロフィル色素の発色にはマグネシウムが関わっている。　4. ヘム色素には鉄がキレートしており、発色に関わっている。　5. 中華麺のかん水は、小麦粉のフラボノイド色素を黄色に発色させる。　　　　　　　　　　　　　　　　　　　**解答** 1

4 酸化

4.1 脂質の酸化

　脂質（油脂）は空気中の酸素と接触して酸化する。油脂が酸化すると、不快な臭気を生じるとともに栄養性や嗜好性が低下し、毒性を示すようになる。揚げ油など油が高温に加熱された場合では、酸化反応と熱反応とが重なって、油に粘りが生じ、褐変し、風味も悪くなる。こうした油脂の劣化現象を**変敗**（deterioration）または**酸敗**（rancidity）という。脂質の変化は種々の物理的または化学的な要因により生じる（図6.11）。

　油脂が酸化する反応機構には、自動酸化反応、光増感酸化反応、熱酸化反応ならびに酵素による酸化反応がある。

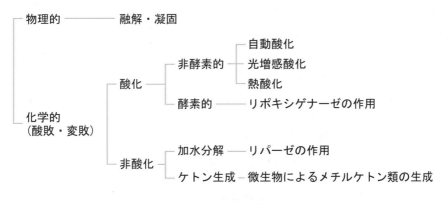

図 6.11　脂質の変化

(1) 自動酸化

　油脂の自動酸化（autoxidation）は主にその構成不飽和脂肪酸に起こる。この酸化は何らかの原因で生じたフリーラジカルが空気中の酸素と結合して過酸化物が生成する反応で、自己触媒的に反応が進行することから**自動酸化**という。

1) 自動酸化の機構

　自動酸化はラジカル連鎖反応として進行する（図6.12）。まず不飽和脂肪酸（RH）から1個の水素原子が引き抜かれ、脂肪酸ラジカル（R・）が生じることから開始される。開始反応は緩やかに進行し、この間の酸素の吸収はほとんどない。次に、生じた脂肪酸ラジカルは空気中の酸素と結合してペルオキシラジカル（ROO・）となる。ペルオキシラジカルは隣接した未酸化の不飽和脂肪酸の二重結合から水素を引き抜くことで、自らは過酸化物としてヒドロペルオキシド（ROOH）となる。同時に水素

原子を奪われた脂肪酸は新しいラジカル（R・）を生成し、連鎖的に酸化反応が進行して、ヒドロペルオキシドが蓄積される。反応が進み、未酸化の不飽和脂肪酸が減少してくると、生成されたラジカル同士が結合して非ラジカル化合物が形成されるようになり、自動酸化は停止する。この非ラジカル化合物は二量体以上の重合物を形成しており、油脂の粘度が上昇するのにはこれらの重合体の生成が寄与している。

　植物油や魚油を構成するリノール酸、α–リノレン酸、エイコサペンタエン酸（EPA）、ドコサヘキサエン酸（DHA）などの不飽和脂肪酸は二重結合にはさまれたメチレン基をもつ。このメチレン基の水素は反応性が高く、水素ラジカル（H・）として容易に引き抜かれることから**活性メチレン基**とよばれる。リノール酸の自動酸化機構の一部を図 6.13 示す。水素の引き抜きによって活性メチレン基に生じたラジカルは両側の二重結合と共鳴し、全体としてラジカルが存在するようになる。このような場合、酸素の付加は両端で起こり、2種類のヒドロペルオキシドが生じる。油脂の自動酸化では脂肪酸の多様な位置異性体やシス、トランス異性体のヒドロペルオキシドが生じる。トリグリセリドの脂肪酸やリン脂質の脂肪酸も同様に酸化を受ける。

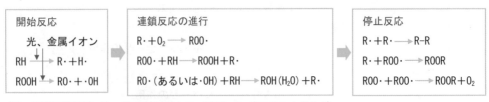

RH：不飽和脂肪酸　R・：脂肪酸ラジカル　ROOH：ヒドロペルオキシド
RO・：アルコキシラジカル　ROO・：ペルオキシラジカル

図 6.12　脂質酸化における連鎖反応

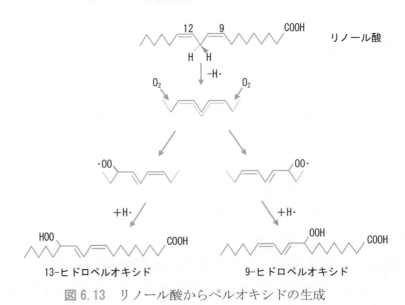

図 6.13　リノール酸からペルオキシドの生成

自動酸化の起こりやすさは活性メチレン基の数により左右される。たとえば、オレイン酸（二重結合1、活性メチレン基0）に比べて、植物油や魚油を構成する複数の二重結合をもつリノール酸（二重結合2、活性メチレン基1）は15〜20倍、リノレン酸（二重結合3、活性メチレン基2）では40〜50倍程度と報告されている。アラキドン酸や、エイコサペンタエン酸（EPA）、ドコサヘキサエン酸（DHA）は活性メチレン基の数も多く、さらに酸化されやすい。

2) 自動酸化の促進因子

自動酸化を促進する因子には次のようなものがある。

① 脂肪酸の種類：不飽和脂肪酸は飽和脂肪酸に比べ酸化を受けやすい（植物性油脂は動物性油脂（魚は除く）に比べて酸化されやすい）。また、二重結合の数が多くなるにつれて酸化が促進される。

② 温度：温度が高くなるにつれて酸化の速度は上昇する。

③ 光：光のうち、特に紫外線は酸化を促進する。

④ 金属：鉄、銅、ニッケルなどの金属は酸化を促進する触媒になる。

また、自動酸化以外の機構で生じたヒドロペルオキシドは自動酸化の場合と同様に分解・重合するため、これらの過程で生じる種々のラジカルが自動酸化の引き金とも考えられている。

例題10　脂質の酸化に関する記述である。正しいのはどれか。1つ選べ。
1. 自動酸化は、不飽和脂肪酸から酸素が脱離することで開始される。
2. 自動酸化により脂質からメラノイジンが生じる。
3. 植物性油脂は、動物性油脂に比べて自動酸化が起こりにくい。
4. 脂質中に金属イオンが存在すると油脂の酸化は抑制される。
5. 脂質の自動酸化では、重合反応だけでなく分解反応も起こる。

解説　1. 自動酸化は不飽和脂肪酸から水素原子が離脱することで開始される。
2. 自動酸化により脂質から過酸化物（ヒドロペルオキシド）が生じる。　3. 植物性油脂は自動酸化が起こりやすい。　4. 銅や鉄、マンガンなどは油脂の酸化を促進する。　　　　　　　　　　　　　　　　　　　　　　　　　　　　**解答** 5

---

(2) 光増感酸化

食品に含まれる色素には、カロテノイドのように抗酸化作用をもつ色素もあるが、酸化を促進する色素もある。この反応に関与する色素を光増感剤または**光増感物質**

といい、光増感剤によって周囲の有機分子（基質）が酸化される反応を**光増感酸化反応**（photosensitized oxidation）という。光増感酸化は生じた一重項酸素が直接不飽和脂肪酸の二重結合を攻撃し、非ラジカル的にヒドロペルオキシドを生成する。二重結合があればその数にあまり依存しない。また、二重結合数の2倍のヒドロペルオキシド異性体ができる。光増感酸化反応には2種類ある（図6.14）。

①三重項酸素から酸素分子にエネルギーを移動し、一重項酸素を生成し、一重項酸素が基質を酸化するもの。例えば、天然色素として油脂に混在するクロロフィル類や食品添加物色素であるローズベンガルやエリスロシンなどは、高エネルギー状態から基底状態に戻るとき、エネルギーを基底状態の酸素（三重項酸素）に与え、よりエネルギーの高い一重項の活性酸素を生じさせる。この活性酸素により、酸化反応が進む。

②三重項酸素が直接基質から水素を引き抜いて酸化するもの。たとえば、牛乳に含まれる黄色を呈するリボフラビン（ビタミンB_2）はエネルギーをたんぱく質や脂質などの酸素以外の物質（基質）に与え、基質のラジカルを生じる。この基質と基底状態の酸素が反応する。

①の反応速度は、②の反応速度の1,000倍以上であるため、クロロフィル類を含むような食品を保存する際は遮光の他、一重項酸素からの防御が重要となる。一重項酸素を基底状態の三重項酸素に戻す作用をもつ物質を**消去剤**（quencher）といい、**β-カロテン**、**リコピン**などのカロテノイドや**α-トコフェロール**などがある。

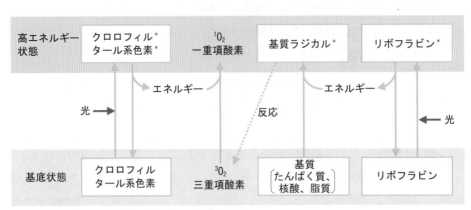

＊印は光のエネルギーを受け活性化された状態を示す

図6.14　光増感酸化反応

> ## コラム　活性酸素
>
> 　我々の生命維持に必要な酸素分子は、最もエネルギー状態が低く安定な酸素（**三重項酸素**、$^3O_2$）であるが、この酸素がエネルギーを受けるとエネルギー状態の高い不安定な酸素（**一重項酸素**、$^1O_2$）になる。この不安定な酸素は反応性が高く、さまざまな物質と化学反応を起こす。ほとんどの有機化合物は通常、基底状態において分子の大部分は一重項である。しかし、酸素は例外で、基底状態が三重項であり、励起されて一重項となる。大気中の酸素よりも活性化された酸素およびその関連分子を総称して**活性酸素**（active oxygen）とよぶ。
>
> 　活性酸素は不安定で色々な物質と反応しやすい性質をもち、通常、三重項酸素が励起した**一重項酸素**、三重項酸素が1個の電子を受け還元されて生じる**スーパーオキシド**（$\cdot O_2{}^-$）、スーパーオキシドが不均化して生じた**過酸化水素**（H_2O_2）、過酸化水素より生成する**ヒドロキシラジカル**（$\cdot OH$）をさす。広義では脂質の酸化時に生じ問題となる**ペルオキシラジカル**（ROO$\cdot$）、**アルコキシラジカル**（RO$\cdot$）、**ヒドロペルオキシド**（ROOH）なども含めることがある。

(3) 熱酸化

　揚げ物や炒め物などの際に油脂は高温条件で酸素にさらされる。**熱酸化**（thermal oxidation）は激しい自動酸化とも考えられるが、広義には高温による非酸化的重合や分解も含まれるため、以下の点で自動酸化と異なる。

① 熱酸化反応は常温における自動酸化と同様にラジカル機構で進むが、生成された過酸化物は熱ですぐに分解されるため蓄積されない。

② 飽和脂肪酸であっても酸化が進行する。

③ 非酵素的加水分解を起こし、遊離脂肪酸が増加する。

④ 熱重合によって生じる六員環構造をもつ重合物が毒性を有することが報告されている。

　加熱時間に伴い酸素吸収量の増加、二重結合の減少（ヨウ素価の減少）、平均分子量の増加がみられ、カニ泡と称される泡立ち、粘性の増加、酸、アルコール、アルデヒドなどの揮発性物質が生成する。アルデヒドの中でも刺激臭をもつ**アクロレイン**は加水分解の結果生じる加熱酸化油に特徴的な毒性を示す物質である。表6.4にとうもろこし油の熱酸化の例を示す。生じた脂肪酸の量は加熱による重合の程度と比例するので、油脂の劣化の度合いを知る手段として、**酸価**（遊離脂肪酸の量）、**過酸化物価**の測定がその油脂の状態を判定する指標として用いられている。

表 6.4　とうもろこし油が熱酸化されたときの化学変化（200℃）

	処理時間				
	新鮮油	5	16	24	48
IV（ヨウ素価）	122	115	108	102	90
POV（過酸化物価）	1.1	1.6	1.7	2.0	—
AV（酸価）	0.20	0.42	1.23	1.44	1.60
SV（ケン化価）	186	196	200	200	—
屈折率（25℃）	1.4730	1.4760	1.4788	1.4797	1.4814
粘度（25℃）	0.65	0.85	1.25	3.00	7.55

例題 11　光増感酸化と熱酸化に関する記述である。正しいのはどれか。1つ選べ。

1. 食品に含まれる色素が酸化を促進することはない。
2. クロロフィル類を含む食品を保存する場合には、遮光する必要はない。
3. α–トコフェロールは、一重項酸素を基底状態の三重項酸素に戻す作用をもつ。
4. 粘性は、油脂の酸化により低下する。
5. 酸価は、油脂中の飽和脂肪酸の量を示す。

解説　1. 食品に含まれる色素には、酸化を促進する色素もある。　2. 酸化を防ぐため、クロロフィル類を含むような食品を保存する際は遮光する。　4. 粘性は、油脂の酸化により増加する。　5. 酸価は、油脂中の遊離脂肪酸の量を示す。　**解答 3**

(4) 酵素的酸化

　リポキシゲナーゼは不飽和脂肪酸を酸化する酵素である。リポキシゲナーゼは種々の野菜や穀類など植物界に広く分布し、マメ科植物、特にだいずの種子に多く含まれている。また、動物組織、微生物にも存在する。リノール酸、リノレン酸、アラキドン酸など *cis, cis*-1, 4-**ペンタジエン構造**をもつ脂肪酸やそのエステルに酸素分子を付加してヒドロペルオキシドを生成する（図 6.15）。この酵素が関与する酸化も自動酸化と同じようにラジカル反応であるが、酵素反応であるため、生じるヒドロペルオキシドは光学活性体である（自動酸化ではラセミ体）。

　乾燥、冷凍食品にその活性が残存すると食品の風味は低下する。通常、植物生体内では酵素と基質は隔てられているが、保存、加工、調理中に細胞が傷んで接触すると反応が起こる。加熱して酵素を失活させることにより、酵素による酸化を防止することができる（**ブランチング**）。

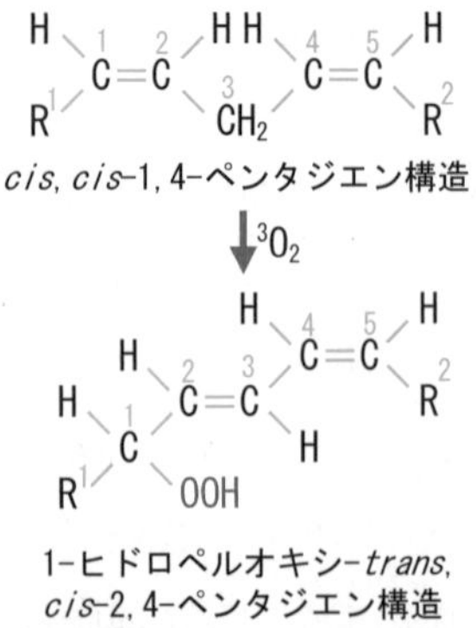

図 6.15　リポキシゲナーゼの作用

(5) 金属およびヘム化合物による酸化

脂質中に微量に混在する遷移金属イオンは、油脂の酸化を著しく促進する。なかでも、鉄や銅などは特に促進作用が強く、触媒活性は $Cu^+ > Cu^{2+} > Fe^{2+} > Fe^{3+} > Ni$ の順で、同じ金属イオンならば荷電数の少ない還元型の方が強い。その機構は次に示すように酸化で生成したヒドロペルオキシドが重金属イオンにより分解されて活性ラジカルを生成し、自動酸化の連鎖反応を引き起こすためである。また、このような金属イオンでは、水素の引き抜きによるラジカルの生成や酸素分子の活性化などの作用も有することが知られている。

$$ROOH + M^{2+} \rightarrow RO\cdot + OH^- + M^{3+}（または RO^- + \cdot OH + M^{3+}）$$

$$ROOH + M^{3+} \rightarrow ROO\cdot + H^+ + M^{2+}$$

一方、分子内に鉄を有するヘム化合物も自動酸化を促進する。これは、ヘマチン化合物（プロトポルフィリン［Fe^{3+}］水酸化物）が脂肪酸のラジカル化やヒドロキシラジカルの分解を触媒するサイクルを形成するためと考えられている（図 6.16）。したがって、生肉の脂質に比べてヘマチンの多い加熱した肉の方が、また白身魚よりヘムを多く含む赤身魚の血合い肉の方が酸化の進行が速い。これらの反応ではリン脂質のような複合脂質の酸化が顕著であることから、油脂の自動酸化とは区別して**組織変敗**（tissue rancidity）ともよばれている。

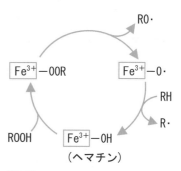

$\boxed{Fe^{3+}}$：3 価鉄のプロトポルフィリン

図 6.16 ヘマチンによる
ラジカル生成

例題 12 酵素的酸化と金属およびヘム化合物による酸化に関する記述である。正しいのはどれか。1 つ選べ。

1. リポキシゲナーゼは、飽和脂肪酸を酸化する酵素である。
2. 加熱して酵素を活性化させることをブランチングという。
3. 脂質中に微量に混在する遷移金属イオンは、油脂の酸化を著しく阻害する。
4. 鉄や銅などは、特に酸化促進作用が弱い。
5. 白身魚よりヘムを多く含む赤身魚の血合い肉の方が酸化の進行が速い。

解説 1. リポキシゲナーゼは、不飽和脂肪酸を酸化する酵素である。　2. 加熱して酵素を失活させることをブランチングという。　3. 脂質中の遷移金属イオンは、油脂の酸化を著しく促進する。　4. 鉄や銅は、特に酸化促進作用が強い。　**解答** 5

(6) 油脂の酸化による二次生成物

　自動酸化、光増感酸化、酵素酸化などにより生成したヒドロペルオキシドは一次生成物として蓄積し、単離できるほどに安定なものもあるが、一方で分解や重合が起こり二次生成物を生じる（図6.17）。ヒドロペルオキシドの分解による生成物としては、アルデヒドやケトンなどのカルボニル化合物、アルコール、炭化水素、アルデヒドの酸化生成物であるカルボン酸などがある。これらの反応生成物の他、エポキシドやエーテル化合物、また重合して多量体なども生じる。一般には二次生成物の大部分は重合物であるが、分解によって生じる低分子のカルボニル化合物には強い臭気があり、微量に存在しても感知できることから問題となる。

　酸化の進行とともに生じる油特有のにおいは、油脂の酸化のごく初期でも感知され、戻り臭とよばれる。酸化が進むと強い酸化臭（**酸敗臭**あるいは**変敗臭**）、**オフフレーバー**[*2]が生成する。

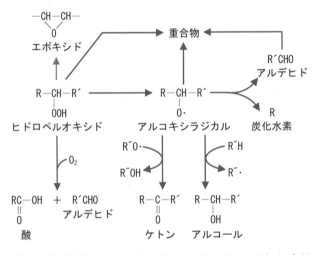

図6.17　脂質ヒドロペルオキシドからの二次生成物

5 褐変

　食品の貯蔵中あるいは調理・加工中に色調が変化して褐色となる現象を褐変という。食品成分間で起こる褐変は、ときに食品の劣化や栄養価の低下を伴うことがある成分変化である。褐変には、酵素が関与しない**非酵素的褐変**と、酵素が関与する**酵素的褐変**とに大別される（表6.5）。しかし、食品中にはさまざまな成分や酵素が存在し、非酵素的褐変と酵素的褐変が同時に起こる場合もあるため、生じた褐変がどちらによるものか明瞭に区別することは難しい。

[*2] **オフフレーバー**：元来食品には含まれておらず、調理、加工、保存の段階で生じた望ましくないにおい。

表 6.5　食品における代表的な褐変反応

褐変の種類	主な褐変反応	反応する食品成分
非酵素的褐変	アミノ・カルボニル反応、カラメル化反応	アミノ化合物、カルボニル化合物、糖類
酵素的褐変	ポリフェノールオキシダーゼによる褐変	ポリフェノール類

　褐変反応は着色物質を生じるだけでなく、揮発性物質の生成も伴うことから香気成分の生成反応としても重要である。

5.1　非酵素的褐変反応

(1)　アミノ・カルボニル反応

　アミノ・カルボニル反応は文字通り、食品中のアミノ基をもつアミノ化合物（遊離アミノ酸、ペプチド、たんぱく質、アミン類、アンモニアなど）とカルボニル基をもつカルボニル化合物（還元糖、アルデヒド類、ケトン、レダクトンなど）との間に起こる成分間反応である。

　アミノ化合物とカルボニル化合物はほとんどの食品中に共存しているため、調理・加工、保存中にこの反応は容易に起こり、食品の色（褐変）と香り（加熱香気）に大きな影響を与える。パンや焼き菓子、みそ、しょうゆ、コーヒー、紅茶、ビールなどの調理・加工中に生じる褐色の色調や香ばしい香りは食品の嗜好性を向上させ、食欲を増進させる好ましい変化である。その反面、しょうゆが長期間の保存により黒色に変化したり、炊いた飯を長時間保温すると黄味を帯びたり、そうめん、凍り豆腐、魚の干物などの褐変など、好ましくない着色やにおいの発生につながることもある。

　アミノ・カルボニル反応は L. C. Maillard（1912）が初めて明らかにしたことから、メイラード（マイヤールあるいはマイヤー）反応ともよばれる。アミノ・カルボニル反応生成物である褐色色素メラノイジンは抗酸化性・活性酸素消去作用、抗変異原性、発がん抑制作用、抗菌性・腸内細菌叢改善作用、食物繊維類似作用などの機能性をもつ。一方でアミノ・カルボニル反応により食品の栄養価が低下することや、反応の中間体であるジカルボニル化合物は変異原性を、またアクリルアミドやヘテロサイクリックアミンは発がん性を示すことが知られている。

　アミノ・カルボニル反応による諸変化は、反応物、pH、温度、水分、酸素、共存物質などの因子によって変動するが、一般的には温度が高く、pH が高いほど反応は速やかに進む。また、水分活性が 0.65～0.85 程度の中間水分食品で褐変が生じやすいとされている。

> **例題 13**　アミノ・カルボニル反応に関する記述である。正しいのはどれか。1つ
> 選べ。
> 1. アミノ・カルボニル反応には、酵素が関与する。
> 2. 褐色色素メラノイジンは、発がん性がある。
> 3. アクリルアミドは、発がん抑制作用がある。
> 4. アミノ・カルボニル反応は、低温ほど進行が速い。
> 5. 水分活性が 0.65〜0.85 程度の中間水分食品で褐変が生じやすい。

解説　1. アミノ・カルボニル反応は非酵素的褐変である。カラメル化は加熱によっ
て糖が単独で起こす反応である。　2. 褐色色素メラノイジンは発がん抑制作用があ
る。　3. アクリルアミドは発がん性を示す。　4. アミノ・カルボニル反応は、温度
が高ほど進行が速い。　　　　　　　　　　　　　　　　　　　　　　**解答** 5

1）アミノ・カルボニル反応の機構

　アミノ・カルボニル反応はアミノ基とカルボニル基が反応し**窒素配糖体**を生成す
ることに始まる。これに続く種々の反応で不安定なレダクトン*³中間体を生じ、さ
らに、これらの中間体が重合し褐色色素**メラノイジン**を形成する。一般に反応過程
は初期、中期、終期の三段階に分けて考えられる。**図 6.18** には一例として、グルコ
ースとアミノ酸の反応過程を示す。

＜初期段階＞　アミノ基とカルボニル基（鎖状構造グルコースのアルデヒド基）の
縮合によって**シッフ塩基**（−C＝N−）とよばれる窒素配糖体を形成する。ここまで
の反応は可逆的である。次に窒素配糖体の二重結合が転位し（アマドリ転位）、アミ
ノレダクトンやアミノケトンを生成する（アマドリ転位生成物）。これらの転位生成
物のエノール型は**アミノレダクトン**（エミナール）であり、還元性をもつ反応性の
高い物質である。アマドリ転位は初期段階のきわめて重要な反応であり、この生成
物はもはや可逆的にもとの糖とアミノ化合物に戻らない。

＜中期段階＞　アマドリ転位生成物から 1, 2-エノール化、2, 3-エノール化が起こり、
エミナールおよびエンジオールのレダクトンとなる。中間段階ではこのレダクトン
が脱水、酸化、脱アミン反応などを受け、種々のカルボニル化合物が生成する。代
表的なカルボニル化合物としては、3-デオキシグルコソン、1-デオキシグルコソン、
5-ヒドロキシメチルフルフラールなどがある。2,3-エノール化を経て 1-デオキシグ
ルコソンが生じる分解は焙焼の場合の主たるルートとされている。中期段階で生じ

---

*3 **レダクトン**：アスコルビン酸に代表されるように、強い還元力を示すエンジオール構造を有する化合物の総称。

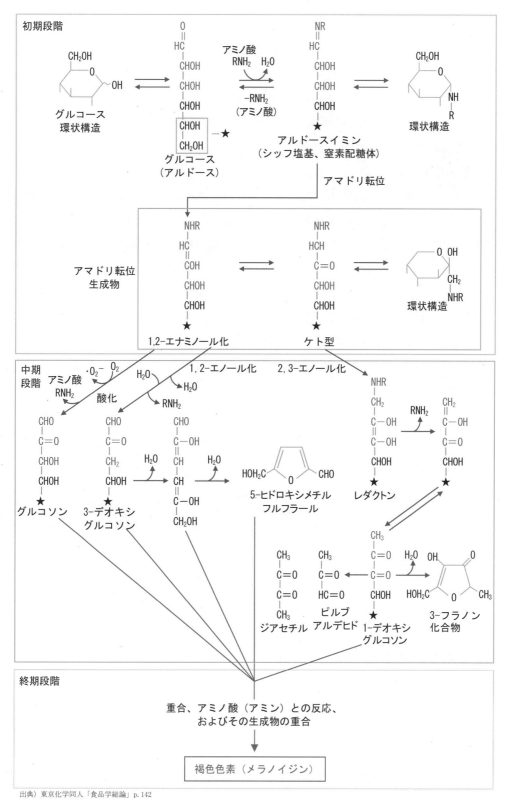

出典）東京化学同人「食品学総論」p. 142

図 6.18　糖（グルコース）とアミノ酸との反応によるアミノ・カルボニル反応

た3-デオキシグルコソンや1-デオキシグルコソンはカルボニル基が2個隣り合って存在するα-ジカルボニル化合物で反応性が高い。

＜終期段階＞　中間段階で生成した各種中間体が単独で、あるいは窒素化合物と縮合を起こし、褐色の高分子重合体であるメラノイジンを形成する。この反応機構は複雑であってまだ十分に解明されていないが、メラノイジンは酸素、窒素を含む高分子化合物であることが知られている。

2) 加熱香気の生成

　アミノ・カルボニル反応の中間段階で生成したグルコソンや3-デオキシグルコソン、3,4-デオキシ不飽和グルコソン、1-デオキシオソンなどのα-ジカルボニル化合物とα-アミノ化合物が反応すると、α-アミノ酸は酸化的脱炭酸を受けて炭素数がもとのアミノ酸より1つ少ないアルデヒドとアミノレダクトンが生成する。アルデヒドはもとのアミノ酸のアルキル基に対応した独特の香気をもち、アミノレダクトンはさらに**ピラジン化合物**に変化して、食品を加熱したときの香気成分となる。この反応を**ストレッカー分解**という（図6.19）。加熱香気を有する化合物の中でピラジンは閾値が低いという特徴をもつため、加熱加工食品の香気に強く影響を与える。

　ストレッカー分解は、カラメル化反応の過程でも起こる。

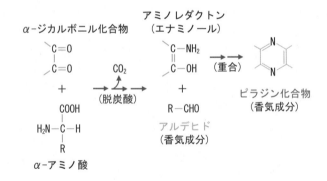

図6.19　ストレッカー分解による香気成分の生成

3) 生体内でのアミノ・カルボニル反応

　食品中だけでなく、生体内でもアミノ・カルボニル反応は起こっており、糖尿病や細胞老化との関係が指摘されている。ヒトのヘモグロビン（Hb）は血液中のグルコースとアミノ・カルボニル反応（グリケーション）を起こすと、HbA1のβ鎖のN末端のバリンにグルコースが結合し、HbA1cを生じる。このため血中のHbA1c濃度は過去1～2カ月の血糖値を反映した糖尿病の指標として臨床現場で利用されている。

例題 14　アミノ・カルボニル反応の機構、加熱香気の生成、生体内でのアミノ・カルボニル反応に関する記述である。正しいのはどれか。1つ選べ。

1. アミノ・カルボニル反応では、カラメルが生じる。
2. ストレッカー分解では、腐敗臭を生じる。
3. ストレッカー分解は、カラメル化反応の過程では起こらない。
4. 食品中だけでなく、生体内でもアミノ・カルボニル反応は起こる。
5. ヒトの血清アルブミンは、血液中のグルコースとアミノ・カルボニル反応を起こす。

解説　1. アミノ・カルボニル反応では、褐色色素メラノイジンを形成する。
2. ストレッカー分解では、アルデヒドやピラジン類などによる香ばしい加熱香気が生じる。　3. ストレッカー分解は、カラメル化反応の過程でも起こる。　5. ヒトのヘモグロビンは、血液中のグルコースとアミノ・カルボニル反応を起こす。

解答 4

(2) カラメル化反応

　グルコースやスクロースなどの糖や糖の濃厚溶液を160〜200℃の高温で加熱すると、加熱された糖が異性化、分解、重合などの複雑な経路を経て高分子化され、褐色の粘稠な物質（カラメル）になる。このように加熱により糖類が単独で褐変する反応をカラメル化反応という。カラメル化反応はしょうゆやソース、黒ビール、コーラなどの加工食品の着色料や風味付けとして利用されている。

(3) その他の非酵素的褐変

1) 酸化脂質が関与する褐変

　水産加工品、特に脂質含量の高い魚で加工・貯蔵中に起こる油の褐変現象は**油焼け**とよばれ、脂質の自動酸化に伴うカルボニル化合物の生成によるアミノ・カルボニル反応が主な原因であると考えられている。魚油は高度不飽和脂肪酸に富みきわめて酸化されやすいうえに、魚に共存するFe^{2+}を含むミオグロビン、ヘモグロビンの触媒作用によって一層酸化されやすい。魚油に含まれる高度不飽和脂肪酸が表面にしみだし、酸化されることで魚の表面が焼けたように褐変することがあるが、この反応は凍結保存中においても進行する。そのため、脂質の多い魚、豚肉などにおいて冷凍貯蔵中に起こる食品表面の脂質酸化（油焼け）を抑制するため、その表面に空気と遮断させる目的で0.2〜1.0mmの氷膜で覆う処理が行われる（**グレーズ処理**）。

2）アスコルビン酸の褐変

アスコルビン酸は酸素によって酸化されデヒドロアスコルビン酸となり、さらに加水分解され不可逆的にα-ジカルボニル化合物である2,3-ジケトグロン酸となる。デヒドロアスコルビン酸は酸化型レダクトンであり、α-アミノ酸と反応して褐変する（図6.20）。また、生成したα-ジカルボニル化合物からは、脱炭酸、脱水が起こり、種々のカルボニル化合物が生じる。これらは、アミノ・カルボニル反応の基質となり褐変する（図6.19 参照）。

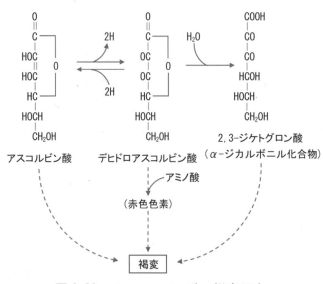

図6.20　アスコルビン酸の褐変反応

例題15　カラメル化反応とその他の非酵素的褐変に関する記述である。正しいのはどれか。1つ選べ。

1. しょうゆやソースの色は、アミノ・カルボニル反応の利用である。
2. 油焼けは、カラメル化反応が主な原因である。
3. 魚油は、高度不飽和脂肪酸に富み酸化されやすい。
4. 魚に共存するFe^{2+}を含むミオグロビン、ヘモグロビンは、酸化を抑制する。
5. グレーズ処理は、カラメル化を抑制するための処理である。

解説　1. しょうゆやソースの色は、カラメル化反応の利用である。　2. 油焼けは、アミノ・カルボニル反応が主な原因である。　4.魚に共存するFe^{2+}を含むミオグロビン、ヘモグロビンは、酸化の触媒作用をする。　5. グレーズ処理は、油焼けを抑制するための処理である。　　　　　　　　　　　　　　**解答**　3

（4）非酵素的褐変反応の関与因子および防止法

　非酵素的褐変に関わる主な因子には次のものがある。これらの因子を調節して反応を抑制することはある程度は可能であるが、反応の進行を完全に防ぐことは難しい。

1）温度

　一般の化学反応と同様、高温であるほど反応速度は大きい。10℃以下に保つことで褐変防止効果が得られる。−20℃以下では、アミノ・カルボニル反応やアスコルビン酸の褐変反応はほとんど抑えられる。油脂の酸化による褐変は、−20℃においても冷凍焼けを起こして進行するので、表面を氷の皮膜で覆うなどの方法によって防止する。

2）pH

　アミノ・カルボニル反応において、pH 3〜8 の範囲では、pH が大きくなるほど褐変の程度が大きくなる。還元糖を加熱した場合は、酸性（pH 2 以下）あるいはアルカリ性（pH 8 以上）で褐変しやすい。

3）水分

　非酵素的褐変は水分活性が 0.4 以下または 0.8 以上で反応は遅くなる。脂質を多く含有する食品は酸化しやすいが、脂質が褐変に関与する場合は水分活性がおよそ 0.3 のとき、脂質の酸化が抑えられ褐変が抑制され、それ以上でもそれ以下でも促進される。

4）酸素

　還元糖やアルデヒドとアミノ化合物との褐変反応は、酸素の供給がなくても加熱により十分進行するが、室温付近で長時間貯蔵する場合は空気の存在下で促進される酸化褐変の寄与が大きくなる。みその表面着色やしょうゆの開封後の濃色化などがそれにあたる。これは、アミノ・カルボニル反応やアスコルビン酸の褐変反応で生じる中間体であるレダクトンや着色色素が酸素によって酸化重合するためによる。真空包装、ガス置換、酸素透過性のない包装材の使用、脱酸素剤の封入などにより酸素を遮断する方法がある。

5）無機イオン

　一般に鉄や銅などの金属はレダクトンの酸化を触媒するので、アミノ・カルボニル反応やアスコルビン酸の褐変を促進する。食品製造時に鉄分の少ない水を使用するなどをして、重金属イオンの混入を避ける。

　亜硝酸（塩）は反応基質や中間体であるカルボニル化合物に結合して、スルホン酸塩を形成したり、アルドースを褐変能力のないアルドン酸に変えることで褐変を防止する（図 6.21）。亜硝酸塩は酸化防止剤として効果的だが、刺激臭があり食品

のフレーバーを悪くするうえに安全性に問題があるためあまり使用しない方がよい。

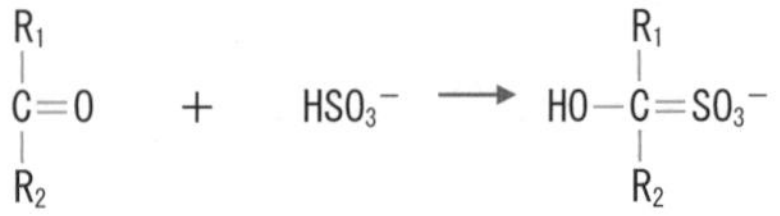

$$\underset{\text{カルボニル化合物}}{\underset{\displaystyle R_2}{\overset{\displaystyle R_1}{C=O}}} \quad + \quad \underset{\text{亜硫酸}}{HSO_3^-} \quad \longrightarrow \quad \underset{\text{スルホン酸塩}}{HO-\underset{\displaystyle R_2}{\overset{\displaystyle R_1}{C}}=SO_3^-}$$

図 6.21　亜硫酸塩の反応

例題 16　非酵素的褐変反応の関与因子および防止法に関する記述である。正しいのはどれか。1つ選べ。

1. 非酵素的褐変は、高温であるほど反応速度は小さい。
2. アミノ・カルボニル反応において、pH 3〜8 の範囲では、pH が大きくなるほど褐変の程度が大きくなる。
3. 非酵素的褐変は水分活性が 0.4 以下または 0.8 以上で反応は速くなる。
4. 還元糖の褐変反応は、酸素の供給がない場合には加熱しても進行しない。
5. 鉄や銅などの金属は、アミノ・カルボニル反応の褐変を抑制する。

解説　1. 非酵素的褐変は、高温であるほど反応速度は大きい。　3. 非酵素的褐変は水分活性が 0.4 以下または 0.8 以上で反応は遅くなる。　4. 還元糖の褐変反応は、酸素の供給がなくても加熱により十分進行する。　5. 鉄や銅などの金属は、アミノ・カルボニル反応の褐変を促進する。　　　　　　　**解答** 2

5.2 酵素的褐変

(1) ポリフェノールオキシダーゼによる褐変反応

　りんごやごぼうを切ったまま放置すると切断面が褐色に変化する現象がある。これは、野菜や果物のような植物性食品の細胞内には多種多様のフェノール類とこれを酸化して褐変物質を生成する**ポリフェノールオキシダーゼ**（polyphenol oxidase）が存在するためである。ポリフェノールオキシダーゼは、フェノール類の褐変に関わる酵素の総称である。実質的には o-ジフェノールオキシダーゼをさすが、近年はモノフェノール類を酸化するチロシナーゼやジフェノール類を酸化するラッカーゼも含めた酵素の総称として用いられることが多い。基質には、クロロゲン酸、カテキン類、カフェ酸、チロシン、ドーパ、ドーパミンなどがある（**表 6.6**）。

　基質であるポリフェノール類は液胞中に存在し、ポリフェノールオキシダーゼはプラスチドもしくは葉緑体に存在するため、通常の生体内で両者が接することはなく、褐変反応は起こらない。しかし、切断や磨砕などにより食品の細胞が破壊され

表 6.6　ポリフェノールオキシダーゼの基質とそれを含む食品

クロロゲン酸	コーヒー豆、カカオ豆、りんご、もも、なし、なす、トマト、さつまいも、じゃがいも、きのこ、ごぼう
カテキン類	茶葉、カカオ豆、りんご、もも、なし、いちご、れんこん、やまのいも
カフェ酸	さつまいも、カカオ豆、ぶどう
チロシン	じゃがいも、ビート、きのこ

るとこの局在性が失われ、基質と酵素が接触し酵素反応が開始される。図 6.22 に示すように、モノフェノール化合物はモノフェノールモノオキシダーゼ（クレソラーゼ、チロシナーゼ）によって酸化され、生成した o-ジフェノール化合物はさらに酸化されて o-キノンになる。o-キノンは非酵素的に重合反応を起こし、メラニンなどの褐色物質を形成し、結果として食品の切り口は褐変する。

　酵素的褐変を積極的に利用した食品例としては、紅茶やウーロン茶などの発酵茶がある。茶類は製法の違いにより、緑茶（非発酵茶）、ウーロン茶（半発酵茶）、紅茶（発酵茶）に大別される。非発酵茶である緑茶の製造では、緑色保持のために茶葉を蒸熱し酵素を失活されるが、紅茶は生の茶葉を軽く乾燥後、揉捻し酵素反応を促進して製造される。この発酵工程中に酸素酵素がはたらき、独特の赤色色素テアフラビン（橙赤色）とその重合物であるテアルビジン（赤褐色）が生成するとともに、紅茶特有の香りも形成される。ウーロン茶は紅茶ほど強く発酵されないため、緑茶とも紅茶とも異なる独特の風味が生み出される。

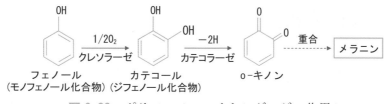

図 6.22　ポリフェノールオキシダーゼの作用

(2) 酵素的褐変反応の防止法

　切ったりんごを食塩水に浸すと、褐変が防止できる。これは、水に浸けることで酸素を遮断し、褐変反応に関わるポリフェノールやポリフェノールオキシダーゼが溶液に溶出し、また、食塩がポリフェノールオキシダーゼの活性を阻害するからである。また、切ったりんごの断面にレモン汁をかけると褐変が抑えられる。これは、ポリフェノールオキシダーゼにより生成したキノン体が、添加されたアスコルビン酸により還元されてもとのポリフェノールに戻るからである（図 6.23）。酵素的褐変を防止するためには、一般的には次のような方法が用いられている。

① **酵素活性の抑制**：ブランチング（湯通し）、低温貯蔵（5～10℃）、酸性化（pH 3 以下）、阻害剤（NaCl など）・還元剤（アスコルビン酸、亜硫酸など）の添加。

② **酸素の除去**：浸漬、真空処理、窒素ガス充填など。

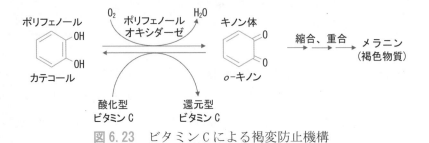

図 6.23　ビタミン C による褐変防止機構

例題 17　酵素的褐変に関する記述である。正しいのはどれか。1 つ選べ。

1. りんごやごぼうの切り口の褐変には、ポリフェノールオキシダーゼが関与する。
2. 紅茶やウーロン茶などの発酵茶は、カラメル化反応を利用した食品である。
3. 紅茶の赤色色素は、アミノ・カルボニル反応により生じるテアフラビンである。
4. ブランチングにより、非酵素的褐変を抑えることができる。
5. アスコルビン酸は、酸化剤として酵素的褐変を抑制する。

解説　2. 紅茶やウーロン茶などの発酵茶は、酵素的褐変を利用した食品である。 3. 紅茶の赤色色素は、酵素反応により生じるテアフラビンである。　4. ブランチングにより酵素的褐変を抑えることができる。　5. アスコルビン酸は、還元剤として酵素的褐変を抑制する。　　　　　　　　　　　　　　　　　　**解答** 1

---

6 酵素反応による食品成分の変化

食品を調理や加工する際、食品成分に対し酵素が作用すると、食品の品質は左右される。酵素のはたらきにより食品が劣化する場合には**変質・変敗**、反対に好ましい変化は**発酵・熟成**などとよばれている。表 6.7 にさまざまな食品に関係している酵素をまめとめた。

6.1 酵素による糖質の変化

(1) アミラーゼ

でんぷんの分解に関わる酵素に**アミラーゼ**がある。アミラーゼは、グルコースが多数重合してできたでんぷんを加水分解する。アミラーゼにはでんぷんの分解様式

表 6.7　食品に関係しているさまざまな酵素

酵素の分類	酵　素	反応、用途など
酸化還元酵素	ポリフェノールオキシダーゼ	果物・野菜類の酵素的褐変反応
	リポキシゲナーゼ	脂質不飽和脂肪酸の酸化、大豆臭の生成
転移酵素	トランスグルタミナーゼ	たんぱく質分子間の架橋形成、物性変換
	フルクトフラノシルトランスフェラーゼ	フルクトオリゴ糖の生成
加水分解酵素	プロテアーゼ（トリプシン、ペプシン、キモシンなど）	たんぱく質の加水分解、みそ、しょうゆの製造
	アミラーゼ（α-アミラーゼ、β-アミラーゼ、グルコアミラーゼなど）	でんぷんの加水分解、でんぷん糖の製造
	リパーゼ（トリアシルグリセロールリパーゼなど）	グリセロールエステルの加水分解、フレーバーの生成
	植物組織崩壊酵素（セルラーゼ、ペクチナーゼ）	多糖類の加水分解、青果物の軟化
脱離酵素	システインスルホキシド（CS）リアーゼ	しいたけ、にんにく、たまねぎの香気成分生成
異性化酵素	グルコースイソメラーゼ	グルコースの異性化、異性化糖の製造
合成酵素	アスパラギン合成酵素	アミノ酸の合成

によってα-アミラーゼ、β-アミラーゼ、グルコアミラーゼ、脱分岐酵素（枝切り酵素）に大別される（図 6.24）。

1）α-アミラーゼ

α-1,4 結合をランダムに加水分解し、デキストリンやマルトースなどのオリゴ糖を生成する。動物、植物、微生物に広く存在する。

2）β-アミラーゼ

非還元末端からα-1,4 結合をマルトース単位で加水分解する。α-1,6 結合の手前で作用は停止し、限界デキストリンを与える。大麦、小麦や豆類、サツマイモなどに含まれている。

3）グルコアミラーゼ

非還元末端からα-1,4 結合およびα-1,6 結合をグルコース単位で加水分解する。最終生成物はグルコースのみとなる。

4）脱分岐酵素（枝切り酵素）

アミロペクチンやグリコーゲンのα-1,6 結合を加水分解する。アミロ-1,6-グルコシダーゼ、プルラナーゼ、イソアミラーゼなどがある。

　各種アミラーゼの作用により、いろいろな糖がでんぷんから製造されている（図 6.25）。このうち**異性化糖**は、でんぷんからつくったグルコースを原料として**グルコースイソメラーゼ**の作用で製造される。ショ糖に匹敵する甘味をもつ安価な甘味料

として、ショ糖にかわって清涼飲料水などに用いられている。

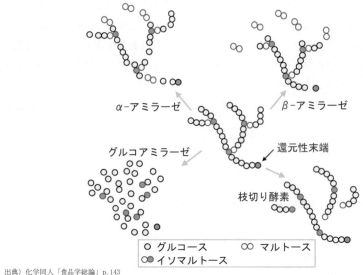

出典）化学同人「食品学総論」p. 143

図 6.24　各種アミラーゼの作用機構

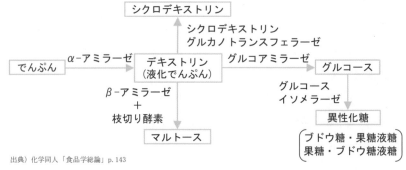

出典）化学同人「食品学総論」p. 143

図 6.25　酵素を利用したでんぷん糖の製造

(2) ペクチン分解酵素

　ペクチンの基本成分は D-ガラクツロン酸が α-1,4 結合したポリガラクツロン酸で、ガラクツロン酸のカルボキシ基（-COOH）が部分的にメチルエステル（-COOCH₃）となっている。野菜や果実の細胞壁は多量のペクチン質を含んでおり、ペクチン質が細胞の接着剤の役割を果たしているために、野菜や果実は硬く一定の形を保っている。果実や野菜が熟すと軟らかくなるのは、**ポリガラクツロナーゼ**の作用でポリガラクツロン酸の α-1,4 結合を加水分解し低分子化されるためと、**ペクチンエステラーゼ**の作用で、ペクチンのメトキシル基が脱エステル化されて遊離のカルボキシ基を増大させ、水溶化して接着力が低下するためである。食品工業では、果汁飲料製造において果汁の清澄化に利用されている。これらペクチンを分解する触媒能を

もつ酵素の総称を**ペクチナーゼ**（pectinase）といい、他にも**ペクチンメチルエステ
ラーゼ**や**ペクチンリアーゼ**などがある。

　植物の細胞壁を構成するセルロース（グルコースがβ-1,4結合およびα-1,6結
合した多糖）は**セルラーゼ**によって加水分解され、グルコース、セルビオースなど
が生成する。

例題18　酵素による糖質の変化に関する記述である。<u>誤っている</u>のはどれか。
1つ選べ。
1. アミラーゼは、グルコースが多数重合してできたでんぷんを加水分解する。
2. アミラーゼは、でんぷんの分解様式によってα-アミラーゼ、β-アミラーゼ、
　グルコアミラーゼ、枝切り酵素に大別される
3. 異性化糖は、ポリフェノールオキシダーゼの作用で製造される。
4. 果実や野菜が熟すと軟らかくなるのは、ポリガラクツロナーゼとペクチンエス
　テラーゼの作用による。
5. 果汁の清澄化には、ペクチナーゼの作用が利用されている。

解説　3. 異性化糖は、グルコースイソメラーゼの作用で製造される。ポリフェノー
ルオキシダーゼは、　フェノール類の褐変に関わる酵素である。　　　　　　**解答** 3

6.2 酵素によるたんぱく質の変化

　たんぱく質およびペプチド鎖のペプチド結合に作用し加水分解する酵素の総称を
プロテアーゼという。プロテアーゼにより食品の構造たんぱく質が分解されると、
食品物性の変化、呈味性を有する低分子ペプチドやアミノ酸生成による味や香りの
変化が生じる。また、アミノ・カルボニル反応など2次的変化を受けやすくなる。

　植物中に含まれるプロテアーゼとして、パパイヤの**パパイン**、キウイの**アクチニ
ジン**、イチジク乳汁中の**フィシン**、パイナップル中の**ブロメライン**などがある。こ
れらはコラーゲン、エラスチンなどの硬たんぱく質をペプチド、アミノ酸まで分解
するので、食肉の軟化に利用される。

6.3 酵素による脂質の変化

　食品中の脂質の変化を引き起こす酵素として、脂質を分解する**リパーゼ**と**リポキ
シゲナーゼ**がある。リパーゼはアシルグリセロールのエステル結合を加水分解する。
リポキシゲナーゼは、リノール酸やα-リノレン酸、アラキドン酸などの *cis,*

cis-1,4-ペンタジエン構造をもつ脂肪酸やそのエステルに酵素分子を導入し、ヒドロペルオキシドを生成する（本章4.1（4）参照）。トマトやきゅうりなどを切ったときの新鮮な香りは、野菜の組織が損傷を受けることで内在性のリパーゼがはたらき、脂肪酸が遊離するためである。生じた脂肪酸がリポキシゲナーゼのはたらきにより酸化され、さらに脂肪酸が開裂されるなどして低分子成分となり、香気を放つ（図6.26）。このように、野菜に含まれる脂肪酸組成の違いや酵素のはたらきの違いは、野菜によって香りが異なる要因となる。

　また、食品の劣化に伴うことによってもリポキシゲナーゼがはたらき、不快なにおいを生じる原因ともなる。

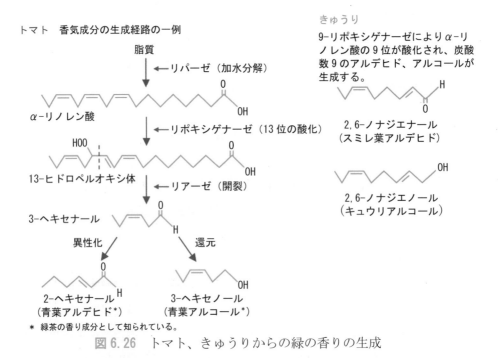

図 6.26　トマト、きゅうりからの緑の香りの生成

例題19　酵素によるたんぱく質の変化と酵素による脂質の変化に関する記述である。誤っているのはどれか。1つ選べ。

1. パパイヤに含まれるプロテアーゼは、ジンギパインである。
2. キウイに含まれるプロテアーゼは、アクチニジンである。
3. イチジク乳汁中に含まれるプロテアーゼは、フィシンである。
4. パイナップル中に含まれるプロテアーゼは、ブロメラインである。
5. 油脂中の遊離脂肪酸は、リパーゼによって生成する。

解説　1. パパイヤにはパパイン。ジンギパインはしょうがに含まれる。　　　解答　1

6.4　酵素によるビタミンの変化

　ビタミン B_1（チアミン）を分解する酵素にチアミナーゼがある。チアミナーゼは淡水魚や二枚貝、甲殻類などに存在する I 型と酵母などに存在する II 型に大別される。

　ビタミン C（L-アスコルビン酸）の酸化には、L-アスコルビン酸オキシダーゼが関与する。L-アスコルビン酸を基質として酸化型ビタミン C（L-デヒドロアスコルビン酸）を生成する。L-デヒドロアスコルビン酸は、さらに酸化や分解を受け、アミノ化合物と反応することで褐色物質となり、食品の褐色化に関与する（アミノ・カルボニル反応）。

6.5　酵素によるその他食品成分の変化

　食品成分に含まれるポリフェノール類は、酸化酵素であるポリフェノールオキシダーゼによって酸化されて褐色物質を生じるため、食品の褐色の原因となる（本章 5.褐変 5.2 参照）。その他、褐変に関与する酵素として緑色酵素クロロフィルを加水分解するクロロフィラーゼがあげられる。クロロフィルの分解により緑色の色調が失われるため、緑黄色野菜の加工の過程で問題とされることが多い。

　にんにくやたまねぎなどのネギ属植物に含まれるアリイナーゼは、含硫アミノ酸であるアリシンを生成する酵素である。アリシンはビタミン B_1 と反応することで脂溶性のアリチアミンとなり生体内へのビタミン B_1 の吸収率を高める（図 6.27）。

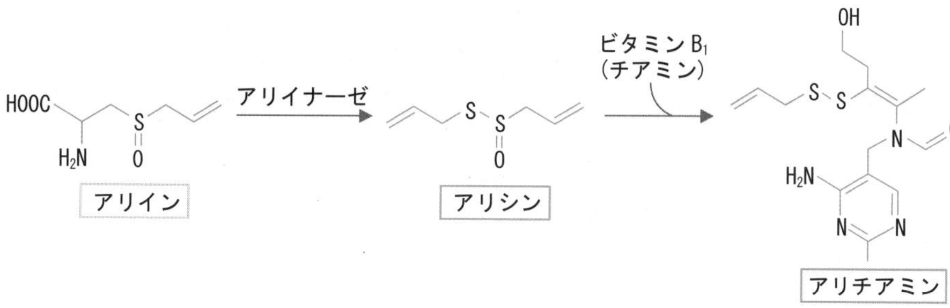

図 6.27　アリインの酵素反応

　わさびやだいこんなどアブラナ科植物に含まれるミロシナーゼは、辛子油配糖体（グルコシノレート；シニグリンなど）を加水分解して辛味成分イソチオシアネートを生成する（図 6.28）。イソチアシアネートは R-N=C=S 構造をもつ物質の総称であり、そのなかでもわさびに含まれるアリルイソチオシアネートや、ブロッコリースプラウトに含まれるスルフォラファンがよく知られている（図 6.29）。スルフォラファンは胃がん抑制作用を有するなどの報告もある。組織の破壊によってミロシナーゼがはたらくため、すりおろしなどにより辛味が生じる。だいこんでは、根の先

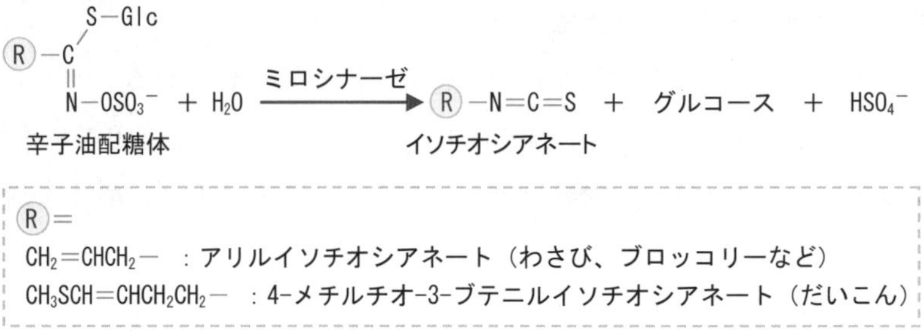

$$R-C\underset{N-OSO_3^-}{\overset{S-Glc}{<}} + H_2O \xrightarrow{\text{ミロシナーゼ}} R-N=C=S + \text{グルコース} + HSO_4^-$$

辛子油配糖体　　　　　　　　　　　　　イソチオシアネート

R =
CH₂＝CHCH₂－　：アリルイソチオシアネート（わさび、ブロッコリーなど）
CH₃SCH＝CHCH₂CH₂－　：4-メチルチオ-3-ブテニルイソチオシアネート（だいこん）

図 6.28　アブラナ科植物のイソチオシアネートの生成

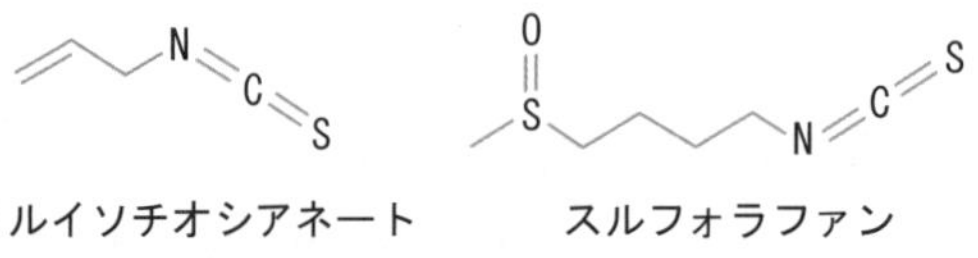

アリルイソチオシアネート　　　　　スルフォラファン

図 6.29　代表的なイソチオシアネートの構造

端にいくほど辛子油配糖体が多くなるため、辛味を必要とする大根おろしには根の下部が利用されることが多い。

　食肉のうま味の生成には、ATP アーゼや AMP デアミナーゼが関与する。畜肉は屠殺後では保水性に乏しく硬い（死後硬直）が、放置すると硬直が解けてやわらかくなりうまみも増大する（肉の熟成）。肉は熟成中にカテプシンやカルパインといったプロテアーゼの作用でペプチドや遊離アミノ酸量が増加する。また肉中に残存する ATP に酵素 ATP アーゼおよびミオキナーゼが作用して AMP が生成し、5'-AMP デアミナーゼの作用によりうま味成分 **5'-イノシン酸**（IMP）が生成する（図 6.30）。呈味性ペプチドやアミノ酸との相乗効果により肉の食味が向上すると考えられる。

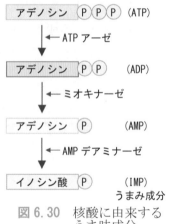

図 6.30　核酸に由来するうま味成分

6.6 食品にとって好ましくない酵素反応の抑制

　食品がもともと含んでいた酵素のはたらきで望ましくない成分変化を生じてしまう場合は、そのはたらきを抑制するために次のような方法が用いられる。

① **酵素の不活化**：高温短時間の加熱処理（ブランチング）により熱失活させる。また、各酵素反応の最適条件（pH、温度）を避ける方法などがある。

② **接触の抑制**：脱水（乾燥）・凍結による水分活性の低下、酸化反応の場合は、脱酸素（不活化ガス置換）による酸素の除去などがある。

③ **阻害剤の添加**：褐変防止に食塩や亜硫酸を使用する例がある。風味、毒性、コストなどを考慮しなければならない。他に、特定の酵素作用を阻害するたんぱく質（たとえば大豆トリプシンインヒビターなど）も存在する。

④ **その他**：酸化反応が多いので還元剤、抗酸化剤の添加も有効である。また、阻害様式の異なる因子を組み合わせると相乗的な効果を得られることが多い。遺伝子操作により、特定の酵素のはたらき（発現）を抑制した遺伝子組換え作物（オエクチナーゼをはたらきにくくした日持ちのよいトマトなど）は、既に商品化されている。

例題 20 酵素によるその他食品成分の変化に関する記述である。正しいのはどれか。1つ選べ。

1. にんにくに含まれるミロシナーゼは、アリシンを生成する酵素である。
2. アリシンは、ビタミン B_6 と反応してアリチアミンとなりビタミン B_6 の吸収率を高める。
3. だいこんに含まれるアリイナーゼは、辛味成分イソチオシアネートを生成する。
4. ブロッコリースプラウトに含まれるイソチオシアネートは、スルフォラファンである。
5. 食肉のうま味成分 5'-イノシン酸生成には、酵素を必要としない。

解説 1. にんにくに含まれるアリイナーゼは、アリシンを生成する酵素である。
2. アリシンは、ビタミン B_1 と反応してアリチアミンとなりビタミン B_1 の吸収率を高める。 3. だいこんに含まれるミロシナーゼは、イソチオシアネートを生成する。
5. ATPアーゼ、ミオキナーゼ、AMPデアミナーゼの酵素が関与する。 **解答 4**

章末問題

1 でんぷんに関する記述である。正しいのはどれか。1つ選べ。

1. 脂質と複合体が形成されると、糊化が促進する。
2. 老化は、酸性よりアルカリ性で起こりやすい。
3. レジスタントスターチは、消化されやすい。
4. デキストリンは、120〜180℃の乾燥状態で生成する。
5. β-アミラーゼの作用で、スクロースが生成する。 （第30回国家試験）

解説　1. 脂質と複合体が形成されると糊化は抑制される。　2. 老化はアルカリ性で起こりやすいとは限らない。　3. レジスタントスターチは消化されにくい。　5. β-アミラーゼによりマルトースが生成される。　　　　　　　　　　　　　　　　　　　　　　　　　　　　　　　　　　　　　解答　4

2　食品中のたんぱく質の変化に関する記述である。正しいのはどれか。1つ選べ。

1. ゼラチンは、コラーゲンを凍結変性させたものである。
2. ゆばは、小麦たんぱく質を加熱変性させたものである。
3. ヨーグルトは、カゼインを酵素作用により変性させたものである。
4. 魚肉練り製品は、すり身に食塩を添加して製造したものである。
5. ピータンは、卵たんぱく質を酸で凝固させたものである。　　　　　　　　（第31回国家試験）

解説　1. ゼラチンはコラーゲンを長時間加熱すると生成される。　2. ゆばは大豆たんぱく質を加熱変性させたものである。　3. ヨーグルトはカゼインを酸で等電点沈殿させ凝固させたもの。　5. ピータンはアルカリによる卵たんぱく質の凝固を利用している。　　　　　　　　　　　　　　　解答　4

3　食品に含まれる色素に関する記述である。最も適当なのはどれか。1つ選べ。

1. β-クリプトキサンチンは、アルカリ性で青色を呈する。
2. フコキサンチンは、プロビタミンAである。
3. クロロフィルは、酸性条件下で加熱するとクロロフィリンになる。
4. テアフラビンは、酵素による酸化反応で生成される。
5. ニトロソミオグロビンは、加熱するとメトミオクロモーゲンになる。　　（第34回国家試験）

解説　1. β-クリプトキサンチンはみかんなどに多い色素でオレンジ色である。　2. フコキサンチンは非プロビタミンA類のカロテノイドである。　3. クロロフィリンはクロロフィルのアルカリ加水分解によって得られる。　5. ニトロソミオグロビンを加熱するとニトロソミオクロモーゲンになる。　解答　4

4　食品の保存に関する記述である。最も適当なのはどれか。1つ選べ。

1. ブランチング処理により、酵素は活性化する。
2. 最大氷結晶生成帯を短時間で通過させると、品質の低下は抑制される。
3. 塩蔵では、食品の浸透圧は低下する。
4. CA貯蔵では、二酸化炭素を大気より低濃度にする。
5. 酸を用いた保存では、無機酸が用いられる。　　　　　　　　　　　　　（第34回国家試験）

解説　1. ブランチング処理により、酵素は不活性化する。　3. 塩蔵では、食品の浸透圧は上昇する。　4. CA貯蔵では、二酸化炭素を大気より高濃度にする。　5. 酸を用いた保存では、主に有機酸が用いられる。　　　　　　　　　　　　　　　　　　　　　　　　　　　　　　　　　解答　2

5　食品成分の変化に関する記述である。正しいのはどれか。1つ選べ。

1. ビタミンB_2は、光照射で分解する。
2. イノシン酸は、脂肪酸の分解物である。

3. なすの切り口が短時間で褐変するのは、メイラード反応による。

4. だいこんの辛みが生成するのは、アリイナーゼの反応による。

5. りんご果汁の濁りは、ミロシナーゼ処理で除去できる。 （第33回国家試験）

解説 2. イノシン酸は核酸の分解物である。 3. なすの切り口が短時間で褐変するのはポリフェノールオキシダーゼの作用を受ける酵素的褐変反応による。 4. だいこんの辛味が生成するのはミロシナーゼの反応による。 5. りんご果汁の濁りはペクチナーゼ処理で除去される。 解答 1

6 ペクチンに関する記述である。正しいのはどれか。1つ選べ。

1. こんぶの主な多糖類である。

2. 主な構成糖は、グルクロン酸である。

3. 果実の成熟とともに不溶化する。

4. 低メトキシルペクチンは、カルシウムイオンの存在下でゲル化する。

5. ペクチン分解酵素は、果汁の苦味除去に利用されている。 （第32回国家試験）

解説 1. こんぶに含まれる多糖類は、フコイダンやセルロースである。 2. ペクチンの主な構成糖はガラクツロン酸である。 3. 果実の成熟とともにペクチンは可溶化する。 5. 果汁の苦味除去には、ナリンギナーゼである。ペクチン分解酵素（ペクチナーゼ）は、果汁の清澄化に用いられる。 解答 4

7 食品加工に関する記述である。正しいのはどれか。1つ選べ。

1. ポリリン酸ナトリウムは、食肉のミオグロビンの色を固定化させる。

2. 水酸化カルシウムは、こんにゃくいものグルコマンナンを凝固させる。

3. 硫酸ナトリウムは、大豆のグリシニンを凝固させる。

4. 水酸化カリウムは、魚肉のアクトミオシンの調製に用いられる。

5. 塩化マグネシウムは、牛乳のλカゼインを部分分解する。 （第32回国家試験）

解説 1. 亜硝酸塩は食肉のミオグロビンの色を固定化させる。 3. 硫酸カルシウムや塩化マグネシウム（にがり）は大豆のグリシニンを凝固させる。 4. アクトミオシンの生成には、塩や加熱が関与する。 5. キモシンは牛乳の κ-カゼインを部分分解する。 解答 2

8 食品の加工に伴う成分変化に関する記述である。正しいのはどれか。1つ選べ。

1. たんぱく質をアルカリ性で加熱したときには、リシノアラニンが生成する。

2. 清酒製造では、米のでんぷんがリパーゼにより糖化する。

3. 食肉の塩漬では、保水性と結着性が低下する。

4. 紅茶の発酵過程では、カテキンが分解される。

5. ナチュラルチーズの製造では、乳清たんぱく質が凝固する。 （第32回国家試験）

解説 2. でんぷんはアミラーゼにより糖化する。 3. 食肉の塩漬では、保水性と結着性が上昇する。 4. 紅茶の発酵過程では、カテキンがポリフェノールオキシダーゼによって酸化重合される。 5. ナチュラルチーズの製造では、カゼインが凝固する。 解答 1

9　食品加工における食品成分の変化に関する記述である。正しいのはどれか。2つ選べ。

1. 生でんぷんに水を加えて加熱すると、ミセル構造を形成する。
2. たんぱく質の変性は、pHの変化により起こる。
3. 脂質の酸化は、手延べそうめんの加工に利用されている。
4. 糖類のカラメル化反応は、酵素的褐変である。
5. 糖アルコールは、アミノ・カルボニル反応を起こす。　　　　　　（第30回国家試験）

解説　1. 生でんぷんに水を加えて加熱すると、ミセル構造を壊す。　4. 糖類のカラメル化反応は、非酵素的褐変である。　5. 糖アルコールは、アミノ・カルボニル反応を起こさない。　　　　　解答 2,3

10　食品の加工に関する記述である。最も適当なのはどれか。1つ選べ。

1. 納豆の製造では、酢酸菌を発酵に利用する。
2. こんにゃくの製造では、グルコマンナンのゲル化作用を利用する。
3. かまぼこの製造では、魚肉に塩化マグネシウムを加えてすり潰す。
4. 豆腐の製造では、豆乳に水酸化カルシウムを加えて凝固させる。
5. 干し柿の製造では、タンニンの水溶化により渋味を除去する。　　（第34回国家試験）

解説　1. 納豆の製造では、納豆菌を発酵に利用する。　3. かまぼこの製造では魚肉に塩化ナトリウム（にがり）を加えてすり潰す。　4. 豆腐の製造では、豆乳に塩化マグネシウムを加えて凝固させる。
5. 干し柿の製造では、タンニンの不溶化により渋みを除去する。　　　　　　　　　解答 2

11　食品の保存に関する記述である。最も適当なのはどれか。1つ選べ。

1. 冷凍におけるグレーズは、食品の酸化を防ぐ効果がある。
2. 冷蔵における低温障害は、主に畜肉で発生する。
3. 水産物の缶詰では、主に低温殺菌が用いられている。
4. ガス置換による保存・貯蔵では、空気を酸素に置換する。
5. わが国において、放射線の照射は、殺菌のために許可されている。　（第35回国家試験）

解説　2. 冷蔵における低温障害（寒冷障害）は、主に青果物などの農作物（きゅうり、なす、トマトなど）で発生する。　3. 水産物の缶詰では、主に加熱殺菌が用いられている。　4. ガス置換による保存・貯蔵では、空気を窒素ガスや二酸化炭素ガスに置換する。　5. わが国において放射線の照射は、ばれいしょの芽の発芽防止などのために許可されている。　　　　　　　　　　　　　　　　　解答 1

12　食品の加工とそれに関与する酵素の組み合わせである。正しいのはどれか。1つ選べ。

1. 麦芽糖の製造――――――β-アミラーゼ
2. 無乳糖牛乳の製造―――インベルターゼ
3. 転化糖の製造――――――パパイン
4. 果汁の清澄化――――――ミロシナーゼ
5. 肉の軟化――――――――ラクターゼ　　　　　　　　　　　　　（第32回国家試験）

2．乳糖を分解するのはラクターゼ。　3．転化糖の製造にはインベルターゼが関与する。　4．果汁の清澄化にはペクチナーゼが関与する。　5．肉の軟化にはプロテアーゼ（パパイン、アクチニジン、ブロメインなど）が関与する。　　　　　　　　　　　　　　　　　　　　　　　　　　　解答　1

13　食品の変質に関する記述である。最も適当なのはどれか。1つ選べ。

1．ヒスタミンは、ヒアルロン酸の分解によって生成する。
2．水分活性の低下は、微生物による腐敗を促進する。
3．過酸化物価は、油脂から発生する二酸化炭素量を評価する。
4．ビタミンEの添加は、油脂の自動酸化を抑制する。
5．油脂中の遊離脂肪酸は、プロテアーゼによって生成する。　　　　　（第34回国家試験）

解説　1．ヒスタミンはヒスチジンの分解によって生成する。　2．水分活性の低下は微生物による腐敗を抑制する。　3．過酸化物価は油脂に含まれる過酸化物の量によって油脂の劣化を評価する。　5．プロテアーゼはたんぱく質の加水分解酵素である。　　　　　　　　　　　　　　　　解答　4

14　食品の酵素的褐変を防ぐ調理操作に関する記述である。誤っているのはどれか。1つ選べ。

1．水にさらす。
2．酢水に浸す。
3．食塩水に浸す。
4．レモン汁をかける。
5．40℃で保温する。　　　　　　　　　　　　　　　　　　　　　　　（第33回国家試験）

解説　5．40℃では、酵素活性が高まるため褐変反応をより進行させる。　　　解答　5

15　アクリルアミドに関する記述である。正しいのはどれか。2つ選べ。

1．動物性食品の加工により多く生成される。
2．食品の凍結により生成される。
3．アスパラギンとグルコースが反応して生成される。
4．加熱調理で分解される。
5．神経障害を引き起こす。　　　　　　　　　　　　　　　　　　　　（第31回国家試験）

解説　芋類など植物性食品の加工（ポテトチップス、フライドポテトなど）で生成される。120度以上の高温加熱により生成する。　　　　　　　　　　　　　　　　　　　　　解答　3、5

第**7**章

食品の機能

達成目標

■食品の機能性は、その食品に含まれる成分により発揮されるものである。本章では、食品に求められる機能について、一次～三次機能に分類し、その機能性を示す成分とともに理解する。

■近年話題の機能性食品でも、機能性と関与成分の関係が求められており、食品中の機能性成分を知ることは重要となっている。食品の機能と成分をしっかりと結びつけることを目標とする。

1　食品の 3 つの機能

　食は命の源であり、現代の食生活は、豊富な食品に恵まれ、また多様な味わいの料理を愉しむことができる。食品は、我々が生命を維持し、正常な日常生活を営むために、外界から体内に取り込む栄養素を含む物質である。食品とは、栄養素を 1 種類以上含み、有毒・有害なものを含まない安全なものであり、摂取するのに好ましい嗜好特性をもち、ヒトの恒常性に寄与する生理的成分を含む天然物質およびその加工品を総称したものである。

　食品には、安全性を前提として、3 つの機能が求められており、第一は、生命を維持するための働きで、**一次機能（栄養機能）** という。第二に、食事をした際の味覚、嗅覚、触覚を通じて、満足感やおいしさを与える働きで、**二次機能（嗜好機能）** という。また第三に、生体リズムの調節、生体防御、疾病予防などの健康を維持・増進する働きで、**三次機能（生体調節機能）** という。これら 3 つの機能は、食品を機能面から捉えたものであり、おのおのが独立した働きをするのではなく、相互に補完する関係にある（図 7.1）。

　本章では、食品の 3 つの機能について、関与する栄養素や成分および生体内での作用や働きなどの機能性について説明する。

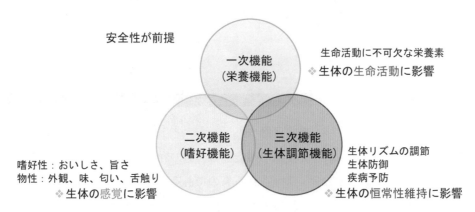

図 7.1　食品の 3 つの機能の関係

2　食品の一次機能

　食品の一次機能は、栄養機能とよばれ、生命活動に不可欠な栄養素を含む。これら栄養成分は、生体の構成成分をつくり出す原料であり、また生体のエネルギーとなる。そして、我々ヒトの生命活動に関わる種々の代謝を調節する働きがある。

　食品に含まれる一次機能に関与する成分は、たんぱく質（protein）、炭水化物（糖質と食物繊維）（carbohydrate）、脂質（lipid）、無機質（ミネラル；mineral）、ビタミン（vitamin）であり、これを**五大栄養素**という。このうち、エネルギー産生栄養素として、たんぱく質、炭水化物、脂質があり、これを**三大栄養素**という。この三つの栄養素は、ヒトが必要とする栄養素のなかでも特に重要な成分であり、摂取バランスは、糖質60、たんぱく質15、脂質25の割合がよいとされる。五大栄養素の役割は、体内でエネルギー源になる熱量素（たんぱく質・糖質・脂質）、生体を構成する構成素（たんぱく質・脂質・無機質）、生体内の代謝調節に関与する調節素（たんぱく質・無機質・ビタミン）に分けられる（表7.1）。

表7.1　一次機能成分の分類と役割

栄養素		呼び名		熱量素	構成素	調節素
たんぱく質				○	○	○
炭水化物	糖質	三大栄養素	五大栄養素	○	—	—
	食物繊維			—	—	—
脂質				○	○	—
無機質		—		—	○	○
ビタミン		—		—	—	○

例題1　五大栄養素に関する記述である。正しいのはどれか。1つ選べ。
1. たんぱく質は、エネルギー源、生体の構成要素になるが、生体内代謝調節は行わない。
2. 脂質は、エネルギー産生栄養素で、生体の構成要素にはならない。
3. 炭水化物は、糖質と食物繊維に分けられるが、熱量素となるのは糖質である。
4. 無機質は、三大栄養素のひとつである。
5. ビタミンは、体を構成する要素として使われる。

解説　（表7.1参照）たんぱく質は、熱量、構成、調節のすべてを機能する。脂質は、細胞膜の構成要素。三大栄養素は、たんぱく質、脂質、炭水化物。ビタミンは、代謝調節役である。　　　　　　　　　　　　　　　　　　　　　　　　　　**解答** 3

2.1 たんぱく質

　たんぱく質はアミノ酸の重合体であり、ヒトの体重の約6分の1を占める。たんぱく質は、生体の組織や細胞の主要な構成成分、酵素、ホルモン、体構造たんぱく

質（骨格、皮膚、結合組織など）の材料、栄養素運搬物質、エネルギー源として重要である。

(1) たんぱく質のエネルギー

ヒトが食事から摂取したたんぱく質は、体内でアミノ酸に分解され、アミノ酸のアミノ基は尿素サイクルにより尿素となり排泄される。炭素鎖はピルビン酸、アセチル CoA となり、クエン酸回路に入りエネルギーとなる。たんぱく質のエネルギーは、1 g 当たり 4 kcal である。

(2) たんぱく質の消化・吸収

食品に含まれるたんぱく質をヒトが摂取すると、胃で胃酸による変性を受け、三次構造が壊され、プロテアーゼ（たんぱく質分解酵素）による作用を受けやすくなる。胃では、ペプシンにより分解を受け、その後、膵液中のトリプシン、キモトリプシン、エラスターゼ、カルボキシペプチダーゼなどのプロテアーゼにより順次分解を受け、より小さいペプチドになる。さらに腸液中のアミノペプチダーゼやジペプチダーゼにより、ジペプチドや遊離アミノ酸に分解される。この工程を、たんぱく質の消化という。

分解されたたんぱく質やペプチドは、最終的にアミノ酸となり、小腸上皮細胞から体内に吸収される。吸収されたアミノ酸は、毛細血管内に入り、門脈を経由して肝臓へと運ばれ、全身に輸送される。輸送後は、体内で筋肉などの体構成たんぱく質に再構成される。

(3) たんぱく質の栄養

食事より摂取したたんぱく質は、プロテアーゼの働きでアミノ酸に消化され、体内に吸収された後、体構成たんぱく質に再構成される。この際に、摂取したたんぱく質が、どの程度効率的に体構成たんぱく質の構築に寄与できているかという観点から、たんぱく質の栄養価が評価される。すなわち、たんぱく質の栄養価は、たんぱく質を構成しているアミノ酸の種類と量によって決まる。アミノ酸は、体内で生合成できる非必須アミノ酸と、体内で生合成できない、あるいは合成量が少ないため、体外から摂取しなければならない**必須アミノ酸**がある。この必須アミノ酸は9種類で、バリン (Val)、ロイシン (Leu)、イソロイシン (Ile)、スレオニン (Thr)、フェニルアラニン (Phe)、トリプトファン (Trp)、リシン (Lys)、ヒスチジン (His)、メチオニン (Met) である（第4章 3.2 参照）。たんぱく質を構成するアミノ酸のなかで、必須アミノ酸の種類と量で、そのたんぱく質の栄養価が決まる。

(4) アミノ酸評点パターンとアミノ酸価

たんぱく質の栄養価の評価方法として、生体にとって必要なアミノ酸量を提示し

た**アミノ酸評点パターン**に基づき、食品中の必須アミノ酸の含量比率を比較したアミノ酸価（アミノ酸スコア）がある。たんぱく質を構成する窒素 1 g 当たりに占める各必須アミノ酸の mg 数で表す。食品中のたんぱく質を構成する必須アミノ酸が、評点パターンの量を満たしていると、アミノ酸価が 100 に近い値となり、良質なたんぱく質といえる。しかし、食品中のたんぱく質の必須アミノ酸には、評点パターンの基準を満たしていない場合もある。この不足する必須アミノ酸を制限アミノ酸といい、最も不足しているものを第一制限アミノ酸、2 番目に不足しているものを第二制限アミノ酸という（第 4 章 3.6 (2) 参照）。

　例えば、穀類の精白米について、アミノ酸価は 86 であり、これは精白米のたんぱく質を構成する必須アミノ酸のうち、リシン（Lys）がアミノ酸評点パターンの値を満たしておらず、第一制限アミノ酸である。一方で、卵、牛乳、肉、魚などの動物性たんぱく質には、必須アミノ酸含有量がアミノ酸評点パターンの値を満たしており、アミノ酸価は 100 もしくはそれに近い値である。

　表 7.2 に必須アミノ酸のアミノ酸評点パターンを、表 7.3 に主要食品のアミノ酸価と第一制限アミノ酸示した。国際基準は、FAO/WHO により公開提示され、2007 年に WHO/FAO/UNU が最新の値を報告している。

表 7.2　アミノ酸評点パターン

アミノ酸 （略号）	アミノ酸(mg/gN)		アミノ酸 (mg/g たんぱく質)							
	1973 年 [1]	1985 年 [2]	1973 年	1985 年	2007 年 [3]					
	一般用	2～5 歳	一般用	2～5 歳	5 カ月	1～2 歳	3～10 歳	11～14 歳	15～18 歳	18 歳以上
ヒスチジン(His)	—	120	—	19	20	18	16	16	16	15
イソロイシン(Ile)	250	180	40	28	32	31	31	30	30	30
ロイシン(Leu)	440	410	70	66	66	63	61	60	60	59
リシン(Lys)	340	360	55	58	57	52	48	48	47	45
メチオニン(Met) システイン(Cys)	220	160	35	25	28	26	24	23	23	22
フェニルアラニン(Phe) チロシン(Tyr)	380	390	60	63	52	46	41	41	40	38
トレオニン(Thr)	250	210	40	34	31	27	25	25	24	23
トリプトファン(Trp)	60	70	10	11	8.5	7.4	6.6	6.5	6.3	6
バリン(Val)	310	220	50	35	43	42	40	40	40	39
合　計	2,250	2,120	360	339	337.5	312.4	292.6	289.5	286.3	277

1) 1970 FAO/WHO 報告
2) 1985 FAO/WHO/UNU 報告
3) 2007 FAO/WHO/UNU 報告

表7.3　主要食品のアミノ酸価と第一制限アミノ酸

	2007 年		1985 年	第一制限アミノ酸
	アミノ酸価[1]	アミノ酸価[2]	アミノ酸価[3]	
精白米	86	93	61	リシン
小麦（薄力粉）	57	56	42	リシン
押麦		91	58	リシン
とうもろこし（コーングリッツ）	58	44	31	リシン
そば粉		100	100	
そば（生）		84	53	リシン
じゃがいも	100	100	73	ロイシン
キャッサバ	79			分枝アミノ酸
やむいも	91			リシン
やまいも（ながいも）		98	52[4]	ロイシン
大豆	100	100	100	
鶏卵	100	100	100	
牛乳	100	100	100	
牛肉	100	100	100	

1) 2007 FAO/WHO/UNU 報告
2) 2007 FAO/WHO/UNU の評定パターンより算定
3) 1985 FAO/WHO/UNU の評定パターンより算定
4) 第一制限アミノ酸はリシン、第二制限アミノ酸はロイシン(56)

例題 2　たんぱく質に関する記述である。正しいのはどれか。**2 つ選べ。**

1. たんぱく質のエネルギーは、1 g 当たり 4 kcal である。
2. たんぱく質の栄養価は、食事に含まれるたんぱく質の量で決まる。
3. ヒトが食事から摂取しなければならないアミノ酸を非必須アミノ酸という。
4. アミノ酸価は、食品中の必須アミノ酸の種類と量に関係している。
5. 第一制限アミノ酸とは、食品中の一番多い必須アミノ酸のことである。

解説　2. たんぱく質の栄養価は、構成するアミノ酸の種類と量で決まる。　3. ヒトが体内で合成できないものが必須アミノ酸である。　5. 最も不足するものが第一制限アミノ酸である。　　　　　　　　　　　　　　　　　　**解答** 1、4

2.2 炭水化物（糖質、食物繊維）

　炭水化物は、生体内での利用により、糖質と食物繊維に分類される。糖質は、単糖類（monosaccharide）、オリゴ糖（oligosaccharide）、多糖類（polysaccharide）に分類され、体内で利用されてエネルギーとなる。一方で、生体で消化されず利用されない多糖類を食物繊維（dietary fiber）という。

(1) エネルギーとしての糖質

　糖質は、主にエネルギー源として利用される重要な成分である。ヒトで必要なエ

ネルギーのうち、約60％を糖質から摂取している。糖質のエネルギーは、1g当たり4kcalである。食品では、米や小麦などの主食の他に、穀類、いも類、とうもろこしなどに多く含まれる。α-グルコースの重合体であるでんぷんとして含有している。

　糖質が関係するエネルギー産生には、解糖系、クエン酸回路、電子伝達系がある。解糖系では、グルコース1分子が2分子のピルビン酸に変換され、細胞質で一連の酵素により進行する。クエン酸回路では、ピルビン酸はミトコンドリアに取り込まれ、アセチルCoAを経てクエン酸回路に入る。電子伝達系では、解糖系やクエン酸回路で生成した還元型補酵素（NADH、NADH$_2$）は、ミトコンドリア内膜に局在する電子伝達系で転換され、その際にATPが産生する。解糖系では、グルコース1分子から2分子のATPが、クエン酸回路では、好気的条件で、グルコース1分子から38分子のATPが産生する。

(2) 糖質の消化・吸収・代謝

　でんぷんを食事から摂取すると、口の咀嚼により、唾液のα-アミラーゼと混合され、一部はマルトース（二糖類）に消化されるが、ほとんどは未消化の状態で胃に運ばれる。その後、十二指腸で膵液と混合され、膵アミラーゼの作用で二糖類に分解される。すべての二糖類は、小腸上皮細胞から分泌されるマルターゼ、ラクターゼ、スクラーゼなどの消化酵素により、グルコースなどの単糖類となり、小腸から吸収される。

　小腸上皮細胞から吸収された単糖類（グルコース、フルクトース、ガラクトース）は、門脈を経て肝臓に運ばれ、糖新生やグリコーゲン分解により、肝静脈を経て、脳や骨格筋など全身に供給される。肝臓や筋肉では、グルコースはグリコーゲンに合成された後に貯蔵され、必要なときに分解されてエネルギーとなる。また、脂肪組織では、グルコースは脂肪に作り変えられて貯蔵される。

(3) 食物繊維の役割

　食物繊維は、植物の細胞壁の主要成分であるセルロース、ヘミセルロース、キチンなどの不溶性多糖と、果物に含まれるペクチンや紅藻類に含まれるアガロース、褐藻類に含まれるアルギン酸ナトリウムなどの水溶性多糖に分けられる。これらは、**ヒトの消化酵素では消化されない難消化性成分**であり、エネルギー源としては利用されない。しかし近年の研究により、これら食物繊維の摂取量の減少が、便秘ばかりでなく糖尿病や腸疾患などの生活習慣病と関係があることが分かり、エネルギーとしての役割はほとんどないが、**生体調節機能**に関与している。

> **例題 3**　炭水化物に関する記述である。正しいのはどれか。1 つ選べ。
>
> 1. 糖質とは、ヒトの消化酵素で分解し、エネルギー源となる炭水化物をいう。
> 2. 炭水化物のうち、食物繊維のエネルギーは、4 kcal/g である。
> 3. クエン酸回路の好気的条件で、グルコース 38 分子当たり ATP を 1 分子産生する。
> 4. ヒトの肝臓では、グルコースをでんぷんの形で貯蔵している。
> 5. 食物繊維の水溶性多糖は、ヒトの消化酵素で分解できるため、エネルギー源になる。

> **解説**　2. 糖質のエネルギーが 4 kcal/g である。　3. 1 分子のグルコースから 38 分子の ATP を産生する。　4. 肝臓では、グリコーゲンとして貯蔵する。　5. ヒトは、食物繊維を消化できない。　　　　　**解答**　1

2.3 脂質

　脂質は、生体成分のうち、水に不溶で有機溶媒に可溶な物質の総称であり、生体内の脂質は、単純脂質、複合脂質、誘導脂質に分類される。こうした脂質は、加水分解により脂肪酸を遊離し、これを生体が利用する。脂質は、生体内ではエネルギー源やエネルギー貯蔵物質、細胞膜の構成成分、必須脂肪酸の供給源などとして重要な成分である。

(1) 脂質のエネルギー

　脂質は、肉の脂や植物油、コレステロールなどの主な成分である。脂質は、1 g 当たり 9 kcal と糖質やたんぱく質の 4 kcal/g の 2 倍以上のエネルギーを有しており、効率的なエネルギー源である。食品中の脂質は、グリセロールと脂肪酸がエステル結合したトリグリセリドとして存在しているが、食事からの摂取後、体内では、グリセロールと脂肪酸に分解される。このうち脂肪酸は、脳や神経系を除くすべての器官で、エネルギー源として酸化分解される。その際、炭素が 2 つずつ切断される酸化分解を β 酸化という。β 酸化により生成したアセチル CoA は、クエン酸回路に入り、二酸化炭素と水に分解され、ATP を生成する。炭素数 16 のパルミチン酸（$C_{16:0}$）が β 酸化で分解されると、最終的に 129 個の ATP が産生される。グルコース 1 分子と比べると、大きなエネルギーを得ることになる。

(2) 脂質の消化・吸収

　食事から摂取した一部のトリグリセリドは、胃内で胃リパーゼにより消化を受け、遊離脂肪酸とモノグリセリドに分解される。食品中のたんぱく質とマトリックスを形成していた脂肪は、胃内でマトリックスが壊れ、脂肪が遊離する。遊離した脂肪

は、十二指腸で消化を受け、胆汁による乳化、次いで膵臓からの膵リパーゼの働きで、モノグリセリドと脂肪酸、グリセロールに分解される。モノグリセリドは、腸内に分泌された胆汁酸、ホスファチジルコリン、コレステロールからなるミセルに取り込まれる。その後、これらの分子は小腸内面を覆う細胞表面でミセルから遊離し、単純拡散により、小腸上皮細胞から取り込まれる。取り込まれたモノアシルグリセリドは、再びトリアシルグリセリドに再合成された後、カイロミクロンという大きなリポたんぱく質を形成し、リンパ管から吸収され、リンパの流れにのり、全身へ運ばれる。

(3) 必須脂肪酸の供給と生理作用

　脂肪酸のなかで、ヒトの体内では合成できないため、体外から摂取しなくてはならない脂肪酸を必須脂肪酸という。これには、n-6系の**リノール酸**（$C_{18:2}$）とn-3系の**α-リノレン酸**（$C_{18:3}$）がある。これら脂肪酸は体内で代謝されて、リノール酸からアラキドン酸（$C_{20:4}$）が、α-リノレン酸からイコサペンタエン酸（$C_{20:5}$）やドコサヘキサエン酸（$C_{22:6}$）が生合成される（図7.2）。これらのうち、炭素数20のアラキドン酸やイコサペンタエン酸から、赤血球などの無核の細胞を除くすべての組織細胞において、イコサノイドが誘導される。イコサノイドには、プロスタグランジン、トロンボキサン、ロイコトリエンなどの生理活性を示す物質があり、生体内では特有の生理作用を示す。例えば、n-6系のアラキドン酸から生合成されるイコサノイドは、血小板凝集、気管支収縮、子宮収縮、腸管運動などに関わり促進的に働くが、一方でn-3系のイコサペンタエン酸から生合成されるイコサノイドは、n-6系のそれと拮抗的に働くものが多く、炎症抑制的に働く。そのため、これらのバランスが崩れると、高血圧、動脈硬化、心筋梗塞などを発症する原因となる。

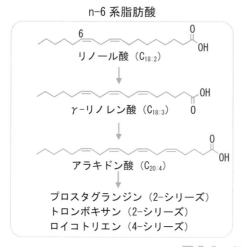

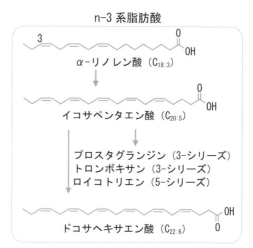

図7.2　必須脂肪酸の代謝

(4) 生体の構成成分

　生体は、60 兆個に及ぶ細胞で構成されており、その細胞膜は、リン脂質やコレステロールからなる脂質二重層を形成している。リン脂質は、両親媒性の物質であり、細胞膜の二重構造の主要成分である。これらは、エネルギーとしては利用されない。

(5) 三次機能として注目される機能性脂質

　脂質の摂り過ぎは、メタボリックシンドロームのリスクを高めることはいうまでもないが、一方で、脂質のなかには、生体調節機能を有する成分もある。

　一価不飽和脂肪酸の**オレイン酸**（$C_{18:1}$）は、血清コレステロールの HDL（善玉）コレステロールを保ちつつ、LDL（悪玉）コレステロールを低下させる。また、n-3 系の多価不飽和脂肪酸**α-リノレン酸**（$C_{18:3}$）は、体内で一部が変換され、イコサペンタエン酸（$C_{20:5}$）やドコサヘキサエン酸（$C_{22:6}$）となる。これらは魚油に豊富に含まれる多価不飽和脂肪酸であるが、虚血性心疾患の予防や抗動脈硬化作用が期待される。

　共役リノール酸（Conjugated linoleic acid; CLA）は、リノール酸の位置・幾何異性体で、分子内に共役二重結合をもつ。反芻動物の胃に存在するバクテリアにより、リノール酸から代謝転換されるため、乳製品や牛肉に少量含まれている。共役リノール酸には、発がん抑制、インスリン抵抗性の改善、抗動脈硬化、脂質代謝異常改善、糖尿病改善などが期待される。

　β-シトステロール、ステグマステロール、カンペステロールなどの**植物ステロール**は、胚芽油などに多く含まれており、ステロール骨格に結合する側鎖がそれぞれ異なる。機能性として、コレステロールの吸収を抑制する作用を有し、特に 5-カンペステノンは、脂肪分解を促進することにより、肥満防止などが期待される。

　中鎖脂肪酸（Medium chain fatty acid：MCFA）は、炭素数 6 から 12 程度の脂肪酸で、長鎖脂肪酸よりも親水性が強い。そのため、中鎖脂肪（MCT）は、消化により中鎖脂肪酸となり、胆汁酸ミセルを形成しないため、吸収されやすく、直接エネルギーとして利用される。そのため、エネルギー補給が必要な病者用カロリー食などに用いられている。また、長鎖脂肪酸と比較して体脂肪として蓄積されにくいことから、体脂肪が気になる人向けの特定保健用食品が開発されている。

例題 4　脂質に関する記述である。正しいのはどれか。<u>2 つ選べ</u>。

1．脂質のエネルギーは、1 g 当たり 9 kcal である。

2．必須脂肪酸として、n-6 系のリノール酸と n-3 系の α-リノレン酸がある。

3．リノール酸が体内で代謝されると、イコサペンタエン酸（$C_{20:5}$）が生合成される。

　4.　α-リノレン酸が体内で代謝されると、アラキドン酸（$C_{20:4}$）が生合成される。

　5.　生体の細胞膜に含まれる脂質もエネルギーとして用いられる。

解説　3.　必須脂肪酸で、リノール酸からはアラキドン酸が生合成される。　4.　α-リノレン酸からはイコサペンタエン酸が生合成される。　5.　細胞膜の脂質は、エネルギー源とはならない。　　　　　　　　　　　　　　　　　　　　　　**解答** 1、2

2.4　ビタミン

　ビタミンは、ヒトの生理機能を正常に維持するうえで、さまざまな代謝を助ける調節因子（補酵素やホルモン様作用）として必須の微量栄養素である。化学構造上の類似性はなく、生体内での役割も多岐にわたっているため、正式な定義はないが、生体内で代謝を助ける補助因子であること、生体内では合成できない、または必要量を合成できないため、食品からの摂取が必須であること、1日に摂取量が微量であること、有機化合物であることを満たすビタミンが13種類知られている。これら、溶媒への溶解性から、脂溶性ビタミン（ビタミンA、D、E、K）と水溶性ビタミン（ビタミンB群（B_1、B_2、ナイアシン、B_6、B_{12}、葉酸、パントテン酸、ビオチン）、ビタミンC）に分類されている。

(1)　水溶性ビタミンの機能性

　水溶性ビタミンは、腸で吸収され、体内の飽和量を超えた分は、尿中に排泄されるため、過剰症の心配はないが、欠乏症には注意が必要である。

(2)　脂溶性ビタミンの機能性

　脂溶性ビタミンは、脂質とともに吸収され、カイロミクロンの構成成分となり、肝臓や脂肪細胞に貯留される。そのため、脂質との摂取で吸収効率があがるが、排泄されにくいため、過剰症に注意が必要となる。表7.4に、各ビタミンの生理作用と欠乏症・過剰症の一覧を示した。

例題5　カルシウムやリンの吸収促進作用があり、欠乏症としてくる病や骨軟化症、骨粗鬆症がみられるビタミンはどれか。1つ選べ。

　1.　ビタミンA　　　　2.　ビタミンD　　　　3.　ビタミンC

　4.　ビタミンB_{12}　　　5.　葉酸

解説　2.　問題文は、ビタミンDのカルシフェロールのこと。　　　　　**解答** 2

表7.4　ビタミンの生理作用、欠乏症・過剰症

	ビタミン名 （主な化合物名）	主な生理作用	主な欠乏症・過剰症	主な食品
脂溶性ビタミン	ビタミンA （レチノール）	上皮組織の維持 視覚や粘膜の機能に関与	欠乏症：夜盲症、成長障害、角膜乾燥症 過剰症：頭痛、皮膚の落屑、筋肉痛 ＊β-カロテンには過剰症は認められない	肝臓、緑黄色野菜、うなぎ、卵黄、乳製品
	ビタミンD （カルシフェロール）	カルシウムとリンの吸収促進 骨の形成	欠乏症：くる病、骨軟化症、骨粗鬆症 過剰症：高カルシウム血症、腎障害	肝臓、魚類、きのこ
	ビタミンE （トコフェロール、トコトリエノール）	抗酸化作用	欠乏症：未熟児の溶血性貧血、乳児の皮膚硬化症	植物油、緑黄色野菜、胚芽
	ビタミンK （フィロキノン、メナキノン）	血液凝固因子の活性化 骨形成の促進	欠乏症：血液凝固不良、新生児メレナ、特発性乳児ビタミンK欠乏症（頭蓋内出血）	緑黄色野菜、海藻類、豆類（納豆）
水溶性ビタミン	ビタミンB$_1$ （チアミン）	糖質代謝の補酵素 中枢神経、末梢神経の機能維持	欠乏症：脚気、神経系障害（ウェルニッケ脳症、コルサコフ症）	豚肉、豆類、胚芽
	ビタミンB$_2$ （リボフラビン）	脂質代謝の補酵素 皮膚、髪、爪の健康維持	欠乏症：発育不良、口角炎、舌炎、皮膚炎	肝臓、卵、チーズ、魚類
	ナイアシン （ニコチン酸、ニコチンアミド）	糖質、脂質代謝に関与	欠乏症：ペラグラ、舌炎、皮膚炎 過剰症：消化管障害、肝臓障害	肝臓、肉類、魚類、豆類
	ビタミンB$_6$ （ピリドキシン）	たんぱく質、アミノ酸代謝の補酵素	欠乏症：ヒトでの欠乏症はまれである。 過剰症：感覚神経障害	肝臓、肉類、魚類、卵
	ビタミンB$_{12}$ （コバラミン）	赤血球産生に関与	欠乏症：巨赤芽球性貧血（葉酸とも関連）	肝臓、肉類、貝類、牛乳
	ビタミンC （アスコルビン酸）	過酸化物生成の抑制 コラーゲン生成に関与 鉄の吸収促進	欠乏症：壊血病、皮下出血	果実類、いも類、緑黄色野菜
	葉酸	たんぱく質、核酸（DNA、RNA）合成に関与 造血作用	欠乏症：巨赤芽球性貧血（ビタミンB$_{12}$とも関連） ＊妊娠・授乳期の葉酸摂取不足→胎児の脳の発達障害、乳児の発育不良	肝臓、肉類、豆類
	ビオチン （ビタミンH）	糖質、脂質、たんぱく質、エネルギー代謝に関与	欠乏症：ヒトでの欠乏症はまれである。	肝臓、卵、いわし
	パントテン酸	脂肪酸の代謝 副腎皮質ホルモンの合成	欠乏症：ヒトでの欠乏症はまれである。	肝臓、納豆、いわし、さけ

2.5 ミネラル（無機質）

　食品におけるミネラル（無機質）とは、炭水化物、脂質、たんぱく質の構成元素である酸素（O）、炭素（C）、水素（H）、窒素（N）以外の元素をさし、体重の4％を占める。生体の組織を構成したり、酵素の成分として、生体の機能を調節したりする役割をもつ。このうち、ヒトにおいて必須性が確かなミネラルは16種類であり、1日の摂取量が概ね100mg以上となるものを多量ミネラルといい、カルシウム（Ca）、リン（P）、硫黄（S）、カリウム（K）、ナトリウム（Na）、塩素（Cl）、マグネシウム

（Mg）が含まれる。また、1日の摂取量が 100 mg 未満となるものを微量ミネラルといい、鉄（Fe）、コバルト（Co）、亜鉛（Zn）、銅（Cu）、マンガン（Mn）、クロム（Cr）、ヨウ素（I）、モリブデン（Mo）、セレン（Se）が含まれる。この分類は、厚生労働省「日本人の食事摂取基準（2020）」において、体内の鉄の量を基準に、それよりも多いものを多量ミネラル、それ以下のものを微量ミネラルとする。表 7.5 に、主なミネラル（無機質）の生理作用と欠乏症・過剰症の一覧を示した。

表 7.5 主な無機質の生理作用、欠乏症・過剰症、体内分布

	元素名（記号）	主な生理作用	主な欠乏症・過剰症	体内分布
多量元素	カルシウム（Ca）	骨・歯の形成、血液の pH 維持、血液凝固、筋肉の収縮	欠乏症：くる病、骨軟化症、骨粗鬆症 過剰症：ミルクアルカリ症候群、結石	骨（99%）、細胞内、血液
	リン（P）	骨・歯の形成、エネルギー代謝	欠乏症：発育不全、骨塩量低下	骨、体液、細胞内、細胞膜
	硫黄（S）	たんぱく質、ペプチドの構成要素（含硫アミノ酸として）	欠乏症：発育不全	アミノ酸の構成成分、たんぱく質
	カリウム（K）	浸透圧維持、細胞の興奮	欠乏症：無筋力症、不整脈	細胞内、体液
	ナトリウム（Na）	浸透圧維持、細胞の興奮、糖・アミノ酸の吸収促進	欠乏症：食欲不振、血圧低下 過剰症：血圧上昇、腎障害	細胞内、体液
	塩素（Cl）	浸透圧維持、血液の pH 維持、胃酸の構成成分	欠乏症：胃酸分泌低下	細胞内、体液
	マグネシウム（Mg）	酵素活性、筋収縮	欠乏症：循環器障害、代謝不全	骨（約60%）、体液、細胞内
微量元素	鉄（Fe）	酵素運搬（ヘモグロビン）、電子伝達系、酵素の活性化	欠乏症：発育不全、鉄欠乏性貧血、筋力低下 過剰症：ヘモクロマトーシス（組織障害）	ヘモグロビン（約70%）、筋肉、肝臓、脾臓、骨髄
	亜鉛（Zn）	酵素（DNA ポリメラーゼ）の補因子、DNA の転写調節	欠乏症：生殖能低下、発育不全、皮膚炎、味覚障害	筋肉、皮膚に存在
	銅（Cu）	酵素（SOD、セルロプラスミン）の補因子	欠乏症：貧血、骨異常、毛髪異常 過剰症：ウィルソン病、（肝障害、脳障害）	筋肉、肝臓に存在
	マンガン（Mn）	酵素の補因子	欠乏症：骨異常	ほぼ一様に存在
	コバルト（Co）	ビタミン B_{12} の成分	欠乏症：悪性貧血	筋肉、骨
	クロム（Cr）	耐糖能因子	欠乏症：耐糖能低下	筋肉（約55%）、毛髪（約25%）
	ヨウ素（I）	甲状腺ホルモンの成分	欠乏症：発育不全、クレチン病、甲状腺腫、甲状腺機能低下症 過剰症：甲状腺腫、甲状腺機能低下症、甲状腺中毒症	甲状腺（約90%）
	モリブデン（Mo）	酵素の補因子	欠乏症：成長障害、プリン代謝異常	肝臓、腎臓に多く存在
	セレン（Se）	抗酸化作用（グルタチオンペルオキシダーゼの成分）	欠乏症：克山病（心機能不全）、カシン・ベック病（骨関節症） 過剰症：爪の変形、脱毛	筋肉、肝臓、血液、腎臓に多く存在

例題 6　無機質（ミネラル）に関する記述である。正しいのはどれか。1 つ選べ。

1. 多量ミネラルとは、食品に特に多い元素のことをいう。

2. カリウム（K）の欠乏症は、くる病や骨軟化症、骨粗鬆症である。

3. 亜鉛（Zn）の欠乏症は、味覚障害である。

4. マンガン（Mn）は、ビタミン B_{12} の成分で、筋肉や骨に存在する。

5. ヨウ素（I）の欠乏症として、心機能不全の克山病である。

解説　1. 多量元素とは、1 日の摂取量が 100 mg 以上のものである。　2. はカルシウム（Ca）。　4. はコバルト（Co）。　5. はセレン（Se）。　　　　　　　　解答 3

---

3 食品の二次機能と嗜好成分の三次機能

　食品の二次機能は、嗜好機能とよばれ、おいしさに関係し、食欲を高め、摂取行動を進める効果がある。我々が食べ物を摂取するのは、生命機能を維持する栄養成分を得るために留まらず、おいしいものを食べて満足感や幸福感を得るためでもある。すなわち、見た目（外観）、味、におい（香り）、食したときの口あたりや舌ざわりなど、食品組成や食品成分が生体の感覚に影響し、こうしたものが総合的に評価されて、おいしさを感じるものである。

　こうした食の嗜好性に関与する食品成分として、水、色素成分（カロテノイド系色素・フラボノイド系色素・ポルフィリン系色素など）、呈味成分（甘味・酸味・苦味・塩味・うま味・辛味・渋味など）、香気成分（テルペン類・脂肪酸エステル・アミノカルボニル反応過程での生成成分など）、物性に関与する成分などがある。また近年の研究において、食品の二次機能に含まれる嗜好成分が、色や呈味、香りなどの嗜好性に関与するだけでなく、生体調節作用とも深く関わっていることが明らかになってきた。嗜好成分のそれぞれの二次機能の詳細については第 5 章も参照されたい。

3.1 水分

　成人の身体のうち、約 60〜65％は水分であり、成人は 1 日に約 2,500 mL の水を摂取している。そのうち約半数の約 1,150 mL が食品に含まれる水分であり、残り半分の約 1,000 mL は飲料由来である。また、約 350 mL は体内で栄養素が燃焼してエネルギーに変わることにより生じる代謝水である。一方で、1 日に排泄する水も約 2,500 mL であり、汗で約 500 mL、呼気で約 400 mL、尿で約 1,500 mL、糞便で約 100

mL である。

　こうした水分は、動物性・植物性食品を問わず、一般的な食品に多量に含まれており、特に野菜類、きのこ類、果実類、乳類、魚介類、いも類、卵類などの生鮮食品では、水分含量が 67〜97％ と高い。一方で、穀類や豆類の水分含量は 12〜16％、種実類は 3〜7％ と低いが、保存性には優れている。食品に含まれる水分は、我々が生命活動を行うための重要な供給源であり、また食品に対しても、保存性、調理や加工特性、食味、物性などに大きく影響する。

3.2　色素成分の三次機能

　食品に含まれる色素成分は、その化学構造の特徴から、**カロテノイド系色素、フラボノイド系色素、ポルフィリン系色素**、その他に分類される。こうした成分は、食品の色調に関係しており、食にさまざまな色彩を与え、食を愉しませてくれる。一方、近年の研究で、食品の三次機能である生体調節とも深く関わるものがあり、機能性食品への応用が進むものもある。

(1) カロテノイド系色素の生体調節機能

　カロテノイド系色素（図 5.3 参照）は、熱、酸、アルカリに対して安定である一方、光と酸素に対しては、比較的不安定である。これは、分子内に存在する共役トランス二重結合の一部が、シス異性化や酸化分解を受けやすいからである。こうした異性化や分解を受けると、色調は退色する。

　このように、カロテノイドは共役トランス二重結合部分が容易に酸化されるため、逆をいうと、強い抗酸化作用を示すことになる。生体では、抗酸化物質として働き、活性酸素のなかでも特に一重項酸素（$^1O_2$）、一酸化窒素（NO）の消去作用を示すものが多い。

1) カロテン類（図 5.3）

　リコペン（lycopene）は、トマト、すいかなどに含まれる赤色色素で、カロテンのなかでも抗酸化物質として強い作用を示す。β-カロテンの 2 倍、α-トコフェロールの 100 倍程度の抗酸化作用を示す。

2) キサントフィル類（図 5.3）

　アスタキサンチン（astaxanthin）は、えび、かに、さけ、ますなどに含まれる赤色色素で、抗酸化作用としては、リコペンよりも高いとされている。β-カロテンの 40 倍、α-トコフェロールの 550 倍程度の抗酸化作用を示す。

　ルテイン（lutein）は、とうもろこし、かぼちゃ、卵黄などに含まれる黄色色素で、眼の黄斑部に存在しているが、有害な可視光線を吸収する作用があるため、加

齢性黄斑変性症の改善が期待されている。

β-クリプトキサンチン（β-cryptoxanthin）もとうもろこし、みかん、かき、び
わなどに含まれる黄色色素で、がん抑制遺伝子 p53 遺伝子、RB 遺伝子、p16 遺伝子
を活性化させることで、がん抑制作用やがん細胞増殖抑制作用を示す。また、抗耐
糖能改善作用、インスリン抵抗性改善、脂肪組織の PPARγ 遺伝子発現抑制による脂
肪細胞縮小、脂肪組織質量減少作用など、さまざまな機能性が報告されている。

例題 7　カロテノイドに関する記述である。正しいのはどれか。1 つ選べ。
1. カロテンは、構成元素が炭素、水素、酸素からなる。
2. カロテノイド系色素は、酸やアルカリで分解する。
3. カロテノイド系色素は、水溶性の色素である。
4. アスタキサンチンと β-カロテンの抗酸化作用は、β-カロテンの方が強い。
5. カロテノイド系色素の抗酸化作用は、主に一重項酸素（$^1O_2$）消去作用である。

解説　1. カロテンは炭素、水素のみからなる。キサントフィルはそれに酸素を含む
（5 章 1.2 参照）。　2. カロテノイドは、酸やアルカリに対して安定だが、酸素には
比較的不安定である。　3. カロテノイドは、脂溶性である。　4. アスタキサンチ
ンの抗酸化作用は、β-カロテンの 40 倍である。　　　　　　　　　　**解答** 5

---

(2) フラボノイド色素の生体調節機能

　フラボノイド（flavonoid）は、基本骨格として、炭素数が 15 のジフェニルプロ
パン構造（C6-C3-C6）を有するフェノール化合物であり、ポリフェノールの一種で
ある。構造中のピラン環（C 環）の二重結合や水酸基の有無、B 環の結合位置により、
フラボンやフラボノール、イソフラボンなどに分類される（図 5.9、図 5.11 参照）。
色調は、無色〜淡黄色を示す。

　フラボンやフラボノールは、基本的に渋味を呈し、一般的に、熱や光に対して比
較的安定であるが、酸性で色調が淡色化し、アルカリ性では濃色化する。例えば、
中華めんの黄色は、小麦粉に含まれるフラボンのトリシン（tricin）が、めん製造
時に使用するかん水（アルカリ性）により黄色化することによる。また、カリフラ
ワーをゆでる時に食酢（酸性）を加えると、カリフラワーに含まれるフラボノイド
が淡色化し、白く仕上げることができる。フラボノイドは、色素として食品の二次
機能に重要であるが、その一方で、さまざまな生理機能性が研究されており、フェ
ノール性水酸基を構造中に含むことから、自身は酸化されやすく、強い抗酸化作用

を示す成分が少なくない。特に、構造中の B 環に、2 つの水酸基が結合した *o*-ジヒドロキシ構造を有するものは、抗酸化作用が強くなる傾向がある。

1) フラボン類

　ルテオリン（luteolin）（図 7.3）は、菊の花などに含まれる成分で、B 環に *o*-ジヒドロキシ構造を有するため、強い抗酸化作用を有する。また、近年の研究では、キサンチンオキシダーゼを阻害することによる尿酸値改善やインスリンのグルコース取込み改善、インスリン抵抗性改善、α-グルコシダーゼ阻害作用により、食後血糖値の上昇を緩やかにする作用が報告され、機能性食品としての開発も進んでいる。

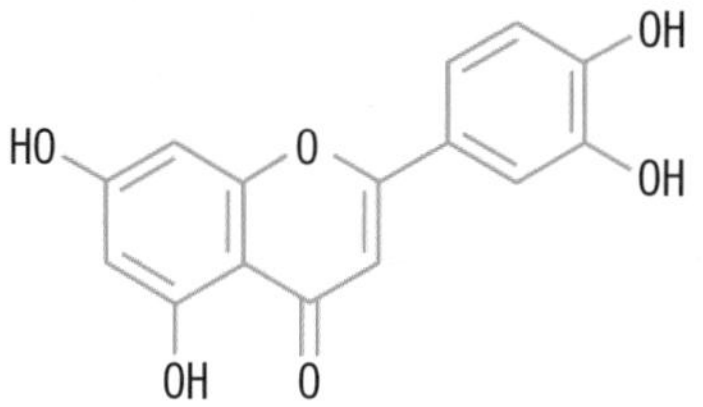

図 7.3　ルテオリン

2) フラボノール類

　ルチン（rutin）（図 7.4）は、そばに含まれるフラボン配糖体で、**ケルセチン**（quercetin）の 3 位にルチノース（rutinose）が結合した成分である。ルチンには、毛細血管透過抑制因子として、ビタミン様作用があり、血圧降下作用が認められている。また、生薬のカイカ（槐花）は、マメ科エンジュの花蕾を利用し、ルチン含有量は 10〜28 ％で、薬理作用として、毛細血管縮小作用があり、止血薬として用いられ、また、出血性諸病予防にも用いられている。

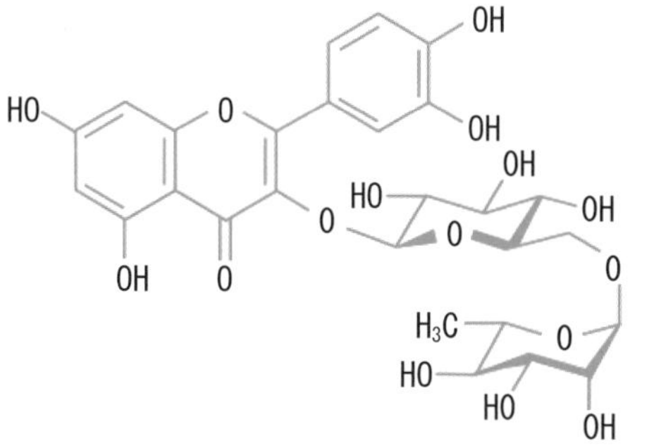

図 7.4　ルチン

3）フラバノン類

　ヘスペリジン（hesperigin）（図7.5）は、温州みかんなどの果皮や薄皮に含まれる苦味成分で、ビタミンPともよばれるビタミン様成分である。機能としては、毛細血管の強化作用や血流改善作用、血中中性脂肪低下作用、血中コレステロール低下作用などが報告されている。生薬

図7.5　ヘスペリジン

のチンピ（陳皮）の主要な薬理成分でもあり、血流改善の他、健胃・整腸効果や風邪予防作用がある。糖転移ヘスペリジン（グルコシルヘスペリジン）は、酵素によりグルコースを1分子結合した成分で、水やアルコールに高い溶解性があり、また熱や光に対する安定性、体内での高い吸収効率が特徴で、近年さまざまな機能性食品で利用されている。

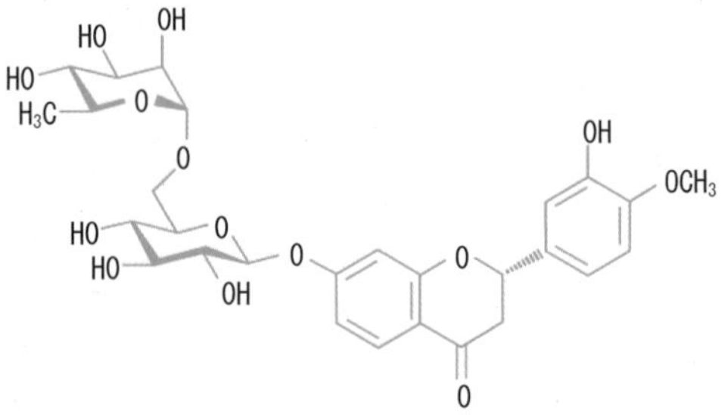

4）フラバノール類

　エピガロカテキンガレート（epigallocatechingallate：EGCG）（図7.6）は、茶に多く含む渋味成分で、ガレート基の有無、B環の水酸基の数、2位と3位の立体の違いにより多くの誘導体が存在する。このなかでもEGCGは、多種多様な機能性が報告されており、特定保健用食品などで利用されている。EGCGには、強い抗酸化作用や抗がん作用が認められており、特に、がん細胞のアポトーシス誘導作用、血管新生抑制作用などの研究が進んでいる。

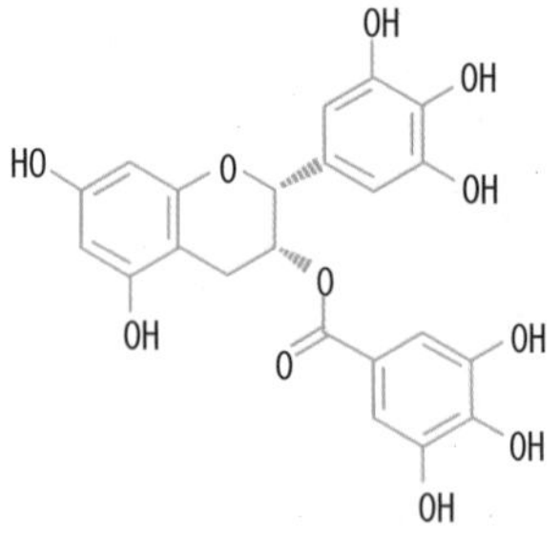

図7.6　EGCG

　テアフラビン（theaflavin）は、紅茶に含まれる色素成分で、カテキン類がポリフェノールオキシダーゼの作用により重合した成分である。カテキン同様、渋味を呈し、ガレート基の有無で、4つの誘導体が存在する。なかでも、テアフラビン-3,3'-ジガレート（theaflavin-3,3'-digallate：TF3）（図7.7）は、抗酸化作用、抗メタボリックシンドローム作用、抗インフルエンザ作用などが研究により明らかになっている。

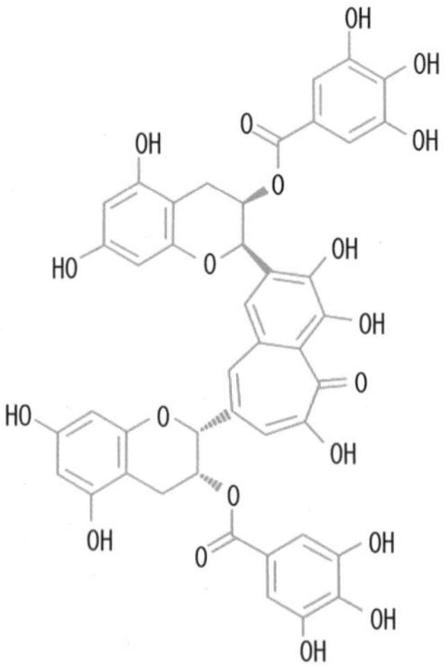

図7.7　TF-3

5）イソフラボン類

　イソフラボン（isoflavone）は、大豆に含まれるフラボノイドで、B 環が C 環の 3 位に結合した成分である。大豆中には、ゲニスチン（genistin）やダイジン（daidzin）として、1 分子の糖が結合した形で存在するが、ヒトが摂取後、腸内細菌により加水分解を受け、それぞれゲニステイン（genistein）、ダイゼイン（daidzein）となり（図 7.8）、機能性を示す。これらイソフラボンの骨格は、女性ホルモンであるエストラジオールと類似しているため、エストロゲン受容体に結合することで、女性ホルモン様作用を示す。機能性として、カルシウムの吸収を促進し、骨粗鬆症予防作用、更年期障害の抑制作用があり。また、エストロゲンと拮抗し、アンタゴニストとして作用することで、乳がん発症抑制作用が認められている。

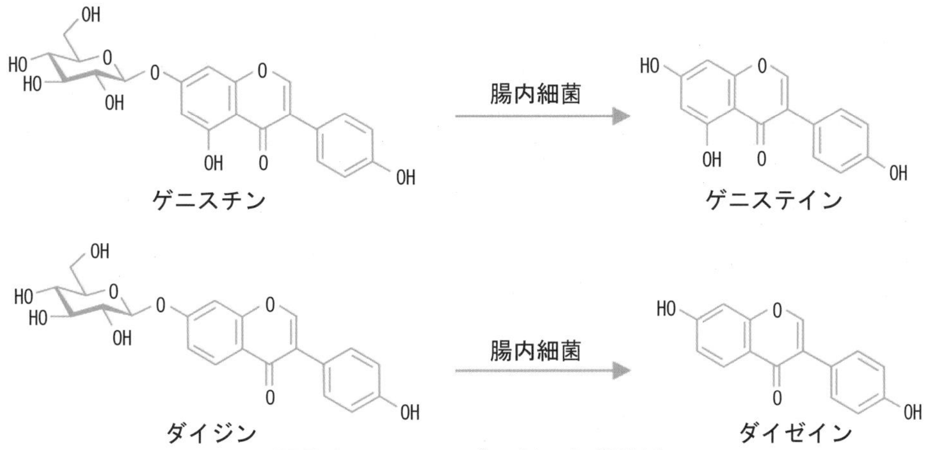

図 7.8　イソフラボン類の化学構造

6）アントシアニン

　アントシアニンは、広義の意味ではフラボノイドに属し、C6-C3-C6 構造を有している（図 7.9）。しかし、構造中のピラン環（C 環）の酸素原子が正に帯電し、分子内の共役二重結合が延びる。特に酸性では、赤色を示すアントシアニンが多く、pH によりその色調は変化する（図 5.12 参照）。アントシアニンは、このように pH により多彩な色調を示すため、食品の二次機能において重要な役割を示す。さらに、分子内にフェノール性水酸基を有することから、フラボノールなどと同様、抗酸化作用を示すものが多い。古くはその多彩な色調により、食品の二次機能として重視されたが、現在では、抗酸化作用を初めとする生体調節機能の研究が進められている。

　シアニジン-3-グルコシド（cyanidin-3-glucoside）は、黒大豆種皮などに含まれるアントシアニンで、白色脂肪細胞での脂肪合成抑制作用を示すことで、高脂肪食により誘導される体脂肪蓄積を有意に抑制したという研究報告がある。

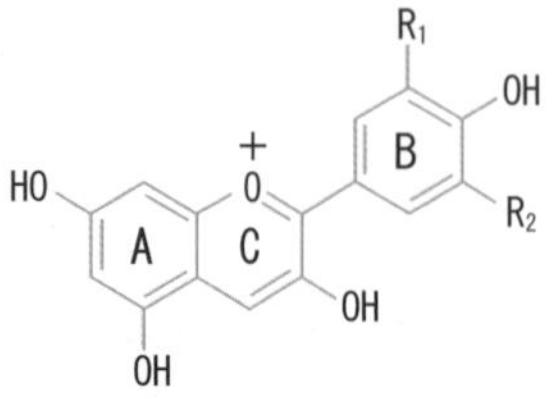

R_1	R_2	名　前	色
H	H	ペラルゴニジン	橙赤
OH	H	シアニジン	赤
OCH₃	H	ペオニジン	赤
OH	OH	デルフィニジン	赤紫
OH	OCH₃	ペチュニジン	赤紫
OCH₃	OCH₃	マルビジン	赤紫

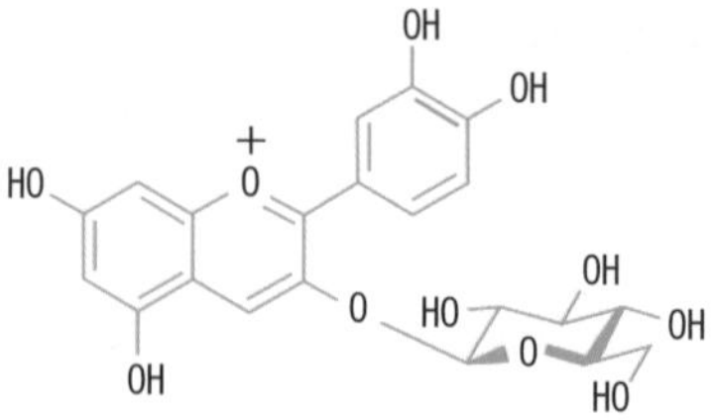

シアニジン-3-グルコシド

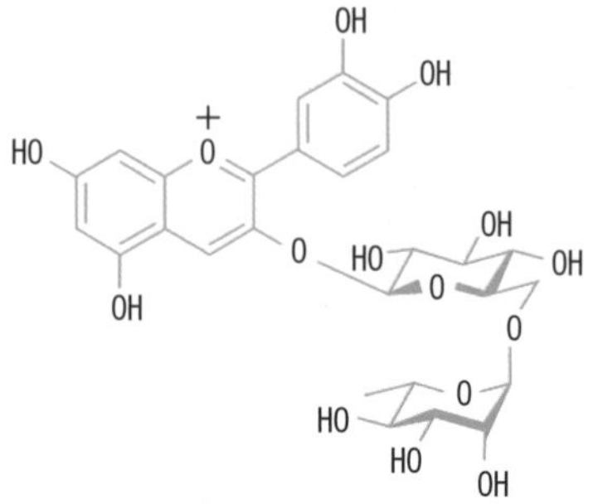

シアニジン-3-ルチノシド

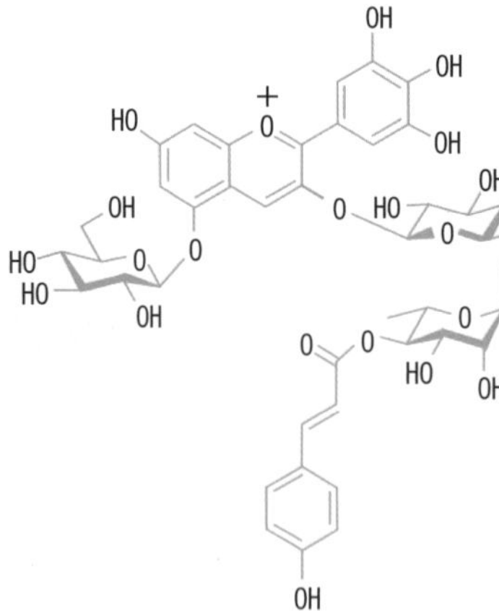

ナスニン

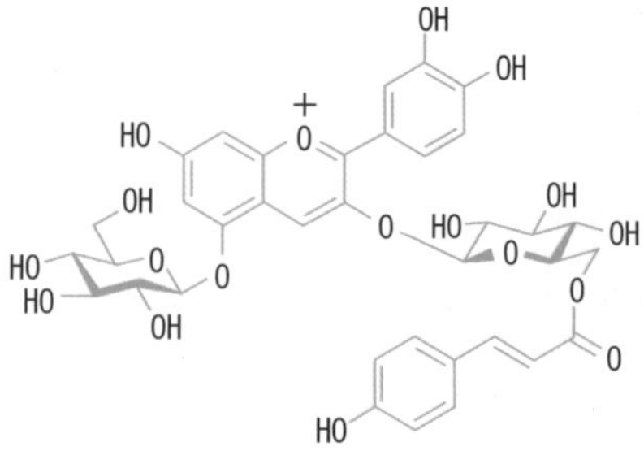

シソニン

図 7.9　アントシアニジンの基本骨格と植物に含まれるアントシアニン

例題 8　フラボノイドに関する記述である。正しいのはどれか。2 つ選べ。

1. ルチンは、生薬チンピの主要な薬理成分でもあり、血流改善を示す。
2. アントシアニンを除くフラボノイド類は、酸性で濃色化、アルカリ性で淡色化する。
3. フラボノイド類の抗酸化作用は、構造中の o-ジヒドロキシ構造によるものである。
4. イソフラボンは、構造がエストラジオールに類似するため女性ホルモン様作用を示す。
5. アントシアニンは、酸性で青色を示す。

解説　1. ルチンはそばに含まれ、血圧降下作用を示す。生薬チンピはヘスペリジンである。　2. 酸性で淡色化し、アルカリ性では濃色化する。　5. アントシアニンは酸性で赤色を示す。　　　　　　　　　　　　　　　　　　　　　**解答** 3、4

(3) その他の色素成分（図7.10）

　クルクミン（curcumin）は、ウコンの根茎（ターメリック）に含まれる黄色成分である。カレー粉やピラフの色付けに使われているが、近年の研究により、胆汁分泌を促進することで、脂肪燃焼作用、LDL の酸化を抑制、殺菌・抗菌作用、アルコールの分解促進作用が認められている。

　ベタニン（betanin）は、赤ビートの根に含まれる赤色成分で、ビートレッドともよばれ、食品添加物として使用されている。pH による色調変化があり、pH 4〜5 で青赤色、pH が大きくなるにつれて青紫色になる。アルカリ領域では、加水分解されて、黄色になる。

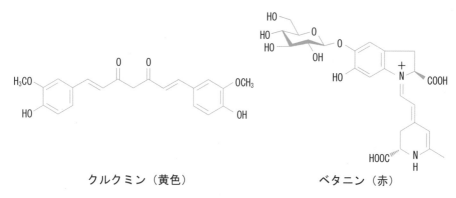

クルクミン（黄色）　　　　　　　　ベタニン（赤）

図7.10　クルクミンとベタニンの化学構造

3.3　呈味成分の三次機能

(1) 糖アルコール・オリゴ糖の生体調節機能

　スクロースなどの糖質は、甘味を呈する一方、肥満やう蝕の原因となるため、その代替品が開発されてきた。キシリトール、マルチトール、還元パラチノース、エリスリトールなどの**糖アルコール**は、糖のアルデヒド基（–CHO）やケトン基（–CO–）が還元してアルコール（–OH）に変換した成分である。これら糖アルコールの甘味は、一般的な糖と比較すると弱いが、低吸収性、低カロリーのため、血糖値をほとんど上昇させない利点があり、糖尿病患者の甘味料やダイエットなどに利用される。また、ミュータンス菌に資化されにくいことから、低う蝕性を示すため、ガムなどの菓子製造に利用されている。

(2) 辛味成分の生体調節機能（図7.11）

　ジンゲロール（gingerol）と**デヒドロジンゲロン**（dehydrogingerone）は、しょうがの辛味成分である。呈味としての機能以外に、ジンゲロールには、血行促進作用、抗菌作用がある。これら成分は、加熱や乾燥により、ショウガオール（shogaol）

やジンゲロン（gingerone）となり、こちらの方に高い活性が認められている。

カプサイシン（capsaicin）は、とうがらしの辛味成分である。辛味以外の機能性として、抗菌作用や脂質代謝亢進作用があり、特にエネルギー代謝を亢進させ、腹部体脂肪率を下げたという報告もある。

ピペリン（piperine）は、こしょう（ペッパー）に含まれる辛味成分で、薬物代謝関連の酵素を阻害する報告がある。

イソチオシアネート（isothiocyanate）は、わさびやだいこんなどのアブラナ科の辛味成分である。食材をすりおろすと、その配糖体とミロシナーゼが反応し、揮発性成分として生成し、鼻に抜ける感覚がある。イソチオシアネートは側鎖の違いにより、誘導体が存在するが、特にわさびに含まれる6-メチルスルフィニルヘキシルイソチオシアネート（6-methylsulfinylhexyl isothiocyanate：6-MSITC）には、肝臓の解毒酵素GST（グルタチオン-S-トランスフェラーゼ）の活性を高めて発がんを抑制する作用や、胃内のピロリ菌の抑制作用を有する。また、ブロッコリースプラウトに多く含まれる**スルフォラファン**（sulforaphane）もイソチオシアネートの誘導体で、同様の作用を有する。

硫化アリル（ジアリルジスルフィド）は、にんにくやたまねぎなどのネギ科に含まれる催涙性揮発成分（香気成分）である。硫化アリルもイソチオシアネート同様に、アリイナーゼの作用によりアリルシステインスルホキシド（アリイン）を原料に、香気成分を発生し、作用としても解毒酵素GTSを活性化する。この前駆体アリインには、強力な抗菌作用があり、また、ビタミンB_1と結合し、ビタミンB_1分解酵素であるチアミナーゼの作用を受けないアリチアミンとなり、ビタミンB_1の吸収を向上させる。

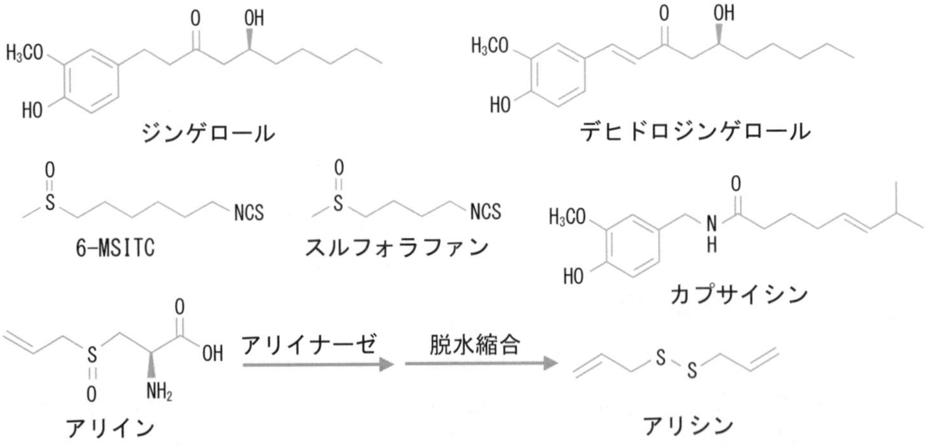

図7.11 食品に含まれる辛味成分の化学構造

> **例題9** 呈味成分に関する記述である。正しいのはどれか。1つ選べ。
>
> 1. 糖アルコールは、還元糖のアルデヒド基やケトン基を酸化した成分である。
> 2. しょうがの辛味成分ジンゲロールは、揮発成分である。
> 3. とうがらしの辛味成分は、カプサンチンである。
> 4. わさびの 6-MSITC には、肝臓の解毒酵素 GST 活性を高めて発がんを抑制することが報告されている。
> 5. にんにくに含まれるアリインは、ミロシナーゼの作用により香気成分となる。

> **解説** 1. 糖アルコールは、アルデヒド基やケトン基を還元してアルコールにしたものである。 2. ジンゲロールは非揮発性成分である。 3. とうがらしの辛味はカプサイシンである。 5. にんにくでは、アリイナーゼがアリインに作用して香気成分を発生する。 **解答** 4

3.4 香気・におい成分

食べ物のにおいは、食品の評価を大きく左右するため、食品の二次機能である嗜好性に大きく影響する成分のひとつである。そのため、飲食物に香りを付す賦香作用や畜肉や魚肉などの生臭さを消す矯臭作用を利用した食材が古くから使われており、また、これら成分はにおい以外の機能として、生体調節機能を有するものもある。

1,8-シネオール (1,8-cineol) やリナロール (linalool) は、ローリエの葉の香気成分で、モノテルペンアルコールの一種である。**シンナムアルデヒド** (cinnamaldehyde) はシナモンの香気成分で、古くから生薬としても利用されている。**オイゲノール** (eugenol) はクローブやオールスパイスに含まれ、抗酸化作用や抗菌作用を有する。

トリメチルアミン (trimethylamine) は、鮮度が落ちた海産魚で発生し、生臭いアミン臭が生じる。また、**ピペリジン** (piperidine) は、淡水魚で発生する生臭いにおいである。

4 食品の三次機能

食品の三次機能は、生体調節機能であり、疾病予防や健康維持・増進する働きである。近年、食生活の欧米型化の進行や栄養バランスの偏りなどを原因とする生活習慣病（がん、循環器系疾患、肥満、アレルギー性疾患など）が増加しているが、これに伴い、食品の機能に関する研究は、それまでの栄養や嗜好を追求することに

加えて、健康増進機能にも着目するようになった。近年、このような生体調節機能を有する成分に関する研究によって、多くの食品素材から機能性成分が発見されている。特に、抗変異原、抗がん、抗酸化、血圧調節、生体防御、血中コレステロール低下、整腸作用などでは、作用機序とともに明らかとなっており、食品に新しい機能を付与した機能性食品が開発されている。現在、機能性を表示できる保健機能食品として、「**特定保健用食品（トクホ）**」、「**栄養機能食品**」、「**機能性表示食品**」の 3 つがある。

　ここでは、こうした機能性食品として開発された消化管内で作用する成分と消化管吸収後の標的組織で機能する成分について述べる。

4.1 消化管内で作用する機能

　ヒトが口から食品を摂取すると、食品成分は、胃、小腸、大腸で消化・吸収され、最終的に便として排泄される。ここでは、身体の各部位で作用する三次機能成分を紹介する。

(1) 口腔での作用

　口腔内において、食品が関連する機能性として、**う蝕（むし歯）** があげられる。う蝕は、口腔内常在菌の一種である**ミュータンス菌**（*Streptococcus mutans*）により、スクロースなどの糖質を代謝して**不溶性グルカン**を合成する。この不溶性グルカンの中でミュータンス菌が増殖し、乳酸などの酸を分泌し、歯の表面のエナメル質を溶解し、カルシウムやリンが溶出する。このことを脱灰という。一方で、だ液により酸が中和され、エナメル質が修復されることを再石灰化という。すなわち、この脱灰と再石灰化のバランスが崩れるとう蝕につながるため、脱灰を抑制することや再石灰化を促進することにより、口腔内を健康に保つことができる。歯の脱灰を抑制するためには、ミュータンス菌に利用されにくい糖質を摂取することで、不溶性グルカンの合成を抑制することができる。

　現在、歯の健康を増進させる食品の一部は特定保健用食品に認可されている。その表示は、「むし歯の原因になりにくい食品と歯を丈夫で健康にする食品」である。

　糖アルコールのエリスリトール、還元パラチノース、マルチトール、キシリトールやオリゴ糖のパラチノースは、ミュータンス菌に利用されない成分のため、脱灰を防ぐ。低う蝕性甘味料として、比較的長く口腔内に留まるガムに添加されている。

　第二リン酸カルシウムやカゼインホスホペプチド－非結晶リン酸カルシウム複合体（CPP-ACP）は、歯の再石灰化を促進する成分で、これらはリンやカルシウムの供給源となり、エナメル質の再石灰化を促進する。

　カテキン類は、茶に含まれるポリフェノールの一種で、ミュータンス菌の増殖抑制作用があることや、緑茶フッ素が歯の表面をコートすることで、酸に溶けにくい状態とし、う蝕の予防効果があることが知られている。

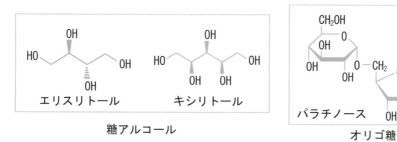

エリスリトール　　　　キシリトール　　　　パラチノース

糖アルコール　　　　　　　　　　　　　　　　オリゴ糖

図7.12　抗う蝕作用を示す成分の化学構造

例題 10　口腔内で作用する成分に関する記述である。正しいのはどれか。2つ選べ。

1. う蝕の主な原因は、ミュータンス菌が産生する乳酸などの酸性物質である。
2. 糖アルコールに低う蝕作用があるのは、ミュータンス菌により分解されるからである。
3. スクロースとエリスリトールでは、エリスリトールの方がう蝕になりやすい。
4. CPP-ACP は、エナメル質の再石灰化を阻害する。
5. カテキン類には、ミュータンス菌の増殖抑制作用がある。

解説　2. 糖アルコールは、ミュータンス菌に利用されないため、酸が発生せず、う蝕を予防できる。　3. エリスリトールの方がう蝕になりにくい。　4. CPP-ACP はエナメル質の再石灰化を促進する。　　　　　　　　　　　　　　**解答**　1、5

---

(2) 胃での作用

　胃では、強酸性下にもかかわらず**ピロリ菌**（*Helicobacter pylori*）が常在していることが分かり、ピロリ菌による慢性胃炎は、胃がんの促進因子と考えられているため、除菌作用を有する薬剤や食品成分が研究されている。ピロリ菌は、胃内の強酸性に耐えるため、尿素をウレアーゼで分解し、生成したアンモニアで胃酸を中和して生存している。

　一部の乳酸菌から製造された酸乳に、ウレアーゼに対する阻害活性が認められ、ピロリ菌の増殖を抑制するとされている。

6-MSITC は、わさびに含まれる辛味揮発性成分で、ピロリ菌抑制作用の報告がある。

(3) 小腸での作用

小腸では、主に食品成分の消化・吸収が行われる。現代の過食や健康志向により、糖質や脂質の消化・吸収阻害、またはその吸収の遅延、コレステロールの吸収阻害を目的とした機能性食品の開発が進められている。また、ミネラル類の吸収を促進する食品も開発されている。

1) 糖類の消化・吸収阻害

水溶性食物繊維は、保水性があり、高い粘性を示すため、**ゲルを形成する性質**を有している。こうしたゲル状では、胃や小腸の内容物の拡散速度を遅らせたり、消化酵素活性に影響を与えたりする。また、その**高い粘性**のため、小腸では、栄養素が小腸全体に行きわたり、消化された成分はゆっくり吸収されることになる。特に、グルコースの急激な吸収は、インスリンを多量に分泌しなければならなくなるが、こうした食物繊維の摂取は、グルコースの吸収を遅延させ、インスリン分泌を遅らせることで、急激な血糖値の上昇を抑制するとともに、膵臓に対する刺激を軽減させる。

2) 脂質の消化・吸収阻害（図 7.13）

食事由来の中性脂肪は、胆汁酸により乳化されて、胆汁酸ミセルに取り込まれる。その後、膵リパーゼにより、胆汁酸ミセルに取り込まれた中性脂肪を脂肪酸とモノアシルグリセリドに消化し、小腸上皮細胞から吸収される。そのため、**リパーゼによる消化を阻害**することで、小腸からの吸収が抑制されるため、血中中性脂肪の上昇を抑えることができる。

グロビンたんぱく質分解物は、ぶたの赤血球のヘモグロビンの構成成分であるグロビンを酵素分解したもので、オリゴペプチドの混合物である。膵リパーゼを阻害することで、食後の血中脂肪の上昇を抑制する。

茶カテキンには、全般的にリパーゼ阻害を示すが、そのなかでも、ウーロン茶重合ポリフェノールの阻害活性が高い。また、紅茶ポリフェノールであるテアフラビン類にも、膵リパーゼを阻害することで、腸管内での脂肪の吸収を抑制する作用が報告されている。

図 7.13　脂肪の消化・吸収

3) コレステロールの吸収阻害

生体内のコレステロールは、主に肝臓でアセチルコエンザイム A（アセチル CoA）から合成される他、食事由来のコレステロールも小腸から吸収される。食品中のコレステロールは、胆汁酸ミセルに取り込まれ、小腸上皮細胞から吸収されるが、この際、コレステロールが胆汁酸ミセルから排除されると、食事由来のコレステロールの吸収は抑制され、血中コレステロールの減少につながる。また、胆汁酸の再吸収を抑制することでも血中コレステロールを低下させる。

カンペステロール（campesterol）、β-シトステロール（β-sitosterol）、スティグマステロール（stigmasterol）などの**植物ステロール**（図 7.14）、シトスタノール（sitostanol）、カンペスタノール（campestanol）などの**植物スタノール**は、植物の細胞膜の構成成分であり、コレステロールと類似した構造を有する。摂取した植物ステロールや植物スタノールは、胆汁酸ミセルに取り込まれる際に、**コレステロールと競合**することで、ミセル中からコレステロールを排除する。その結果、食事由来のコレステロールの吸収を阻害する。植物ステロールは、小腸吸収上皮細胞にいったん取り込まれるが、すぐに小腸内腔へ排泄される。

大豆たんぱく質は、食事由来のコレステロールを吸着して、**吸収を阻害**することで、血中コレステロール低下作用を有する。また、脂肪の消化のため分泌される胆汁酸の回腸からの再吸収も阻害する。

β-グルカンは、きのこや酵母などに含まれる水溶性食物繊維で、消化管内でその粘性により、コレステロールの吸収を抑制する作用がある。わが国では、低分子化アルギン酸ナトリウム、サイリウム種子由来の食物繊維が特定保健用食品に認められている。

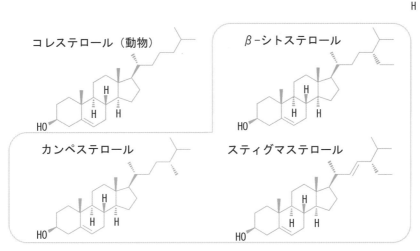

図 7.14　植物ステロールとコレステロールの化学構造

　キチン（図7.15）は、えびやかにの殻、きのこ、カビ、細菌の細胞壁に存在する
N-アセチルグルコサミンの重合体である。キチンからアセチル基を加水分解で除い
た多糖類が**キトサン**で、難消化性の多糖である。キトサンや低分子化アルギン酸ナ
トリウムは、腸管で胆汁酸として結合して排泄されることで、**胆汁酸の再吸収を抑
制**する。胆汁酸は、肝臓でコレステロールから生合成されるため、胆汁酸の再吸収
が低下すると、コレステロールから胆汁酸への代謝が促進され、生体内のコレステ
ロールが減少する（図7.16）。

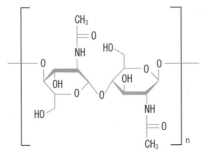

図7.15　キチンの化学構造

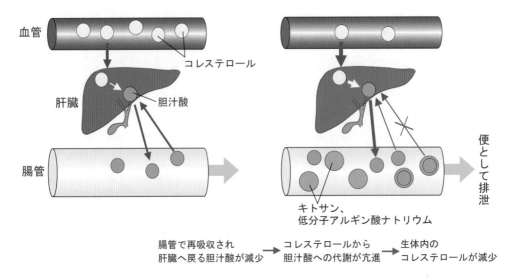

図7.16　胆汁酸再吸収抑制によるコレステロール低下メカニズム

例題11　小腸における消化吸収に関する記述である。正しいのはどれか。2つ選べ。

1. 水溶性食物繊維はゲル状となり、内容物の拡散速度を遅らせる作用がある。
2. 中性脂肪の吸収を阻害するには、リパーゼを活性化させればよい。
3. 植物ステロールは、構造が類似しているため、コレステロールの吸収を促進する。
4. β-グルカンは、えびやかにの殻に含まれる N-アセチルグルコサミンの重合体

である。

5. キトサンは、コレステロール低下作用を示し、特定保健用食品として認められている。

4）ミネラル類の吸収促進

　生体内のミネラルは、体重の約4％存在し、体内での生理作用は、生体組織の構成成分、生体機能の調節、生理活性物質である。ミネラルは、栄養素のなかでも吸収効率、吸収後の利用率が非常に悪く、消化管から吸収されて体内で正常な構造や生理機能を維持するのが困難な栄養素である。そのため、ミネラル類の吸収率や利用率について、食品由来成分の作用を知ることは重要である。

　ミネラル類の吸収を阻害する食品成分として、**フィチン酸**（イノシトール-6-リン酸）や食物繊維があげられる。フィチン酸は、穀類などの植物性食品に普遍的に含有する成分で、ミネラルと強く相互作用して、複合体を形成し、さらにたんぱく質が結合して溶解度を下げる。また、**不溶性食物繊維**も同様に、カルシウムやマグネシウム、鉄の利用効率を悪くする。

　わが国では、特にカルシウム（Ca）、鉄（Fe）、亜鉛（Zn）などは、推奨量を十分に満たしておらず、吸収を促進する食品成分が求められている。特定保健用食品としては、カルシウムと鉄の吸収を促進する機能性成分が許可されている。

　クエン酸リンゴ酸カルシウム（calcium-citric acid-malic acid：CCM）は、炭酸カルシウムにクエン酸とリンゴ酸を一定の比率で反応させたもので、消化管でのカルシウムの溶解性を保ち、カルシウムの小腸からの吸収を促進する。

　カゼインホスホペプチド（casein phosphopeptide：CPP）は、カゼインの分解により生じるペプチドで、小腸内でカルシウムと不溶性の塩を形成することで沈澱を防ぎ、吸収を促進する作用がある。

　フルクトオリゴ糖（fructooligosaccharide：FOS）は、ショ糖に果糖添加酵素を作用させ、フルクトース部位に1〜3分子のフルクトースを結合させたオリゴ糖で、甘味があり難消化性である。FOSは、カルシウムとマグネシウムの吸収率を上昇させることが知られている。

　ツイントース（twintose）（図7.17）は、フルクトース2分子が環状で結合した

二糖類で、きくいもやチコリに含まれるイヌリンを原料に、フルクトシルトランスフェラーゼを作用させて製造される。小腸や大腸において、ミネラル吸収を促進する作用があり、小腸では、腸壁の細胞間の隙間を押し広げて、ミネラルを通過しやすくする。

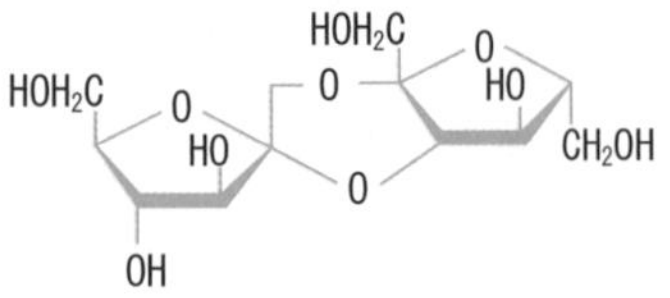

図 7.17　ツイントースの化学構造

例題 12　ミネラルの吸収に関する記述である。正しいのはどれか。1 つ選べ。

1. 穀物に含まれるフィチン酸は、ミネラルと強く相互作用することで、吸収を促進する。
2. わが国では、いずれのミネラルにおいても、食事からの推奨量を十分に満たしている。
3. CPP は、カルシウムを不溶化させることで、小腸からの吸収を促進する。
4. フルクトオリゴ糖は、カルシウムとマグネシウムの吸収率を上昇させる。
5. ツイントースは、グルコース 2 分子が環状構造で結合した成分である。

解説　1. フィチン酸は、ミネラルの吸収を阻害する。　2. わが国では、Ca、Fe が特に不足している。　3. CPP は Ca を可溶化することで吸収を促進する。　5. ツイントースの構成糖はフルクトースである。　　　　　　　　　　　　　　　　**解答** 4

---

(4) 大腸での作用

　大腸は、特に便通に関係しており、腸管より水分や塩類を吸収させたり、蠕動運動により、内容物を直腸に送り出したりする働きがある。また、大腸内には、種々の腸内細菌がおり、**腸内細菌叢（腸内フローラ）** のバランスにより、正常な便通につながるとされている。この腸内細菌叢のバランスを改善するためには、食物繊維やオリゴ糖類、乳酸菌が重要となる。これらのうち、宿主に有益な作用をもたらす生きた微生物（乳酸菌）を**プロバイオティクス**といい、その微生物のえさとなり、増殖させる作用をもつ食品成分（食物繊維やオリゴ糖類など）を**プレバイオティクス**という。

1) 食物繊維

　食物繊維は、ヒトの消化酵素で分解されず、そのまま大腸に達する。そのため、エネルギー産生は、0 kcal/g と考えられてきたが、ラットへのセルロースの投与実験により、腸内細菌がセルロースを発酵し、揮発性の脂肪酸や有機酸（酢酸や酪酸など）に変換することが分かった。すなわち、食物繊維は、ヒトの体を素通りする

だけと考えられてきたが、消化性のよい糖質とは異なるが、わずかではあるが、ヒトの腸内細菌で分解され、揮発性の短鎖脂肪酸として吸収され、少量のエネルギー源として利用されている。

食物繊維は、難消化性多糖類およびリグニンからなり、溶解性の違いにより、**不溶性食物繊維**（Insoluble dietary fiber：IDF）と**水溶性食物繊維**（Soluble dietary fiber：SDF）に分類される。性質の違いから、腸管での働きも異なる。

不溶性食物繊維は、保水性により便を軟らかくするとともに、便量を増やす働きがある。すなわち、食塊を大きくし、直腸や結腸での便容積を増大させ、排便を促進する。

水溶性食物繊維は、腸内細菌により資化され、有機酸を産生することで、腸内を酸性化し、有害菌の増殖が抑制される。また、生じた有機酸は、大腸細胞のエネルギー源として利用され、大腸の蠕動運動を刺激し、排便を促進する作用がある。

いずれの食物繊維にも、排便を促進させる作用があるが、有害物質の排出も促進するといわれている。

現在、こうした食物繊維は、特定保健用食品の関与成分（グアーガム分解物、サイリウム種皮、ポリデキストロース、小麦ふすま、低分子化アルギン酸ナトリウム、難消化性デキストリン）として、おなかの調子を整える食品で利用されている。

2）オリゴ糖類

オリゴ糖とは、単糖類が数〜数十個程度結合したもので、プレバイオティクスとしては、水溶性の難消化性オリゴ糖がある。難消化性のため、小腸では消化・吸収されずに大腸に達し、乳酸菌に優先的に資化される。その結果、有益な乳酸菌が優勢となる。食物繊維と同様に、難消化性オリゴ糖もカロリーをもたないと考えられてきたが、大腸内の乳酸菌により資化され、生じた乳酸や短鎖脂肪酸は、腸内を酸性化し、腸内環境の改善に役立つ。

現在、こうしたオリゴ糖類は、特定保健用食品の関与成分（イソマルトオリゴ糖、ガラクトオリゴ糖、キシロオリゴ糖、フラクトオリゴ糖、乳果オリゴ糖、ラクチュロース、ラフィノース）として、おなかの調子を整える食品で利用されている。

3）乳酸菌

乳酸菌とは、乳酸を産生する細菌のことで、ラクトバシラス属（*Lactobacillus*）やビフィドバクテリウム属（*Bifidbacterium*）などが含まれる。これら細菌のことをプロバイオティクスという。乳酸菌は、乳酸や短鎖脂肪酸（プロピオン酸や酪酸など）を産生し、腸内を酸性化することで、蠕動運動が盛んになり排便が促進される。また、酸性環境によりウェルシュ菌などの有害菌の増殖が抑制される一方で、

ビフィズス菌などの有用菌の増殖が促進され、腸内環境を改善する。

　現在、こうしたプロバイオティクスとして、*Lactobacillus* 属では、*L. acidophilus*（下痢症状軽減）、*L. casei*（免疫力賦活化、抗ウイルス作用）、*L. plantarum*（LDL-コレステロール低減作用）など、*Bifidobacterium* 属では、*B. salivarius* や *B. Breve*（腸炎緩和）、*B. lactis*（免疫力賦活化）などが知られている。

例題 13　　大腸での消化・吸収に関する記述である。正しいのはどれか。1 つ選べ。

1. 食物繊維やオリゴ糖は、プロバイオティクスである。
2. 水溶性食物繊維は、保水性により便を軟らかくし、便量を増やす。
3. 不溶性食物繊維は、腸内細菌により有機酸を産生し、有害菌の増殖が抑制される。
4. ガラクトオリゴ糖は、おなかの調子を整える食品で利用されている。
5. 乳酸菌が産生する酸性物質は、ウェルシュ菌の増殖が促進される。

解説　　1.　食物繊維やオリゴ糖は、プレバイオティクスである。　　2. と 3. はそれぞれ逆である。　　5.　酸性下では、ビフィズス菌などの有用菌の増殖が促進され、ウェルシュ菌などの有害菌の増殖は抑制される。　　　　　　　　　　　　　　　　　**解答** 4

4.2　消化管吸収後の標的組織での生理機能調整

(1)　血中中性脂肪や体脂肪

　食事から摂取した糖質は、主にグルコースとして吸収されたのち、解糖系、TCA回路、電子伝達系により代謝されてエネルギーとなる。糖質が十分量摂取されている場合、肝臓や脂肪組織で脂肪酸合成が促進され、中性脂肪として蓄積される。空腹時や運動時には、中性脂肪の分解が促進し、生じた脂肪酸から β 酸化によりアセチル CoA が生成し、TCA 回路、電子伝達系を経て代謝され、ATP が産生、エネルギーとして利用される。

　また、食事由来の中性脂肪は、胆汁酸によりミセルに取り込まれ、膵リパーゼにより消化され、2-モノアシルグリセリドと脂肪酸に分解され、小腸から吸収される。吸収後、コレステロールやリン脂質、アポリポたんぱく質などとカイロミクロンを形成し、**リンパ管**から静脈に入る（図 7.13）。

　1,3-ジアシルグリセリドは、膵リパーゼにより脂肪酸とグリセロールに分解されるため、トリアシルグリセリドの再合成ができない。そのため、脂肪酸は門脈に入り、肝臓で代謝され、血中中性脂肪が抑制される。

　中鎖脂肪酸は、ヒトの母乳や牛乳、ヤシ油などに含まれる。吸収された中鎖脂肪酸は、**門脈**から直接肝臓へ運ばれ、速やかにβ酸化を受ける。一方で、長鎖脂肪酸の場合は、リパーゼによる消化後、小腸上皮細胞に吸収される。そこでは再びトリアシルグリセリドが形成され、種々成分とカイロミクロンを形成して、リンパ管を経て、血液循環系に入り、肝臓に達する（図7.18）。中鎖脂肪酸は、こうした代謝特性を利用し、経腸栄養剤や治療食品として用いられている。

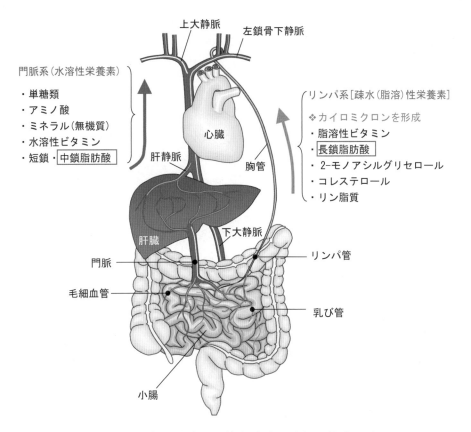

図 7.18　中鎖脂肪酸と長鎖脂肪酸の吸収・代謝の違い

　ドコサヘキサエン酸（DHA）や**エイコサペンタエン酸**（イコサペンタエン酸ともいう）（IPA）は、魚油に含まれるn-3系多価不飽和脂肪酸である。主に肝臓で脂肪酸および中性脂肪の合成低下や分解促進、VLDLの代謝亢進などにより、脂質代謝を調節し、血中中性脂肪や体脂肪が気になる方のための食品の関与成分として使用されている。

　茶カテキンは、ミトコンドリアやペルオキシソームなどの細胞小器官でのβ酸化に関わる酵素を活性化し、脂肪の燃焼を促進させると考えられている。現在、茶カテキンを関与成分とした機能性食品が開発され、商品化されている。

　　ケルセチン配糖体（quercetin glycoside）は、ケルセチンにグルコース結合した成分で、脂肪組織で、トリアシルグリセロールの分解に関与するホルモン感受性リパーゼやβ酸化関連酵素の活性を高め、脂肪の燃焼を亢進させると考えられており、この成分を関与成分とした機能性食品が商品化されている。

　　モノグルコシルヘスペリジンも脂肪酸合成の抑制およびβ酸化の亢進作用が報告されている。

例題14　血中中性脂肪や体脂肪に関する記述である。正しいのはどれか。2つ選べ。

1. 長鎖脂肪酸は、中鎖脂肪酸と比較して、速やかにβ酸化を受け、エネルギー源となる。
2. DHAやIPAは、魚油に含まれるn-6系多価不飽和脂肪酸である。
3. 茶カテキンは、β酸化に関わる酵素を活性化させ、脂肪燃焼を促進する。
4. ケルセチン配糖体は、ホルモン感受性リパーゼを阻害する。
5. モノグルコシルヘスペリジンには、脂肪酸合成を抑制する作用がある。

解説　1. 中鎖脂肪酸は、門脈から直接肝臓に運ばれるため、即効性のエネルギー源となる。　2. DHAやIPAは、n-3系多価不飽和脂肪酸である。　4. ケルセチン配糖体は、リパーゼやβ酸化酵素を活性化する。　　　　　　　　　　**解答** 3、5

---

(2) 血圧調節作用

　　血圧は、全身を循環する血液が血管に与える圧力のことで、収縮期血圧と拡張期血圧がある。血圧は、自律神経系やホルモンにより、心拍出量、循環血液量、末梢血管抵抗が制御されており、通常、収縮期が130 mmHgおよび拡張期85 mmHg以下とされる。一般に、薬剤による治療が必要な高血圧症は、中等症および重症高血圧症域であり、また、現代特有のストレス、肥満、運動不足、喫煙、アルコール摂取、食塩過剰摂取などの生活習慣、糖尿病や脂質異常症などの合併により、血圧が高い状態にある。高血圧のほとんどは、自覚症状がないまま悪化し、動脈硬化の促進、心疾患、脳疾患、腎不全などのリスクを増大させる。こうした背景より、血圧を調整する機能性成分を含む食品が開発されており、『血圧が高めの方の食品』の関与成分として、商品化されているものもある。

　　食品たんぱく質の酵素分解物または発酵生成物としてのペプチドに、血圧を上昇させる**レニン-アンジオテンシン系**のアンジオテンシン変換酵素（ACE）を阻害するものがある。例えば、かつお節に含まれるたんぱく質をサーモリシンにより酵素分

解したオリゴペプチドは、LKPNM（Leu-Lyn-Pro-Asn-Met）のペンタペプチド構造を有するもので、ACE を阻害することにより、アンジオテンシンⅡの生成を抑制し、血圧上昇を防ぐ（図 7.19）。その他、サーデンペプチド（VY）、ラクトトリペプチド（VPP、IPP）、カゼインドデカペプチド（FFVAPFPEVFGK）なども、ACE 阻害により血圧を低下させる。

その他、ACE を阻害するペプチド以外の食品成分として、フラボノイド類であるルテオリンやジオスミン（フラボン類）、ケルセチンやミリスチン、ルチン（フラボノール）に血圧調節作用が報告されている。

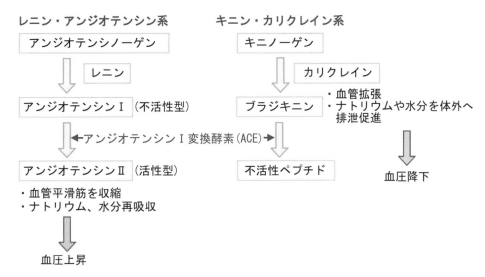

図 7.19　レニン-アンジオテンシン系による昇圧作用メカニズム

ハイペロサイド（hyperoside）、**イソクエルシトリン**（isoquercitrin）は、燕龍茶に含まれるフラボノイドで、血管内皮における eNOS（内皮一酸化窒素合成酵素）の活性上昇により、NO を介した血管平滑筋弛緩作用により、血圧を低下させる。

モノグルコシルヘスペリジン（monoglucosyl hesperidin）は、みかんの果皮や薄皮に含まれるフラバノン配糖体の酵素処理成分で、血管平滑筋の過剰な収縮抑制と血管内膜、中膜の肥厚抑制により、高血圧を改善する。

クロロゲン酸（chlorogenic acid）は、コーヒーに含まれる桂皮酸配糖体で、血管内皮依存性の血管拡張を改善し、さらに、収縮期血圧を有意に低下させる（図 7.20）。

γ-アミノ酪酸（GABA）は、アミノ酸の一種で、神経伝達物質として機能している。GABA は、末梢の交感神経系に抑制的に作用し、血圧を低下させる。

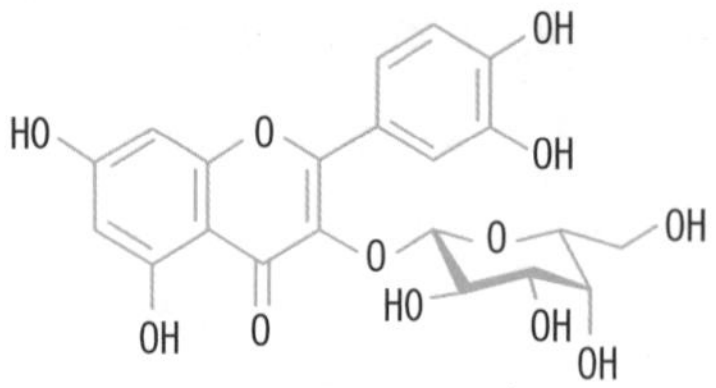

ハイペロサイド

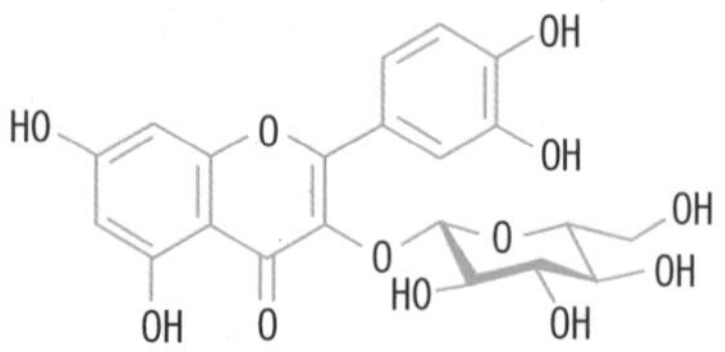

イソクエルシトリン

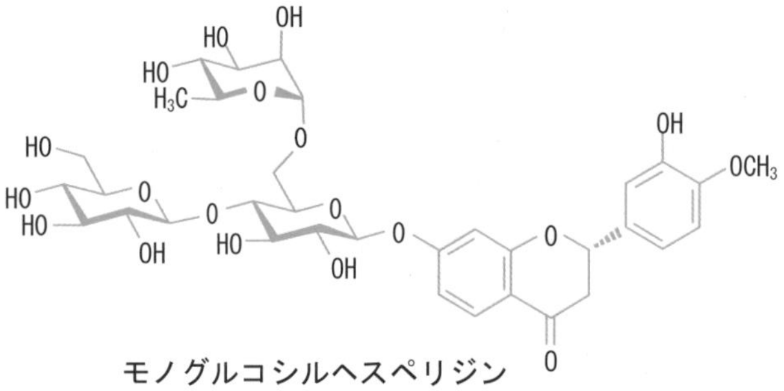

モノグルコシルヘスペリジン

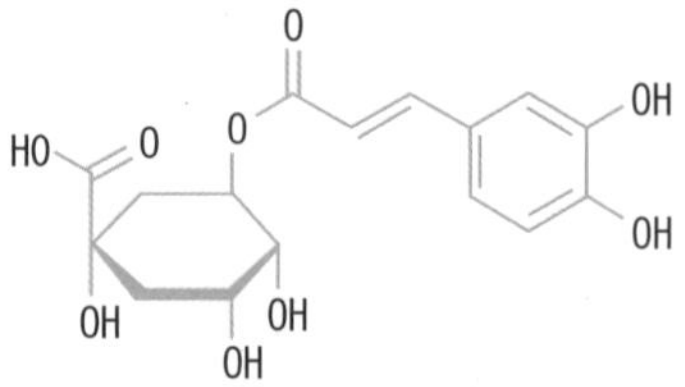

クロロゲン酸

図7.20 血圧低下作用を有するポリフェノールの化学構造

例題15 血圧調節作用に関する記述である。正しいのはどれか。2つ選べ。

1. レニン・アンジオテンシン系において、血圧を低下させるには、ACE を活性化する。
2. かつお節のたんぱく質酵素分解物は、ACE 阻害をすることで、血圧を低下させる。
3. イソクエルシトリンは、NO を介した血管平滑筋を弛緩させ、血圧を低下させる。
4. 血圧改善作用を有するモノグルコシルヘスペリジンは、燕龍茶に含まれるフラボノイドである。
5. コーヒーに含まれるクロロゲン酸は、ACE 阻害をすることで、血圧を低下させる。

解説 1. レニン・アンジオテンシン系では、ACE を阻害することで、血圧が低下する。 4. モノグルコシルヘスペリジンは、みかんの果皮や薄皮に含まれる成分である。 5. クロロゲン酸は、血管内皮依存性血管拡張により血圧を低下させる。

解答 2、3

---

(3) 骨の健康を促進

　骨は、身体の骨格として重要だが、血中カルシウム濃度も厳密に調節している。血中カルシウムの濃度が低下すると、破骨細胞により骨を分解し（骨吸収）、カルシウムを放出し、血中カルシウム濃度が上昇する。一方で、骨芽細胞による骨形成も行われており、この骨吸収と骨形成のバランスが重要で、このバランスが崩れると、骨粗鬆症や骨折が起こりやすくなる。

　ビタミン D は、骨形成に関係し、きのこ類にはエルゴカルシフェロール（ビタミン D_2）、動物にはコレカルシフェロール（ビタミン D_3）が分布している。これらは、体内で活性型である 1,25-ジヒドロキシビタミン D に変換される。ビタミン D は、カルシウムの骨への沈着を促進するオステオカルシンと骨芽細胞の増殖を促進するオステオポエチンの転写を促進する。さらに、腸管でのカルシウムの吸収を促進する。ビタミン D は、「腸管でのカルシウムの吸収を促進し、骨の形成を助ける栄養素」として、栄養機能食品で利用されている。

　ビタミン K_2 は、細菌が合成するメナキノンとして、骨たんぱく質のオステオカルシンを活性化するビタミン K 依存性カルボキシラーゼの補酵素で、骨形成を促進する。

　大豆イソフラボンは、大豆に含まれる成分で、ダイゼインやゲニステインおよびそれら配糖体の総称である。閉経後の女性では、エストロゲンの減少による骨形成と骨吸収の代謝バランスが崩れ、骨の破壊が進むが、大豆イソフラボンは、エストロゲン作用（女性ホルモン）様作用を有することから、破骨細胞による骨吸収を抑制し、閉経後の骨密度低下を防ぐ。大豆中のダイゼインは、腸内細菌によりエクオール（equol）に変換されてエストロゲン様作用を示すとされている。

　乳塩基性たんぱく質（milk basic proteins：MBP）は、乳清たんぱく質に含まれ、破骨細胞によるコラーゲン分解を抑制することで、骨形成を促進し、骨密度を上昇させる。MBP は、特定保健用食品で認可されている。

（4）抗酸化作用をもつ食品

　活性酸素種（reactive oxygen species：ROS）は、エネルギーの高い酸素（一重項酸素 ${}^1O_2$、スーパーオキシドアニオンラジカル $O_2{}^-$）およびその誘導体（ヒドロキシラジカル $\cdot OH$、アルコキシラジカル $RO\cdot$、ペルオキシラジカル $ROO\cdot$ など）であり、多くの疾病や老化に関与していることが示唆されている。一方で、その強力な酸化力を用いた生体防御機構も存在し、重要な生理作用も担っている。いわば、両刃の剣のような存在である。つまり、活性酸素は必然的に発生するが、一方で発生させる必要もある。このため、生体内では、この活性酸素種の発生と除去のバランス機構が存在するが、さまざまな要因により、過剰の ROS が生成してしまう。こうした過剰の活性酸素種を消去する食品由来の**抗酸化成分**（antioxidant）の研究が進んでいる。

　ラジカルスカベンジャー（radical scavenger）は、ラジカル捕捉能を有する低分子化合物で、活性酸素種のラジカルと結合し、ラジカル連鎖反応を切断するため、連鎖切断型抗酸化剤ともいわれる。これらの多くは、フェノール性水酸基を有する

ポリフェノール（polyphenol）である。ポリフェノール類は、ラジカルと反応すると自らがラジカルに変化するが、このラジカルは芳香環で共鳴構造により安定化することで、抗酸化作用を示す。食品成分としては、構造中にフェノール性水酸基を有するフラボノイド類、アントシアニンなどの色素成分、フェノールカルボン酸、タンニン、リグナン、レスベラトロールなどが知られている。特に、構造中に、$o-$ジヒドロキシ構造のピロカテコール構造やピロガロール構造を有するものは、抗酸化作用が強い傾向にある（図7.21）。

　クエンチャー（quencher）は、一重項酸素（$^1O_2$）などを消去する低分子化合物である。食品成分としては特に、**カロテノイド**に消去作用があり、緑黄色野菜に含まれる $\beta-$カロテンは、一重項酸素を消去し、生活習慣病や各種がんに対する予防効果があることが考えられている。

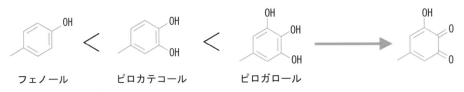

フェノール　　　　　ピロカテコール　　　　　ピロガロール

図7.21　フェノール性水酸基のラジカル消去作用に重要な部分構造と
　　　　　その強さの関係

　現在、食品の三次機能にあたる生体調節機能は、ここでは紹介しきれないほどの機能性やその関与成分が研究され、商品が開発されている。現代の健康志向のなか、機能性食品を見ない日はなく、我々も健康に気をつかうからこそ、そのような商品に興味をもつ。機能性食品は、今でも新たな商品が開発され、我々の健康を食の面から守ろうとしている。一方で、食品の一次機能の生命活動を行うための成分は必ず摂取しなければならず、食事の制限や機能性食品の摂取のみでは健康を維持することができない。適度な運動やストレスをためないこと、規則正しい生活を送ることこそが、健康の第一歩であり、食はそれを支えてくれる存在である。

章末問題

---

1 脂質に関する記述である。正しいのはどれか。1つ選べ。

1. ドコサヘキサエン酸は、中鎖脂肪酸である。

2. アラキドン酸は、n-3 系脂肪酸である。

3. ジアシルグリセロールは、複合脂質である。

4. 胆汁酸は、ステロイドである。

5. スフィンゴリン脂質は、グリセロールを含む。 （第 32 回国家試験）

解説 1. DHA は、炭素数 22 の長鎖脂肪酸である。 2. アラキドン酸は、n-6 系不飽和脂肪酸である。
3. ジアシルグリセロールは、単純脂質である。 5. スフィンゴリン脂質は、スフィンゴシンを含むリン脂質である。 **解答 4**

---

2 脂溶性ビタミンに関する記述である。最も適当なのはどれか。1つ選べ。

1. ビタミン A は、消化管からのカルシウム吸収を促進する。

2. カロテノイドは、抗酸化作用をもつ。

3. ビタミン D は、血液凝固に関与している。

4. ビタミン E は、核内受容体に結合する。

5. ビタミン K は、視覚機能に関与している。 （第 34 回国家試験）

解説 1. ビタミン A は、ロドプシンの構成成分である。 3. ビタミン D は、Ca と P の吸収を促進して
骨の成長を促す。 4. ビタミン E は、リポたんぱく質中の不飽和脂肪酸の酸化を抑制する。 5. ビタ
ミン K は、血液凝固因子を活性化する。 **解答 2**

---

3 水溶性ビタミンに関する記述である。最も適当なのはどれか。1つ選べ。

1. ビタミン B_2 は、内因子と結合して吸収される。

2. ナイアシンは、メチオニンから合成される。

3. 葉酸は、分子中にコバルトを含む。

4. ビオチンは、コエンザイム A（CoA）の構成成分である。

5. ビタミン C は、ビタミン E ラジカルをビタミン E に変換する。 （第 34 回国家試験）

解説 1. ビタミン B_2 とナイアシンは、エネルギー産生の補酵素である。 2. ナイアシンは、トリプト
ファンから生合成される。 3. コバルトを含むものは B_{12} である。 4. パントテン酸は、コエンザイム
A（CoA）の構成成分である。 **解答 5**

4　ビタミンの欠乏状態における身体状態の変化に関する記述である。正しいのはどれか。1 つ選べ。

1．ビタミン D の欠乏では、骨塩量が減少する。

2．ビタミン K の欠乏では、血液凝固の時間が短縮する。

3．ビタミン B_1 の欠乏では、乳酸の血中濃度が低下する。

4．ビタミン B_{12} の欠乏では、DNA の合成が促進される。

5．葉酸の欠乏では、ホモシステインの血中濃度が低下する。　　　　（第 31 回国家試験）

解説　2．ビタミン K は、血液凝固因子を活性化する（不足：出血傾向）。　3．ビタミン B_1 は、糖代謝の補酵素（不足：脚気、ウェルニッケ脳症）である。　4．ビタミン B_{12} は、核酸の合成を促進する（不足：巨赤芽球貧血）。　5．葉酸の欠乏では、ホモシステインの血中濃度が上昇する（不足：巨赤芽球貧血）。

解答 1

5　ミネラルに関する記述である。最も適当なのはどれか。1 つ選べ。

1．骨の主成分は、シュウ酸カルシウムである。

2．血中カルシウム濃度が上昇すると、骨吸収が促進する。

3．骨中マグネシウム量は、体内マグネシウム量の約 10％である。

4．モリブデンが欠乏すると、克山病が発症する。

5．フッ素のう歯予防効果は、歯の表面の耐酸性を高めることによる。　　　（第 34 回国家試験）

解説　1．骨の主成分はリン酸カルシウムである。　2．血中カルシウム濃度の上昇は、骨形成を促進する。　3．マグネシウムは 50〜60％が骨に存在する。　4．モリブデンの欠乏症は不明で、克山病はセレン欠乏症である。

解答 5

6　食品とその呈味成分に関する記述である。最も適当なのはどれか。1 つ選べ。

1．柿の渋味成分は、オイゲノールである。

2．たこのうま味成分は、ベタインである。

3．ヨーグルトの酸味成分は、酒石酸である。

4．コーヒーの苦味成分は、ナリンギンである。

5．とうがらしの辛味成分は、チャビシンである。　　　（第 35 回国家試験）

解説　1．柿の渋味は、タンニンである。　3．ヨーグルトの酸味は、乳酸である。　4．コーヒーの苦味は、カフェインである。　5．とうがらしの辛味は、カプサイシンである。

解答 2

7　食品と主な香気・におい成分の組み合わせである。最も適当なのはどれか。1 つ選べ。

1．もも ------------ ヌートカトン

2．淡水魚 ---------- 桂皮酸メチル

3．発酵バタ -------- レンチオニン

4．干ししいたけ ---- γ-ウンデカラクトン

5．にんにく -------- ジアリルジスルフィド　　　（第 35 回国家試験）

解説　1.　もも：γ-ノナラクトンやγ-ウンデカラクトン。　2.　淡水魚：ピペリジン。　3.　発酵バター：酪酸やジアセチル。　4.　干ししいたけ：レンチオニン。　　　　　　　　　　　　　　　解答 5

8　酢による食品の色の変化に関する記述である。最も適当なのはどれか。1つ選べ。

1. ほうれんそうは、緑色から黄褐色になる。
2. 赤たまねぎは、赤紫色から青色になる。
3. れんこんは、白色から黄色になる。
4. にんじんは、橙赤色から黄色になる。
5. 牛肉は、暗赤色から鮮赤色になる。

(第 35 回国家試験)

解説　1.　酸による色調変化で、クロロフィルは酸分解されフェオフィチン（黄褐色）になる。　2.　アントシアニンは、酸性で赤色になる。　3.　ポリフェノールは、酸性で淡色化する。　4.　α-カロテンは、酸に安定である。　5.　ヘモグロビンは、酸素化で鮮赤色になる。　　　　　　　　　　　　　解答 1

9　食品に含まれる色素に関する記述である。最も適当なのはどれか。1つ選べ。

1. β-クリプトキサンチンは、アルカリ性で青色を呈する。
2. フコキサンチンは、プロビタミン A である。
3. クロロフィルは、酸性条件下で加熱するとクロロフィリンになる。
4. テアフラビンは、酵素による酸化反応で生成される。
5. ニトロソミオグロビンは、加熱するとメトミオクロモーゲンになる。

(第 34 回国家試験)

解説　1.　β-クリプトキサンチンは、黄色や橙色である。　2.　フコキサンチンは、カロテノイドの一種でプロビタミンではない。　3.　クロロフィルは、酸性下ではフェオフィチン（緑褐色）になる。　5.　加熱後は、ニトロソミオクロモーゲンになる。　　　　　　　　　　　　　　　　　　解答 4

10　食品とその色素成分の組み合わせである。正しいのはどれか。1つ選べ。

1. とうがらし ----- カプサイシン　　　2. すいか --------- リコペン
3. いちご --------- ベタニン　　　　　4. 赤ビート ------- フィコエリスリン
5. 卵黄 ----------- レンチオニン

(第 33 回国家試験)

解説　1.　とうがらし：カプサンチン。　3.　いちご：カリステフィン。　4.　赤ビート：ベタニン。　5.　卵黄：β-クリプトキサンチン、ゼアキサンチン、ルテイン。　　　　　　　　　　解答 2

11　食品の呈味とその主成分に関する記述である。正しいのはどれか。1つ選べ。

1. わさびの辛味は、ピペリンによる。
2. 干ししいたけのうま味は、グルタミン酸による。
3. にがうりの苦味は、テオフィリンによる。
4. 柿の渋味は、不溶性ペクチンによる。
5. たけのこのえぐ味は、ホモゲンチジン酸による。

(第 33 回国家試験)

12　食品の三次機能により期待される作用に関する記述である。最も適当なのはどれか。1つ選べ。

1.　食品の胃内滞留時間の短縮により、食後血糖値の上昇を緩やかにする。

2.　α-グルコシダーゼの阻害により、インスリンの分泌を促進する。

3.　アンジオテンシン変換酵素の阻害により、アレルギー症状を緩和する。

4.　カルシウムの可溶化により、カルシウムの体内への吸収を促進する。

5.　エストロゲン様作用により、う歯の発生を抑制する。　　　　　　　（第 34 回国家試験）

解説　1.　胃内滞留時間の延長が、食後血糖値上昇を緩やかにする。　2.　α-グルコシダーゼの阻害により、ブドウ糖の分解を遅らせ血糖の上昇を抑制するが、インスリンの分泌を促進することはない。　3.　ACE 阻害は、血圧低下に関与する。　5.　う歯予防にエストロゲン様作用は関係しない。　　　　　　解答 4

第**8**章

健康・栄養食品の制度

達成目標

■特別用途食品について理解する。

■保健機能食品について理解する。

■特定保健用食品の機能成分について理解する。

1 健康・栄養食品

1.1 いわゆる健康食品の概略

　健康を維持するためには、食物をバランスよく食することが重要であると考えられている。そこで、近年健康を意識した食品が求められている。そのひとつに健康食品がある。

　「**いわゆる健康食品**」は、国が健康の保持増進効果を確認した保健機能食品以外の健康食品のことで、「**一般食品**」に属する。医薬品ではないため、医薬品の成分を「いわゆる健康食品」に添加して販売することはできない。さまざまな名称（「サプリメント」「栄養補助食品」など）でよばれ、さまざまな形態で販売されている。これに関する単独の法律はなく、一般食品なので**食品衛生法**の範疇で規制される。

　「いわゆる健康食品」は、安全性や有効性の科学的根拠に乏しく、明確でないものが多い。したがって、摂取することにより直ちに健康になるものではない。

1.2 特別用途食品

　特別用途食品は、**健康増進法**に基づいて乳児、妊産婦、授乳婦、病者用など医学的・栄養学的配慮が必要な対象者の発育、健康保持、回復に適するという「特別の用途の表示が許可された食品」である。許可基準のあるものについてはその適合性を審査し、許可基準のないものについては個々に評価が行われる。「特別の用途の表示が許可された食品」で、許可基準のあるものについてはその適合性を審査し、許可基準のないものについては個々に評価が行われる。なお、**審査と許可**は健康増進法により規定する特別用途表示の許可などに関する内閣府令に基づき、**消費者庁長官**が行っている。特別用途食品は**病者用食品、妊産婦・授乳婦用食品、乳児用調製乳、嚥下困難者用食品、特定保健用食品**に分類されている。さらに、病者用食品は**許可基準型、個別評価型**に分類され、許可基準型には**低たんぱく質食品、アレルゲン除去食品、無乳糖食品、総合栄養食品、糖尿病用組合せ食品、腎臓病用組合せ食品**に分けられる（図 8.1）。また、乳児用調製乳は、乳児用調製粉乳、乳児用調製液状乳に、嚥下困難者食品は、嚥下困難者用食品・とろみ調整用食品に分けられる（図 8.1）。

　特定保健用食品は、栄養機能食品・機能性表示食品とともに保健機能食品としても扱われるが、これについては1.3 特定保健用食品で詳述する。特定保健用食品を除いた特別用途食品には、「特別用途食品許可証」（図 8.1）が表示され、2020 年 2 月

現在で69品目が許可されている。特別用途食品は利用者自身が選択し、購入することが基本である。したがって、利用者は栄養管理に関する基本的な知識を習得することが望まれる。

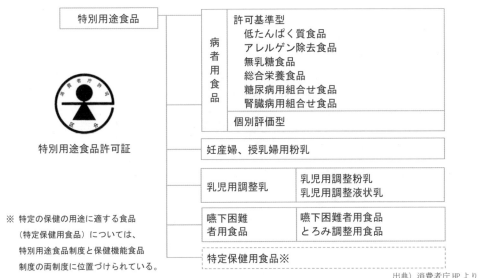

図8.1 現在の特別用途食品

出典）消費者庁HPより

例題1 いわゆる健康食品と特別用途食品に関する記述である。正しいのはどれか。1つ選べ。
1. いわゆる健康食品は、保健機能食品に属する。
2. いわゆる健康食品は、健康増進法の範疇で規制される。
3. 特別用途食品は、JAS法に基づいて許可された食品である。
4. 特別用途食品の審査と許可は、厚生労働大臣が行っている。
5. 特別用途食品は病者用食品、妊産婦・授乳婦用食品、乳児用調製乳、嚥下困難者用食品、特定保健用食品に分類されている。

解説 1. 一般食品に属する。 2. 食品衛生法の範疇で規制される。 3. 健康増進法に基づいて許可された食品である。 4. 消費者庁長官が行っている。 解答 5

---

(1) 病者用食品

許可基準型と個別評価型がある。

1) 許可基準型

許可基準型は、食品がもつ栄養素を加減もしくは特殊な処理をした食品である。

特別な栄養的配慮が必要な利用者にとって適当であると認められたもの、使用方法を遵守したときに効果を感じられるもの、適正な試験によって成分や特性が認められているものである。次の6種類があり、いずれも医師や管理栄養士などに相談、あるいは指導を受けて使用することが望まれる。

（ⅰ）低たんぱく質食品

たんぱく質摂取制限を必要とする腎臓疾患などを有する病者用の食品で、医師にたんぱく質摂取量の制限を指示された場合に限り用いられる。

① たんぱく質は通常の同種食品の含量の30%以下

② エネルギー量は同種の食品の含量と同程度またはそれ以上

③ ナトリウムおよびカリウムの含量は同種の食品より多くないこと

④ 食事療法として日常の食事のなかで継続的に食するものであること

（ⅱ）アレルゲン除去食品

特定の食品アレルギー疾患を有する病者用の食品で、医師に特定のアレルゲンの摂取制限を指示された場合に限り摂取する。次のことが規定されている。

① 特定の食品アレルギーの原因物質であるアレルゲンを不使用、除去または低減したものであること

② 除去したアレルゲン以外の栄養成分の含量は通常の同種の食品の含量とほぼ同程度であること

③ アレルギー物質を含む食品の検査方法により、特定のアレルゲンが検出限界以下であること

④ 同種の食品の喫食形態と著しく異なったものでないこと

（ⅲ）無乳糖食品

乳糖不耐症、ガラクトース血症の病者用食品である。次のことが規定されている。

① 食品中の乳糖またはガラクトースを除去したもの

② 乳糖またはガラクトース以外の栄養素の含量は、通常の同種食品の含量とほぼ同程度であるもの

（ⅳ）総合栄養食品

疾患などにより経口摂取が不十分な人の食事代替品である。次のことが規定されている。

① 疾患などにより通常の食事摂取が不十分な者の食事代替品として、経口摂取または経管利用できるよう液状または半固形状で適度な流動性を有していること

② 規格における栄養成分の基準（省略）に適合したものであること

（ⅴ）糖尿病用組合せ食品

糖尿病の食事療法を実践および継続するのに適する食品

① 企画する栄養組成として熱量、たんぱく質などの基準（栄養基準）が設定され、献立がその基準から±10%の範囲に入るように設計されていること

② 糖尿病の食事療法として利用できるものであり、1食で完結するまたは主食を追加することで完結するものであること

③ 既に調理がされており、温めてまたはそのまま食べることができる状態の食品であること

④ 表8.1の栄養成分などの基準に適合したものであること

表 8.1　糖尿病用組み合わせ食品の許可基準

	1食当たりの栄養素の組成
炭水化物	50〜60%エネルギー
たんぱく質	20%エネルギー以下
食塩相当量	2.0%未満

消食表第296号

（ⅵ）腎臓病用組合せ食品

腎臓病の食事療法を実践及び継続するのに適する食品

① 企図する栄養組成として熱量、たんぱく質の基準（栄養基準）が設定され、献立がその基準値から±10%の範囲に入るように設計されていること

② 腎臓病の食事療法として利用できるものであり、1食で完結するまたは主食を追加することで完結するものであること

③ 既に調理がされており、温めてまたはそのまま食べることができる状態の食品であること

④ 表8.2の栄養成分などの基準に適合したものであること

表 8.2　腎臓病用組み合わせ食品の許可基準

	1食当たりの栄養素の組成
炭水化物	380〜750 kcal
たんぱく質	9.0〜22.0 g
食塩相当量	2.0%未満
カリウム	500 mg 以下

消食表第296号

2）個別評価型

許可基準型病者用食品以外の病者用食品が個別評価型となる。申請があった製品ひとつひとつについて科学的評価を行い、病者にとって適当であるかどうかが判断される。次の条件を満たすことが必要となる。

① 特定の疾病のための食事療法に効果が期待できるものであること

② 食品または関与する成分について効果の根拠が医学的、栄養学的に明らかにされていること

③ 経験から安全なものであること

④ 同種の食品の喫食形態として著しく異なっていないこと

⑤　日常的に食されている食品であること

⑥　錠剤型、カプセル型などをしていない通常の状態の食品であることなど

(2) 妊産婦・授乳婦用粉乳

妊産婦や授乳婦に不足しがちなビタミン、鉄、カルシウムなどの補給として比較的栄養価が高いと考えられている粉乳をいう。「妊産婦、授乳婦用粉乳」の文字、栄養成分の量、標準的な使用方法を表示しなければならない。表8.3に許可基準を示す。

表8.3　妊産婦・授乳婦用粉乳の許可基準

成　　分	製品1日摂取量中の含有量	成　　分	製品1日摂取量中の含有量
熱　　量	314 kcal 以下	ビタミンA	456 μg 以上
たんぱく質	10.4 Kcal 以上	ビタミンB₁	0.86 mg 以上
脂　　質	2.30 kcal 以上	ビタミンB₂	0.76 mg 以上
糖　　質	23.66 g 以上	ビタミンD	7.5 μg 以上
ナイアシン	0.29 mg 以上	カルシウム	650 mg 以上

消食表第296号

(3) 乳幼児用調製乳

母乳代替食品として乳児の人工栄養として用いられるものである。表8.4に示す成分の基準値を示す。

表8.4　乳児用乳の許可基準

成　　分	100kcal 当たりの組成	成　　分	100kcal 当たりの組成
熱量 （標準濃度の熱量）	60〜70 kcal （100 mL 当たり）	イノシトール	4〜40 mg
たんぱく質 （窒素換算係数 6.25 として）	1.8〜3.0 g	亜鉛	0.5〜1.5 mg
脂質	4.4〜6.0 g	塩素	50〜160 mg
炭水化物	9.0〜14.0 g	カリウム	60〜180 mg
ナイアシン	300〜1500 μg	カルシウム	50〜140 mg
パントテン酸	400〜2000 μg	鉄	0.45 mg 以上
ビオチン	1.5〜10 μg	銅	35〜120 μg
ビタミンA	60〜180 μg	セレン	1〜5.5 μg
ビタミンB₁	60〜300 μg	ナトリウム	20〜60 mg
ビタミンB₂	80〜500 μg	マグネシウム	5〜15 mg
ビタミンB₆	35〜175 μg	リン	25〜100 mg
ビタミンB₁₂	0.1〜1.5 μg	α-リノレン酸	0.05 g 以上
ビタミンC	10〜70 mg	リノール酸	0.3〜1.4 g
ビタミンD	1.0〜2.5 μg	カルシウム/リン	1〜2
ビタミンE	0.5〜5.0 mg	リノール酸/α-リノレン酸	5〜15
葉酸	10〜50 μg		

消食表第296号

(4) 嚥下困難者用食品

高齢者やさまざまな疾患により嚥下が困難な人の嚥下を容易にし、誤嚥および窒息を防ぐことを目的とする食品である。次の条件を満たすことが必要となる。

① 医学的、栄養学的見地から嚥下困難者が摂取するのに適した食品であること
② 嚥下困難者に摂取されている実績があること
③ 使用方法が簡便であること
④ 品質が通常の食品に劣らないものであることが求められ、硬さ、付着性、凝集性について規格が設定されている（表8.5）

表8.5 嚥下困難者用食品の許可基準

（平成21年）

規格*1	許可基準Ⅰ*2	許可基準Ⅱ*3	許可基準Ⅲ*4
硬さ（N/m²） （一定速度で圧縮したときの抵抗）	$2.5 \times 10^3 \sim 1 \times 10^4$	$1 \times 10^3 \sim 1.5 \times 10^4$	$3 \times 10^2 \sim 2 \times 10^4$
付着性（J/m³）	4×10^2 以下	1×10^3 以下	1.5×10^3 以下
凝集性	$0.2 \sim 0.6$	$0.2 \sim 0.9$	―

*1 常温および喫食の目安となる温度のいずれかの条件にあっても規格基準の範囲内であること。
*2 均質なもの（例えば、ゼリー状の食品）。
*3 均質なもの（例えば、ゼリー状またはムース状などの食品）ただし、許可基準Ⅰを満たすものを除く。
*4 不均質なものも含む（例えば、まとまりのよいおかゆ、やわらかいペースト状またはゼリー寄せなどの食品）
　　ただし、許可基準Ⅰまたは許可基準Ⅱを満たすものを除く。

嚥下困難者用食品の試験方法
1）硬さ、付着性、凝集性の試験方法
1. 試料容器は直径40mm、高さ20mmのもの。
2. 試料は容器に15mmの厚さに充填する。
3. 直径20mm高さ8mmの樹脂製のプランジャーで圧縮速度10mm/secとする。
4. 測定温度は冷たくして供食するものは10±2℃および21±2℃、温かく供食するものは20±2℃および45±2℃とする。

例題2 特別用途食品に関する記述である。正しいのはどれか。1つ選べ。

1. 嚥下困難者用食品は、病者用食品の1つである。
2. 乳児用調製粉乳は、病者用食品の1つである。
3. 病者用食品は、すべて許可基準型である。
4. 栄養機能食品は、特別用途食品の1つである。
5. 総合栄養食品には、物性に関する許可基準はない。

解説 （例題2は図8.1参照）　1. 嚥下困難者用食品は、病者用食品ではない。2. 乳児用調製粉乳は、病者用食品ではない。健康増進法で規定されている。　3. 病者用食品には、許可基準型と個別評価型がある。　4. 栄養機能食品は、特別用途食品の1つではない。　5. 総合栄養食品には、物性に関する許可基準はない。嚥下困難者用食品には、物性（硬さ、付着性、凝集性）に関する許可基準がある。

解答 5

1.3 保健機能食品

　厚生労働省によって 2001 年 4 月、保健機能食品制度が創設され、食品衛生法および健康増進法に基づいて、健康食品のうち国が定めた安全性や有効性に関する基準を満たしたものについて販売が認められた食品である。

　保健機能食品には、①**特定保健用食品**、②**栄養機能食品**、③**機能性表示食品**がある（図 8.2）。

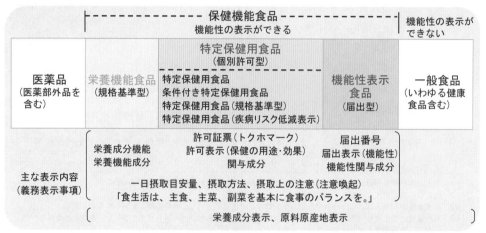

出典）公益財団法人日本栄養・健康食品協会 HP

図 8.2　保健機能食品の位置づけ

　健康の維持増進に役立つことが科学的根拠に基づいて認められ、「コレステールの吸収をおだやかにする」などの表示が許可されている食品である。表示されている効果や安全性については、健康増進法第 26 条第 1 項の規定に基づき国が審査を行い、食品ごとに消費者庁長官が許可をしている。表示事項は、基準及び健康増進法に規定する特別用途表示の許可等に関する内閣府令（平成 21 年内閣府令第 57 号）に定められている）。

(1) 特定保健用食品（トクホ）について

　健康の維持増進に役立つことが科学的根拠に基づいて認められ、「コレステロールの吸収をおだやかにする」などの表示が許可されている食品であり、表示されている効果や安全性については、健康増進法第 26 条第 1 項の規定に基づき国が審査を行い、食品ごとに消費者庁長官が許可をしている。表示事項は、基準及び健康増進法に規定する特別用途表示の許可等に関する内閣府令（平成 21 年内閣府令第 57 号）に定められている。

　特定保健用食品には、次の 4 つのものがある。①特定保健用食品「個別許可型」、②条件付き特定保健用食品、③特定保健用食品「規格基準型」、④特定保健用食品

「疾病リスク低減表示」。

(2) 特定保健用食品の許可制度

　現在、特定保健用食品は、厚生労働省で医薬品審査を行い、その許可と表示は消費者庁が管轄している。その審査過程を図8.3に示す。

　特定保健用食品は、現在、消費者庁食品表示課に申請を行い、①消費者委員会、②食品安全委員会、③厚生労働省、④国立保健・栄養研究所から諮問を受けて答申という形式をとっている。審査の手順は①→②→③→④の順で消費者庁長官の許可となっている。許可された特定保健用食品は、承認マークの表示が許可される（図8.4）

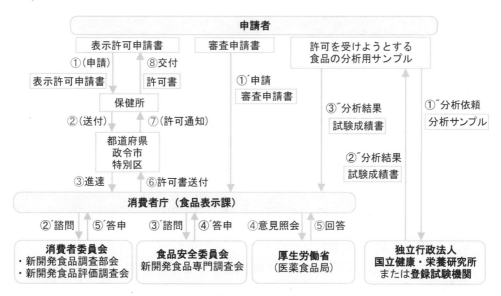

図 8.3　特定保健用食品の審査手続きと手順

❖特定保健用食品

❖特定保健用食品（規格基準型）
許可実績が十分あるなど科学的根拠が蓄積されており、事務局審査が可能な食品について、規格基準を定め消費者委員会の個別審査なく許可する特定保健用食品。

❖特定保健用食品（疾病リスク低減表示）
関与成分の疾病リスク低減効果が医学的栄養学的に確立されている場合、疾病リスク低減表示を特定保健用食品に認める。

❖条件付き特定保健用食品
有効性の科学的根拠が、通常の特定保健用食品に届かないものの、一定の有効性が確認されている食品を、限定的な科学的根拠である旨の表示をすることを条件として許可する。

図 8.4　特定保健用食品の種類とマーク

（3）4 種類の特定保健用食品の詳細について

1）特定保健用食品（個別許可型）

　安全性、有効性などの科学的評価の結果に基づいた個別の生理機能などについて国の審査・評価のもとに国によりその表示が許可されたものである（表 8.6）。表 8.7 に主な特定保健用食品の機能性成分（関与成分）の作用機序および種類を示す。

表 8.6「特定保健用食品」表示許可商品（令和 3 年 5 月 10 日現在　1074 品目）

> 1　おなかの調子を整える食品
> 　　❖オリゴ糖類を含む食品
> 　　❖乳酸菌類を含む食品
> 　　❖食物繊維類を含む食品
> 　　❖その他の成分を含む食品
> 　　❖複数の成分を含む食品
> 　　❖条件付き特定保健用食品
> 2　コレステロールが高めの方の食品
> 3　コレステロールが高めの方、おなかの調子を整える食品
> 4　血圧が高めの方の食品
> 5　ミネラルの吸収を助ける食品
> 6　ミネラルの吸収を助け、おなかの調子を整える食品
> 7　骨の健康が気になる方の食品
> 　　❖疾病リスク低減表示
> 8　むし歯の原因になりにくい食品と歯を丈夫で健康にする食品
> 9　歯ぐきの健康を保つ食品
> 10　血糖値が気になり始めた方の食品
> 11　血中中性脂肪が気になる方の食品
> 12　体脂肪が気になる方の食品と内臓脂肪が気になる方の食品
> 13　血中中性脂肪と体脂肪が気になる方の食品
> 14　血糖値と血中中性脂肪が気になる方の食品
> 15　体脂肪が気になる方、コレステロールが高めの方の食品
> 16　おなかの調子に気をつけている方、体脂肪が気になる方の食品
> 17　お腹の脂肪、お腹周りやウエストサイズ、体脂肪、肥満が気になる方の食品
> 18　肌が乾燥しがちな方の食品

表8.7 特定保健用食品の機能性成分(関与成分)の、作用・機序および種類

	関与成分	想定される作用・機序	食品の種類
おなかの調子を整える食品	オリゴ糖類を含む食品(キシロオリゴ糖、大豆オリゴ糖、フラクトオリゴ糖、イソマルトオリゴ糖、乳果オリゴ糖、ラクチュロース、ガラクトオリゴ糖、ラフィノース、コーヒー豆マンノオリゴ糖)	有用菌であるビフィズス菌を増加させる働き	乳酸菌飲料、テーブルシュガー
	乳酸菌類を含む食品(ラクトバチルス GG 株、ビフィドバクテリウム・ロンガム BB536、Lactobacillusdelbrueckiisubsp. bulgaricus 2038 株と Streptococcussalivariussubsp. thermophilus1131 株、L. カゼイ YIT9029(シロタ株)、B. ブレーベ・ヤクルト株、BifidobacteriumlactisFK120、Bifidobacterium-Lacti sLKM512、L. アシドフィルス CK92 株と L. ヘルベティカス CK60 株、カゼイ菌(NY1301株)、ガセリ菌 SP 株とビフィズス菌 SP 株、ビフィドバクテリウムラクティス BB-12、ビフィドバクテリウム・ラクティス BB-12、ビフィズス菌 Bb-12、LC1 乳酸菌	・病原菌の増殖を防ぎ、体を守る働き ・腸内の腐敗を抑える働き ・腸を刺激して、スムーズで速やかな排便を促す働き ・抵抗力を高める働き ・コレステロール値の上昇を抑制する働き	はっ酵乳、乳酸菌飲料
	食物繊維類を含む食品(難消化性デキストリン、ポリデキストロース、グアーガム分解物、サイリウム種皮由来の食物繊維、小麦ふすま、低分子化アルギン酸ナトリウム、ビール酵母由来の食物繊維、寒天由来の食物繊維、小麦外皮由来の食物繊維、低分子化アルギン酸ナトリウムと水溶性コーンファイバー、難消化性でん粉、小麦ふすまと難消化性デキストリン、還元タイプ難消化性デキストリン、大麦若葉由来の食物繊維	・便量を増やし、腸を刺激して排便を促す働き ・有害物質の拡散や吸収を抑え、排泄を促す働き	炭酸飲料、ナタデココ、朝食シリアル、粉末ゼリーの素、粉末寒天、清涼飲料水、果実・野菜ミックスジュース、魚肉練製品、即席カップめん、粉末清涼飲料
	その他の成分を含む食品(プロピオン酸菌による乳清発酵物、Bacill-usSubtilisK-2 株(納豆菌 K-2 株)	・ビフィズス菌を増やして、お通じを良好に保つ働き	錠菓、納豆
	複数の成分を含む食品(ガラクトオリゴ糖とポリデキストロース)	・おなかの調子を整える働き	清涼飲料水
コレステロールが高めの方の食品	大豆たんぱく質、リン脂質結合大豆ペプチド	・血清コレステロールを下げる働き	粉末スープ、調整豆乳、はっ酵乳、清涼飲料
	キトサン	・血中コレステロールを下げる働き	ビスケット、大麦若葉加工食品、即席カップめん
	植物ステロールエステル、植物ステロール、植物スタノールエステル、植物性ステロール	・血清コレステロールを下げる働き	食用油、マーガリン、半固体状ドレッシング
	低分子化アルギン酸ナトリウム、サイリウム種皮由来の食物繊維	・血清コレステロールを下げる働き	清涼飲料水
	ブロッコリー・キャベツ由来の天然アミノ酸	・LDL コレステロールを下げる働き	野菜・果実混合飲料
	茶カテキン	・血清コレステロールを下げる働き	清涼飲料水(緑茶)
コレステロールが高めの方、おなかの調子を整える食品	低分子化アルギン酸ナトリウム、サイリウム種皮由来の食物繊維	・コレステロールの上昇を抑え、おなかの調子を整える 2 つの働き	清涼飲料水
血圧が高めの方の食品	サーデンペプチド、かつお節オリゴペプチド、ラクトトリペプチド、イソロイシンチロシン、わかめペプチド、海苔オリゴペプチド、ゴマペプチド、ローヤルゼリーペプチド、カゼインドデカペプチド	・アンギオテンシン変換酵素(ACE)を阻害	清料飲料水、即席みそ汁ゼリー
	杜仲葉配糖体	・副交感神経を刺激	清涼飲料水
	γ-アミノ酪酸	・アドレナリンの分泌を抑制	清涼飲料水
	酢酸	・血管を拡張し、血管抵抗の緩和	清涼飲料水
	燕龍茶フラボノイド	・血管平滑筋弛緩	清涼飲料水

表 8.7　（つづき）

区分	成分	働き	食品例
ミネラルの吸収を助ける食品	CPP（カゼインホスホペプチド）	・ミネラルと結合し吸収を促進	清涼飲料水
	CCM（クエン酸リンゴ酸カルシウム）	・カルシウムの溶解性に影響	清涼飲料水
	ヘム鉄	・鉄の吸収のよい状態で摂取	清涼飲料水
ミネラルの吸収を助け、おなかの調子を整える食品	フラクトオリゴ糖、乳果オリゴ糖	・ビフィズス菌を増やしておなかの調子を良好に保ち、Ca や Mg の吸収を促進する 2 つの働き	テーブルシュガー
骨の健康が気になる方の食品	大豆イソフラボ	・骨からのカルシウム溶出抑制	清涼飲料水
	フラクトオリゴ糖	・カルシウムの吸収促進	錠菓
	MBP（乳塩基性たんぱく質）	・骨吸収の抑制と骨形成の促進	清涼飲料水
	ビタミン K_2	・オステオカルシンの活性化	納豆、錠菓
	ポリグルタミン酸	・カルシウム吸収の促進	カルシウム含有食品
むし歯の原因になりにくい食品と歯を丈夫で健康にする食品	パラチノース、マルチトール、エリスリトール、還元パラチノース、キシリトール	・むし歯菌の栄養源になりにくい糖質	チューインガム、錠菓
	茶ポリフェノール	・むし歯菌の増殖を抑制	
	キシリトール、フクロノリ抽出物（フラノン）、リン酸-水素カルシウム、リン酸化オリゴ糖カルシウム	・歯のエナメル質がカルシウムやリン酸塩を取り込みやすくする働き	
	CPP-ACP（乳たんぱく分解物）	・酸に対する抵抗力の向上	
	リン酸化オリゴ糖カルシウム（POs-Ca）	・唾液中のカルシウムとリン酸の不溶化防止	
	緑茶フッ素	・歯の表面の改善	
血糖値が気になり始めた方の食品	難消化性デキストリン	・腸管壁から血中への糖質移行円滑化	清料飲料水、即席みそ汁
	グァバ茶ポリフェノール	・糖の消化吸収円滑化	清料飲料水
	小麦アルブミン	・でんぷんの消化吸収円滑化	粉末状スープ
	豆鼓エキス	・糖質の消化吸収円滑化	加工食品
	L-アラビノース	・小腸での砂糖の吸収率抑制	砂糖加工食品
血中中性脂肪、体脂肪が気になる方の食品	グロビンたんぱく分解物	・中性脂肪の吸収抑制と分解促進	清料飲料水
	中鎖脂肪酸	・食べたあと肝臓ですばやく燃えるため、エネルギーになりやすい	食用油、ファットスプレッド
	茶カテキン	・肝臓での脂肪燃焼促進	清料飲料水
	EPA（エイコサペンタエン酸）、DHA（ドコサヘキサエン酸）	・中性脂肪の合成抑制と脂肪燃焼促進	清料飲料水
	ウーロン茶重合ポリフェノール	・腸管からの脂肪吸収抑制	ウーロン茶飲料
	コーヒー豆マンノオリゴ糖	・小腸での脂肪の吸収抑制	コーヒー飲料
	ベータコングリシニン	・肝臓での脂肪燃焼促進と再合成抑制	錠菓
	豆鼓エキス（条件付きトクホ）	・糖の吸収遅延とインスリン分泌抑制	加工食品

2）条件付き特定保健用食品

　条件付き特定保健用食品は、有効性の科学的根拠が通常の特定保健用食品の許可には不足しているが、一定の有効性が確認されている食品を、「限定的な科学的根拠である」旨の表示をすることを条件として許可されている特定保健用食品である。特定保健用食品の承認マークには条件付きの文字が記載される（図 8.4）。特定保健用食品、条件付き特定保健用食品の科学的な根拠を表 8.8 に示す。

表8.8 特定保健用食品と条件付き特定保健用食品の科学的根拠の考え方

試験 作用 機序	無作為化比較試験		非無作為化比較試験 (危険率5%以下)	対照群のない介入試験 (危険率5%以下)
	危険率 5%以下	危険率 10%以下		
明確	特定保健用食品	条件付き特定 保健用食品	条件付特定保健用食品	
不明確	条件付き特定 保健用食品	条件付き特定 保健用食品		

3) 特定保健用食品「規格基準型」

　特定保健用食品として許可実績が十分であるなど科学的根拠が蓄積されている機能性成分（関与成分）について、規格基準を定めて消費者委員会の個別審査なく、事務局において規格基準が適当であるかを審査され、許可された特定保健用食品である。食物繊維とオリゴ糖について規格基準が定められている（表8.9）。

表8.9 特定保健用食品（規格基準）別表

区分	第1欄	第2欄	第3欄	第4欄
	関与成分	一日摂取 目安量	表示できる保健の用途	摂取上の注意事項
I (食物繊維)	難消化性デキストリン (食物繊維として)	3g〜8g	○○（関与成分）が含まれているのでおなかの調子を整えます。	摂り過ぎあるいは体質・体調によりおなかがゆるくなることがあります。多量摂取により疾病が治癒したり、より健康が増進するものではありません。他の食品からの摂取量を考えて適量を摂取して下さい。
	ポリデキストロース (食物繊維として)	7g〜8g		
	グアーガム分解物 (食物繊維として)	5g〜12g		
II (オリゴ糖)	大豆オリゴ糖	2g〜6g	○○（関与成分）が含まれておりビフィズス菌を増やして腸内の環境を良好に保つので、おなかの調子を整えます。	摂り過ぎあるいは体質・体調によりおなかがゆるくなることがあります。多量摂取により疾病が治癒したり、より健康が増進するものではありません。他の食品からの摂取量を考えて適量を摂取して下さい。
	フラクトオリゴ糖	3g〜8g		
	乳果オリゴ糖	2g〜8g		
	ガラクトオリゴ糖	2g〜5g		
	キシロオリゴ糖	1g〜3g		
	イソマルトオリゴ糖	10g		
III (食物繊維)	難消化性デキストリン (食物繊維として)	4g〜6g※	食物繊維（難消化性デキストリン）の働きにより、糖の吸収をおだやかにするので、食後の血糖値が気になる方に適しています。	血糖値に異常を指摘された方や、糖尿病の治療を受けておられる方は、事前に医師などの専門家にご相談の上、お召し上がり下さい。摂り過ぎあるいは体質・体調によりおなかがゆるくなることがあります。多量摂取により疾病が治癒したり、より健康が増進するものではありません。

※：1日1回食事とともに摂取する目安量

4) 特定保健用食品「疾病リスク低減表示」

　特定保健用食品のうち、関与成分の摂取により疾病のリスクが低減することが、医学的・栄養学的に広く認められ、確立されているものについて疾病リスク低減表示が認められている。表示例として「この食品は、○○を豊富に含みます。適切な量の○○を含む食事の摂取は、疾病△△にかかるリスクを低減するかもしれません」

という表示が認められると同時に、疾病には多くの危険因子があることや十分な運動も必要なこと、過剰摂取のおそれがあることについてなど、注意喚起をあわせて表示することとされている。

現在、カルシウムと葉酸の2つが認められている（表8.10）。

表 8.10　科学的根拠が医学的・栄養学的に広く認められ確立されている疾病リスク低減表示について

関与成分	特定の保健の用途に係る表示	摂取をする上での注意事項	一日摂取目安量の下限値	一日摂取目安量の上限値
カルシウム（食品添加物公定書などに定められたものまたは食品などとして人が摂取してきた経験が十分に存在するものに由来するもの）	この食品はカルシウムを豊富に含みます。日頃の運動と、適切な量のカルシウムを含む健康的な食事は若い女性が健全な骨の健康を維持し、歳をとってからの骨粗鬆症になるリスクを低減するかもしれません。	一般に疾病はさまざまな要因に起因するものであり、カルシウムを過剰に摂取しても骨粗鬆症になるリスクがなくなるわけではありません。	300 mg	700 mg
葉酸（プテロイルモノグルタミン酸）	この食品は葉酸を豊富に含みます。適切な量の葉酸を含む健康的な食事は女性にとって、二分脊椎などの神経管閉鎖障害をもつ子どもが生まれるリスクを低減するかもしれません。	一般に疾病はさまざまな要因に起因するものであり、葉酸を過剰に摂取しても神経管閉鎖障害をもつ子どもが生まれるリスクがなくなるわけではありません。	400 μg	1,000 μg

例題 3　特定保健用食品に関する記述である。正しいのはどれか。1つ選べ。

1. 規格基準型特定保健用食品は、「根拠は必ずしも確立されていません」と表示される。
2. 規格基準型特定保健用食品には、「食後の血糖値が気になる方に適する」と表示されているものがある。
3. 規格基準型特定保健用食品制度として設定されている成分は、食物繊維6種類とオリゴ糖3種類である。
4. 使用実績など科学的根拠が十分であれば、個別審査が不要な場合がある。
5. 葉酸を関与成分とする特定保健用食品（疾病リスク低減表示）は、「歳をとってからの骨粗鬆症になるリスクを低減するかもしれません」と表示される。

解説　1. 規格基準型特定保健用食品は、「多量摂取により疾病が治癒したり、より健康が増進するものではありません。」と表示される。　2. 規格基準型特定保健用食品には、「難消化性デキストリンの働きにより、糖の吸収をおだやかにするので、食後の血糖値が気になる方に適しています」の他、「おなかの調子を整えます」など

と表示される。　3．規格基準型特定保健用食品制度として設定されている成分は、食物繊維3種類とオリゴ糖6種類である。　4．事務局において規格基準に適合するか否かの審査は行われる。　5．葉酸を関与成分とする特定保健用食品（疾病リスク低減表示）は、「女性にとって、二分脊椎などの神経管閉鎖障害をもつ子どもが生まれるリスクを低減するかもしれません」と表示される。

解答　2

例題4　特定保健用食品の関与成分に関する記述である。正しいのはどれか。1つ選べ。

1. 大豆イソフラボンが含まれている特定保健用食品には「血圧の高めの方に適する食品」と表示できる。
2. 低分子アルギン酸ナトリウムが含まれている特定保健用食品には「血糖値の高めの方に適する食品」と表示できる。
3. ラクトトリペプチドが含まれている特定保健用食品には「骨の健康が気になる方の食品」と表示できる。
4. パラチノースが含まれている特定保健用食品には「虫歯の原因になりにくい食品」と表示できる。
5. 小麦アルブミンが含まれている特定保健用食品には「血圧が高めの方に適する食品」と表示できる。

解説　（例題4は**表8.7**参照）　1．大豆イソフラボンが含まれている特定保健用食品には「骨の健康が気になる方に適する食品」と表示できる。　2．低分子アルギン酸ナトリウムが含まれている特定保健用食品には「コレステロールが高めの方に適する食品」と表示できる。　3．ラクトトリペプチドが含まれている特定保健用食品には「血圧が高めの方に適する食品」と表示できる。　4．パラチノースが含まれている特定保健用食品には「虫歯の原因になりにくい食品」と表示できる。　5．小麦アルブミンが含まれている特定保健用食品には「血糖値が気になる方に適する食品」と表示ができる。

解答　4

（4）栄養機能食品について

　食品表示基準に基づく栄養機能食品は、特定の栄養成分（6種類のミネラル、13種類のビタミン、n-3系脂肪酸）の補給を目的とした食品で、栄養成分の機能を表示するものである。また、医薬品のビタミン類やミネラル類より簡便に使用が可能である。

　法的な根拠は、健康増進法と食品衛生法である。すべて規格基準型であり、許可を必要としない。高齢化や食生活の乱れにより、通常の食生活を行うことが困難なときや、1日に必要な栄養成分を摂取できないなど、栄養成分の補給と補完のために利用する食品として有用である。食品表示基準のもとで定められている規格基準を表8.11に示す。

表8.11　栄養機能食品の規格基準

栄養成分	1日当たりの摂取目安量に含まれる栄養成分量		栄養機能表示	注意喚起表示
	下限値	上限値		
N-3系脂肪酸	0.6 g	2.0 g	n-3系脂肪酸は、皮膚の健康維持を助ける栄養素です。	本品は、多量摂取により疾病が治癒したり、より健康が増進するものではありません。1日の摂取目安量を守ってください。
亜鉛	2.64 mg	15 mg	亜鉛は、味覚を正常に保つのに必要な栄養素です。 亜鉛は、皮膚や粘膜の健康維持を助ける栄養素です。 亜鉛は、たんぱく質・核酸の代謝に関与して、健康の維持に役立つ栄養素です。	本品は、多量摂取により疾病が治癒したり、より健康が増進するものではありません。 亜鉛の摂り過ぎは、銅の吸収を阻害するおそれがありますので、過剰摂取にならないように注意してください。1日の摂取目安量を守ってください。乳幼児・小児は本品の摂取を避けてください。
カリウム	840 mg	2,800 mg	カリウムは、正常な血圧を保つのに必要な栄養素です。	本品は、多量摂取により疾病が治癒したり、より健康が増進するものではありません。1日の摂取目安量を守ってください。腎機能が低下している方は本品の摂取を避けてください。
カルシウム	204 mg	600 mg	カルシウムは、骨や歯の形成に必要な栄養素です。	本品は、多量摂取により疾病が治癒したり、より健康が増進するものではありません。1日の摂取目安量を守ってください。
鉄	2.04 mg	10 mg	鉄は、赤血球を作るのに必要な栄養素です。	
銅	0.27 mg	6.0 mg	銅は、赤血球の形成を助ける栄養素です。 銅は、多くの体内酵素の正常な働きと骨の形成を助ける栄養素です。	本品は、多量摂取により疾病が治癒したり、より健康が増進するものではありません。1日の摂取目安量を守ってください。乳幼児・小児は本品の摂取を避けてください。
マグネシウム	96 mg	300 mg	マグネシウムは、骨や歯の形成に必要な栄養素です。 マグネシウムは、多くの体内酵素の正常な働きとエネルギー産生を助けるとともに、血液循環を正常に保つのに必要な栄養素です。	本品は、多量摂取により疾病が治癒したり、より健康が増進するものではありません。多量に摂取すると軟便（下痢）になることがあります。1日の摂取目安量を守ってください。乳幼児・小児は本品の摂取を避けてください。
ナイアシン	3.9 mg	60 mg	ナイアシンは、皮膚や粘膜の健康維持を助ける栄養素です。	本品は、多量摂取により疾病が治癒したり、より健康が増進するものではありません。1日の摂取目安量を守ってください。
パントテン酸	1.44 mg	30 mg	パントテン酸は、皮膚や粘膜の健康維持を助ける栄養素です。	
ビオチン	15 μg	500 μg	ビオチンは、皮膚や粘膜の健康維持を助ける栄養素です。	
ビタミンA	231 μg	600 μg	ビタミンAは、夜間の視力の維持を助ける栄養素です。 ビタミンAは、皮膚や粘膜の健康維持を助ける栄養素です。	本品は、多量摂取により疾病が治癒したり、より健康が増進するものではありません。1日の摂取目安量を守ってください。 妊娠3カ月以内または妊娠を希望する女性は過剰摂取にならないよう注意してしてください。

表 8.11 （つづき）

ビタミンB$_1$	0.36 mg	25 mg	ビタミンB$_1$は、炭水化物からのエネルギー産生と皮膚や粘膜の健康維持を助ける栄養素です。	本品は、多量摂取により疾病が治癒したり、より健康が増進するものではありません。1日の摂取目安量を守ってください。
ビタミンB$_2$	0.42 mg	12 mg	ビタミンB$_2$は、皮膚や粘膜の健康維持を助ける栄養素です。	
ビタミンB$_6$	0.39 mg	10 mg	ビタミンB$_6$は、たんぱく質からのエネルギーの産生と皮膚や粘膜の健康維持を助ける栄養素です。	
ビタミンB$_{12}$	0.72 μg	60 μg	ビタミンB$_{12}$は、赤血球の形成を助ける栄養素です。	
ビタミンC	30 mg	1,000 mg	ビタミンCは、皮膚や粘膜の健康維持を助けるとともに、抗酸化作用をもつ栄養素です。	
ビタミンD	1.65 μg	5.0 μg	ビタミンDは、腸管でのカルシウムの吸収を促進し、骨の形成を助ける栄養素です。	
ビタミンE	1.89 mg	150 mg	ビタミンEは、抗酸化作用により、体内の脂質を酸化から守り、細胞の健康維持を助ける栄養素です。	
ビタミンK	45 μg	150 μg	ビタミンKは、正常な血液凝固能を維持する栄養素です。	本品は、多量摂取により疾病が治癒したり、より健康が増進するものではありません。1日の摂取目安量を守ってください。 血液凝固阻止薬を服用している方は本品の摂取を避けてください。
葉酸	72 μg	200 μg	葉酸は、赤血球の形成を助ける栄養素です。 葉酸は、胎児の正常な発達に寄与する栄養素です。	本品は、多量摂取により疾病が治癒したり、より健康が増進するものではありません。1日の摂取目安量を守ってください。 葉酸は、胎児の正常な発育に寄与する栄養素ですが、多量摂取により胎児の発育がよくなるものではありません。

1）栄養機能食品の制度と表示

　規格基準に適合していれば、国への許可申請・届出の必要はない。1日当たりの摂取目安量に含まれる栄養成分量が、国が定めた上・下限値の規格基準に適合している場合、栄養成分の機能表示ができる。機能の表示とあわせて定められた注意喚起表示などを適正に表示する必要がある（図8.5）。

2）栄養機能食品の表示における禁止事項

　販売後のトラブルが起きないように図8.5に示す栄養機能表示に関しては、保健所などの公的機関への事前の相談が重要であると考えられる。

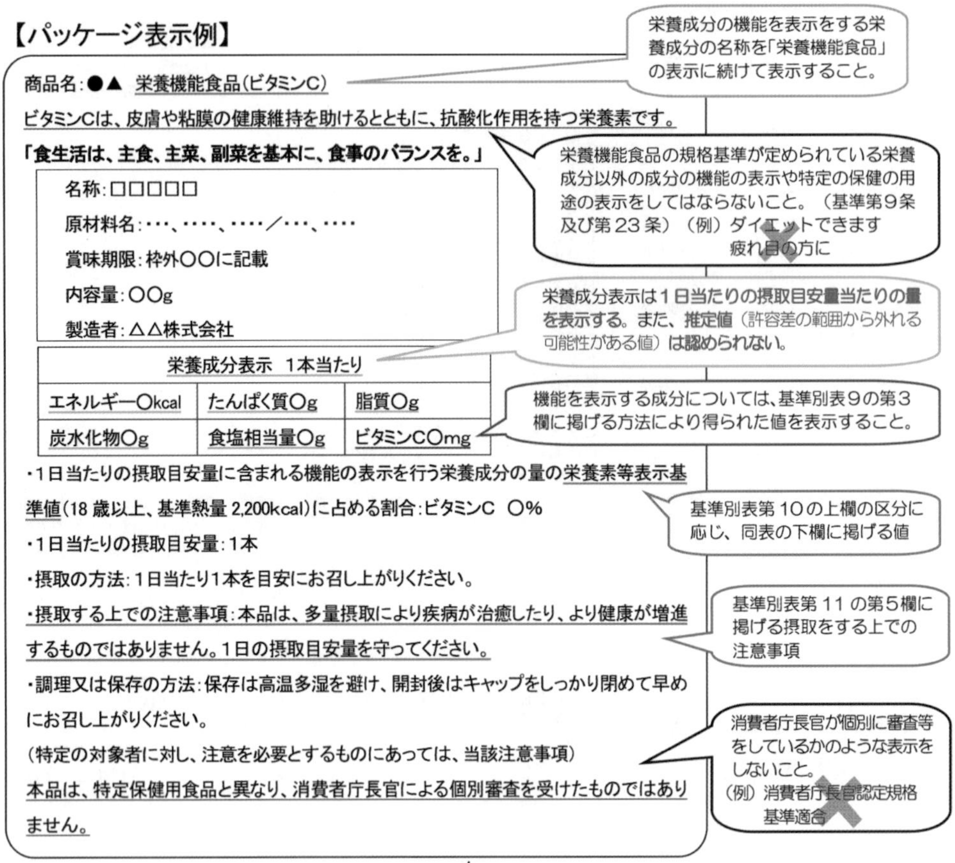

【パッケージ表示例】

| 栄養成分の機能を表示をする栄養成分の名称を「栄養機能食品」の表示に続けて表示すること。 |

商品名：●▲　栄養機能食品(ビタミンC)

ビタミンCは、皮膚や粘膜の健康維持を助けるとともに、抗酸化作用を持つ栄養素です。

「食生活は、主食、主菜、副菜を基本に、食事のバランスを。」

| 栄養機能食品の規格基準が定められている栄養成分以外の成分の機能の表示や特定の保健の用途の表示をしてはならないこと。（基準第9条及び第23条）（例）ダイエットできます　疲れ目の方に |

　　名称：□□□□□

　　原材料名：‥‥、‥‥、‥‥／‥‥、‥‥

　　賞味期限：枠外○○に記載

　　内容量：○○g

　　製造者：△△株式会社

| 栄養成分表示は1日当たりの摂取目安量当たりの量を表示する。また、推定値（許容差の範囲から外れる可能性がある値）は認められない。 |

栄養成分表示　1本当たり	
エネルギー○kcal　たんぱく質○g　脂質○g	
炭水化物○g　食塩相当量○g　ビタミンC○mg	

| 機能を表示する成分については、基準別表9の第3欄に掲げる方法により得られた値を表示すること。 |

・1日当たりの摂取目安に含まれる機能の表示を行う栄養成分の量の栄養素等表示基準値(18歳以上、基準熱量2,200kcal)に占める割合：ビタミンC　○%

| 基準別表第10の上欄の区分に応じ、同表の下欄に掲げる値 |

・1日当たりの摂取目安量：1本

・摂取の方法：1日当たり1本を目安にお召し上がりください。

・摂取する上での注意事項：本品は、多量摂取により疾病が治癒したり、より健康が増進するものではありません。1日の摂取目安量を守ってください。

| 基準別表第11の第5欄に掲げる摂取をする上での注意事項 |

・調理又は保存の方法：保存は高温多湿を避け、開封後はキャップをしっかり閉めて早めにお召し上がりください。

（特定の対象者に対し、注意を必要とするものにあっては、当該注意事項）

本品は、特定保健用食品と異なり、消費者庁長官による個別審査を受けたものではありません。

| 消費者庁長官が個別に審査等をしているかのような表示をしないこと。（例）消費者庁長官認定規格基準適合✗ |

消費者庁HPより

図8.5　栄養機能食品の表示例

例題5　栄養機能食品に関する記述である。正しいのはどれか。2つ選べ。

1. ビタミンAが含まれる栄養機能食品には「ビタミンAは、抗酸化作用により、体内の脂質を酸化から守り、細胞の健康維持を助ける栄養素です。」と表示できる。

2. ビタミンB₁が含まれる栄養機能食品には「ビタミンB₁は、炭水化物からのエネルギー産生と皮膚や粘膜の健康維持を助ける栄養素です。」と表示できる。

3. 鉄が含まれる栄養機能食品には「鉄は、骨や歯の形成に必要な栄養素です。」と表示できる。

4. ナイアシンが含まれる栄養機能食品には「ナイアシンは、腸管のカルシウムの吸収を促進し、骨の形成を助ける栄養素です。」と表示できる。

5. パントテン酸が含まれる栄養機能食品には「パントテン酸は、皮膚や粘膜の健康維持を助ける栄養素です。」と表示できる。

解説　（例題5は表8.11 参照）　1. ビタミンAが含まれる栄養機能食品には、「夜間の視力の維持を助ける栄養素。皮膚や粘膜の健康維持を助ける栄養素です。」と表示できる。　3. 鉄が含まれる栄養機能食品には、「赤血球を作るのに必要な栄養素です。」と表示できる。　4. ナイアシンが含まれる栄養機能食品には、「皮膚や粘膜の健康維持を助ける栄養素です。」と表示できる。　　　　　　　　解答　2、5

(5) 機能性表示食品

　平成27年4月より食品表示法制定に伴って創設された保健機能食品のひとつで、国の定めるルールに基づき、事業者が食品の安全性と機能性に関する科学的根拠などの必要な事項を、販売前に**消費者庁長官に届け出**れば、機能性を表示することができる食品である。

　特定保健用食品（トクホ）と異なり、国が審査を行わないので、事業者は自らの責任において、科学的根拠を基に適正な表示を行う必要がある。

　機能性表示食品の特徴として、次のことがあげられる。

①疾病に罹患していない方（未成年者、妊産婦（妊娠を計画している方を含む。）および授乳婦を除く。）を対象にした食品。

②生鮮食品を含め、すべての食品（一部除く）が対象。

③安全性および機能性の根拠に関する情報、健康被害の情報収集体制など必要な事項が、商品の販売前に、事業者より消費者庁長官に届け出られる。

④特定保健用食品とは異なり、国が安全性と機能性の審査を行わない。

⑤届け出られた情報は**消費者庁のウェブサイト**で公開される。2021年3月31日現在で届け出数は3,894件である。

　「おなかの調子を整えます」「脂肪の吸収をおだやかにします」など、特定の保健の目的が期待できる（健康の維持および増進に役立つ）という食品の機能性を表示することができる。　**安全性の確保**を前提とし、**科学的根拠に基づいた機能性**が、**事業者の責任**において表示される。消費者の皆さんが誤認することなく商品を選択することができるよう、適正な表示などによる情報提供が行われる。

2 健康・栄養食品の表示制度

2.1 食品表示法と食品表示基準

　食品の表示に関する法律として、これまで食品衛生法、JAS法、健康増進法の3法があり、食品表示法では上記3法の食品の表示に関する規定部分を統合し食品表

示法（2015年4月）が施工された。具体的には表示のルールは、食品表示基準（2015年内閣府令第10号）に定められており、食品の製造者、加工者、輸入者または販売者に対して食品表示の遵守が義務付けられた（同法第5条）。なお、食品表示基準は、これまで上記3法の下に定められていた58本の表示基準を統合したものである。

　食品表示法で変更された主な点は、①アレルギー表示のルール変更（原則として個別の原材料や添加物にアレルゲンが表示）、②加工食品の栄養成分表示の義務化（特にナトリウム量は「食塩相当量」で表示される）、③新たな機能性表示制度の創設（機能性表示食品）の3点である。

　一般の食品の表示も旧制度に比べて大きく変わっている。ここでは健康・栄養食品のみに関する食品表示の部分のみを解説する。食品表示法と食品表示基準の全般像は、消費者庁などの専門解説書を参考にされたい。

2.2　栄養成分表示と栄養強調表示

　原則として加工食品の栄養成分表示の義務化がなされ、その具体的な内容について図8.6に示した。表示の特徴としては表示義務のある5成分と推奨の2成分として任意成分であるが、強調表示をしたい場合は、強調したい成分の表示をする必要がある。

2.3　特定保健用食品と機能性表示食品の表示

　健康増進法に基づく特定保健用食品の表示については、図8.7に示す内容が必要である。「おなかの調子を整えます」「血圧の上昇をおだやかにします」など、特定の保健の目的が期待できる（健康の維持および増進に役立つ）という機能性の表示や栄養成分の機能の表示をすることができる食品（一般加工食品、一般生鮮食品）に関する表示方法である。

　食品表示法に基づく機能性食品とは、事業者の責任において、疾病に罹患していない者（未成年者・妊産婦を除く）に対し、機能性関与成分によって健康の維持、推進に資する**保健の目的**が期待できることを科学的根拠に基づいて表示するものである。特別用途食品、栄養機能食品、アルコール類、ナトリウム・糖分などの過剰な摂取につながる食品は含まない。

　機能性表示食品は、表示内容（図8.8）について、販売日の60日前までに**消費者庁長官**に届け出る必要がある。

■栄養表示とは

　容器包装に入れられた加工食品及び添加物には、食品に含まれる栄養成分に関する情報を明らかにし、消費者に適切な食生活を実践していただくために、栄養成分表示が表示されています。また、食品に含まれている栄養成分及び熱量だけではなく、その表示が一定の栄養成分及び熱量を強調する場合には、含有量が一定の基準を満たすことが必要です。なお、水や香辛料などの栄養の供給源としての寄与が小さい食品や小規模の事業者が販売した食品などは、栄養成分表示が省略されていることがあります。

■表示の方法

　熱量（エネルギー）、たんぱく質、脂質、炭水化物、ナトリウムの順で表示されています。ただし、ナトリウムについては食塩相当量で表示されています。また、表示が推奨されている栄養成分や任意で表示される栄養成分についても表示されています。

■表示事項

❖　表示が義務付けられている栄養成分（5成分）

　　熱量、たんぱく質、脂質、炭水化物、ナトリウム（食塩相当量で表示）

❖　表示が推奨されている栄養成分（2成分）

　　飽和脂肪酸、食物繊維

❖　任意で表示されている栄養成分

　　ミネラル（亜鉛、カリウム、カルシウムなど）、ビタミン（ビタミンA、ビタミンB$_1$、ビタミンCなど）など

■強調表示

　健康の保持増進に関わる栄養成分を強調する表示は、基準を満たした食品だけに使われています。

強調表示の種類	補給ができる旨の表示			適切な摂取ができる旨の表示		
	高い旨	含む旨	強化された旨	含まない旨	低い旨	低減された旨
基準	基準基準値（※1）以上であること		・基準値（※1）以上の絶対差 ・相対差（25％以上）（※2） ・強化された量又は割合と比較対象食品を表示	基準値（※3）未満であること	基準値（※3）以下であること	・基準値（※3）以上の絶対差 ・相対差（25％以上） ・低減された量又は割合と比較対象食品を表示
表現例	・高〇〇 ・〇〇豊富	・〇〇源 ・〇〇供給 ・〇〇含有	・〇〇30％アップ ・〇〇2倍	・無〇〇 ・〇〇ゼロ ・ノン〇〇	・低〇〇 ・〇〇控えめ ・〇〇ライト	・〇〇30％カット ・〇〇gオフ ・〇〇ハーフ
該当する栄養成分	たんぱく質、食物繊維、亜鉛、カリウム、カルシウム、鉄、銅、マグネシウム、ナイアシン、パントテン酸、ビオチン、ビタミンA、B$_1$、B$_2$、B$_6$、B$_{12}$、C、D、E、K、葉酸			熱量、脂質、飽和脂肪酸、コレステロール、糖類、ナトリウム		

（※1）食品表示基準別表第12　　（※2）相対差はたんぱく質および食物繊維のみ適用　　（※3）食品表示基準別表第13

	糖類を添加していない旨の表示	ナトリウム塩を添加していない旨の表示
基準	・いかなる糖類も添加していない ・糖類に代わる原材料又は添加物を使用していない ・糖類含有量が原材料及び添加物の量を超えない ・糖類の含有量を表示する	・いかなるナトリウム塩も添加していない ・ナトリウム塩に代わる原材料又は添加物を添加していない
表現例	・糖類無添加 ・砂糖不使用	・食塩無添加

【表示例（牛乳）】

栄養成分表示 1本（200ml）当たり			
熱　量	140kcal	炭水化物	10g
たんぱく質	7g	食塩相当量	0.2g
脂　質	8g	カルシウム	227mg

ナトリウム塩が添加されていない食品には、ナトリウムの量が表示されていることがあります。
【表示例】　ナトリウム　　85mg（食塩相当量　0.2g）
（参考・食塩相当量の計算式）
ナトリウム（mg）×2.54÷1000≒食塩相当量（g）

表示が義務付けられている栄養成分以外の成分が表示されていることがあります。

図8.6　栄養機能と栄養強調表示

≪パッケージ表示例≫

特定保健用食品　商品名：●▲　●▲

名称：粉末清涼飲料

原材料名：・・・、・・・、・・・／・・・、・・・

賞味期限：〇〇.△△.××　　内容量：〇〇g

許可表示：●▲　●▲には△△が含まれているため、便通を改善します。
　　　　　おなかの調子を整えたい方やお通じの気になる方に適しています。

「食生活は、主食、主菜、副菜を基本に、食事のバランスを。」

栄養成分表示（2袋当たり）

エネルギー〇kcal、たんぱく質〇g、脂質〇g、炭水化物〇g、

食塩相当量〇.〇g、関与成分△△〇g

1日当たりの摂取目安量：1日当たり2袋を目安にお召し上がりください。

摂取方法：水に溶かしてお召し上がりください。

摂取をする上での注意事項：一度に多量に摂りすぎると、おなかがゆるくなる
　　　　　　　　　　　　　　ことがあります。1日の摂取量を守ってください。

調理又は保存の方法：直射日光を避け、涼しいところに保存してください。

製造者：〇〇〇株式会社　東京都△△区・・・・

（1日当たりの摂取目安量に含まれる当該栄養成分の量が栄養素等表示

基準値に占める割合：関与成分が栄養素等表示基準値の定められた
　　　　　　　　　　　成分である場合）

【条件付き特定保健用食品の表示例】

許可表示：

「〇〇を含んでおり、根拠は必ずしも確立されていませんが、
△△に適している可能性がある食品です。」

※赤字は特定保健用食品として特に定められている義務表示事項

　表示されている効果や安全性については、健康増進法第26条第1項の規定に基づき国が審査を行い、食品ごとに消費者庁長官が許可をしています。表示事項は、基準および健康増進法に規定する特別用途表示の許可等に関する内閣府令（平成21年内閣府令第57号）に定められています。

出典）消費者庁「はやわかり食品ガイド」

図8.7　特定保健用食品の表示内容

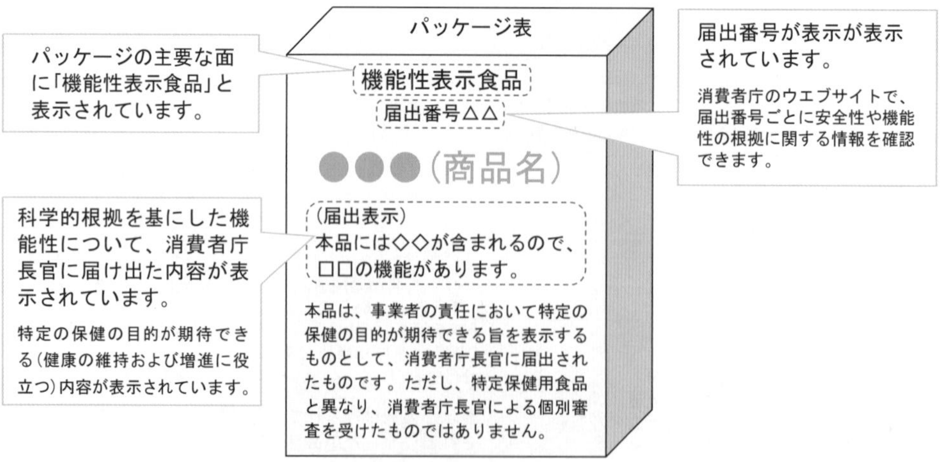

パッケージの主要な面に「機能性表示食品」と表示されています。

届出番号が表示が表示されています。

消費者庁のウエブサイトで、届出番号ごとに安全性や機能性の根拠に関する情報を確認できます。

パッケージ表

機能性表示食品
届出番号△△

●●●（商品名）

（届出表示）
本品には◇◇が含まれるので、□□の機能があります。

本品は、事業者の責任において特定の保健の目的が期待できる旨を表示するものとして、消費者庁長官に届出されたものです。ただし、特定保健用食品と異なり、消費者庁長官による個別審査を受けたものではありません。

科学的根拠を基にした機能性について、消費者庁長官に届け出た内容が表示されています。

特定の保健の目的が期待できる（健康の維持および増進に役立つ）内容が表示されています。

図8.8-1　機能性表示食品の表示内容

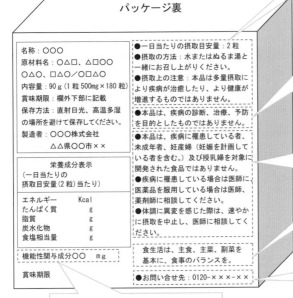

表示されている一日に摂取する量の目安、摂取方法を守り、注意事項を確認して利用してください。

「機能性表示食品」は、医薬品ではありません。
疾病の診断、治療、予防を目的としたものではありません。
疾病のある方、薬を服用されている方は、必ず医師、薬剤師にご相談ください。

疾病のある方、未成年者、妊産婦（妊娠を計画している方を含む）、授乳中の方を対象に開発された食品ではありません。

※生鮮食品には、この表示はありませんが、考え方は同じです。

主食、主菜、副菜がそろっていると、色々な栄養素をバランスよく摂取することにつながります。

事業者に問い合わせ、または連絡することができるよう電話番号が表示されています。

一日当たりの摂取目安量を摂取した場合、どのくらいの機能性関与成分が摂取できるかが分かります。

出典）「機能性表示食品って何？」消費者庁

図 8.8-2　機能性表示食品の表示内容

例題 6　機能性表示食品に関する記述である。正しいのはどれか。2 つ選べ。

1. 国が定めた機能性表示内容を包装容器に表示する。
2. 作用機序が明確でない機能性成分を関与成分とすることはできない。
3. 機能性表示食品として、アルコール含量 3％未満の飲料は認められる。
4. 栄養機能食品は、再申請により機能性表示食品として販売することはできない。
5. 機能性表示食品に対する責任は、食品を販売する事業者と国が負う。

解説　1. 機能性表示の内容は、科学的根拠に基づき、事業者の判断で決めることができる。　2. 機能性関与成分として作用機序が明確であり、定量、定性確認が可能な成分を関与成分とすることができる。したがって、作用機序が明確でないも機能性成分を関与することができない。正解　3. 特別用途食品（トクホ含む）、栄養機能食品、アルコール飲料は認められていない。　4. 栄養機能食品は、機能性表示食品として販売することはできない。正解　5. 機能性表示食品に対する責任は、食品を販売する事業者が負う。国は負わない。　　　　　　解答　2、4

2.4 虚偽・誇大広告などの禁止

　健康食品による健康被害・金銭的被害などは虚偽・誇大広告によるところが大きい。このような被害をなくすためには適切な表示が求められる。

　健康増進法第 32 条の 2 には、「何人も、食品として販売に供する物に関して広告その他の表示をするときは、健康の保持増進の効果その他厚生労働省令で定める事項（以下「健康保持増進効果等」という。）について、著しく事実に相違する表示をし、または著しく人を誤認させるような表示をしてはならない。」とある。これは、医薬品でない食品に、あり得ない効果（例えば、「がんが治る」、「高血圧が治る」など）を表示することを禁止している内容である。栄養機能食品や特定保健用食品を含むあらゆる食品に適応される。

3 食品の規格基準

　食品の規格基準は、「食品、添加物等の規格基準」（昭和 34 年 12 月 28 日厚生省告示第 370 号）で示され、食品や添加物などの良品要件を定めた、食品衛生法 7 条 1 項および 10 条の規定に基づく厚生労働省の告示である。食品を製造するうえでこの規格を守れば十分というわけではなく、各食品の規格を理解していないとトラブルが起きる可能性も考えられる。

　各食品の製造・取り扱いをする場合、「食品、添加物等の規格基準」と「食品別規格基準」を理解する必要がある。健康食品についても一般の食品と同様に食品の規格に従って製造されている。以下に「食品、添加物等の規格基準」に基づく一般的な食品の基本規格である「食品一般の製造、加工、調理基準」、「食品一般の保存基準」について述べる。

3.1 食品一般の製造、加工、調理基準

　「食品、添加物等の規格基準」の B「食品一般の製造、加工及び調理の基準」には、表 8.12 に示す基準の記載がある。

　これらの基準は、各食品に共通する問題点などに対応していると考えられる。しかし、食品に関する新たな問題が起こるため、厚生労働省などの新着法令・法令サービスについて調査を行い、新しい製造・加工・調理基準に関する情報を収集することが必要である。

表 8.12 食品一般の製造、加工、調理基準

① 食品に照射する放射線量の制限
② 生乳または生山羊乳の加熱殺菌
③ 血液、血球または血漿の加熱殺菌
④ 食用不適卵（腐敗・液漏れ・混入などを起こしている卵および孵化途中にあるものを食用しようとする卵）と卵の加熱殺菌とその使用
⑤ 生食用魚介類の洗浄と危険部位の除去
⑥ 組み換え DNA 微生物を利用した食品の製造
⑦ 食品製造における添加物の使用制限
⑧ 牛海綿状脳症の発生国または発生地域において飼養された牛（以下「特定牛」という）の肉を直接一般消費者に販売する場合は、脊柱を除去すること、および特定牛の脊柱は用いてはならないこと。一方で、特定牛の脊柱に由来する油脂を、高温かつ高圧の条件の下で、加水分解、けん化またはエステル交換したものを、原材料として使用する場合については、可能な場合がある旨のこと。

3.2 食品一般の保存基準

食品一般の保存基準については、「食品、添加物等の規格基準」のC「食品一般保存基準」に、以下の記載がある。

① 飲食の用に供する氷雪以外の氷雪を直接接触させることにより食品を保存する場合は、大腸菌群が陰性である氷雪を用いなければならない。さらに大腸菌群の検出として、(1)検体の採取および試料の調整、(2)大腸菌群試験法（推定試験、確定試験、完全試験）の手法がある。

② 食品を保存する場合には、抗生物質を使用してはならない。ただし、食品衛生法第 10 条の規定により人の健康を損なうおそれのない場合として厚生労働大臣が定める添加物についてはこの限りではない。

③ 食品の保存の目的で、食品に放射線を照射してはならない。

章末問題

1　特別用途食品および保健機能食品に関する記述である。 最も適当なのはどれか。1 つ選べ。
1. 特別用途食品（総合栄養食品）は、健康な成人を対象としている。
2. 特定保健用食品（規格基準型）では、申請者が関与成分の疾病リスク低減効果を医学的・栄養学的に示さなければならない。
3. 栄養機能食品では、申請者が消費者庁長官に届け出た表現により栄養成分の機能を表示できる。
4. 機能性表示食品では、申請者は最終製品に関する研究レビュー（システマティックレビュー）で機能性の評価を行うことができる。
5. 機能性表示食品は、特別用途食品の 1 つである。　　　　　　　　　　（第 35 回国家試験）

解説　1．特別用途食品（総合栄養食品）は、病者を対象としている。健康な成人を対象としているのは、機能性表示食品である。　2．特定保健用食品（規格基準型）は、消費者庁で規格基準に適合するか否かの審査を行い許可されたものである。申請者が関与成分の疾病リスク低減効果を医学的・栄養学的に示さなければならないのは、特定保健用食品（疾病リスク低減表示）である。　3．規格基準に適合していれば、国への許可申請・届出の必要はない。　5．機能性表示食品は、保健機能食品の1つである。解答 4

2　特定保健用食品の関与成分と保健の用途の組み合わせである。誤っているのはどれか。1つ選べ。

1．サーデンペプチド ――――――― 血圧が高めの方に適した食品
2．キトサン ―――――――――― カルシウムの吸収を促進する食品
3．ガラクトオリゴ糖 ――――――― お腹の調子を整える食品
4．茶カテキン ――――――――― 体脂肪が気になる方に適した食品
5．リン酸化オリゴ糖カルシウム ―― 歯の健康維持に役立つ食品　　　　　　（第35回国家試験）

解説　2．キトサンは、コレステロールの吸収を抑える食品である。　　　　　　　解答 2

3　栄養機能食品として表示が認められている栄養成分と栄養機能表示の組み合わせである。正しいのはどれか。1つ選べ。

1．n-3系脂肪酸 ―――――「動脈硬化や認知症の改善を助ける栄養素である」
2．カルシウム ―――――「将来の骨粗鬆症の危険度を減らす栄養素である」
3．鉄 ――――――――「赤血球を作るのに必要な栄養素である」
4．ビタミンE ―――――「心疾患や脳卒中の予防を助ける栄養素である」
5．ビタミンC ―――――「風邪の予防が期待される栄養素である」　　（第34回国家試験）

解説　1．n-3系脂肪酸は、「皮膚の健康維持を助ける食品である」　2．カルシウムは、「骨や歯の形成に必要な栄養素である」　4．ビタミンEは、「抗酸化作用により体内の脂質を酸化から守り、細胞の健康を助ける栄養素である」　5．ビタミンCは、「皮膚や粘膜の健康維持を助けるとともに、抗酸化作用をもつ栄養素である」　　　　　　　　　　　　　　　　　　　　　　　　　　　解答 3

4　特定保健用食品の関与成分とその表示の組み合わせである。正しいのはどれか。1つ選べ。

1．キトサン ―――――――「血圧の高めの方に適する食品」
2．カゼイン由来ペプチド ―――「コレステロールが高めの方に適する食品」
3．フラクトオリゴ糖 ―――――「血糖値の気になり始めた方の食品」
4．パラチノース ――――――「虫歯の原因になりにくい食品」
5．L-アラビノース ――――――「ミネラルの吸収を助ける食品」　　（第33回国家試験）

解説　1．キトサンは、コレステロールが高めの方に適する食品である。　2．カゼイン由来ペプチドは、血圧の高めの方に適する食品である。　3．フラクトオリゴ糖は、おなかの調子を整える食品である。5．L-アラビノースは、血糖値が気になる方の食品である。　　　　　　　　　　　解答 4

5　栄養機能食品に関する記述である。正しいのはどれか。1つ選べ。

1. 消費者庁長官への届出が必要である。
2. 生鮮食品は、栄養成分の機能の表示ができない。
3. n-3系脂肪酸は、栄養成分の機能の表示ができる。
4. 特別用途食品の1つとして位置付けられている。
5. 個別の食品の安全性について、国による評価を受ける必要がある。　　　　（第32回国家試験）

解説　1. 栄養機能食品は、規格基準に適合していれば、国への許可申請・届出の必要はない。　2. 生鮮食品は、栄養成分の機能の表示ができる。　4. 栄養機能食品は、保健機能食品の1つとして位置付けられている。特別用途食品の1つとしては位置付けられていない。特定保健用食品は、保健機能食品と特別用途食品の両方に位置付けられている。　5. 個別の食品について、国による評価は受ける必要がない。国による評価を受ける必要があるのは特定保健用食品である。　　　　　　　　　　　解答　3

6　特別用途食品に関する記述である。正しいのはどれか。1つ選べ。

1. 厚生労働大臣が、表示を許可している。
2. 特定保健用食品は、特別用途食品の1つである。
3. 低ナトリウム食品は、病者用食品である。
4. 嚥下困難者用食品は、病者用食品である。
5. 低たんぱく質食品は、個別評価型の食品である。　　　　（第31回国家試験）

解説　1. 表示を許可しているのは消費者庁長官である。　2. 特定保健用食品は特別用途食品と保健機能食品の両方に位置付けられている。　3. 低たんぱく質食品は、病者用食品である。低ナトリウム食品は、平成21年4月より病者用食品から除外されている。　4. 嚥下困難者用食品は、病者用食品ではない。　5. 低たんぱく質食品は、許可基準型である。　　　　　　　　　　　解答　2

7　栄養機能食品の栄養機能表示である。正しいのはどれか。1つ選べ。

1. ビタミンB_2は、炭水化物からのエネルギー産生と皮膚や粘膜の健康維持を助ける栄養素である。
2. ビタミンB_6は、正常な血液凝固を維持する栄養素である。
3. ビタミンCは、抗酸化作用により、体内の脂質を酸化から守り、細胞の健康維持を助ける栄養素である。
4. カルシウムは、正常な血圧を保つのに必要な栄養素である。
5. n-3系脂肪酸は、皮膚の健康維持を助ける栄養素である。　　　　（第31回国家試験）

解説　1. ビタミンB_2は皮膚や粘膜の健康維持を助ける栄養素である。　2. ビタミンB_6はたんぱく質からのエネルギーの産生と皮膚や粘膜の健康維持を助ける栄養素である。　3. ビタミンCは皮膚や粘膜の健康維持を助けるとともに、抗酸化作用をもつ栄養素である。　4. カルシウムは骨や歯の形成に必要な栄養素である。　　　　　　　　　　　解答　5

8　機能性表示食品に関する記述である。正しいのはどれか。1つ選べ。

1．特別用途食品の1つとして位置付けられている。

2．機能性および安全性について国による評価を受けたものではない。

3．販売後60日以内に、消費者庁長官に届け出なければならない。

4．疾病の予防を目的としている。

5．容器包装の表示可能面積が小さい場合、栄養成分表示を省略できる。　　　　（第31回国家試験）

解説　1．機能性表示食品は、特定保健用食品ではなく保健機能食品の1つとして位置付けられている。 2．国による評価を受けたものではない。そのため、事業者は自らの責任において、科学的根拠を基に適正な表示を行う必要がある。　　3．販売後60日以内ではなく、販売日の60日前までに、消費者庁長官に届け出なければならない。　　4．疾患の予防を目的としていない。　　5．栄養成分表示は省略できない。

解答　2

9　特定保健用食品の関与成分とその生理機能である。正しいのはどれか。1つ選べ。

1．マルチトールは、ミネラルの吸収を助ける作用がある。

2．植物ステロールは、血糖値の上昇を抑える作用がある。

3．茶カテキンは、血圧を降下させる作用がある。

4．ラクチュロースは、お腹の調子を整える作用がある。

5．ラクトトリペプチドは、歯の再石灰化を促進する作用がある。　　　　（第30回国家試験）

解説　1．マルチトールは、虫歯の原因になりにくい成分である。　　2．植物ステロールは、コレステロールの上昇を抑える作用がある。　　3．茶カテキンは、体脂肪の減少を助ける作用がある。　　5．ラクトトリペプチドは、血圧を降下させる作用がある。

解答　4

10　栄養機能食品の栄養機能表示である。正しいのはどれか。1つ選べ。

1．ビタミンB_1は、脚気予防に役立つ栄養素である。

2．ビタミンB_{12}は、夜間の視力を助ける栄養素である。

3．カルシウムは、骨粗鬆症になるリスクを低減する栄養素である。

4．鉄は、貧血予防に役立つ栄養素である。

5．亜鉛は、皮膚や粘膜の健康維持を助ける栄養素である。　　　　（第30回国家試験）

解説　1．ビタミンB_1は、『炭水化物からのエネルギー産生と皮膚や粘膜の健康維持を助ける栄養素』である。栄養機能食品に疾病の治療・予防などの効果を表示することは禁止されている。　　2．ビタミンB_{12}は、『赤血球の形成を助ける栄養素』である。　　3．カルシウムは、『骨や歯の形成に必要な栄養素』である。　　5．亜鉛は、『味覚を正常に保つのに必要な栄養素』、『皮膚や粘膜の健康維持を助ける栄養素』、『たんぱく質・核酸の代謝に関与して、健康の維持に役立つ栄養素』である。

解答　4

11　特定保健用食品の関与成分と生体調節の目的との組み合わせである。正しいのはどれか。1つ選べ。

1. ラクトトリペプチド ―――――― 整腸
2. ゲニポシド酸 ―――――――― 血糖調節
3. 茶重合ポリフェノール ――――― 脂肪吸収
4. γ-アミノ酪酸（GABA）――――― カルシウム吸収
5. キシロオリゴ糖 ――――――― 血圧調節

（第29回国家試験）

解説　1. ラクトトリペプチドは、血圧上昇抑制　2. ゲニポシド酸（杜仲茶配糖体）は、血圧上昇抑制　4. γ-アミノ酪酸（GABA）は、血圧上昇抑制　5. キシロオリゴ糖は、整腸　　　　　解答 3

12　特定保健用食品に関する記述である。正しいのはどれか。1つ選べ。

1. 特定保健用食品の許可基準は、食品衛生法に基づいている。
2. 錠剤型、カプセル型をしていない食品であることが求められる。
3. 「高コレステロール血症のリスクを低減する」との表示が許可されている。
4. 安全性を評価するヒト試験は、消費者庁が行う。
5. 規格基準型特定保健用食品は、消費者庁事務局の審査で許可される。

（第27回国家試験）

解説　1. 特定保健用食品の許可基準は、健康増進法に基づいている。　2. 錠剤型、カプセル型をしている食品も許可されている。　3.「高コレステロール血症のリスクを低減する」との表示は許可されていない。　4. 安全性評価や有効性評価は申請者が行う。　　　　　解答 5

13　栄養機能食品の機能表示である。正しいのはどれか。1つ選べ。

1. パントテン酸は、夜間の視力の維持を助ける栄養素である。
2. ビタミンB_1は、たんぱく質からのエネルギーの産生と皮膚や粘膜の健康維持を助ける栄養素である。
3. カルシウムは、皮膚や粘膜の健康維持を助ける栄養素である。
4. ビタミンAは、抗酸化作用により、体内の脂質を酸化から守り、細胞の健康維持を助ける栄養素である。
5. ビタミンB_{12}は、赤血球の形成を助ける栄養素である。

（第27回国家試験）

解説　1. パントテン酸は、『皮膚や粘膜の健康維持を助ける栄養素』である。　2. ビタミンB_1は、『炭水化物からのエネルギー産生と皮膚や粘膜の健康維持を助ける栄養素』である。　3. カルシウムは、『骨や歯の形成に必要な栄養素』である。　4. ビタミンAは、『夜間の視力の維持を助ける栄養素』、『皮膚や粘膜の健康維持を助ける栄養素』である。　　　　　解答 5

14　いわゆる健康食品の広告に関する記述である。誤っているのはどれか。1つ選べ。

1. 「〇〇病が治る」の表示があれば、薬事法違反となる。
2. 「△△病を予防する」の表示があれば、薬事法違反となる。
3. 身体の構造と機能に影響をおよぼす表現を使用すれば、食品安全基本法違反となる。
4. 「最高のダイエット」と食品に表示することは、健康増進法違反となる。
5. ヒトへの有効性を表現するグラフを記載した新聞チラシは、健康増進法違反となる。

（第27回国家試験）

> 解説　3.　身体の構造と機能に影響を及ぼす表現を使用すれば、食品安全基本法違反ではなく、健康増進法違反となる。
>
> 解答 3

15　特定保健用食品の関与成分とその作用に関する記述である。正しいのはどれか。1つ選べ。

1.　カゼインホスホペプチドは、カルシウム吸収を促進する作用がある。

2.　キシリトールは、血中の中性脂肪値を低下させる作用がある。

3.　アラビノースは、血中のコレステロール値を低下させる作用がある。

4.　ラクトペプチドは、抗う蝕作用がある。

5.　キシロオリゴ糖は、血圧を低下させる作用がある。 （第26回国家試験）

> 解説　2.　キシリトールは、『抗う蝕作用』がある。　3.　アラビノースは、『血糖値上昇抑制作用』がある。　4.　ラクトトリペプチドは、『血圧を低下させる作用』がある。　5.　キシロオリゴ糖は、『お腹の調子を整える作用』がある。
>
> 解答 1

索　引

栄養管理と生命科学シリーズ
食品学総論

2022 年 2 月 23 日　初版第 1 刷発行

編著者　江　頭　祐嘉合

発行者　柴　山　斐呂子

発 行 所　**理工図書株式会社**

〒102-0082　東京都千代田区一番町 27-2
電話 03 (3230) 0221 （代表）
ＦＡＸ03 (3262) 8247
振替口座　00180-3-36087 番
http://www.rikohtosho.co.jp

© 江頭祐嘉合　2022　Printed in Japan　ISBN978-4-8446-0907-0
印刷・製本　丸井工文社